中国水足迹研究

孙才志　郝　帅 著

科 学 出 版 社
北　京

内 容 简 介

本书基于水足迹相关理论，以中国省级行政区（未包含港澳台地区）为研究对象，对其水足迹、灰水足迹、水生态足迹和灰水生态足迹进行了核算。在此基础上，综合运用空间计量学方法、多目标综合评价方法、统计学方法及投入产出理论方法等，并结合 GIS 软件对中国省级行政区（未包含港澳台地区）的水足迹驱动机理、水足迹强度的时空变化及水资源利用的空间转移进行实证研究。同时基于要素与效率耦合视角、适应性理论视角及水足迹视角，分别对中国省际人均灰水足迹的驱动效应、中国省际水安全及用水公平性进行分析，并提出缓解中国水资源短缺、保障用水安全的对策与建议。

本书可供自然地理学、区域经济学、水资源经济学、资源环境科学等相关专业的科研人员和高校师生参考借鉴，也可为相关的管理人员或政府部门制定政策提供参考。

审图号：GS（2019）5538 号

图书在版编目（CIP）数据

中国水足迹研究/孙才志，郝帅著. —北京：科学出版社，2021.9

ISBN 978-7-03-069623-6

Ⅰ. ①中… Ⅱ. ①孙… ②郝… Ⅲ. ①水资源管理－研究－中国
Ⅳ. ①TV213.4

中国版本图书馆 CIP 数据核字（2021）第 171183 号

责任编辑：孟莹莹　郑欣虹 / 责任校对：彭珍珍
责任印制：吴兆东 / 封面设计：无极书装

科学出版社出版
北京东黄城根北街 16 号
邮政编码：100717
http://www.sciencep.com

北京中石油彩色印刷有限责任公司 印刷
科学出版社发行　各地新华书店经销

*

2021 年 9 月第　一　版　开本：720 × 1000　1/16
2022 年 1 月第二次印刷　印张：18 1/4
字数：368 000

定价：119.00 元

（如有印装质量问题，我社负责调换）

前　言

进入 21 世纪以来，中国经济呈现飞速发展的态势，各地区工农业活动愈加活跃，城市化进程持续推进，由此带来用水总量的激增。当前，水资源短缺、水生态损害及水环境污染等问题愈加突出，已成为严重制约区域社会经济可持续发展的重要因素之一。然而，中国人均淡水占有量仅为世界人均的 1/4，且空间分布极不均衡。因此，如何客观把握区域水资源与经济发展的关联性，破除水资源短缺瓶颈，解决水环境污染问题，确保国家用水安全，实现区域社会经济与水资源协调发展成为国家重点关注的问题，也是学术界的研究热点。

2002 年，荷兰学者 Hoekstra 在虚拟水的基础上提出水足迹（water footprint）的概念，从消费视角出发计算人类对水资源的真实占用，水足迹将水资源利用与人类消费模式关联起来，同时把水资源问题的解决思路拓展到社会经济领域，从而成为当前测度人类活动对水资源系统环境影响的有效指标之一。而灰水足迹则将水质与水量相结合，更为清晰地表现了水污染对水资源数量的影响，为水资源的可持续研究提供了新的方法。同时，为弥补生态足迹模型中对于水域功能描述的局限，在生态足迹模型中建立水资源账户，把水资源账户统一到生态足迹模型中去，在六类土地以外建立第七类土地类型——水资源用地，用于描述水资源的生态环境和社会经济功能。该方法将消费的水资源量按当地的产水能力换算成相应的土地面积，以作为水资源账户与其他各类账户度量相统一的基础。

本书在全面梳理现有水足迹相关研究成果的基础上，综合运用计量经济学、计量地理学、统计学及相关空间分析方法，对中国省级行政区（未包含港澳台地区）的水足迹、水生态足迹、水安全及水资源利用状况进行了相关测度，并对相应的驱动机理、影响因素等进行了分析。本书相关成果可为研究中国社会经济发展对水资源的影响机制、平衡经济-社会-水资源之间的关系、制定科学合理的水资源管理政策提供决策依据，为经济-社会-资源的协调耦合研究提供新的思路，同时也为区域水资源可持续利用提供理论依据。

本书共 9 章。第 1 章为绪论，主要介绍研究背景与研究意义，以及相关研究现状与进展。第 2 章为水足迹及水生态足迹相关测算方法，主要介绍了水足迹、灰水足迹、水生态足迹及灰水生态足迹的相关计算方法。第 3 章为中国水足迹驱动机理研究，结合水足迹计算结果，对中国省际人均水足迹驱动效应进行分解，并对其进行空间聚类分析，最后探讨“四化”建设对水足迹强度的影响机制。第4章为中国水足迹强度时空差异变化及收敛性分析，运用锡尔指数、基尼系数及相关空间计量方法对中国省际水足迹强度进行差异性、空间相关性及收敛性分析，同时探究中国省际经济增长与水足迹强度收敛性之间的关系。第5章为中国灰水足迹研究，主要包括中国灰水足迹区域与结构分析、中国人均灰水足迹及驱动效应研究，以及中国灰水经济生产效率研究。第6章为中国灰水足迹负载系数及效率测度研究，构建灰水足迹负载系数模型，并对其空间关联格局进行研究。在灰水足迹效率测度结果的基础上，对中国省际灰水足迹效率驱动效应进行分解，并划分空间驱动类型。第7章为中国水生态足迹测度及适应性理论视角下的水安全评价，对中国省际水生态足迹进行空间相关性分析，同时对中国灰水生态足迹的时空差异及人均灰水生态足迹变化的驱动效应进行测度分析，最后基于适应性理论，对中国省际水安全进行探讨。第8章为基于MRIO模型的中国水资源利用空间转移研究，基于投入产出模型，构建中国水资源利用投入产出模型，对中国水资源利用空间转移特征进行研究，并提出相关建议。第9章为水足迹视角下中国用水公平性评价及时空演变分析，运用基尼系数、水资源消费杠杆系数及灰水承载压力系数，对中国用水公平要素进行时空分析，以及用水公平性的空间格局分析。

本书是课题组成员在地理学、水资源经济学、区域经济学多年研究成果的基础上撰写而成的。全书由孙才志统稿，课题组研究生白天骄、陈栓、董璐、韩琴、刘淑彬、刘玉玉、张灿灿、张智雄、赵良仕等在部分研究专题中进行了相关问题的计算工作，研究生郝帅参与了资料整理与编排工作。本书的相关研究工作获得国家社会科学基金重点项目“中国水资源绿色效率测度及提升机制研究”（项目编号：16AJY009）和国家社会科学基金重点项目“中国‘水-能源-粮食’纽带系统韧性测度及协同安全对策研究”（项目编号：19AJY010）的资助。

由于作者水平有限，关于水足迹仍有许多方面有待深入研究，书中难免存在疏漏与不足之处，敬请广大读者批评指正。

孙才志

2021年8月

目　录

第1章 绪　　论

1.1 研究背景与研究意义

水是人类赖以生存和发展的不可替代的自然资源，是地球生物生存及人类发展的物质基础，是维系地球生态平衡、决定环境质量状况较积极、较活跃的自然要素之一，同时也是支撑经济发展、工农业生产及社会可持续发展的战略性资源。随着时代进步和科学技术的发展，水资源的内涵也在不断丰富和发展。《中国大百科全书》将其定义为：地球表层可供人类利用的水，包括水量、水域和水能资源，一般指每年可更新的水量资源。随着人口增长、经济发展和城市化进程的不断加快，水资源消耗量急剧增加，水资源匮乏已成为全球普遍关注的问题，世界正面临着严重的水危机。

近年来，城市化进程加快、人口增长、生活质量提高、工农业生产发展等导致需水量不断增加，但供水量的增长有限，进而加剧了水资源的短缺问题。随着全球经济的一体化，以及区域经济和社会的发展，水资源问题成为全世界人民面临的亟待解决的重要问题，缺水、水污染及水环境恶化等一系列水资源问题变得越来越严峻，成为制约经济社会可持续发展、阻碍环境系统良性循环的巨大障碍，且水资源问题不再局限于某一地区或某一时段，而成为全球性、跨世纪的焦点，因而有效地开发和利用水资源是保证社会经济可持续发展及人与自然和谐共处的重要因素。同时，伴随着国际贸易经济迅速发展及世界范围内城市化进程的不断加快，人类活动范围日益扩大，对水环境的影响也逐渐增强，水环境恶化问题日益凸显。

水资源是人类赖以生存的生命线。中国淡水资源总量约为 2.87×10^4 亿 m^3（据 2017 年统计），占全球水资源的 6%，仅次于巴西、俄罗斯和加拿大，但作为衡量国家可利用水资源程度的重要指标之一，中国人均水资源量只有 $2074.5m^3$（据 2017 年统计），仅为世界平均水平的 1/4，是全球人均水资源较贫乏的国家之一，然而中国又是世界上用水量较多的国家之一，由《国际水资源利用效率追踪与比较》的研究数据可知，2009 年中国用水总量仅次于印度，万美元 GDP 用水量达到 $1197m^3$，而德国万美元 GDP 用水量仅为 $97m^3$，仅约为中国的 8%。可见，中国水资源的开发利用严重不足，高浪费率与低利用率是中国水资源可持续发展的瓶颈。2017 年中国用水总量达到 6043.4 亿 m^3，占当年水资源总量的 21.8%。据相关资料统计，2017 年中国有 10 个省（区、市）（北京、天津、河北、山西、辽宁、上海、江苏、山东、河南、宁夏）的人均水资源量低于 500m^3 的极端缺水临界线。此外，全国 600 多个城市中，有 400 多个城市存在供水问题，其中 110 个城市缺水比较严重。而且中国水资源的时空分布严重不均，中国水资源主要来源于大气降水，降水多集中于夏季，长江以北地区夏季的降水量占全年降水量的 80%，年际变化较大，导致水资源利用难度加大。北方淮河流域、黄河流域、海河流域、松辽流域的人均水资源量更低，海河流域只有 300m^3，仅为全国平均水平的 1/7，且随着工业化进程的不断加快，水资源短缺形势将更加严峻。

目前，中国是一个水资源利用的大国，但还不是水资源利用的强国。虽然近几年中国水资源开发、利用、配置、节约、保护和管理工作取得了显著成绩，但人多水少、水资源时空分布不均仍是中国的基本国情和水情，水资源短缺、水污染严重、水生态恶化等问题十分严峻，水资源供需矛盾突出。根据水利部南京水文水资源研究所等的《21 世纪中国水供求》资料分析，到 2030 年中国将缺水 400～500 亿 m^3，水资源供求关系日益紧张。此外，水资源利用方式较为粗放，农田灌溉用水有效利用系数仅为 0.5 左右，与世界先进水平 0.7～0.8 仍有较大的差距，水体污染严重，水功能区水质达标率仅为 46%。不少地方水资源开发过度，如黄河流域开发利用程度已经达到 76%，淮河流域达到 53%，海河流域更是超过 100%，已经超过承载能力，引发一系列生态环境问题。2000～2014 年人均污水排放量增幅达到 59.8%，2014 年全国污水排放量已经提升至 716.2 亿 m^3，水功能区水质达标率仅为 46%。三分之二河长已被明显污染（达不到Ⅱ类标准），三分之一河长已被严重污染（达不到Ⅲ类标准）。《2017 中国生态环境状况公报》数据显示，全国 112 个重要湖泊（水库）中，Ⅰ类水质的湖泊（水库）仅占 5.36%，Ⅱ类占 24.11%，Ⅲ类占 33.04%，Ⅳ类占 19.64%，Ⅴ类占 7.14%，劣Ⅴ类占 10.71%。主要污染指标为总磷、化学需氧量和高锰酸盐指数。在 109 个监测营养状态的湖泊（水库）中，贫营养的有 9 个，中营养的有 67 个，轻度富营养的有 29 个，中度富营养的有 4 个。全国近岸海域水质总体稳定，水质级别一般，主要超标指标为无机氮和活性磷酸盐。东海近海水域水质最差，劣于Ⅳ类海水比例超过 40%。

此外，地下水污染问题也日益突出，《2017 中国生态环境状况公报》公布的数据显示：2017 年全国 223 个地市级行政区的 5100 个地下水监测点（其中国家级监测点 1000 个）中，水质为较差级别和极差级别的监测点分别占 54.8%和 14.8%，主要超标指标为总硬度、锰、铁、溶解固体总量、“三氮”（亚硝酸盐氮、氨氮和硝酸盐氮）、硫酸盐、氟化物、氯化物等，个别监测点存在砷①、六价铬、铅、汞等重（类）金属超标现象。2145 个测站地下水质量综合评价结果显示：水

① 砷（As）为非金属，鉴于其化合物具有金属性，本书将其归入重金属一并统计。

质良好及以上的测站比例仅为 24.4%，较差的测站及极差的测站比例为 75.6%。主要污染指标除总硬度、溶解固体总量、锰、铁和氟化物可能由于水文地质化学背景值偏高外，“三氮”污染情况较重，部分地区存在一定程度的重金属和有毒有机物污染。目前，中国地下水环境总体质量为：南方优于北方，山区优于平原，深层优于浅层，但地下水环境污染具有加重的趋势，具有由点状、条状向面状扩散，由浅层向深层渗透，由城市向周围蔓延的趋势。从发展趋势来看，尽管近些年化学需氧量排放量、氨氮排放量已呈下降趋势，地表水质趋于稳定，但污水排放量还在继续增加，普遍水域的水质污染还没有明显好转，地下水污染面积还在持续扩大。

针对中国人多水少、水资源时空分布不均的基本国情水情，自 20 世纪 80 年代以来，中国政府为缓解水资源短缺、遏制水环境污染制定了一系列政策法规：《中华人民共和国水污染防治法》（1984 年）、《中华人民共和国水法》（1988 年）、《中华人民共和国水土保持法》（1991 年）。并且随着社会经济发展，相关政策法规又经过数次修订，为新时代背景下中国水资源高效利用提供了重要的法律保障。为实现水资源的可持续利用，2010 年 12 月 31 日中共中央、国务院发布《中共中央 国务院关于加快水利改革发展的决定》，指出水是生命之源、生产之要、生态之基，实行最严格的水资源管理制度：①建立用水总量控制制度。确立水资源开发利用控制红线，抓紧制定主要江河水量分配方案，建立取用水总量控制指标体系。②建立用水效率控制制度。确立用水效率控制红线，坚决遏制用水浪费，把节水工作贯穿于经济社会发展和群众生产生活全过程。③建立水功能区限制纳污制度。确立水功能区限制纳污红线，从严核定水域纳污容量，严格控制入河湖排污总量。④建立水资源管理责任和考核制度。县级以上地方政府主要负责人对本行政区域水资源管理和保护工作负总责。2011 年 3 月 16 日，国家发展和改革委员会发布《中华人民共和国国民经济和社会发展第十二个五年规划纲要》，提出实行最严格的水资源管理制度，加强用水总量控制与定额管理，严格水资源保护，加快制定江河流域水量分配方案，加强水权制度建设，建设节水型社会。面对我国水资源短缺、粗放利用、水污染严重和水生态恶化等问题，2012 年 2 月 16 日国务院发布《国务院关于实行最严格水资源管理制度的意见》，提出：确立水资源开发利用控制红线，到 2030 年全国用水总量控制在 7000 亿 m^3 以内；确立用水效率控制红线，到 2030 年用水效率达到或接近世界先进水平，万元工业增加值用水量（以 2000 年不变价计，下同）降低到 $40m^3$ 以下，农田灌溉水有效利用系数提高到 0.6 以上；确立水功能区限制纳污红线，到 2030 年主要污染物入河湖总量控制在水功能区纳污能力范围之内，水功能区水质达标率提高到 95% 以上。2016 年 3 月 17 日，国家发展和改革委员会发布《中华人民共和国国民经济和社会发展第十三个五年规划纲要》，提出强化水安全保障，加快完善水利基础设施网络，推进水资源科学开发、合理调配、节约使用、高效利用，全面提升水安全保障能力。2019 年 1 月 15 日全国水利工作会议指出，积极践行“节水优先、空间均衡、系统治理、两手发力”的十六字治水方针，加快转变治水思路和方式，将工作重心转到水利工程补短板、水利行业强监管上来。

上述有关政策、制度和法规的颁布与实施，对缓解中国水资源短缺压力，改善水生态环境，防治水污染、水环境恶化起到了至关重要的作用，但这些政策、制度的制定均是基于实体水视角，而面对当前中国水资源依然呈现日益紧张的趋势，寻求更多的解决之道显得尤为重要。鉴于此，本书将基于虚拟水视角，对中国水足迹开展相关研究，其意义主要体现在以下几个方面。

（1）水足迹作为表征维持人类产品和服务消费所需的真实水资源数量的指标，它从消费的视角测度了人类对水资源系统的直接占用，并且建立了水资源利用与人类消费模式之间的联系。同时，水足迹概念的提出是对传统水资源消费统计指标的补充，将水资源问题的解决思路由单纯的自然资源领域拓展到社会经济领域，因此，水足迹已经成为当前测度人类活动对水资源系统环境影响的有效指标之一，为经济-社会-资源的协调耦合研究提供了新的思路。

（2）本书在对中国水足迹强度核算的基础上，探讨了“四化”建设对水足迹强度的影响机制，同时分析了其时空差异变化，进而揭示了中国经济增长与水足迹强度之间的收敛关系。研究成果拓展了水足迹强度的研究思路和研究内容，对于在当前资源、生态约束背景下，研究中国社会经济发展对水资源的影响机制，平衡经济-社会-水资源之间的关系，制定科学合理的水资源管理政策具有重要的参考意义。

（3）灰水足迹能够以“稀释水”的形式量化水体污染程度，也能以定量的视角描述水环境的真实损失。本书一方面对中国灰水足迹区域和结构均衡性进行分析，并通过对人均灰水足迹的研究消除人口数量差异，进而客观对比各地区水污染状况，在此基础上，探讨了中国 31 个省（区、市）[①]与各地区人均灰水足迹及其差异的驱动效应；另一方面对中国各区域载荷系数进行测度、分析。相关研究结果有助于为提升中国及各地区整体水环境质量探寻有效方式，可为促进中国水污染的减少和水环境公平性的提升提供依据，同时也丰富了区域水污染压力的研究方法。

（4）基于生态足迹视角对中国水生态足迹的广度、深度进行评价及空间格局分析，同时将相关概念引入灰水生态足迹进行测度分析，通过与多指标评价方法相结合，探讨了中国省际水安全状况，为水生态足迹的相关研究提供了新的研究方法，拓展了生态足迹方法的使用领域，同时也为区域水资源可持续利用提供理论依据。

① 本书统计的数据未包含港澳台地区。

（5）采用自上而下法的多区域投入产出（multi-regional input-output，MRIO）法不仅可以估量经济贸易活动中生产产品或提供服务所需要的直接与间接投入，还能够得出经济系统中产业之间生产活动的直接与间接联系，以及系统地展现各区域之间水足迹的流动转移情况。研究结果可为判定和衡量国民经济生产体系用水特征、建立节水高效型社会提供参考依据，也可为加强节水工作的针对性及合理界定各区域水资源利用提供科学参考。

1.2　国内外研究进展概述

1.2.1　虚拟水研究进展

虚拟水（virtual water）又被称为“外生水”“嵌入水”“看不见的水”等（徐中民等，2003）。其思想起源于以色列经济学家 Fishelson，其概念于 20 世纪 90 年代初期由英国学者 Tony Allan 在伦敦大学亚非学院（School of Oriental and African Studies，SOAS）的一次研讨会上提出（王红瑞等，2007），用以描述生产产品或服务过程中消耗的水资源数量（孙才志等，2010b）。虚拟水与真实意义上的水并不相同，它是指产品生产过程中消耗的水，以虚拟的形式包含在产品中。虚拟水概念的提出：①丰富和拓展了传统水资源的观念，有利于在经济全球化、管理集中联合化的背景下评估水资源利用情况、破解水资源的制约问题；②虚拟水可以更好地把经济活动和水资源承载能力纳入统一的研究体系，对协调水资源分配格局与经济发展格局具有战略指导意义；③虚拟水依托于经济贸易中的产品和服务，更加强调市场在资源分配中的重要作用，有利于通过成本效益驱动改变传统的用水模式、用水习惯和用水理念，实现水资源利用效率的长远优化。

随着虚拟水研究的日益深入，研究领域不断扩大，与虚拟水相关的概念也随之产生，如单位价值产品虚拟水含量、虚拟水进口量和出口量、虚拟水流动等。在水资源利用的定义方面，虚拟水和水足迹描述的都是产品和服务生产过程中的耗水量，而非用水量。用水量（水资源的使用量）与耗水量的含义不同。前者是指分配给一定区域内用户的水量；后者是指用水量在用水过程中，通过居民和牲畜饮水、土壤吸收、蒸发蒸腾、管网损失、随产品带走等多种途径消耗掉而不能返回到地表或地下水体的水量。在水资源规划、配置和管理工作中，衡量、评价区域水资源供给能力时，经常需要比较用水量与区域可供水量（指各种水源工程可为用水户提供的水量）是否匹配、是否能够实现水资源的可持续利用（陈华鑫等，2013）。Morillo 等（2015）据此指出，从供需角度分析用水量与可供水量，将全部用水量纳入虚拟水计算很有必要，因为用水量的相当一部分难以在供水区域内再次被利用，只考虑耗水量而不考虑用水量可能造成对用水情况的低估，这一研究视角对水资源压力大、供水能力有限的缺水区域尤为关键。

1. 虚拟水研究的相关领域

目前，国内外有关虚拟水的研究主要围绕产品虚拟水核算、区域虚拟水贸易评估、虚拟水变化机制分析三个方面展开。

1）产品虚拟水核算

虚拟水核算的研究对象既可以是生产链中的某一中间产品或最终产品所含的虚拟水，也可以是消费者或生产者所消费或产出的所有产品所含的虚拟水，还可以是不同空间尺度研究区（如产业园区、流域、地区、行政区、国家或者全球）和不同时间范围内的虚拟水，如表1-1所示。

表1-1 有关产品虚拟水核算的部分研究成果

研究者与成果发布时间	研究对象	时间尺度	空间尺度
Chapagain等（2003）	畜产品虚拟水含量	1995～1999年	美国、加拿大等11个国家
Zimmer等（2003）	农产品和畜产品虚拟水含量	1989～1992年	埃及、中国等18个国家和地区
程国栋（2003）	农作物产品和动物产品虚拟水含量	2000年	中国西北五省（区）
Chapagain等（2004）	农业和工业虚拟水含量	1997～2001年	美国、中国等209个国家和地区
Liu等（2007a）	农产品虚拟水含量	1995～2004年	中国、美国等102个国家
孙才志等（2009b）	农畜产品虚拟水含量	1996～2006年	中国八大区域
孙才志等（2010b）	农产品虚拟水含量	1996～2006年	中国31个省（区、市）
Zhao等（2010）	农业、工业和服务业虚拟水含量	1997～2002年	中国海河流域
Chapagain等（2011）	水稻虚拟水含量	2000～2004年	美国、中国等33个国家和地区
Mekonnen等（2011a）	农产品虚拟水含量	1996～2005年	美国、中国等211个国家和地区
Mekonnen等（2012）	畜产品虚拟水含量	1996～2005年	美国、中国等211个国家和地区
Yang等（2012）	农畜产品虚拟水含量	1995～1999年	西欧、中亚的13个国家和地区
Cazcarro等（2014）	旅游业虚拟水含量	2004年	西班牙

续表

研究者与成果发布时间	研究对象	时间尺度	空间尺度
Huang 等（2014）	玉米、小麦和西红柿虚拟水含量	1991～2010 年	中国北京
Li 等（2014）	博彩业虚拟水含量	2005～2011 年	中国澳门
Manzardo 等（2014）	造纸业虚拟水含量	2011 年	美国、巴西、智利
Zhang 等（2011b）	水稻虚拟水含量	2007 年	中国
Zhao 等（2014）	水稻、小麦和玉米虚拟水含量	1961～2009 年	中国
Zhi 等（2014）	农业、工业和服务业虚拟水含量	2002～2007 年	中国海河流域
Dalin 等（2015）	农产品和畜产品虚拟水含量	2005～2030 年	中国
Morillo 等（2015）	草莓虚拟水含量	2010～2012 年	西班牙韦尔瓦省
孙才志等（2019）	农产品贸易虚拟水量	2007～2016 年	“一带一路”沿线 64 个国家和地区
吴普特等（2019）	作物实体水-虚拟水耦合流动过程	1985～2013 年	中国“丝绸之路”沿线西部六省（区）

在计算方法层面，不同的虚拟水概念具有相应的虚拟水核算方法。农业是经济系统中耗水最多的部门，而农业耗水主要来自植物蒸腾，因此核算农产品虚拟水的研究中，主要利用农学、植物学公式计算植物蒸腾水量或实地测量植物的蒸腾量作为农产品所含的虚拟水（Dalin et al.，2015；Zhang et al.，2014；Chapagain et al.，2003）。Zhao 等（2014）开发了利用地理信息系统计算和预测农产品虚拟水的方法，并预测了中国 2030 年、2050 年及 2090 年的水稻、小麦和玉米的虚拟水含量。Morillo 等（2015）扩展了农产品虚拟水的范围，认为土地整理、除霜等农艺措施的用水也应当计入农产品虚拟水含量中。这类核算方法主要考虑农业生产中的直接用水，忽略了产业链上中间产品（供应给其他生产者的产品）的虚拟水。但在分析工业和第三产业的产品和服务的虚拟水含量时，由于工业和第三产业各部门之间用水差距不像农业和其他部门的用水差距那么大，蕴含在其中间产品的虚拟水并不像农业部门那样远小于生产过程中的直接用水量，因此对工业和第三产业而言，有必要对中间产品所含的虚拟水进行核算。

当前定量研究中间产品和最终产品所含虚拟水的方法主要包括以生产树法为代表的自下而上的方法和以投入产出法为代表的自上而下的方法（Huang et al.，2014；Zhao et al.，2009；Yang et al.，2007）。前者主要用于计算特定生产部门的产品水足迹，它是将最终产品生产链上的各个环节用水进行统计与累加（Hoekstra et al.，2011a；Liu et al.，2007a，2007b；王红瑞等，2006；Zimmer et al.，2003）。该方法需要供应链上详细的产品和服务数据，进而能够详细地反映某一部门或企业各个生产环节的用水情况，但却忽略了部分产业部门间的网络作用关系。因此这类自下而上的方法主要用于分析某一重要部门或企业的虚拟水，而在同时核算多个产业部门的产品虚拟水时，会产生用水责任划定不清、漏算或重复计算的风险（Chapagain et al.，2004；Lave et al.，1995）。后者常用于全面核算多个产业部门最终产品的虚拟水含量。该方法由 Leontief（1941）提出，利用国民经济投入产出表来分析产业网络中各部门之间直接和间接的诱发效果，可以计算所有直接、间接地包含于产品消费中的资源使用（Mubako et al.，2013；Zhang et al.，2011a；Zhao et al.，2010；赵旭等，2009；陈锡康等，2005；Chen，2000）。

在实践应用层面，特定产品虚拟水含量的核算，是近年来国际上虚拟水研究的重要内容。目前全球农、林、畜产品及其衍生产品的虚拟水核算已经较为完备，部分工业产品和第三产业服务的虚拟水也有相关研究。Mekonnen 等（2012，2011a）核算了 1996～2005 年全球 126 种主要农业作物及其衍生产品的虚拟水含量，以及 1996～2005 年全球 8 种主要畜产品的虚拟水含量，也有研究针对性地核算了某一种或几种特定农产品的虚拟水含量及其构成，以及部分农业制品的虚拟水含量（Chico et al.，2013；Chapagain et al.，2011；Mekonnen et al.，2010a；Chapagain et al.，2003）。这些研究表明，农产品中绿色虚拟水占虚拟水总量的 70%以上，畜产品则以蓝色虚拟水为主；单位价值的农产品虚拟水含量普遍低于畜产品。Gerbens-Leenes 等（2009）计算了全球 80%的以农作物为原料的生物燃料虚拟水含量。上述研究未考虑农业生产中的虚拟水投入。Zhang 等（2014）在核算 2007 年中国农产品虚拟水含量时在投入产出法基础上加入了对农业生产中虚拟水投入的核算，使核算更加全面。Morillo 等（2015）在核算西班牙草莓的虚拟水含量时也把农业生产的虚拟水投入纳入了产品虚拟水的核算范围。

在工业和第三产业产品、服务的虚拟水核算方面，Zhao 等（2009）提出了基于投入产出法的水足迹计算方法，并利用 2002 年中国投入产出表计算了当年中国所有产业部门的产品虚拟水含量，发现考虑了中间产品的虚拟水后，工业和第三产业中蓝色虚拟水的含量均明显上升，因为它们接收了农业中间产品中蕴含的大量蓝色虚拟水。Zhang 等（2011a）核算了中国 2002 年和 2007 年的各产业部门产品的虚拟水含量，发现 2007 年各部门产品虚拟水含量低于 2002 年，说明用水效率总体提高。Manzardo 等（2014）用生产树法核算了巴西、智利和美国造纸业产品中的虚拟水含量，认为提高造纸生产过程中化工原材料的使用效率对节约用水意义重大。Li 等（2014）利用生产树法和投入产出法的混合方法分析了中国澳门服务业中博彩业的虚拟水含量，认为除了提高直接用水效率外，控制博彩业中虚拟水的使用同样有助于缓解中国澳门缺水的压力。

随着虚拟水研究方法的发展，研究尺度从国家或行政区逐渐转为流域（Zhi et al.，2014；Zhao et al.，2010）。从流域尺度对虚拟水进行核算，能够定量描述流域内生产和消费活动对水资源的消耗，为判断水资源的利用是否处于流域供给能力范围提供了定量依据。流域尺度的虚拟水研究与行政区域尺度的虚拟水研究相比，更符合水资源的自然属性，具有独特的优势（张林祥，2003）。陈锡康等（2005）编制了1999年中国九大流域水利投入占用产出表，得出中国大部分水资源用于农业，1999年中国农业虚拟水占总虚拟水的70%左右，水资源较为充足的东南诸河流域、珠江流域、长江流域和西南诸河流域的产品虚拟水含量普遍大于水资源较为缺乏的海河流域、内陆河流域和淮河流域。Schendel 等（2007）根据加拿大弗雷泽河流域和欧肯纳根谷流域的农业与气候资料研究了两流域的虚拟水情况，并与加拿大全国平均产品虚拟水含量进行了对比，认为流域尺度的虚拟水研究比国家尺度具有更高的精确度，更适用于作为区域或流域水资源管理的参考。Zhao 等（2010）利用区域投入产出表生成（generating regional input-output tables，GRIT）方法突破了流域尺度缺少投入产出统计资料的限制，将投入产出法应用于流域虚拟水核算，研究了1992～2002年海河流域的水足迹状况，得出流域的总虚拟水中，超过90%为农业虚拟水，各部门产品虚拟水含量均低于全国平均水平，即用水效率高于全国平均水平。Zhi 等（2014）对海河流域2002～2007年的虚拟水研究也应用了类似方法。Wu 等（2014）根据政府部门统计和非政府组织统计的数据，利用可计算一般均衡（computable general equilibrium，CGE）模型计算了中国第二大内陆河——黑河流域2003～2008年的主要产业部门虚拟水含量，认为除地理条件外，不科学的农业灌溉加大了该流域水资源压力，建议加强流域综合管理和产业结构升级，以实现水资源可持续利用。

2）区域虚拟水贸易评估

区域虚拟水是发生在该区域的所有过程涉及的虚拟水总和（Hoekstra et al.，2011a）。它包括来自本地水资源的虚拟水和进口调入的虚拟水。总体来看，核算方法同样可以分为自上而下和自下而上的方法。其中，自上而下的方法是从产品生产角度计算区域虚拟水，本地产品的虚拟水等于区域内部的农业、工业和第三产业的生产耗水量，进口调入的虚拟水则等于其产地生产这些产品的耗水量（Yang et al.，2007）。自下而上的方法则是从产品消费的角度计算区域虚拟水，居民和政府消费、固定资本形成、出口调出、进口调入各项虚拟水含量都可以用该项用途的产品或服务的消费量乘以单位产品或服务的虚拟水含量而得出（赵旭等，2009；Zhao et al.，2009）。

区域间的产品贸易与调动造成了虚拟水的流动。农产品等富含虚拟水的产品从水资源丰富的国家或地区向缺水国家或地区的流动，有助于缓解缺水地区的水资源压力、保障缺水地区的水资源安全。Hoekstra 等（2007b，2011a，2002）定量计算了 1995～1999 年全球 100 余个国家之间的虚拟水贸易，并在随后的一系列研究中对该项工作进行了扩充和完善。Hoekstra 等（2013，2011b）研究发现：约旦、以色列等中东国家及一些北非国家与地区的虚拟水净进口量较高，多数都在 40 亿 m^3 以上，认为这些国家和地区以虚拟水贸易的形式缓解了内部的水资源短缺问题；北美洲、南美洲、大洋洲是主要虚拟水资源流出地区，非洲、东亚、欧洲地区是主要虚拟水流入地区。

众多研究者对全球或局部地区的虚拟水贸易进行了多种形式的核算，反映了众多国家或区域之间的虚拟水流动情况。Goswami 等（2015）对中国和印度的虚拟水贸易进行了核算，认为在双边贸易中印度处于虚拟水净出口，即出超状态，而中国处于入超状态。Yang 等（2012）利用生态网络分析研究了 1995～1999 年全球尺度的农产品和畜产品虚拟水贸易，为区域贸易中的水足迹提供了多指标研究方法，认为生态网络分析有助于合理指导国际虚拟水贸易，保护水资源。Mao 等（2015，2012）利用生态网络分析研究了中国白洋淀流域内部的虚拟水流动情况，并提出通过生态修复、改进节水技术和提高水的重复利用率来进一步优化用水效率。Fracasso（2014）采用引力模型研究了 145 个国家的虚拟水贸易，认为虚拟水的流动受到各国贸易水平、水资源禀赋、用水压力等因素影响。Zhao 等（2015）结合贸易引力模型和投入产出法，分析了 2007 年中国各省（区、市）的虚拟水贸易情况，发现虚拟水贸易量占全国用水总量的 35%，而调水工程调动的实体水只占全国用水总量的 4.5%。马静等（2005）研究认为中国各地区的虚拟水流动中，东北地区、黄淮海地区及长江中下游地区是虚拟水净调出地区，而华北、华南和东南地区则是虚拟水净调入地区。Zhang 等（2012）核算北京市虚拟水发现，北京市对虚拟水调入的依赖度较高，维持虚拟水的调入量是维护北京市水资源安全的有效对策。

虚拟水战略是指缺水国家或地区通过贸易或调入方式，从水资源丰富的国家或地区购买虚拟水含量大（高耗水）的产品，以节省本地水资源，满足消费需求的同时保障水资源安全。虚拟水战略的概念首先由 Allan（1994，1993）、Zimmer 等（2003）提出，Hoekstra 等（2011c，2002）也对虚拟水战略进行了先行研究。以色列等中东缺水国家和地区较早实施虚拟水战略，对虚拟水战略的应用比较广泛（Zhao et al.，2010，2009；Yang et al.，2007）。Seekell 等（2011）分析了全球虚拟水贸易，认为目前多数水资源丰富的国家没有充分利用其水资源禀赋，而缺水国家则过度开发利用了自身的水资源。随着虚拟水战略越来越广泛的实施，这一不可持续发展情况将得到调节和改善。Weiss 等（2014）总结了全球虚拟水战略有关研究，认为部分国家的虚拟水贸易虽然客观上实现了虚拟水战略的效果，但主观上缺乏虚拟水战略意识，部分国家的贸易有悖于虚拟水战略的思想，加剧了其水资源短缺的问题，为了进一步切实解决全球水资源问题，应当制定相应的虚拟水贸易规则，规范虚拟水贸易，而不能完全依赖现有的国际市场贸易秩序。

此外，分析传统的虚拟水战略时，可能得出用水效率高的产品应当鼓励出口的论断，这对于缺水地区是不现实的。Ridoutt 等（2010）提出了稀缺虚拟水的概念，为虚拟水战略提供了新视角，产品的稀缺虚拟水等于生产地的取水指数（总取水量与水资源总量的比值）乘以产品虚拟水含量。稀缺虚拟水概念的提出，提高了贸易产品虚拟水的可比性，水资源丰富的地区生产产品的用水效率虽然可能比缺水地区生产产品的用水效率低，但对其本地的水资源造成的压力仍然相对较小，从平衡水资源的角度，应当鼓励水资源丰富的地区加大出口。Lenzen 等（2013）对稀缺虚拟水的研究表明，虽然印度、美国、巴西、俄罗斯和印度尼西亚等国所消费的虚拟水总量较大，但从稀缺虚拟水的角度看，更缺水的国家（巴基斯坦、伊朗、埃及、阿尔及利亚和乌兹别克斯坦等）消费的稀缺虚拟水更多。Feng 等（2014）对中国各省（区、市）之间的稀缺虚拟水调动进行了研究，发现高度发达地区消费的稀缺虚拟水严重依赖于新疆、河北、内蒙古等缺水地区的稀缺虚拟水输出，从而加剧了这些缺水地区水资源短缺的问题，据此建议合理实施虚拟水战略，控制缺水地区的虚拟水输出。

3）虚拟水变化机制分析

虚拟水的变化机制分析是虚拟水研究中的重要内容之一。除了对产品的虚拟水含量及贸易进行核算之外，什么因素影响着虚拟水的变化、各因素的影响力如何，同样值得探讨。Kondo（2005）率先采用了结构分解分析（structure decomposition analysis，SDA）方法研究日本虚拟水变化，将变化驱动因素分为技术效应、产业结构效应和产量效应，计算结果显示日本的虚拟水使用总体上在向节约水资源的方向变化，主要是技术进步和产业结构调整的贡献，而出口商品不利于提高节水效率。Zhao 等（2010）采用迪氏（Divisia）分解法，将虚拟水变化的驱动因素分为用水强度的变化和消费量的变化，分析了海河流域 1992～2002 年的虚拟水变化，得出海河流域虚拟水使用量下降的主要驱动因素是用水强度的下降，而消费量的变化对虚拟水总量的影响较小。Zhang 等（2012）使用 SDA 法的改进方法——两极分解法对北京市 1997～2007 年的虚拟水变化进行了因素分解，该方法计算了各驱动因素在研究起始年和终止年的分解项的平均值，作为各因素对水足迹变化的独立贡献，计算精度比 SDA 法高，计算结果表明北京市的第三产业用水比例明显增加，主要是产量上升和产业结构调整的结果。李晓惠等（2014）也通过两极分解法分析了江苏省虚拟水变动的影响因素，认为产品产量增加使虚拟水使用量上升，而产业结构调整和用水技术进步抑制了产业用水量的增加。Zhi 等（2014）利用加权平均分解模型建立了行政区及流域尺度的虚拟水变化驱动因素分解方法，并利用其分析了海河流域 2002～2007 年的虚拟水变化，证明了该方法的计算精度比两极分解法等更好，分析得出用水效率提高能够减小虚拟水总量，而生产规模的提高和产业结构的变动都促进了虚拟水总量增加。Zhao 等（2014）利用对数迪氏平均指数（logarithmic mean Divisia index，LMDI）法分析了中国1990～2009 年的农业虚拟水总量的变化，该方法是另一种高精度的因素分解方法，结果显示：农业虚拟水增加的最大原因是经济活动的变化，其次是人口效应，再次是饮食结构的调整。

2. *虚拟水研究展望*

虚拟水概念提出以来，其基本原理、计算方法和实践应用在全世界得到了蓬勃发展，说明人们认识和理清了一些水资源使用与管理的现状和问题。然而，虚拟水研究在理论发展和实践应用过程中仍存在较多需要进一步探索与完善的问题。

1）虚拟水核算模型精度改进

目前虚拟水的量化研究虽然很多，但其计算方法还存在一些问题。在农产品虚拟水含量方面，很多研究由于缺乏相关的气象数据和用水数据，且测定农作物需水量的试验设备和技术条件比较落后，在实际计算中常采用多年平均值或通用参考值。但由于气候的空间和时间差异性，不同地区、不同年份干湿程度不同，即使同一种类作物的需水量也不同，因此计算出的农产品虚拟水含量可能存在较大误差。

从工业和第三产业虚拟水的计算方法来看，生产过程中涉及的虚拟水含量计算是一个复杂的过程，生产工艺技术、生产规模与生产环境的差异都是造成虚拟水计算不精确的原因，因此即使虚拟水在各类工业和第三产业的产品和服务中的分配避免了漏算或重复，计算的最终结果也可能存在较大误差。未来研究应当继续提高计算方法的精确度，丰富考虑的因素类型，以得出更准确的虚拟水核算结果。

从对现有研究的回顾来看，不确定性存在于虚拟水核算的各个环节，而目前对不确定性的定量研究还比较少（韩雪等，2012）。因此，定量识别虚拟水核算过程中不确定性的产生和传递，明确影响不确定性的因素及其控制办法，进而提升虚拟水核算结果的准确度和可靠性，是未来的重要研究方向之一。

2）价格杠杆对虚拟水的影响研究

在市场经济活动中，生产者和消费者对于节水的态度，受到经济利益的重要影响。虚拟水贸易及节水技术的发展进步离不开市场机制的推动。价格机制是市场机制的核心之一，市场可以通过价值规律影响产业部门用水，政府也可以通过行政手段对水价进行调控，实现节水管理的宏观目标。水价对于用水效率、虚拟水贸易的调节效应影响如何、是否显著，目前的研究还不多见，需要进一步研究。通过实物型经济学模型和价值型经济学模型相结合，如尝试将投入产出模型与均衡价格模型相结合，对水价和虚拟水的联系进行定量化研究，将是虚拟水研究的重要方向。

3）虚拟水的水量与水质联合评价体系

目前较多的虚拟水研究将绿色虚拟水、蓝色虚拟水、灰色虚拟水三者相加作为总虚拟水。但灰色虚拟水与绿色虚拟水和蓝色虚拟水不同，它实际上是对水体纳污能力的一种消耗，而非水量的消耗，被污染的水资源经过稀释、降解等作用，短时间内又能够被重新利用；而绿色虚拟水和蓝色虚拟水是生产中蒸腾蒸发的水资源，是对水量的消耗，很难在短时间内回到水体中被再次利用。将灰色虚拟水与蓝色虚拟水、绿色虚拟水直接相加不够严谨。据此，Zhi 等（2015）提出了将灰色虚拟水独立分析，以评价区域排污量与水资源纳污能力是否协调的研究思路，既简便可行，又具有理论和实践意义。未来如何建立适当的评价模型，对水量、水质的消耗进行科学、准确的联合评价，以实现水资源质和量的全面可持续利用，也是虚拟水研究中面临的核心问题之一。

4）虚拟水战略实践与优化方案改进

虚拟水战略为平衡水资源的分配、缓解缺水地区的水资源问题提供了可能性。但虚拟水战略的研究内容和实践还有待改进。长期以来人们存在着水资源是公共资源而不是商品的观念，虽然随着水资源稀缺程度的增加，人们逐渐改变了这一观念，但虚拟水的市场经济特征还不完全。研究表明，制度、技术等社会因素比区域水资源的禀赋更重要，因此虚拟水战略的适用性不但与水资源的自然禀赋有关，还与区域的社会经济、政策导向、投资等因素密切相关。目前只有少数国家切实执行了虚拟水战略，而其他地区的虚拟水战略研究多数只是提出了定性的建议，较少有制定定量虚拟水战略并将其付诸实践的。例如，Fracasso（2014）研究指出哈萨克斯坦等国大量种植棉花并出口，有悖于虚拟水战略的思想，但棉花出口作为这些国家重要的创汇途径，又是难以改变的现实。中国每年“北粮南运”的粮食约 1400 万 t，相当于把约 140 亿 m^3 的水从北方运到了南方，与“南水北调”的方向相反，这种农业生产格局也有悖于虚拟水战略的思想，是否需要改变还有待商榷。目前有少数研究基于虚拟水战略的思想对生产和贸易提出了定量优化方案。例如，Zhang 等（2014）根据 2007 年中国各省（区、市）水稻、玉米、小麦三种主要粮食作物的虚拟水分布情况，通过多目标优化决策对全国农业生产格局提出了优化建议。

1.2.2 水足迹研究进展

在虚拟水概念研究的基础上，荷兰学者 Hoekstra 于 2002 年提出了“水足迹”概念（Hoekstra，2002）。水足迹指的是一个国家、一个地区或一个人，在一定时间内消费的所有产品和服务所需要的水资源数量。水足迹的概念是对传统水资源消费统计指标的补充，衡量的是在一定的物质生产标准下，生产一定人群消费的产品和服务所需要的水资源的数量，是维持人类产品和服务消费所需要的真实的水资源量。水足迹从消费视角出发计算人类对水资源的真实占用，将水资源利用与人类消费模式关联起来，同时把水资源问题的解决思路拓展到社会经济领域，从而成为当前测度人类活动对水资源系统环境影响的有效指标之一。水足迹概念提出以来，世界各国学者对水足迹进行了广泛的关注和应用，取得了丰硕的研究成果。

1. 水足迹核算对象

水足迹核算对象多集中于绿水足迹、蓝水足迹、灰水足迹、产品（农作物、动物产品）水足迹及行业水足迹。绿水足迹是指对绿水（不会成为径流的雨水）资源的消耗，如农作物在生长过程中所蒸发的储存在土壤中雨水的水资源量；蓝水足迹是指产品在其供应链中对蓝水（地表水和地下水）资源的消耗，如农田灌溉用水的蒸发；灰水足迹指以现有水环境水质标准为基准，消纳产品生产过程中产生的污染物符合所需要的淡水水量（Hoekstra et al.，2011c）。其中，“消耗”是指流域内可利用的地表水和地下水的损失。当水蒸发、回流到流域外、汇入大海或者纳入产品中时，便产生了水的损失。尽管“绿水”的机会成本低于“蓝水”，但“绿水”空间异质性非常高，受气候、土壤、植被和土地管理等多种因素影响，且其储存能力与土壤的物理性质密切相关，忽略“绿水”会夸大水资源短缺程度。因此，目前国际上的研究多将这三种水加以区分（Mekonnen et al.，2010a）。

1）绿水足迹和蓝水足迹研究进展

有关中国的水足迹研究也多涉及“绿水足迹”，并将其与“蓝水足迹”加以区分（王新华等，2005a）。Mekonnen 等（2011a）以国家水足迹账户为基础资料，不仅估计了国际的虚拟水流量，还在此基础上将其分解为生产和消费的水足迹，绿色、蓝色和灰色水足迹，虚拟水贸易流。Mekonnen 等（2011b）用 CROPWAT 模型计算了 20 种农作物的作物腾发量，在印度河流域和恒河盆地中观察到相对较大的蓝水足迹，这两个盆地共占与全球作物产量相关的蓝水足迹的 25%。在全球范围内，雨养农业的水足迹为 5173m^3/a（91%绿水足迹，9%灰水足迹），灌溉农业的水足迹为 2230m^3/a（48%绿水足迹，40%蓝水足迹，12%灰水足迹）。Chapagain 等（2011）利用较高的空间分辨率和实际灌溉的本地数据，对水稻的绿水足迹、蓝水足迹和灰水足迹进行了全球评估：绿水足迹和蓝水足迹的比例随时间和空间变化很大；在印度、印度尼西亚、越南、泰国、缅甸和菲律宾，绿水足迹明显大于蓝水足迹，而在美国和巴基斯坦，蓝水足迹是绿水足迹的 4 倍。Vanham 等（2013）测算了欧洲 365 个流域农业的生产和消费和由此产生的净虚拟水进口水足迹，除计算了总量外，也在绿水足迹、蓝水足迹和灰水足迹组分之间进行区分。秦丽杰等（2012a）测度不同播种时段吉林省西部玉米生产过程中的绿水足迹消耗量，其测度结果可为提高雨水的利用率提供参考。操信春等（2014）基于区域尺度，计算了459个灌区粮食生产水足迹，其中蓝水足迹占63.7%、绿水足迹占35.8%。轩俊伟等（2014）基于2011年新疆13个地区（州）主要农作物，利用CROPWAT软件结合彭曼公式计算得出其农作物需水以蓝水足迹为主，棉花的蓝水足迹比例最高，可达93.31%。于成等（2013）以山东省冬小麦、夏玉米农作物为研究对象，对其生产水足迹进行计算，结果表明夏玉米的绿水足迹和蓝水足迹比例相当，且数值均低于冬小麦生产水足迹，冬小麦的生产水足迹以绿水足迹为主。赵安周等（2016）以渭河流域为研究对象探讨了1980～2009年气候变化和人类活动对蓝绿水资源的影响，结果表明研究时段内在气候变化和人类活动的共同影响下，蓝水流、绿水流和绿水储量分别下降了23.56mm/a、39.41mm/a和17.98mm/a，中北部的蓝水流和绿水储量呈现增加的趋势，流域上游地区的绿水流呈现下降趋势。薛冰等（2019）基于水足迹理论，结合CROPWAT 8.0和GIS等工具，定量测度和分析了1980～2016年辽宁省玉米、水稻和小麦三种主要粮食作物生产水足迹结构及其动态变化特征，并选取2000年、2005年、2010年和2015年资料，阐明了辽宁省14个地级市主要粮食作物生产水足迹空间格局演变特征。杜军凯等（2018）以太行山区（华北平原水源地，分属黄河流域和海河流域）为研究对象，建立了分布式水文模型——大型河流流域水和能转移过程（water and energy transfer processes in large river basins，WEP-L），模拟了1980～2000年山区的水循环过程，总结了蓝水（径流性水资源）和绿水的年际及随高程的变化规律。在此基础上，定量区分了研究区气候波动和土地利用/覆盖变化对蓝水足迹与绿水足迹变化的贡献，研究结果表明：太行山两侧的蓝水足迹、绿水足迹变化具有明显的差异；海河片区蓝水足迹呈增长趋势，绿水足迹呈下降趋势；黄河片区蓝水足迹呈下降趋势，绿水足迹呈增长趋势。

2）灰水足迹研究进展

灰水足迹是水足迹的组成部分，是表征水污染程度的指标。灰水足迹将水质与水量定量研究，更为清晰地表现了水污染对水资源数量的影响，为水资源的可持续研究提供了新的方法。某个过程的灰水足迹是指与该过程相联系的水污染程度的指标。灰水足迹概念的提出是出于以下认识：水污染的程度和规模可以通过稀释该污染物至无害的水量来反映。但用稀释污染物的水量来描述水污染的想法并不新颖。Hoekstra等（2008）首次提出灰水足迹，将其定义为，以自然本底浓度和现有的水质标准为基准，将一定的污染物负荷吸收同化所需的淡水体积。水足迹作为将实体水资源消耗与水污染程度相联系的理念，能够全面刻画水污染对水环境的影响（曾昭等，2013），为评价和改善水质提供了新思路。自灰水足迹首次提出以后，人们认识到灰水足迹核算时采用最大容许浓度和自然本底浓度的差值代替定义中最大容许浓度更加科学。

国外学者对灰水足迹的研究（Roson et al.，2015；Vanham et al.，2014；Ruini et al.，2013；Ercin et al.，2012；Ene et al.，2011；Mekonnen et al.，2011c；Bulsink et al.，2010；Mekonnen et al.，2010b）起步早，Ene 等（2011）在灰水足迹这一概念提出的初期，对灰水足迹评价及其实施面临的挑战进行了分析。目前，研究主要集中在特定产品灰水足迹测算评价与区域或企业灰水足迹测算及在此基础上的水资源可持续发展评价两方面。第一，特定产品灰水足迹测算评价。主要集中在：①农作物生产灰水足迹测算评价（Mekonnen et al.，2014，2011a；Vanham et al.，2014；Chapagain et al.，2011），Chapagain 等（2011）从生产和消费领域研究了水稻的绿水足迹、蓝水足迹、灰水足迹，Vanham 等（2014）研究了欧洲流域农业生产的水足迹（其中包括灰水足迹）；②畜牧产品灰水足迹测算评价，Mekonnen 等（2012）从全球范围评价了农场动物的水足迹（其中包括灰水足迹），同时 Mekonnen 等（2010c）又研究了农场动物及其衍生品生产的绿水足迹、蓝水足迹、灰水足迹；③工业产品灰水足迹测算评价（Francke et al.，2013；Ercin et al.，2011），Ercin 等（2011）探索了一种含糖碳酸饮料的水足迹（其中包括灰水足迹），Francke 等（2013）分析了巴西 Natura 化妆品公司的皂条生产的水足迹（其中包括灰水足迹）。第二，区域或企业灰水足迹测算及在此基础上的水资源可持续发展评价（Ercin et al.，2014；Ruini et al.，2013；Mekonnen et al.，2011c；Hoekstra et al.，2011b）。Ercin 等（2014）分析预测了 2050 年全球水足迹状况（其中包括灰水足迹）；Mekonnen 等（2011a）从生产与消费两个方面计算了 1995～2006 年全球大部分国家的水足迹（其中包括灰水足迹）；Ruini 等（2013）以 Barilla 公司的意大利面生产为例，研究了大型食品公司的水足迹（其中包括灰水足迹）。

国内的灰水足迹研究起步较晚，但是也取得了探索性进展。国内灰水足迹研究以农作物灰水足迹的核算与评价方面较多（付永虎等，2015；张宇等，2015；曹连海等，2014；张郁等，2013；秦丽杰等，2012b；盖力强等，2010；邓晓军等，2009）。张宇等（2015）运用灰水足迹理念基于县域尺度测算了 1986～2010 年华北平原夏玉米和冬小麦的灰水足迹量，并分析了灰水足迹量的时空变异特征。付永虎等（2015）在分析洞庭湖区粮食生产灰水足迹及其时空变化特征的基础上，预测了其对水环境的压力。邓晓军等（2009）在测算南疆棉花消费水足迹（其中包括灰水足迹）的基础上对其生态环境影响进行了研究。秦丽杰等（2012b）基于化肥污染对吉林省西部的玉米生产水足迹（其中包括灰水足迹）进行了计算和评价。其他领域的灰水足迹研究也已经起步。工业产品灰水足迹测度评价方面有：王来力等（2013）从初始灰水足迹、工序灰水足迹等方面测算了纺织产品的灰水足迹；许璐璐等（2015）采用分阶段链式灰水足迹测算方法，研究了工业产品生产不同阶段的灰水足迹数量。区域灰水足迹测算与评价方面有：孙才志等（2013，2010b）对中国31个省（区、市）水足迹（其中包括污染水足迹）进行了核算评价。张郁等（2013）对基于化肥污染造成的黑龙江垦区粮食生产灰水足迹进行了实证分析。曾昭等（2013）将1995～2009年北京市不同部门产生的污染物作为研究对象，运用灰水足迹理念将其以“稀释水”的形式进行量化，结果表明2009年北京市灰水足迹约为北京当年实体用水量的2.3倍。孙才志等（2016b）计算了中国31个省（区、市）1998～2012年农业、工业及生活三方面的灰水足迹，以及这三方面的灰水足迹荷载系数。张楠等（2017）以河北省为例，基于灰水足迹理念建立了以灰水足迹为标准的水污染程度评价指标，对河北省水资源的水质、水量进行了评价。魏思策等（2015）基于水足迹的视角，对中国五大煤炭基地2015年规划的煤制油产业项目进行了研究，且计算了其蓝水足迹和灰水足迹量，并分析了煤制油产业对这些基地内水资源的耗损情况。除此之外，王丹阳等（2015）提出了改进的灰水足迹计算方法。国内灰水足迹研究尚处于引进—消化阶段，主要是对国外研究方法的重复与模仿。以灰水足迹理论为基础，有效评价区域真实水污染状况的研究及应用还有待进一步的发展。

此外，有关学者也对灰水足迹驱动因素进行了相关研究，孙克等（2016）基于地理加权回归的可拓展的随机性的环境影响评估（通过对人口、财产、技术三个自变量和因变量之间的关系进行评估）（stochastic impacts by regression on population，affluence，and technology，STIRPAT）模型研究了人文驱动因素对灰水足迹的影响。韩琴（2016）定量分析了效率效应、结构效应等驱动因素对中国省际灰水足迹效率的影响。龙爱华等（2006）利用2000年除香港、澳门、台湾、安徽、四川、贵州之外的28个省（区、市）截面数据，采用STIRPAT模型对人口、富裕、技术三项社会经济因素与水足迹数量之间的关系进行了探讨，结果认为人口因素对水足迹的驱动力最为显著，但是该文献所选取的数据不具备时间连续性，所使用的STIRPAT模型的计算结果会产生难以解释的残差，并且这一模型不利于分解因素之间的相对比较。奚旭等（2014）选取1997～2001年中国31个省（区、市）的面板数据，利用环境负荷控制方程（I = Impact，P = Population，A = Affluence，T = Technology，IPAT）模型构建了人口、富裕和技术三因素对中国水足迹影响的模型，并引入LMDI分解公式定量计算了三因素对水足迹数量的贡献量，研究结果显示：富裕程度是水足迹数量增长的主要驱动因子，人口规模对水足迹数量也起到正向驱动作用。孙才志等（2016a）在对中国31个省（区、市）1998～2013年各类来源的灰水足迹进行测算的基础上，选取人口、GDP两个指标，应用基尼系数对中国1998～2013年灰水足迹的空间、结构均衡性进行了研究。研究认为在区域均衡性方面，经济灰水足迹均衡性较差，东部与西部地区分别在经济灰水足迹和人口灰水足迹中的均衡性较低；在结构均衡性方面，经济灰水足迹均衡性已达到“差距偏大”范围，其中农业和工业的均衡性较差，生活经济灰水足迹均衡性近年来降幅明显。孙才志等（2018a）首次将生产要素中最关键的资本和劳动力要素纳入人均灰水足迹的驱动效应研究中，同时耦合了传统的环境效率与技术效率因素，应用扩展的 Kaya 恒等式和 LMDI 模型，综合分析了上述因素对 2000～2014 年 31 个省（区、市）人均灰水足迹的驱动效应，认为技术效率效应的减量作用最大，资本产出效应的减量作用近年有所增强，资本深化效应的增量作用最大，技术效率效应、资本产出效应和资本深化效应均呈现西北高、东南低的分布格局。白天骄等（2018）基于锡尔指数和扩展的 Kaya 恒等式探讨了 2000～2014 年中国人均灰水足迹区域差异及驱动因子。结果表明全国人均灰水足迹差异缓慢波动，地区间差异指数逐渐提升，地区内差异为总体差异的主要来源，西部地区内部差异最大。孙世坤等（2016）利用单因素轮换（one-at-a-time，OAT）敏感性分析方法和贡献率分析方法探究了气候、农业生产投入因子和水资源利用效率对河套灌区春小麦生产水足迹变化的驱动力，研究结果显示：气候、农业生产数据投入和水资源利用效率是影响作物生产水足迹的主要因素，农业生产数据投入和水资源利用效率的提高是促使河套灌区春小麦生产水足迹下降的主要因素，而气候因子在研究时段内对春小麦生产水足迹的影响较小。

3）农作物、动物产品水足迹及行业水足迹研究

国际上对农作物产品、动物产品水足迹的测算较为普遍，并对工业和第三产业的水足迹也有一定研究。其中农作物产品虚拟水含量的计算主要有两种：一种是 Chapagain 等（2003）的研究不同产品生产树的方法，另一种是 Zimmer 等（2003）的基于不同产品类型区分的计算方法，后者应用比较广泛。动物虚拟水含量计算目前普遍采用的是 Chapagain 等（2004）提出的生产树的方法。同时也有较多研究对工业行业的水足迹进行分析，如水电行业、饮料行业、甜味剂和生物乙醇生产业、基于生物燃料的运输业等（Mekonnen et al.，2011c；Gerbens-Leenes et al.，2009）。也有研究将水足迹与价值链相结合进行了分析（Hoekstra，2010）。Chapagain 等（2009）以西班牙西红柿为例，基于全球消费视角，根据当地水资源实际利用情况对水足迹核算方法进行改进，并对西班牙西红柿的水足迹进行了核算，结果表明：欧盟每年消耗 957000t 西班牙新鲜西红柿，蒸发 71m^3/a 的水，并需要 7m^3/a 的水稀释浸出硝酸盐，在西班牙，西红柿生产蒸发 297m^3/a，污染淡水 29m^3/a，可见欧盟对新鲜西红柿的消费对西班牙淡水有一定影响。Rodriguez 等（2015）为了评价阿根廷马铃薯生产的虚拟含水量，通过考虑蒸发、降雨、灌溉和化肥污染所产生的作物产量的不同水量，计算了水足迹的绿色、蓝色和灰色组分。白雪等（2016）在研究中不仅介绍了工业产品水足迹的计算方法，还在此基础上分别评价了铜电缆和铝合金电缆在

其生命周期产生的与水资源有关的环境影响。徐长春等（2013）以中国小麦生产为例，介绍了基于生命周期评价（life cycle assessment，LCA）方法的产品水足迹的详细计算过程，认为LCA方法能从不同产品的不同生产阶段科学评价产品生产对水资源的影响。赵锐等（2017）基于水足迹的理论，以乐山市为研究地区测算了动物从出生到出栏这一整个生产过程中的虚拟水消耗量，以及在出栏后加工成熟食品这一期间的生产用水量。

有关中国水足迹的研究仍以农作物产品或动物产品为主，较少涉及工业及第三产业，尤其是生态环境方面水足迹的计算。对工业产品水足迹的计算多为估计或忽略不计（高孟绪等，2008；王新华等，2005b），原因在于：①工业产品的种类繁多，其虚拟水计算的复杂性较高；②工业产品一般属于耐用产品；③工业产品中的虚拟水含量相对农产品而言数量较小。同时，由于第三产业用水量相对较小，且获取数据尤其是生态环境用水量的资料较为困难，目前有关中国第三产业水足迹的研究相对较少，且多数研究中并没有考虑生态环境用水（谭秀娟，2010；龙爱华等，2006；王新华等，2005a，2005b）。已有关于工业和第三产业水足迹的研究，多是采用自上而下或投入产出法分析，着眼于产业整体的情况，而对具体产品、具体产业下各部门，尤其是第三产业下的各部门的水足迹缺乏深入分析。第三产业用水量数据多来自水资源公报、行业数据，或经估算得到。蔡燕等（2009）通过城市生活用水减去城市居民家庭用水估算得到第三产业用水量；王艳阳等（2011）在研究中通过换算全国第三产业各行业的直接消耗新鲜水量的数据得到北京市第三产业各行业的直接消耗新鲜水量，并采用北京市生活用水减去北京市居民家庭用水得到第三产业消耗的新鲜水总量。

生态环境用水计算方法主要有以下几种：①包含在第三产业用水量中，2003年中国重新划分了产业结构，第三产业包括“水利、环境和公共设施管理业”，涉及生态用水，故采用2003年后的投入产出表计算水足迹时，一般均已将生态用水计算在内（蔡燕等，2009）；②包含在服务业用水中，龙爱华等（2005）认为服务业用水主要是第三产业用水和城镇公共用水，因此包括生态用水；③适当处理区域水资源公报的统计数据而得；④用部分生态用水代替生态环境需水量，如邓晓军等（2008）用城镇公共绿地用水量代替生态环境需水量；⑤用区域内主要水域的蓄水量代表该区域的生态用水。

尽管工业和第三产业的用水量在总用水量中占比较低，但中国这两种用水量在不断增加，且水资源再利用、污水处理问题等愈显重要。因此，创新研究方法，加强统计数据管理，深入研究中国工业和第三产业水足迹很有必要。

2. 水足迹核算的时空尺度

就核算的时空尺度而言，多集中于全球、国家或区域、省际、流域等尺度，时间尺度多集中于年、月、日等尺度。将其分为A级、B级、C级三种尺度，三种尺度所需数据及典型应用见表1-2。

表1-2　水足迹核算的时空尺度及典型应用

级别	空间尺度	时间尺度	所需用水数据源	核算的典型应用
A级	全球平均	年	可获得的有关产品或过程的典型耗水和污染的文献与数据库	提高认识；粗略确定总水足迹的重要部分；全球水消耗的预测
B级	国家、区域或特定流域	年或月	采用国家、区域或特定流域的数据	空间扩展和变化的粗略确定；为热点确定和水分配决定提供基础知识
C级	小流域或田间	月或日	基于当地的年度水消耗和污染最佳估计的经验数据	为进行水足迹可持续评价提供基础知识；构建减少水足迹和减弱相关地方影响的战略

水足迹具有空间性，空间位置的差异和空间分布的特征都会影响人类的活动方式，从而影响区域的水足迹。

1）A级尺度研究

A级尺度的研究范围最大。自2002年以来，Hoekstra等学者对全球尺度的水足迹进行了相关研究，并取得了丰富的研究成果。Hoekstra等（2007b）计算了1997～2001年世界上每个国家的水足迹，并在研究结果中指出确定一个国家的水足迹的四个主要直接因素是：消费量、消费模式、气候和农业实践。这是对水足迹的最初研究，在理论和方法上还不成熟，部分基础数据尚不清楚、不完善，但对各国水足迹的粗略估计基本一致，其结果表明：人均水足迹相对较高（大于2000m^3/a）的国家主要是比利时和荷兰，人均水足迹中等（1000m^3/a）的国家有日本、美国、墨西哥，人均水足迹相对较低的国家主要有中国、印度和印度尼西亚，其中中国人均水足迹仅为419m^3/a。Orlowsky等（2014）研究了未来气候变化对水资源可持续性的影响，提出任何调查都需要考虑潜在减少的水可用性对国内水资源和虚拟水交易的影响。Hoekstra（2013）从生产和消费的角度估计每个国家的水足迹，国际虚拟水流量是基于农产品和工业商品的贸易来估算的；与农业和工业产品贸易有关的国际虚拟水流总量为2320亿m^3；谷物产品的消费对平均消费者的水足迹贡献最大（27%），其次是肉类（22%）和乳制品（7%）。

众多研究（Hoekstra et al.，2005；Siebert et al.，2010）成果表明，国家间虚拟水流动的趋势愈加显著，全球每年虚拟水流量超过1万亿m^3。Hoekstra（2006）指出人类所面临的水资源问题不仅仅是区域内的问题，应从跨流域至是全球尺度上去探讨解决。

2）B 级尺度研究

B 级尺度指国家、地区或特定流域。目前，有关学者结合虚拟水理论已对多数国家和区域开展了水足迹的实证研究。Hoekstra 等（2007a）和 van Oel 等（2009）分别核算了荷兰 1997～2001 年和 1996～2005 年的水足迹状况。结果表明，荷兰是个水资源高度依赖进口的国家，其消费者外部水足迹的影响在水资源严重短缺国家中是最高的。Aldaya 等（2010a，2010b）认为西班牙的水资源短缺危机主要是农业部门管理不当造成的，他将虚拟水和水足迹思想融入西班牙拉曼查自治州水资源管理政策中，探索农业生产的水文和经济价值。2008 年，西班牙环境部在《欧盟水框架指令》（2000/60/EC）（The EU① Water Framework Directive，WFD）规定的流域管理规划中首先采用了水足迹指标。Kampman 等（2008）核算出印度 1997～2001 年的国内居民消费水足迹人均为 777m^3/a。计算结果进一步表明，印度每年都有 220 亿 m^3 虚拟水从印度北部流向东部，此结果与印度政府提议的“从水资源丰富的东部调水至水资源短缺的北部”方案相悖。Vanham 等（2013）对水足迹方法进行了综述，回顾了水足迹指标及其对 EU28（EU27 和克罗地亚）政策的适用性，结果显示 EU28 是一个净虚拟水进口区域。Vanham（2013）分析了奥地利的水足迹消费，判断该国是一个关于农产品的净虚拟水进口国，与许多西方国家一样，目前奥地利饮食包括糖、植物油、肉类、动物脂肪、牛奶、乳制品和鸡蛋等产品，谷物、大米、土豆、蔬菜和水果等产品不足。Pahlow 等（2015）对南非水资源足迹进行评价，南非消费者的平均水足迹为 1255m^3，低于世界平均水平的 1385m^3，并且主要由肉类（32%）和谷物（29%）的消耗所支配。此外，国外学者也对英国（Yu et al.，2010）、德国（Sonnenberg et al.，2009）、印度尼西亚（Bulsink et al.，2010）等国家的水足迹状况进行了核算和分析。王新华等（2005b）计算了 2000 年中国各省（区、市）的人均水足迹量，并在此基础上分析了几个典型省（区、市）水足迹的构成，最后探讨了通过降低水足迹的途径缓解水资源紧缺的措施。龙爱华等（2003）以新疆、青海、甘肃和陕西地区为例，通过计算这四个省（区）的水足迹量，从虚拟水消费角度衡量国民经济体系对水资源的消费利用状况，为缓解中国水资源紧缺现状提供新思路。孙艳芝等（2015）运用水足迹的理论，计算出 2012 年北京市水足迹总量和人均水足迹量分别为 352.6 亿 m^3、1704m^3，远超实体水统计数据中总供水量 35.9 亿 m^3 和人均用水量 193.3m^3，水资源潜在压力很大。

3）C 级尺度研究

C 级尺度的水足迹核算需要准确的数据源，能够明确水足迹的地理区域和

① EU 指欧洲联盟（European Union）。

时间。高精度时空分布的水足迹核算适于为特定地区制定水足迹减量策略。Vanham 等（2014）以 1996～2005 年为参考期，以 365 个欧洲流域为研究对象，对各流域的虚拟水贸易进行了研究，研究结果表明：多瑙河、塞纳河、罗讷和易北河盆地等 50 个流域从净虚拟水进口地区转向净出口地区。苏芳等（2018）对澳大利亚和中国内陆河张掖市各县区的日常消费模式及饮食结构进行比较分析，并以 DGE（德国营养协会推荐的健康饮食模式）为参考，评价了三种消费结构下的食物消费量、消费水足迹组分与总消费水足迹特征。单纯宇等（2016）依据海河流域 8 个地区的气象及农业基础数据，利用水足迹理论，不仅计算了该流域主要作物的虚拟水含量、作物水足迹值，还分析了作物水足迹值的空间格局。詹兰芳（2016）以 2007～2013 年韩江流域水足迹量为研究对象，结果得出在此期间水足迹增长达 32.6%，其中农业水足迹、污染水足迹、工业用水足迹分别占流域水足迹总量的 54%、27%、10%。潘文俊等（2012）以福建省九龙江流域为研究区域，运用水足迹理论计算得出该流域人均水足迹为 1440.695m^3，总体水资源状况较为理想。为了有效提高水资源利用效率，钟文婷等（2015）利用水足迹模型研究了疏勒河流域 2001～2010 年的水足迹动态特征，结果表明研究时段内，疏勒河流域水足迹总量呈增长趋势，人均水足迹从 2001 年的 772.537m^3 增加到 2010 年的 1304.476m^3，疏勒河流域水资源集约利用程度呈上升趋势，从 2001 年的 6.053 增加到 2010 年的 10.875；此外，水资源压力指数从 2001 年的 0.447 增加到 2010 年的 0.747，说明疏勒河水资源利用压力虽处于水资源可承载范围内，但其水资源压力不断增大。张军等（2012）利用生态足迹法构建了黑河流域农业用水、工业用水、城镇公共用水、生活用水和生态环境用水五个二级水资源账户，在此基础上利用水资源负载指数研究了黑河流域 2004～2010 年水资源承载力、水足迹和水资源负载动态特征，结果表明：研究区水资源承载力从 2004 年的 16.36hm^2 增加至 2010 年的 24.40hm^2；总水资源生态足迹从 2004 年的 571.81hm^2 减少至 2010 年的 486.73hm^2；而水资源生态赤字从 2004 年的 555.45hm^2 下降至 2010 年的 462.33hm^2；黑河流域水资源负载指数高，水资源开发潜力很小。

综合来看，自水足迹概念提出至今，水足迹研究得到了世界各国学者的广泛关注。目前，关于水足迹的研究主要集中于单个产品的水足迹含量分析（石鑫，2012；邓晓军等，2009）、水足迹影响因素研究（韩琴，2016；王晓萌等，2014；李泽红等，2013；龙爱华等，2006）、区域或者国家层面的水足迹分析（刘民士等，2014；韩舒等，2013；潘文俊等，2012；刘梅等，2012）、水足迹结构分析（宋智渊等，2015）等，与此同时，有关学者也对水足迹研究成果进行了总结（马晶等，2013；吴兆丹等，2013；黄凯等，2013；诸大建等，2012），但大多是在主观基础上进行文献统计和分析，未从定量视角对现有研究成果进行梳理和分析。

3. 基于文献计量方法的水足迹研究进展

水足迹的定义较为明确，是指生产某一国家或者区域内人口所消费商品和服务需要的淡水资源总量，同时考虑虚拟水是水足迹中的重要组成部分，且水足迹的研究是建立在虚拟水的基础之上的，因此外文文献检索条目确定为“water footprint”和“virtual water”，数据样本选取自Web of Science数据库中Web of Science™核心合集，以“主题”=“water footprint”或“virtual water”和“文献类型”=“article”，选择检索时间范围为1993～2018年，共得检索结果1518条，对检索结果进行去重、删除无关条目，最终整理得到1177篇相关文献，这1177篇相关文献集中分布于2000～2018年。将中文文献检索的条目确定为“水足迹”和“虚拟水”，数据样本选取自中国学术期刊出版总库（CNKI总库），使用高级检索，以“主题”或者“关键词”=“水足迹”或“虚拟水”，选择时间为1993～2018年，精确匹配检索，共得检索结果1649条，对检索结果去重、删除无关条目，最终整理得到1167篇相关文献，这1167篇文献都分布在2003～2018年。

1）发文量时间分析

将检索所得文献按照发文年份进行文献数量的统计，得到研究期间水足迹领域中外文文献发文数量折线图，如图1-1所示。

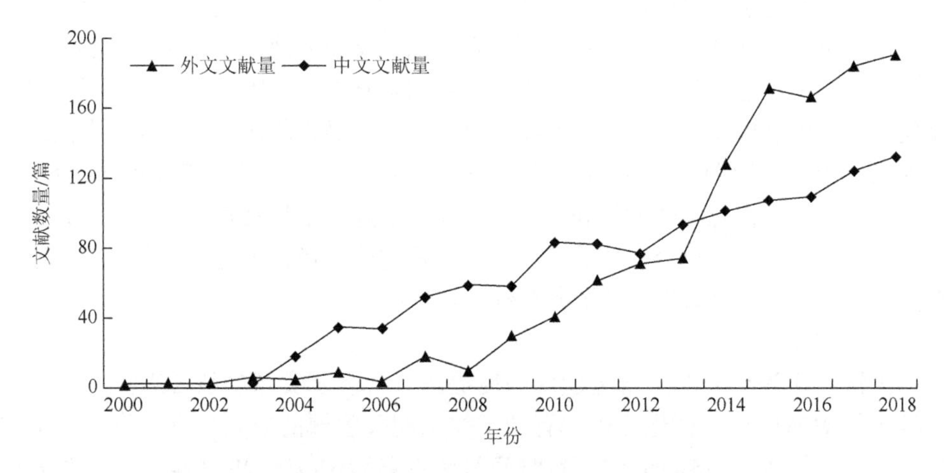

图1-1 2000～2018年水足迹研究领域中外文文献发文数量

由图1-1可知，中文文献起步晚，但是数量增长很快，年发文量仅一年就已超过外文文献发文量，究其原因，主要是在水足迹概念兴起之初，研究主要集中于地区与产品水足迹的测算，而中国地域辽阔、产业类型众多，因此在这一时期水足迹发文数量较多，而随着地区与产品水足迹测算文献的饱和，水足迹中文文献的发文量增长速度逐渐减缓，其后水足迹研究范围不断扩大，外文文献开始转入水足迹与食品安全、环境变化等相关问题的研究，中文文献则更加侧重于水足迹空间差异及成因的探讨。

研究期间水足迹领域相关外文文献的发文数量总体上呈现出上升态势，个别年份发文数量有小幅波动。其文献数量增长情况大致可以分为三个阶段：①2000～2006 年，水足迹相关研究的发文数量基本上在低位徘徊，自水足迹概念提出以来，相关的水足迹会议也受到研究人员的密切关注，2002 年在世界水贸易专家会议上 Hokestra 首次提及“水足迹”这一概念，随后 2003 年日本举行第三届世界水论坛，2005 年德国发展研究院召开虚拟水贸易专家会议，但这一阶段水足迹作为脱胎于虚拟水的一个全新概念，并未引起广泛关注，其研究尚处于讨论阶段，因此发文数量较少；②2006～2013 年，水足迹外文文献数量曲折上升，2006 年在墨西哥召开的第四届水资源论坛、2006 年在德国波恩由世界水资源系统项目举办的主题为“全球水资源政府治理”的会议和在法兰克福由社会经济研究所举行的“虚拟水贸易”会议等都对水足迹开展了讨论，这使得水足迹这一概念得到越来越多的专家学者的关注，因此自 2006 年后，水足迹相关研究得到国际学界的重视，但这一阶段水足迹的研究内容与范围并未得到确定，因此该阶段相关文献数量增长较为缓慢；③2013～2018 年，文献数量快速增长，尤以 2013～2015 年度文献数量增长最为明显，掀起了水足迹研究的高潮。2015 年联合国气候变化大会在巴黎召开，气候变化是关乎地球生命生存的重要问题，而水圈作为地球圈层中的重要组成部分，其三态变化对于气候变化具有十分特殊的影响作用，因此，应对全球气候变化问题，对于水资源的研究十分重要，这也使得水足迹的研究进入了一个全新的时期。水足迹作为脱胎于虚拟水概念的一个全新领域，仍存在许多不完善的地方，相关的专家学者在各种学术期刊和学术会议上展开对水足迹和虚拟水的讨论，尽管这种讨论和质疑时至今日依然存在，但正是这些质疑让水足迹概念更加快速地得到完善，成为一个备受关注的研究领域。

2）关键词分析

关键词作为作者对文章主题的高度提炼，代表了文章的核心观点，对某一领域的关键词进行可视化分析，有助于挖掘相关领域的研究热点。将中外文文献数据分别导入 CiteSpace 中，将时间跨度设置为 1993～2018 年，单个时间切片为 1 年，将聚类词来源设置为标题（title）、摘要（abstract）、作者关键词（author keywords）和增补关键词（keywords plus），聚类词库选择突现词（burst terms），节点类型选择关键词（keyword），选取标准设置为每个时间切片中被引频次最高的前 50 个关键词。外文文献高频关键词如表 1-3 所示，中文文献高频关键词如表 1-4 所示。

表 1-3 2000～2018 年水足迹外文文献高频关键词

序号	关键词	被引频次	序号	关键词	被引频次
1	water footprint（水足迹）	289	18	international trade（国际贸易）	48
2	virtual water（虚拟水）	244	19	green（绿色）	47
3	consumption（消费）	207	20	nation（国家）	45
4	resource（资源）	195	21	environmental impact（环境影响）	44
5	trade（贸易）	143	22	food（粮食）	43
6	footprint（足迹）	110	23	agriculture（农业）	40
7	China（中国）	107	24	model（模型）	40
8	impact（影响）	77	25	blue（蓝色）	39
9	flow（流）	72	26	scarcity（匮乏）	39
10	product（产品）	70	27	irrigation（灌溉）	36
11	management（管理）	68	28	ecological footprint（生态足迹）	35
12	irrigated crop area（灌溉作物面积）	60	29	carbon footprint（碳足迹）	35
13	climate change（气候变化）	59	30	biofuel（生物燃料）	33
14	sustainability（可持续性）	56	31	food security（粮食安全）	32
15	water scarcity（水匮乏）	56	32	input output analysis（投入产出分析）	32
16	energy（能源）	52	33	green water（绿水）	32
17	life cycle assessment（生命周期评价）	51	34	river basin（流域）	27

表 1-4 2003～2018 年水足迹中文文献高频关键词

序号	关键词	被引频次	序号	关键词	被引频次
1	虚拟水	475	8	生态足迹	26
2	水足迹	304	9	水资源管理	25
3	水资源	142	10	投入产出分析	25
4	虚拟水贸易	127	11	可持续发展	22
5	虚拟水战略	92	12	水安全	24
6	农产品	48	13	水资源安全	20
7	粮食安全	35	14	水资源承载力	21

由表 1-3 可知，在研究内容上，词频超过 100 的关键词中，研究范围较为明确，研究内容较为具体，大都与社会经济生活相关，多涉及贸易、资源、消费等方面，国际上对于水资源消费和水资源贸易的研究较为集中，对于虚拟水贸易的关注度很高；另外，气候变化、环境影响、食品安全、土地利用等高频关键词的出现，说明水足迹研究与这些方面息息相关。随着人类对水资源研究的深入，对于生命周期评价、生物燃料、投入产出分析的研究也逐渐增多，这也是可持续发展理念越来越受到科学研究重视的结果。对比中外文文献关键词图谱，可以看出，外文文献研究多集中于贸易、消费等方面，而中文文献的研究则更偏重于粮食安全、水资源评价等方面，主要原因是中国是一个人口众多的农业大国，粮食安全关乎国家安全，且中国水资源时空分布很不均匀，严重限制了各地区均衡发展。

3）文献作者群体分析

外文文献作者发文量如表 1-5 所示，中文文献作者发文量如表 1-6 所示。

表 1-5　2000～2018 年水足迹外文文献作者发文量

序号	发文量	作者	单位
1	58	A. Y. Hoekstra	特文特大学
2	20	M. M. Mekonnen	特文特大学
3	19	Y. B. Wang	西北农林科技大学
4	17	P. T. Wu	西北农林科技大学
5	15	S. K. Sun	西北农林科技大学
6	14	S. Pfister	苏黎世联邦理工大学
7	13	X. N. Zhao	西北农林科技大学
8	13	H. Yang	苏黎世联邦理工大学
9	10	M. Konar	伊利诺伊大学
10	10	J. Liu	吉林大学
11	10	B. G. Ridoutt	澳大利亚联邦科学与工业研究组织

表 1-6　2003～2018 年水足迹中文文献作者发文量

序号	发文量	作者	机构	序号	发文量	作者	机构
1	23	孙才志	辽宁师范大学	6	12	王玉宝	西北农林科技大学
2	19	秦丽杰	东北师范大学	7	11	杨玉蓉	衡阳师范学院
3	16	田贵良	河海大学	8	11	王新华	中国科学院
4	15	徐中民	中国科学院	9	11	吴普特	西北农林科技大学
5	14	邹君	衡阳师范学院	10	10	韩宇平	华北水利水电学院

由表1-5可知，从水足迹外文文献发文量的排名上看，发文量在10篇及以上的作者共有11人，其中A. Y. Hoekstra以58篇的发文量遥遥领先，发文量在10篇及以上的作者所发文献数量占研究期间发文总量的30.53%，表明水足迹领域外文文献的发文作者较为集中。少数高频次发文作者的研究对国际水足迹的理论基础起到奠基作用，其中以水足迹概念的提出者A. Y. Hoekstra尤为突出，作为水足迹研究领域的奠基人，其对水足迹的研究引领了国际水足迹研究的方向和热点。

表1-6显示，水足迹中文文献发文量在15篇及以上的作者仅有孙才志、秦丽杰、田贵良、徐中民4人，发文量在10篇及以上的作者所发文献数量占到水足迹中文文献发文总量的15.6%，说明水足迹领域中文文献的发文作者集中于少数几位研究人员。核心作者的研究对中国水足迹的发展起到奠基作用，尤其是最先在中国进行水足迹研究的学者，如徐中民、王新华、邹君、杨玉蓉等人，他们的相关研究对于中国水足迹领域的发展做出了先导性的突出贡献。另外，孙才志、秦丽杰等人在前人研究的基础上，将水足迹进一步深化拓展，开始研究水足迹的空间分布（董璐等，2014；赵良仕等，2014，2013；孙才志等，2013）、农作物水足迹的相关情况（秦丽杰等，2015，2012a；段佩利等，2014），以及膳食水足迹（秦文彦等，2013；秦丽杰等，2013），为水足迹的研究内容和研究方向拓宽了思路。

4）发文机构分析

外文文献发文机构如表1-7所示，中文文献发文机构如表1-8所示。

表1-7　2000～2018年水足迹外文文献发文机构

序号	出现次数	单位	所处地点
1	68	特文特大学	荷兰恩斯赫德
2	35	中国科学院	中国北京
3	24	北京师范大学	中国北京
4	18	北京林业大学	中国北京
5	17	西北农林科技大学	中国西安
6	14	弗吉尼亚大学	美国弗吉尼亚
7	14	国家环境研究所	日本东京
8	12	国家节水灌溉杨凌工程技术研究中心	中国西安
9	10	北京大学	中国北京
10	10	帕多瓦大学	意大利威尼托 大区帕多瓦
11	10	中国水利部	中国北京
12	10	苏黎世联邦理工学院	瑞士苏黎世

以发文量的排名（表 1-7）来看，水足迹外文文献发文机构发文量在 10 次及以上的机构所发文数量占总发文数量的 33.48%，说明国际水足迹研究中科研机构之间科研能力差异显著，在所有水足迹外文文献的发文机构中，出现次数在 10 次及以上的研究机构共有 12 个，特文特大学出现次数最多，发文数量最多，为 68 次，该校位于荷兰恩斯赫德，是水足迹之父 A. Y. Hoekstra 所在的研究机构，因此对于水足迹以及虚拟水的研究比较深入，其次是中国科学院，发文数量为 35 篇，所处国家是中国，中国是一个幅员辽阔的大国，水资源数量时空分布差异巨大，人口众多，人均水资源量低于世界平均水平，为了缓解缺水问题，对水资源的研究比较深入也是理所应当的。

表 1-8　2003～2018 年水足迹中文文献发文机构

序号	出现次数	机构	序号	出现次数	机构
1	70	中国科学院	6	18	西北农林科技大学
2	50	河海大学	7	13	宁夏大学
3	35	辽宁师范大学	8	13	西北师范大学
4	20	东北师范大学	9	12	衡阳师范学院
5	20	北京师范大学	10	11	西南大学

如表 1-8 所示，按照发文数量排序分析，水足迹中文文献相关发文机构出现次数在 10 次以上的科研机构共有 10 个，其中出现次数最多的是中国科学院，共 70 次。中国科学院作为中国自然科学最高学术机构、科学技术的最高咨询机构，其研究为中国国家层面的决策提供科学依据。中国科学院是中国水足迹领域发文量最多的机构，其次是河海大学与辽宁师范大学，分别出现了 50 次和 35 次。河海大学是一所以水利为特色的重点高校，同时拥有水文水资源与水利工程科学国家重点实验室和水资源高效利用与工程安全国家工程研究中心，是中国水资源研究中的老牌强校。其余水足迹中文文献发文量较多的科研机构一般都有专门的研究团队作为水足迹领域的研究支撑。

1.2.3　水足迹强度研究进展

与能源强度（Bilgili et al.，2017；Huang et al.，2017）的概念相类似，水足迹强度表示的是单位 GDP 所消耗的水足迹数量，体现了地区水资源的综合利用效率，是衡量区域发展过程中水资源利用方式的重要指标，体现了地区科技水平和水资源利用效率，同样也是反映经济发展与水资源利用代价的重要参考指标。

目前对于水足迹强度的研究多集中于时空差异变化、空间关联格局、足迹强度对水资源利用效率的影响、水资源强度与经济水平的耦合关系等。张凡凡等（2019）基于水足迹视角测算了2006～2015年中国31个省（区、市）的水足迹强度，利用探索性空间数据分析（exploratory spatial data analysis，ESDA）对其时空格局演变特征进行分析，同时引入时空跃迁测度法进行细化，并借助空间杜宾模型探讨其影响因素。张燕等（2008）以西北干旱区——新疆为例，对其1990～2005年水足迹及水资源利用效率进行了动态评估，认为水足迹总量在研究期内增幅为38.1%，水足迹强度由研究初期的0.42m^3/元下降至0.06m^3/元，降幅超过80%，水资源利用效率明显提高。孙才志等（2010a）借助基尼系数和锡尔指数探究了1997～2007年中国31个省（区、市）水足迹强度发展的空间格局变化规律，但该研究在空间分析方面过于简化，容易造成水足迹强度分布特征偏差。徐绪堪等（2019）基于中国31个省（区、市）2005～2015年水足迹强度数据，从社会网络的视角对水足迹强度的空间关联结构特征进行研究。结果发现，研究期内水足迹强度空间网络关联的紧密程度不断提高，同时网络结构稳定性也在逐步增强，中国水足迹强度空间溢出存在着明显的梯度关系。赵良仕（2017）在探讨2001～2014年灰水足迹强度的空间自相关特征的基础上，建立空间计量模型，在空间效应视角下验证灰水足迹强度存在绝对和条件β收敛。孙才志等（2013）利用探索性空间数据分析方法对1995～2009年中国31个省（区、市）的水足迹强度空间分布格局进行了分析。苏莉（2017）利用探索性空间数据分析对2005～2015年中国资源型城市的水足迹强度进行了空间相关性分析，并通过计算水足迹强度的基尼系数及泰尔指数对区域水足迹强度的总差异进行特征分析，同时，比较了普通最小二乘（ordinary least square，OLS）法模型和空间滞后模型（spatial lag model，SLM）对水足迹强度影响因子的分析结果。赵良仕等（2013）基于1997～2010年中国31个省（区、市）水足迹强度数据，使用面板数据模型对各省（区、市）劳均GDP差异收敛性与水足迹差异收敛性进行实证估计。张玲玲等（2017）基于水足迹理论测度了2002～2014年中国31个省（区、市）水足迹强度，运用空间计量经济学方法对中国水足迹强度时空格局演变特征进行解析，在此基础上分析水足迹驱动因素的空间效应情况，结果显示中国水足迹强度具有较强的空间相关性，其空间集聚具有跃迁性。杨凡等（2017）在计算江苏省水足迹的基础上，选取六项水足迹强度指标，分部门比较各地市水资源利用效率的差异，并基于ESDA研究了江苏省水足迹强度的空间自相关性，构建空间集聚图，研究认为江苏省2002～2014年水足迹强度偏高，水资源压力较大。赵良仕等（2014）运用全局莫兰I数（Moran's I）探讨了中国31个省（区、市）水足迹强度空间自相关模式，结果发现 1997～2010 年水足迹强度显示出全局正的自相关，自相关程度逐年增强，且各省（区、市）水足迹强度存在绝对 β 收敛。王博等（2014）基于 ESDA 对辽河流域水足迹强度时空格局特征进行解析，研究显示辽河流域水足迹在时间上呈现下降趋势，在空间上表现为区间发展不平衡。雷玉桃等（2016）通过构建水足迹模型和水足迹强度模型，测算出 2004～2013 年中国主要省（区、市）的水足迹及水足迹强度，并在此基础上对水足迹强度进行对比，此外还基于 ESDA 方法，使用莫兰 I 数和局部空间关联性指标（local indicators of spatial association，LISA）进行中国区域水足迹强度的全局和局部自相关分析。盖美等（2017）采用核密度估计模型、基尼系数、锡尔指数分析了辽宁省人均水足迹和水足迹强度的动态演变规律，但该研究局限于影响因子的线性分析，忽略了研究客体非线性假设的做法容易造成研究结果的偏差。

1.2.4 水生态足迹研究进展

20 世纪 90 年代加拿大生态经济学家 Willam Rees 提出了“生态足迹”（ecological foot-print）理论（张义等，2013a；谭秀娟等，2009），该方法基于土地的生产功能，用面积大小的方式直观地反映人类废弃物排放和资源消费过程中对生态环境的占用程度，旨在定量测度特定人口的资源消费需求（方恺，2013，2015a）。

随着研究的深入，国外学者尝试引入新的方法或指标对生态足迹研究方法加以改进和完善。最初，生态足迹分析没有把自然系统提供资源、消纳废弃物的功能描述完全，忽视了地下资源和水资源的估算，也鲜有针对污染的生态影响的研究（刘淼等，2006；吴隆杰等，2006；章锦河等，2006；王书华等，2002）。生态足迹模型中所描述的六类账户均基于“生物生产”这一概念而定义（谭秀娟等，2009；黄林楠等，2008），水域的生物生产功能仅以渔业生产为基准来进行估算，该方法是极其狭隘的，在社会经济发展和生态环境保护的任一环节，水资源均不可缺少，水资源的这一功能虽然不能以生物生产来界定，但可以认为这是水资源的生产功能。为弥补Wakcemgael 和 Rees（1997）建立的生态足迹模型中对于水域功能描述的局限，在生态足迹模型中建立水资源账户，把水资源账户统一到生态足迹模型中去，在六类土地以外建立第七类土地类型—水资源用地，用于描述水资源的生态环境和社会经济功能，以弥补水域对水资源功能描述的不足。该方法将消费的水资源量按当地的产水能力换算成相应的土地面积，以作为水资源账户与其他各类账户度量相统一的基础。Niccolucci 等（2009 年）将“生态足迹”与“生态承载力”相结合进行研究测算，提出两个新指标，即生态足迹广度和生态足迹深度，分别来表示人类活动对于自然资源的流量资本占用水平和存量资本的消耗程度，将生态足迹的研究向纵深扩展。

国内学者在生态足迹的基础上针对水资源占用方面获得了相应的研究成果。其中，王刚毅等（2019）基于改进的水生态足迹模型，对中原城市群2001～2016年水量生态足迹和水质生态足迹进行计算，并从宏观和微观层面构建脱钩评价模型和协调度模型。杨裕恒等（2019）提出了一种考虑不用受纳水体的水生态足迹计算方法，并以此计算了山东省2003～2015年水量与水质生态足迹，构建了宏观方面的协调发展脱钩评价模型与微观方面的协调度理论，对水资源消耗与经济增长之间的协调关系进行评价，结果表明山东省水生态足迹总体呈现波动上升趋势，人均GDP增长与水生态足迹由弱脱钩的初级协调向强脱钩的中级协调转变。张倩等（2019）基于水生态足迹模型对重庆市水资源可持续利用进行了分析与评价，结果表明，研究时段内重庆市水生态足迹总体呈上升趋势，变化范围为0.7256亿～1.4072亿hm^2。张智雄等（2018）将传统灰水足迹和水生态足迹方法相结合，运用扩展的Kaya恒等式和LMDI分解方法对中国各省（区、市）的人均灰水生态足迹变化的驱动因素进行测定分析，充分考虑了资本和劳动力因素，选取经济活度效应、资本深化效应、资本效率效应、足迹强度效应、环境效率效应五个效应研究人均灰水生态足迹变化的影响，结合迭代自组织数据分析（iterative self-organizing data analysis，ISODATA）聚类模型对各效应进行空间聚类，从而分析各效应的空间特征。许国钰等（2018）利用水生态足迹理论计算了2002～2016年贵阳市水生态足迹、水资源承载力和水资源可持续利用指数，在此基础上基于环境压力STIRPAT模型，并运用偏最小二乘（partial least square，PLS）法回归模型进行分析，同时利用弹性网回归对PLS进行验证，进而分析了影响城市水生态足迹的几个驱动因素。李继青等（2016）利用水贫困指数测算了北京市水生态足迹，利用水资源、供水设施状况、利用能力、使用效率及环境状况五个分指数定量评价北京市1986～2014年的相对缺水程度，并用EViews软件建立了差分自回归移动平均（autoregressive integrated moving average，ARIMA）模型，用ARIMA(p, d, q)模型对时间序列进行预测分析，预测北京市2015～2030年水贫困指数（water poverty index，WPI）及水生态足迹，结合各指数的预测数据分析预测北京市水资源可持续利用情况。杨骞等（2017）采用水资源生态足迹模型，计算了2000～2014年中国农业用水生态足迹，利用达格姆（Dagum）基尼系数及其分解方法与核（kernel）密度方法实证考察了中国农业用水生态足迹的地区差异及演变趋势，并首次采用空间面板计量建模方法揭示了农业用水生态足迹的影响因素。孙才志等（2017b）运用生态足迹方法对水资源进行流量资本和存量资本区分，测算了中国31个省（区、市）1997～2014年的水生态足迹广度与深度。针对传统生态足迹对于水域仅考虑渔业生产功能的缺陷，张义等（2013b）提出了基于生态系统服务的水生态足迹概念和模型，并以2003～2010年广西为例进行了计算与分析。孙才志等（2017a）将水生态足迹和水生态承载力的方法应用到水安全评价领域，与多指标评价法相结合，以中国31个省（区、市）为研究对象，测算了各省（区、市）的水压力指数、水适应指数和水安全指数，探究了中国经济规模、社会发展，以及科技水平与水资源利用的协调发展关系。黄林楠等（2008）提出了水资源生态足迹和水资源生态承载力的计算算法，将水资源账户分为生活用水足迹、生产用水足迹和生态需水足迹三个二级账户，并建立了水资源生态足迹及水资源生态承载力计算模型，对江苏省 1998～2003 年水资源生态足迹和生态承载力进行了测算。

第 2 章　水足迹及水生态足迹相关测算方法

2.1　水足迹测算方法

（1）由于采用自上而下的方法测算水足迹需要详尽的省际产品数量贸易记录，这方面的数据较难获取，而本书计算对象正是中国省际水足迹，所以本节采取自下而上的计算方法，该方法是基于消费群体水足迹的计算方法，对于某一地区消费水足迹，消费者群体即该区域全体居民。具体包括农畜产品水足迹、工业产品水足迹、生活生态水足迹及水污染足迹。

$$\mathrm{WF} = \mathrm{WF}_{\mathrm{agr}} + \mathrm{WF}_{\mathrm{ind}} + \mathrm{WF}_{\mathrm{dom\text{-}eco}} + \mathrm{WF}_{\mathrm{wp}} \tag{2-1}$$

式中，WF 为地区水足迹（m^3/a）；$\mathrm{WF}_{\mathrm{agr}}$、$\mathrm{WF}_{\mathrm{ind}}$、$\mathrm{WF}_{\mathrm{dom\text{-}eco}}$、$\mathrm{WF}_{\mathrm{wp}}$ 分别表示各地区居民消费的农畜产品、工业产品、生活生态水足迹及水污染足迹（m^3/a）。

（2）灰水足迹概念的提出是出于以下认识，即水污染的程度和规模可以通过稀释该污染物至无害的水量来反映。计算方法如下：

$$\mathrm{WF}_{\mathrm{grey}} = \frac{L}{C_{\max} - C_{\mathrm{nat}}} = \frac{\alpha \times \mathrm{Appl}}{C_{\max} - C_{\mathrm{nat}}} \tag{2-2}$$

式中，$\mathrm{WF}_{\mathrm{grey}}$ 为地区灰水足迹（m^3/a）；L 为排污量（m^3/a）；$C_{\max}$、C_{nat} 分别表示污染物的水质标准浓度及受纳水体的自然本底浓度（kg/m^3）；α 为淋溶率，即使用的化学物质进入淡水的比例，无量纲；Appl 为在某一过程中在土地表面或是土地内部使用的化学物质量。

受纳水体的自然本底浓度指自然条件、无人为影响下水体中某种污染的浓度。人工产生的物质在自然条件下是不存在的，取 $C_{\mathrm{nat}} = 0$。如果得不到准确的自然本底浓度且估计值较低，可简单认为 $C_{\mathrm{nat}} = 0$，但 C_{nat} 的真实值不为 0，因而所得到的灰水足迹偏低。

根据灰水足迹的概念结合人类生产生活的几个方面，将灰水足迹分为农业、工业、生活三方面计算：

$$\mathrm{WF}_{\mathrm{grey}} = \mathrm{WF}_{\mathrm{agr\text{-}grey}} + \mathrm{WF}_{\mathrm{ind\text{-}grey}} + \mathrm{WF}_{\mathrm{dom\text{-}grey}} \tag{2-3}$$

式中，$\mathrm{WF}_{\mathrm{grey}}$ 为地区水足迹（m^3/a）；$\mathrm{WF}_{\mathrm{agr\text{-}grey}}$、$\mathrm{WF}_{\mathrm{ind\text{-}grey}}$、$\mathrm{WF}_{\mathrm{dom\text{-}grey}}$ 分别为地区农业灰水足迹、工业灰水足迹和生活灰水足迹（m^3/a）。

2.1.1 农畜产品水足迹测算方法

根据城乡居民消费的农畜产品的实际情况、单位农畜产品的虚拟水含量的计算结果及相关的统计资料，本节主要对粮食、食用油、蔬菜、肉类、水产品、蛋类、奶类、果类、酒类（白酒、啤酒）进行计算，得到城乡居民消费的农畜产品虚拟水量。相关计算公式如下：

$$\mathrm{WF_{agr}} = \sum_{i=1}^{10} k_i (P_u C_{ui} + P_r C_{ri}) \tag{2-4}$$

式中，$\mathrm{WF_{agr}}$为某地区农畜产品水足迹（亿 m^3/a）；k_i为第 i 种农畜产品虚拟水含量（m^3/kg）；C_{ui}、C_{ri}分别为城市、农村居民人均农畜产品消费量[kg/(人·a)]；P_u、P_r分别为城市、农村居民人数（人）。

由于地区、气候、农业生产条件和管理水平等方面的差异，中国各省（区、市）农产品单位虚拟水含量存在明显的差异。鉴于粮食虚拟水在水足迹总量中占有很大的比例，所以本节对粮食的虚拟水含量做了分区测算。具体测算方法是：首先根据各省（区、市）水稻、小麦、玉米、大豆、薯类产量数据和文献（孙才志等，2009a）中的中国各省（区、市）单位农产品虚拟水含量计算结果，再根据五种粮食比例采用加权平均的方法分别测算出中国各省（区、市）的粮食的虚拟水含量；而对于占比例较小的其他农畜产品则全国采取统一的单位虚拟水含量。根据相关的国内外文献（孙才志等，2010b，2009b；马静等，2005；徐中民等，2003），通过整理和计算得出中国主要农畜产品虚拟水含量（酒类以农产品为原料，本节将其归为农畜产品类，这与工业产品水足迹存在一定的重复量，但由于酒类虚拟水含量测度主要来自作为原料的农产品，重复量不会对计算结果造成很大的影响），具体计算结果见表 2-1、表 2-2。

表 2-1 中国 31 个省（区、市）粮食虚拟水含量 （单位：m^3/kg）

地区	虚拟水含量	地区	虚拟水含量	地区	虚拟水含量	地区	虚拟水含量
北京	1.033	上海	1.040	湖北	1.257	云南	1.501
天津	1.129	江苏	1.022	湖南	1.397	西藏	0.828
河北	1.202	浙江	1.237	广东	1.538	陕西	1.464
山西	1.358	安徽	1.374	广西	1.635	甘肃	1.524
内蒙古	1.206	福建	1.455	海南	1.838	青海	0.555
辽宁	1.039	江西	1.562	重庆	1.302	宁夏	1.383

续表

地区	虚拟水含量	地区	虚拟水含量	地区	虚拟水含量	地区	虚拟水含量
吉林	0.819	山东	0.928	四川	1.313	新疆	0.962
黑龙江	1.376	河南	1.060	贵州	1.459		

注：农作物的虚拟水量计算是指作物生长发育期间的累积蒸发蒸腾水量，其中各省（区、市）的粮食虚拟水含量的具体计算过程是：$D_L = (T_S \times D_S + T_X \times D_X + T_Y \times D_Y + T_D \times D_D + T_L \times D_L) / T_Z$，$D_L$为粮食的虚拟水含量，$T_S$、$T_X$、$T_Y$、$T_D$、$T_L$分别为水稻、小麦、玉米、大豆、薯类的产量，$D_S$、$D_X$、$D_Y$、$D_D$、$D_L$分别为水稻、小麦、玉米、大豆、薯类的单位虚拟水含量，T_Z为水稻、小麦、玉米、大豆、薯类的总产量。

表 2-2　中国主要农畜产品虚拟水含量　（单位：m^3/kg）

项目	蔬菜	肉类	蛋类	奶类	食用油	水产品	果类	白酒	啤酒
虚拟水含量	0.136	6.7	3.55	1.9	5.24	5.0	1.0	1.982	0.296

2.1.2　工业产品水足迹测算方法

工业部门较多，从而造成工业产品种类较多，同时受统计数据所限，若直接计算工业产品虚拟水含量存在一定难度（项学敏等，2006）。但相关研究表明，居民人均消费支出（不含食品消费）与人均 GDP 呈显著的线性关系（赵良仕等，2014；黄少良等，2013；贾佳等，2012；孙才志等，2010a）。因此，本节在计算工业产品水足迹过程中，首先将工业生产过程中的直接耗水量按当年各地区 GDP 与该地区人均消费支出之间的比例进行折算，并将该结果作为各地区人均消费的工业产品耗水量，在此基础上将该值乘以当年的工业消费系数作为该地区工业产品水足迹。

2.1.3　生活生态水足迹测算方法

生活用水主要包括城镇和农村生活用水，前者由居民用水和公共用水（含第三产业及建筑业等用水）组成，后者除居民生活用水外，还包括牲畜用水。本节选取《中国水资源公报》所公布的生态用水资料（仅包括人为措施供给的城镇环境用水和部分河、湖、湿地补水，而不包括降水、径流自然满足的水量）作为生态水足迹。

2.1.4　水污染足迹测算方法

水污染足迹被定义为区域一定人口消耗的产品和服务所排放的超出水体承载

能力的污染物对水资源的需求量。由于造成水环境污染的途径较多，本节仅选取工业废水中的化学需氧量（chemical oxygen demand，COD）和氨氮 (NH_4^+-N) 进行计算，并选取两者中最大值作为水污染足迹。公式如下：

$$WF_{wp} = \max\left(\frac{P_C}{NY_C}, \frac{P_N}{NY_N}\right) \tag{2-5}$$

式中，WF_{wp} 为水污染足迹（m^3/a）；P_C、P_N 分别为工业废水中 COD 和氨氮的排放量（t）；NY_C、NY_N 分别为水体对 COD 和氨氮的平均承载能力。COD 和氨氮的平均承载力采用《污水综合排放标准》（GB 8978—1996）中的二级排放标准，COD 和氨氮的达标浓度分别为 120mg/L 和 25mg/L。

2.1.5　农业灰水足迹测算方法

1.种植业灰水足迹测算

由于种植业主要是面源污染，它以扩散方式进入水体。综合考虑种植业中的主要水污染物，选取氮肥作为水污染物进行灰水足迹计算。参照《水足迹评价手册》的常用模型，假设施用氮肥中固定比例（氮肥淋失率）的氮进入水体做简单的估算。其公式如下：

$$WF_{pla\text{-}grey(TN)} = \frac{\alpha \times \mathrm{Appl}}{C_{max} - C_{net}} \tag{2-6}$$

式中，$WF_{pla\text{-}grey}$ 为地区种植业灰水足迹（m^3/a）；α 为氮肥淋失率（%）；Appl 为农业生产过程中氮肥施用量（kg）；C_{max} 为水质标准允许的污染物最大浓度（kg/m^3）；C_{net} 为污染物在水体中的初始浓度（kg/m^3），一般以 0 计入。

2. 畜禽养殖业灰水足迹测算

选取具有代表性的畜禽（包括猪、牛、羊、禽类）养殖排污作为考虑对象，通过养殖数量、饲养周期、排泄系数、单位粪便水污染物含量和进入水体流失率计算出畜禽养殖业污染负荷。为避免重复计算，饲养周期小于 1 年的猪与禽类数量取年末出栏量；饲养周期大于等于 1 年的牛、羊的数量取年末存栏量。结合单位粪便水污染物含量，选取 COD、总氮作为指标评价畜禽养殖业的灰水足迹。

$$L_{bre(i)} = \sum_{j=1}^{4} N_j \times D_j (f_j \times p_{jf} \times \beta_{jf} + u_j \times p_{ju} \times \beta_{ju}) \tag{2-7}$$

式中，L_{bre} 为第 i 种污染物进入水体的含量（kg）；N_j 为 j 的饲养量，j 表示猪、牛、羊和家禽数量（头或只）；D_j 为 j 的饲养周期（d）；f_j、u_j 分别为 j 的日排粪量和日排尿量[kg/(头（只）·d)]；p_{jf}、p_{ju} 分别为 j 的单位粪便、单位尿的污染物含量（kg/t）；β_{jf}、β_{ju} 分别为 j 的单位粪便、单位尿的污染物淋失率（%）。

污水中通常存在多种形式的污染物，而灰水足迹则由需要稀释水量最大的污染物决定（曾昭等，2013）。结合畜禽养殖业废水污染物含量，选取化学需氧量（COD）和总氮（total nitrogen，TN）作为评价指标计算畜禽养殖业的灰水足迹。

$$WF_{\text{bre-grey}} = \max(GWF_{\text{bre(COD)}}, GWF_{\text{bre(TN)}}) \tag{2-8}$$

$$GWF_{\text{bre}(i)} = \frac{L_{\text{bre}(i)}}{C_{\max} - C_{\text{net}}} \tag{2-9}$$

式中，$WF_{\text{bre-grey}}$ 为地区畜禽养殖业灰水足迹（m^3/a）；$GWF_{\text{bre}(i)}$为第 i 种（COD 或 TN）污染物畜禽养殖业的灰水足迹（m^3/a）；$C_{\max}$、C_{net} 分别为污染物最大浓度和初始浓度（kg/m^3）。

分别对种植业与畜禽养殖业灰水足迹进行计算，进而得到农业灰水足迹为

$$WF_{\text{agr-grey}} = \max(GWF_{\text{bre(COD)}}, GWF_{\text{bre(TN)}} + GWF_{\text{pla(TN)}}) \tag{2-10}$$

式中，$WF_{\text{agr-grey}}$ 为地区农业灰水足迹（m^3/a）。

2.1.6　工业灰水足迹测算方法

与农业灰水足迹相比，工业生产过程中直接将污染物排入水体，因此可直接测算废水中污染物排放量，本节选取 COD 和氨氮 (NH_4^+-N) 作为主要污染物进行工业灰水足迹测算，公式如下：

$$WF_{\text{ind-grey}} = \max(GWF_{\text{ind(COD)}}, GWF_{\text{ind}(NH_4^+\text{-N})}) \tag{2-11}$$

$$GWF_{\text{ind}(i)} = \frac{L_{\text{ind}(i)}}{C_{\max} - C_{\text{net}}} - W_{\text{ed}} \tag{2-12}$$

式中，$WF_{\text{ind-grey}}$ 为工业灰水足迹（m^3/a）；$GWF_{\text{ind}(i)}$为第 i 种（COD 或 NH_4^+-N ）污染物工业灰水足迹（m^3/a）；W_{ed} 为工业废水排放量（m^3/a）。

2.1.7　生活灰水足迹测算方法

生活污水与工业污水同属于点源污染且排放污水中均是 COD 和氨氮为主要污染物，因此生活灰水足迹的计算同工业灰水足迹。

$$GWF_{\text{dom}} = \max(GWF_{\text{dom(COD)}}, GWF_{\text{dom}(NH_4^+\text{-N})}) \tag{2-13}$$

$$GWF_{\text{dom}(i)} = \frac{L_{\text{dom}(i)}}{C_{\max} - C_{\text{nat}}} - W_{\text{sd}} \tag{2-14}$$

式中，GWF_{dom} 为工业灰水足迹（m^3/a）；$GWF_{dom(i)}$为以第 i 类污染物为标准的工业灰水足迹（m^3/a）；W_{sd} 为工业废水排放量（m^3/a）。

2.2 水生态足迹测算方法

（1）水生态足迹的测算方法是将消耗的水资源量转化为相应的产水面积，根据相关研究文献（黄林楠等，2008）得出的均衡值，计算出研究区消耗的水资源量所需要的产水面积，即水生态足迹，具体包括水量生态足迹和水质生态足迹。

$$EF_w = EF_{wr} + EF_{wq} \tag{2-15}$$

式中，EF_w 为区域水生态足迹（hm^2）；EF_{wr} 为区域水量生态足迹（hm^2）；EF_{wq} 为区域水质生态足迹（hm^2）。

（2）灰水生态足迹是将稀释污染负荷所需淡水的体积转化为相应的产水面积。参照《水足迹评价手册》中对灰水足迹按人类生产生活的不同方面来分别计算的方法，本节将灰水生态足迹分为工业、农业、生活三个子账户，计算公式如下：

$$GWEF = GWEF_i + GWEF_a + GWEF_l \tag{2-16}$$

式中，GWEF 为区域灰水生态足迹（hm^2）；$GWEF_i$、$GWEF_a$、$GWEF_l$ 分别为区域工业、农业、生活灰水生态足迹（hm^2）。

2.2.1 水量生态足迹测算方法

水量生态足迹的计算方法如下：

$$EF_{wr} = P \times ef_{wr} = \gamma \times (WF / w) \tag{2-17}$$

式中，EF_{wr} 为区域水量生态足迹（hm^2）；P 为区域人口数量（人）；ef_{wr} 为区域人均水生态足迹（hm^2）；γ 为全球水资源均衡因子；WF 为区域水足迹（m^3）；w 为水资源世界平均生产能力（m^3/hm^2）。参照黄林楠等（2008）和世界自然基金会（World Wild Fund for Nature）的计算结果，取全球水资源均衡因子 γ 为 5.19，取水资源世界平均生产能力 w 为 $3140m^3/hm^2$。

2.2.2 水质生态足迹测算方法

为了有效核算污染物对水生态足迹的影响，本书将化学需氧量（COD）和氨氮 (NH_4^+-N) 排放量作为水生态足迹中水质生态足迹子账户，以此来分析污染物排放浓度对水生态足迹的影响。测度模型为

$$\mathrm{EF_{wq}} = \gamma \times \max(\mathrm{EF_{COD}}, \mathrm{EF_{NH_4^+\text{-}N}}) = \gamma \times \max\left(\frac{L_{\mathrm{COD}}}{C_{\mathrm{COD}}}, \frac{L_{\mathrm{NH_4^+\text{-}N}}}{C_{\mathrm{NH_4^+\text{-}N}}}\right) \Big/ w \tag{2-18}$$

式中，$\mathrm{EF_{COD}}$、$\mathrm{EF_{NH_4^+\text{-}N}}$ 分别为 COD、NH_4^+-N 水生态足迹（hm^2）；L_{COD} 为区域内社会工业、农业、生活过程中 COD 的排放量（t）；$L_{\mathrm{NH_4^+\text{-}N}}$ 为区域内社会工业、农业、生活过程中氨氮的排放量（t）；C_{COD}、$C_{\mathrm{NH_4^+\text{-}N}}$ 分别为区域内单位面积水域 COD、氨氮排放达标浓度（mg/L）。本书中 COD 和氨氮的核算方法采用之前的研究文献（孙才志等，2016b）的核算方法，污染浓度达标排放标准采用《污水综合排放标准》（GB 8978—1996）中二级排放标准，COD 和氨氮的排放达标浓度分别为 120mg/L、25mg/L。

2.2.3　工业灰水生态足迹测算方法

《中国环境统计年鉴》的统计数据和现有的研究显示（韩琴，2016），COD 和氨氮是工业废水排放中主要的污染物，所以工业灰水生态足迹选取 COD 和氨氮作为衡量和估算指标。工业灰水生态足迹估算公式如下：

$$\mathrm{GWEF}_i = \gamma \times \max\left(\frac{L_{i\text{-COD}}}{C_{\mathrm{COD}}}, \frac{L_{i\text{-NH_4^+\text{-}N}}}{C_{\mathrm{NH_4^+\text{-}N}}}\right) \Big/ w \tag{2-19}$$

式中，$L_{i\text{-COD}}$ 和 $L_{i\text{-NH_4^+\text{-}N}}$ 分别为区域内工业 COD 和氨氮的排放浓度（mg/L）；C_{COD} 和 $C_{\mathrm{NH_4^+\text{-}N}}$ 分别为单位面积水域 COD 和 NH_4^+-N 的排放达标浓度（mg/L）。

2.2.4　农业灰水生态足迹测算方法

农田残留的农药和化肥及养殖业的牲畜粪便等的无序排放是农业水污染的主要来源，故本节将从种植业灰水生态足迹和养殖业灰水生态足迹两方面来进行估算。公式如下：

$$\mathrm{GWEF}_a = \mathrm{GWEF}_f + \mathrm{GWEF}_h \tag{2-20}$$

式中，GWEF_a、GWEF_f、GWEF_h 分别为区域农业、种植业、养殖业灰水生态足迹（hm^2）。

1. 种植业灰水生态足迹

参照《水足迹评价手册》和相关文献（韩琴，2016；孙才志等，2016b）投入土壤中的氮肥在降雨较大或大量灌溉的条件下，氮元素存在淋失风险，氮肥淋失率即氮肥淋失量与氮肥量之比，其中氮肥量包括土壤全氮量和施氮量，据此，确定如下种植业灰水生态足迹计算公式：

$$\mathrm{GWEF}_f = \gamma\left(\frac{\alpha \times \mathrm{Appl}}{C_{\mathrm{COD}}}\right)\Big/ w \tag{2-21}$$

式中，α 为氮肥淋失率，无量纲；Appl 为氮肥施用量（kg/a）。

2. 养殖业灰水生态足迹

根据粪便中主要水污染物的含量，选取 COD 和总氮作为估算指标，以此作为养殖业灰水生态足迹。

$$\mathrm{GWEF}_h = \gamma \times \max\left(\frac{L_{h\text{-COD}}}{C_{\mathrm{COD}}}, \frac{L_{h\text{-NH}_4^+\text{-N}}}{C_{\mathrm{NH}_4^+\text{-N}}}\right)\Big/ w$$

$$L_{h\text{-COD}}, L_{h\text{-NH}_4^+\text{-N}} = 畜禽数量 \times 饲养周期 \times 粪污染物含量 \times 流失率 \times (日排粪量 + 日排尿量) \tag{2-22}$$

式中，$L_{h\text{-COD}}$ 和 $L_{h\text{-NH}_4^+\text{-N}}$ 分别为区域内养殖业 COD 和氨氮的排放浓度（mg/L）。

2.2.5　生活灰水生态足迹测算方法

生活灰水生态足迹与工业灰水生态足迹同属于点源污染，并且主要污染物相同，均为 COD 和氨氮，故计算方法同工业灰水生态足迹。

$$\mathrm{GWEF}_l = \gamma \times \max\left(\frac{L_{l\text{-COD}}}{C_{\mathrm{COD}}}, \frac{L_{l\text{-NH}_4^+\text{-N}}}{C_{\mathrm{NH}_4^+\text{-N}}}\right)\Big/ w \tag{2-23}$$

式中，$L_{l\text{-COD}}$ 和 $L_{l\text{-NH}_4^+\text{-N}}$ 分别为生活污水中 COD 和氨氮排放浓度（mg/L）。

第3章　中国水足迹驱动机理研究

3.1　中国水足迹核算结果

根据第2章的相关公式可计算得到2000～2018年中国30个省（区、市）（由于部分数据采集困难，本章研究暂未收集香港、澳门、台湾和西藏资料）农畜产品水足迹（表3-1）、工业产品水足迹（表3-2）、生活水足迹（表3-3）、生态水足迹（表3-4）和水污染足迹（表3-5），在此仅给出偶数年份结果。

表3-1　2000～2018年中国30个省（区、市）农畜产品水足迹数量　（单位：亿 m³/a）

省（区、市）	2000年	2002年	2004年	2006年	2008年	2010年	2012年	2014年	2016年	2018年
北京	163.14	163.34	165.62	192.94	206.64	216.92	230.25	239.74	251.73	267.62
天津	107.45	121.79	121.93	138.61	142.05	157.60	170.32	177.53	190.82	198.15
河北	1176.21	1199.80	1272.93	1457.52	1550.56	1581.10	1764.61	1747.16	1855.29	1988.68
山西	470.83	496.20	515.14	525.68	496.10	528.93	634.68	571.33	606.19	637.37
内蒙古	549.64	617.81	789.30	1028.31	1152.98	1189.24	1262.23	1000.69	1115.30	1228.37
辽宁	609.90	701.96	786.57	819.39	892.60	902.59	992.03	946.12	1013.38	1101.36
吉林	487.54	617.62	652.69	700.10	716.67	743.54	808.03	822.16	890.53	917.55
黑龙江	1094.58	1278.76	1370.44	1504.08	1712.37	1883.26	2015.54	1513.48	1589.07	1661.29
上海	189.11	194.34	187.37	224.04	229.78	238.49	267.65	256.14	270.79	298.43
江苏	1244.25	1243.19	1177.95	1287.27	1332.41	1393.11	1449.90	1931.05	2124.55	2361.50
浙江	730.78	680.61	682.99	739.29	725.42	733.20	759.07	691.14	686.53	681.70
安徽	1163.19	1295.57	1227.10	1297.23	1334.99	1382.05	1477.48	1396.25	1477.54	1556.41
福建	559.32	576.79	572.48	589.73	581.39	607.30	661.20	699.11	735.41	776.48
江西	810.48	797.04	839.11	938.31	983.19	1001.43	1086.06	1217.32	1296.67	1347.52
山东	1741.98	1616.77	1716.48	1933.34	1992.46	2105.69	2189.11	2763.08	2964.70	3166.21
河南	1616.60	1784.63	1732.46	1986.26	2121.62	2286.49	2350.07	2080.15	2163.06	2245.28
湖北	1089.75	1055.80	1006.98	1102.09	1119.08	1177.50	1269.02	1065.80	1080.55	1009.29
湖南	1327.34	1276.84	1313.98	1344.91	1367.97	1428.13	1519.52	1406.57	1437.28	1512.99
广东	1363.75	1309.35	1348.23	1419.97	1352.95	1500.27	1671.94	1907.76	2056.11	2174.87
广西	893.18	903.05	860.07	933.47	898.73	973.06	1060.06	1380.39	1482.68	1622.92
海南	155.10	174.98	163.55	181.87	196.87	208.34	238.42	253.61	272.07	280.00
重庆	518.40	517.29	543.99	496.19	560.76	599.25	585.26	590.33	613.28	639.76
四川	1759.19	1703.11	1752.56	1719.82	1768.09	1882.14	1930.10	1520.92	1499.25	1535.35
贵州	588.99	576.06	607.97	610.53	587.43	562.66	554.88	554.52	569.06	583.96

续表

省（区、市）	2000年	2002年	2004年	2006年	2008年	2010年	2012年	2014年	2016年	2018年
云南	634.96	634.00	665.83	737.40	780.53	799.47	891.52	756.42	782.79	809.56
陕西	600.32	593.14	673.11	763.11	813.33	884.92	970.66	1106.33	1208.84	1249.40
甘肃	335.04	364.88	361.15	416.82	440.49	474.01	527.14	409.28	429.28	448.85
青海	73.20	83.88	81.82	85.54	88.29	88.38	87.03	55.69	55.50	63.97
宁夏	95.93	113.57	115.79	141.05	168.90	185.07	199.00	260.00	298.54	327.68
新疆	377.22	428.21	428.33	518.13	555.71	669.89	752.12	866.62	974.93	1075.24
合计	22527.37	23120.38	23733.92	25833.00	26870.36	28384.03	30374.90	30186.69	31991.72	33767.76

表3-2　2000～2018年中国30个省（区、市）工业产品水足迹数量　（单位：亿 m^3/a）

省（区、市）	2000年	2002年	2004年	2006年	2008年	2010年	2012年	2014年	2016年	2018年
北京	21.55	15.65	17.48	11.44	9.81	9.18	8.89	9.24	10.09	10.91
天津	8.62	6.06	6.99	4.55	4.08	6.37	6.60	6.85	6.75	7.15
河北	39.56	33.44	24.08	29.44	29.57	25.43	28.20	30.15	27.18	26.06
山西	23.78	26.50	26.34	24.31	19.71	16.77	22.65	20.50	18.65	16.70
内蒙古	14.97	17.40	17.84	31.46	38.89	40.93	43.86	34.85	41.75	43.12
辽宁	39.47	30.17	21.18	30.74	36.72	38.58	32.03	30.36	31.61	29.75
吉林	33.91	30.14	29.24	33.48	34.28	48.77	50.54	49.90	53.21	60.21
黑龙江	184.30	106.51	83.18	117.45	119.00	115.65	72.81	54.81	61.19	54.75
上海	158.49	157.84	164.63	161.68	167.18	179.68	149.75	136.59	138.08	128.61
江苏	270.07	267.65	335.34	422.69	405.44	367.75	375.81	480.70	477.47	502.21
浙江	88.33	84.36	89.69	95.12	90.77	83.43	96.82	90.08	91.66	93.41
安徽	54.91	91.45	105.95	160.69	174.03	192.25	201.55	189.49	193.60	209.10
福建	86.91	90.19	100.65	119.64	136.16	152.12	142.63	143.86	146.37	154.35
江西	98.06	93.82	106.27	97.60	117.52	110.92	113.80	121.14	123.56	128.64
山东	70.40	55.32	31.83	19.17	14.27	12.33	19.88	23.42	23.21	24.87
河南	64.71	59.47	57.83	77.87	84.50	88.25	99.08	87.95	95.02	100.44
湖北	89.34	94.13	118.14	172.12	193.66	237.76	203.51	181.30	177.69	172.95
湖南	82.06	90.54	145.73	158.90	161.21	176.74	186.55	175.64	174.11	167.03
广东	210.53	252.38	284.28	246.48	257.91	266.98	226.96	219.33	181.00	162.84
广西	66.96	72.79	64.77	74.26	68.92	85.49	87.55	109.41	107.08	113.35
海南	7.31	9.30	6.98	6.74	9.54	7.15	6.76	6.86	7.07	7.46
重庆	35.45	35.49	48.46	65.71	86.90	94.62	76.90	73.38	74.48	69.21
四川	63.70	82.60	90.03	101.69	103.27	118.95	103.45	83.85	87.31	78.00

续表

省（区、市）	2000 年	2002 年	2004 年	2006 年	2008 年	2010 年	2012 年	2014 年	2016 年	2018 年
贵州	39.91	51.10	56.28	57.24	72.11	72.64	50.69	54.00	39.05	32.41
云南	33.16	37.51	31.58	33.83	41.35	49.56	52.31	45.43	46.30	47.05
陕西	25.19	25.86	25.64	20.21	17.68	16.14	20.35	22.95	26.27	29.84
甘肃	33.84	32.83	30.97	31.26	25.26	27.07	24.13	23.93	22.93	21.29
青海	7.26	7.67	10.34	13.88	15.75	5.19	3.57	3.49	3.97	3.94
宁夏	8.57	6.19	5.45	3.58	2.85	4.24	7.02	7.70	12.19	15.21
新疆	20.47	18.40	13.62	14.39	16.71	19.22	19.88	22.14	28.16	32.00
合计	1981.79	1982.76	2150.79	2437.62	2555.05	2670.16	2534.53	2539.30	2527.01	2542.86

表 3-3　2000～2018 年中国 30 个省（区、市）生活水足迹数量　（单位：亿 m^3/a）

省（区、市）	2000 年	2002 年	2004 年	2006 年	2008 年	2010 年	2012 年	2014 年	2016 年	2018 年
北京	13.39	11.63	12.91	14.43	15.33	15.30	16.01	16.98	17.80	6.32
天津	5.22	4.75	4.53	4.61	4.88	5.48	4.98	5.00	5.60	26.59
河北	23.08	23.24	21.58	24.05	23.39	23.98	23.36	24.11	25.90	13.47
山西	7.92	8.48	8.74	9.27	9.79	10.57	11.83	12.21	12.60	11.05
内蒙古	8.71	9.96	10.88	13.13	14.72	15.02	10.38	10.46	10.60	26.25
辽宁	21.22	21.01	23.79	24.25	24.56	25.48	23.37	24.40	25.30	14.91
吉林	9.18	11.33	13.79	11.49	13.29	16.36	11.96	12.82	14.30	15.01
黑龙江	16.16	15.40	19.19	20.03	18.81	17.61	16.34	17.74	15.60	25.54
上海	14.42	16.29	19.10	20.39	22.36	23.46	24.85	24.36	25.10	58.75
江苏	41.77	44.02	40.57	46.15	49.48	52.91	50.46	52.83	56.10	48.33
浙江	27.35	36.58	31.44	32.64	36.32	39.40	41.59	43.82	46.30	36.64
安徽	16.74	16.65	24.10	24.35	27.42	30.19	30.89	31.90	33.40	34.46
福建	19.08	20.85	20.10	21.01	21.91	22.70	28.46	31.53	33.10	29.67
江西	17.35	18.94	21.68	20.85	23.39	27.49	26.11	27.36	28.50	36.61
山东	24.44	27.52	30.52	31.27	33.86	36.23	32.81	33.38	34.20	43.76
河南	28.90	32.83	32.37	34.57	34.84	36.11	32.02	33.42	38.70	62.10
湖北	27.50	27.66	28.45	28.82	30.84	32.40	30.91	40.65	52.40	45.68
湖南	38.44	41.69	42.05	44.17	45.05	46.43	40.26	41.80	43.50	103.44
广东	68.59	75.44	83.30	92.35	89.84	94.23	95.38	96.05	99.90	37.33

续表

省（区、市）	2000 年	2002 年	2004 年	2006 年	2008 年	2010 年	2012 年	2014 年	2016 年	2018 年
广西	29.10	29.68	36.01	41.90	49.97	46.45	36.64	39.24	39.70	9.27
海南	4.88	4.74	5.32	5.85	6.27	6.53	6.61	7.53	8.30	21.63
重庆	12.63	14.81	15.63	16.24	17.40	18.63	17.55	19.07	20.20	52.64
四川	26.83	30.74	30.99	34.19	34.47	37.98	42.88	42.55	49.80	18.33
贵州	15.09	15.37	15.07	17.69	16.07	16.47	13.14	16.56	17.40	22.66
云南	16.97	17.72	18.53	19.51	22.32	22.79	19.22	19.51	21.10	17.27
陕西	10.20	10.93	12.60	13.27	14.00	14.83	14.75	15.41	16.40	8.57
甘肃	7.60	8.53	8.90	9.12	9.23	10.76	9.26	8.23	8.30	3.11
青海	2.83	2.74	2.96	3.24	3.33	3.50	2.17	2.53	2.80	3.00
宁夏	1.70	1.73	1.79	1.76	1.63	1.78	1.61	1.75	2.20	15.37
新疆	15.84	15.52	12.30	10.67	12.19	12.75	11.99	12.31	13.90	18.44
合计	573.13	616.78	649.19	691.27	726.96	763.82	727.79	765.51	819.00	866.20

表 3-4　2000～2018 年中国 30 个省（区、市）生态水足迹数量　（单位：亿 m³/a）

省（区、市）	2000 年	2002 年	2004 年	2006 年	2008 年	2010 年	2012 年	2014 年	2016 年	2018 年
北京	0.37	0.63	1.00	1.62	3.20	3.97	5.67	7.25	11.10	13.73
天津	0.08	0.14	0.48	0.49	0.65	1.22	1.36	2.07	4.10	6.14
河北	0.17	0.35	2.00	1.16	3.18	2.87	3.79	5.06	6.70	7.17
山西	0.07	0.13	0.34	0.42	0.74	2.65	3.32	3.44	3.30	3.00
内蒙古	0.56	1.05	0.76	6.72	6.50	9.78	15.06	14.28	23.10	27.75
辽宁	0.50	0.76	0.86	1.91	2.67	3.38	4.40	4.91	5.60	6.46
吉林	0.54	0.80	2.41	1.94	2.23	3.72	6.03	3.60	6.30	7.22
黑龙江	1.18	2.20	1.04	0.43	2.50	1.76	5.97	1.28	2.50	3.42
上海	0.82	1.44	2.33	1.83	1.11	1.22	0.74	0.79	0.80	0.77
江苏	5.65	9.53	13.85	9.21	12.10	3.21	3.33	2.72	2.00	3.36
浙江	7.83	9.55	13.26	11.84	20.54	9.30	4.51	5.16	5.50	6.04
安徽	0.26	0.42	0.66	1.44	1.63	2.22	4.60	4.65	5.60	6.64
福建	0.59	0.76	1.26	1.38	1.39	1.29	3.11	3.18	3.10	3.00
江西	0.57	0.82	1.14	1.33	2.01	3.89	2.05	2.08	2.20	2.36
山东	0.83	1.20	1.68	2.61	3.73	4.64	6.66	5.78	7.60	9.49

续表

省（区、市）	2000 年	2002 年	2004 年	2006 年	2008 年	2010 年	2012 年	2014 年	2016 年	2018 年
河南	1.19	1.83	3.62	3.94	7.80	7.34	10.62	5.66	13.00	16.95
湖北	0.06	0.07	0.07	0.08	0.09	0.21	0.31	0.63	1.10	1.52
湖南	1.31	1.70	2.90	3.19	3.35	3.20	2.46	2.68	2.80	3.65
广东	2.83	3.54	4.60	4.52	6.76	8.55	6.49	5.14	5.40	5.55
广西	1.62	2.21	3.08	3.69	5.53	5.32	3.01	2.35	2.70	3.01
海南	0.24	0.44	0.09	0.09	0.09	0.09	0.20	0.24	0.50	0.74
重庆	0.14	0.20	0.32	0.41	0.46	0.53	0.76	0.93	1.10	1.27
四川	1.15	1.35	1.69	2.23	1.78	2.11	2.50	4.21	5.80	6.84
贵州	0.19	0.26	0.38	0.65	0.49	0.62	0.27	0.70	0.90	1.07
云南	0.16	0.32	0.85	0.92	3.65	3.88	1.04	2.02	2.80	3.70
陕西	0.07	0.14	0.74	0.80	0.90	1.03	1.74	2.52	3.10	3.80
甘肃	0.13	0.28	0.21	3.12	2.94	3.03	3.01	1.80	4.10	5.58
青海	0.07	0.11	0.16	0.17	0.80	0.82	0.22	0.42	1.10	1.69
宁夏	0.19	0.30	0.42	0.66	1.24	1.42	1.47	2.33	2.00	1.68
新疆	13.76	16.22	19.71	24.20	20.10	26.48	4.02	5.26	6.50	7.46
合计	43.13	58.75	81.91	93.00	120.16	119.75	108.72	103.14	142.40	171.06

表 3-5　2000～2018 年中国 30 个省（区、市）水污染足迹数量　（单位：亿 m³/a）

省（区、市）	2000 年	2002 年	2004 年	2006 年	2008 年	2010 年	2012 年	2014 年	2016 年	2018 年
北京	14.88	12.73	10.81	9.19	8.44	7.67	8.49	7.35	6.98	6.70
天津	15.51	8.58	11.42	11.91	11.09	11.00	9.59	9.06	8.43	7.70
河北	58.88	53.33	54.84	57.35	50.40	45.51	35.76	32.53	31.93	28.29
山西	26.39	25.88	31.69	32.22	29.90	27.76	24.46	22.45	15.41	15.01
内蒙古	21.34	19.88	22.93	24.84	23.34	22.93	21.86	21.04	18.41	17.65
辽宁	58.45	49.44	41.70	53.40	48.66	45.13	36.36	31.07	24.30	19.43
吉林	39.67	29.73	30.51	34.75	31.19	29.35	22.60	14.17	10.67	8.77
黑龙江	43.51	42.82	42.05	41.48	39.69	37.04	37.09	32.61	30.30	30.53
上海	26.56	27.47	24.49	25.19	22.23	18.32	18.73	16.49	12.62	10.89
江苏	54.49	65.39	71.16	77.48	70.96	65.67	67.00	61.02	49.79	42.97
浙江	52.17	48.22	46.38	49.38	44.88	40.57	47.90	43.90	44.74	43.49

续表

省（区、市）	2000年	2002年	2004年	2006年	2008年	2010年	2012年	2014年	2016年	2018年
安徽	36.88	34.25	35.58	37.99	36.07	34.26	44.14	42.83	48.54	52.14
福建	26.80	23.52	29.88	32.96	31.52	31.05	36.82	35.07	35.58	36.61
江西	32.49	32.57	37.81	39.48	37.11	35.93	41.58	40.30	40.70	42.85
山东	83.21	71.61	64.91	63.19	56.55	51.71	47.70	42.97	40.93	36.04
河南	68.37	61.91	58.01	60.08	54.23	51.64	48.50	45.40	42.52	38.79
湖北	58.53	55.25	51.20	52.14	48.81	47.69	49.71	47.73	47.59	45.19
湖南	56.17	61.77	70.82	76.84	73.71	66.51	56.67	55.55	61.99	63.14
广东	79.26	79.33	77.25	87.41	80.30	71.53	99.08	91.65	88.89	93.21
广西	85.50	70.54	82.83	93.29	84.39	78.08	46.73	44.65	49.60	44.57
海南	7.07	5.44	7.72	8.29	8.39	7.69	7.73	7.87	8.22	8.65
重庆	22.00	20.86	22.54	21.97	20.14	19.54	23.22	22.17	21.84	22.21
四川	81.30	78.03	73.51	67.17	62.42	61.73	60.26	57.68	58.57	54.26
贵州	19.00	17.10	18.61	19.11	18.48	17.33	22.04	21.87	22.09	22.71
云南	24.76	25.08	24.18	24.47	23.38	22.36	38.45	37.45	37.01	39.05
陕西	27.22	26.90	28.18	29.63	27.68	25.64	27.75	26.04	27.74	29.58
甘肃	13.73	12.62	15.57	18.35	14.21	13.97	20.24	19.39	19.86	22.28
青海	2.78	2.85	3.49	6.19	6.21	6.93	6.61	6.75	7.28	7.38
宁夏	14.55	9.22	5.51	11.67	10.99	10.14	11.43	9.81	9.77	9.43
新疆	16.43	17.07	21.81	23.95	23.93	24.68	25.62	25.36	25.03	26.06
合计	1167.90	1089.39	1117.39	1191.37	1099.30	1029.36	1044.12	972.23	947.33	925.58

根据已计算得到的2000～2018年各项水足迹数据，得到2000～2018年中国30个省（区、市）水足迹总量（表3-6）及水足迹结构（图3-1），在此仅给出偶数年份结果。

表3-6　2000～2018年中国30个省（区、市）水足迹总量　（单位：亿 m³/a）

省（区、市）	2000年	2002年	2004年	2006年	2008年	2010年	2012年	2014年	2016年	2018年
北京	213.33	203.97	207.83	229.62	243.42	253.04	269.32	280.57	297.70	317.40
天津	136.87	141.33	145.35	160.16	162.75	181.67	192.85	200.51	215.70	225.46
河北	1297.91	1310.16	1375.44	1569.52	1657.09	1678.88	1855.72	1839.02	1947.01	2076.79
山西	528.99	557.19	582.25	591.90	556.24	586.68	696.95	629.93	656.16	685.55

续表

省（区、市）	2000年	2002年	2004年	2006年	2008年	2010年	2012年	2014年	2016年	2018年
内蒙古	595.22	666.10	841.71	1104.46	1236.43	1277.89	1353.39	1081.31	1209.16	1327.94
辽宁	729.54	803.34	874.09	929.69	1005.21	1015.16	1088.19	1036.85	1100.19	1183.25
吉林	570.84	689.62	728.65	781.76	797.66	841.74	899.15	902.64	975.02	1008.66
黑龙江	1339.74	1445.68	1515.89	1683.47	1892.37	2055.32	2147.75	1619.92	1698.66	1765.00
上海	389.39	397.38	397.91	433.13	442.66	461.16	461.72	434.38	447.39	464.24
江苏	1616.22	1629.77	1638.87	1842.81	1870.40	1882.64	1946.49	2528.32	2709.91	2968.79
浙江	906.46	859.33	863.75	928.27	917.93	905.89	949.90	874.11	874.73	872.97
安徽	1271.98	1438.34	1393.39	1521.71	1574.14	1640.97	1758.65	1665.12	1758.68	1860.93
福建	692.71	712.11	724.36	764.72	772.37	814.47	872.22	912.76	953.56	1004.90
江西	958.96	943.19	1006.01	1097.58	1163.21	1179.65	1269.60	1408.21	1491.63	1551.04
山东	1920.86	1772.43	1845.42	2049.58	2100.87	2210.60	2296.16	2868.63	3070.63	3273.22
河南	1779.76	1940.68	1884.29	2162.72	2302.99	2469.84	2540.29	2252.58	2352.31	2445.22
湖北	1265.18	1232.90	1204.84	1355.25	1392.47	1495.56	1553.45	1336.10	1359.33	1291.05
湖南	1505.32	1472.55	1575.48	1628.00	1651.29	1721.01	1805.46	1682.23	1719.67	1792.49
广东	1724.96	1720.03	1797.66	1850.74	1787.76	1941.56	2099.85	2319.93	2431.29	2539.91
广西	1076.35	1078.27	1046.76	1146.61	1107.54	1188.39	1233.98	1576.04	1681.75	1821.18
海南	174.61	194.90	183.67	202.84	221.16	229.80	259.71	276.10	296.16	306.12
重庆	588.63	588.65	630.94	600.52	685.65	732.57	703.68	705.88	730.91	754.08
四川	1932.18	1895.83	1948.78	1925.10	1970.03	2102.92	2139.19	1709.22	1700.73	1727.09
贵州	663.18	659.89	698.32	705.22	694.58	669.71	641.02	647.64	648.51	658.48
云南	710.01	714.63	740.97	816.13	871.23	898.06	1002.54	860.83	890.00	922.02
陕西	663.01	656.97	740.28	827.01	873.58	942.56	1035.24	1173.25	1282.34	1329.89
甘肃	390.33	419.14	416.80	478.67	492.14	528.83	583.78	462.63	484.47	506.57
青海	86.14	97.25	98.77	109.02	114.39	104.81	99.60	68.88	70.65	80.09
宁夏	120.93	131.01	128.96	158.73	185.61	202.65	220.54	281.60	324.70	357.00
新疆	443.72	495.42	495.77	591.33	628.64	753.01	813.63	931.70	1048.52	1156.13
合计	26293.33	26868.06	27733.21	30246.27	31371.81	32967.04	34790.02	34566.89	36427.47	38273.46

由图 3-1 可知，30 个省（区、市）水足迹数量结构中，农畜产品水足迹占比最大，其中，总水足迹数量较多的地区是山东省和河南省，这两个地区人口众多且都是中国农业大省，人口对于各项产品和服务的消费量较大。工业产品水足迹占比较大的地区有江苏省和广东省等，工业产品水足迹占比较大的省（区、市）多集中于东部沿海地区，主要原因是这些地区经济较发达，居民对于工业产品的需求较大，且这些省（区、市）工业产业体系健全，工业生产对于水资源的消耗较大。

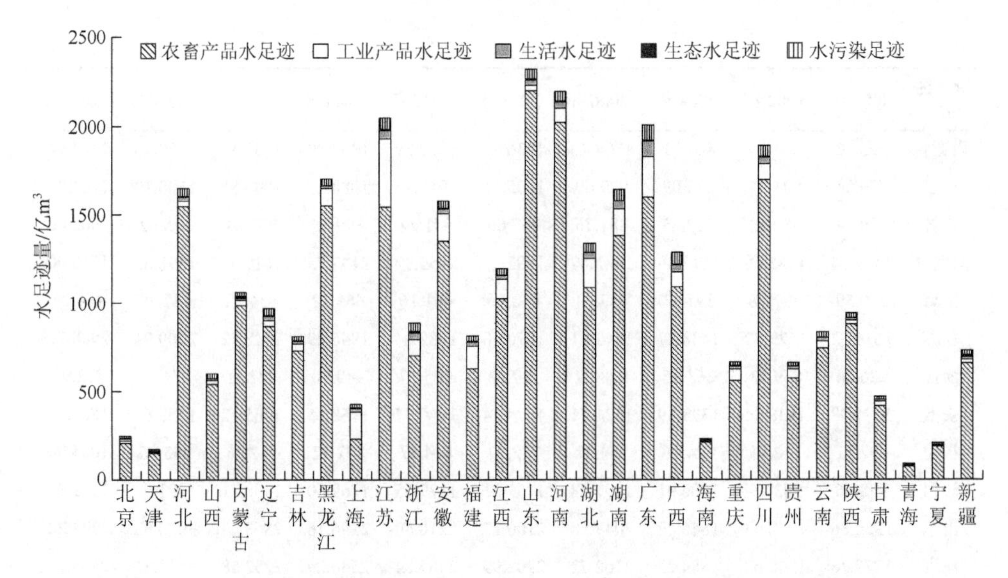

图 3-1　中国 30 个省（区、市）多年平均水足迹结构

3.2　中国人均水足迹驱动效应分解与空间聚类分析

3.2.1　相关测度方法

1. 扩展的 IPAT 模型

环境负荷控制方程（I =Impact，P = Population，A = Affluence，T = Technology，IPAT）模型是一个评估环境压力的著名公式，最初由美国人口学家 Ehrlich 等（1971）提出，经典的 IPAT 模型将影响环境压力的三个直接因素分解为人口、富裕程度和技术，本书将其应用于人均水足迹数量变动因素的分解，将该模型扩展为以下形式：

$$\frac{\mathrm{WFP}_{ij}}{P_{ij}}=\frac{\mathrm{WFP}_{ij}}{\mathrm{GDP}_{ij}}\times\frac{\mathrm{GDP}_{ij}}{\mathrm{CS}_{ij}}\times\frac{\mathrm{CS}_{ij}}{p_{ij}}\times\frac{p_{ij}}{P_{ij}}=I_{ij}O_{ij}D_{ij}A_{ij} \tag{3-1}$$

式中，WFP_{ij} 为第 i 年 j 地区水足迹数量（亿 m³）；P_{ij} 为第 i 年 j 地区人口数量（万人）；GDP_{ij} 为第 i 年 j 地区生产总值（万元）；CS_{ij} 为第 i 年 j 地区资本存量（万元）；p_{ij} 为第 i 年 j 地区劳动人口数量（万人）。WFP_{ij}/P_{ij} 为第 i 年 j 地区人均水足迹数量（亿 m³/万人）；$I_{ij}=\mathrm{WFP}_{ij}/\mathrm{GDP}_{ij}$ 为第 i 年 j 地区生产单位 GDP 所消耗的水资源数量（亿 m³/万元），表征水足迹强度因素；$O_{ij}=\mathrm{GDP}_{ij}/\mathrm{CS}_{ij}$ 为第 i 年 j 地区单位资本存量所产生的 GDP 数量，是资本产出比的倒数，表征资

本产出因素；$D_{ij} = \mathrm{CS}_{ij}/p_{ij}$ 为第 i 年 j 地区的资本劳动比（万元/万人），表征资本深化因素；$A_{ij} = p_{ij}/P_{ij}$ 为第 i 年 j 地区劳动人口与总人口的比值，表征经济活度因素。

2. LMDI 模型

LMDI 模型是一种国际常用的因数分解模型，最初是由 Ang（2005）提出，由于这一模型能够将余项完全分解，不产生残差，可以较好地解释变量，因此成为目前最好的一种分解方法，常用于分析能源强度的变化。本节引入这一模型，用于定量地分析水足迹强度、资本产出、资本深化和经济活度四个因素对人均水足迹数量的驱动效应。将基期各省（区、市）人均水足迹数量表示为 WFP_0/P_0，将第 t 年的各省（区、市）人均水足迹数量表示为 WFP_t/P_t，则各省（区、市）人均水足迹数量变化值为 $\Delta\mathrm{WFP}/P$，根据 IPAT 模型，可以将$\Delta\mathrm{WFP}/P$ 分解为

$$\begin{cases} \Delta\dfrac{\mathrm{WFP}}{P} = \dfrac{\mathrm{WFP}_t}{P_t} - \dfrac{\mathrm{WFP}_t}{P_t} = I_{\mathrm{eff}} + O_{\mathrm{eff}} + D_{\mathrm{eff}} + A_{\mathrm{eff}} \\ I_{\mathrm{eff}} = L_t \ln\dfrac{I_t}{I_0} \\ O_{\mathrm{eff}} = L_t \ln\dfrac{O_t}{O_0} \\ D_{\mathrm{eff}} = L_t \ln\dfrac{D_t}{D_0} \\ A_{\mathrm{eff}} = L_t \ln\dfrac{A_t}{A_0} \\ L_t = \dfrac{\Delta(\mathrm{WFP}/P)}{\ln\left[\left(\mathrm{WFP}_t/P_t\right)/\left(\mathrm{WFP}_0/P_0\right)\right]} \end{cases} \tag{3-2}$$

式中，I_t、O_t、D_t、A_t 分别为第 t 年的水足迹强度、资本产出、资本深化和经济活度；I_0、O_0、D_0、A_0 分别为基期的水足迹强度、资本产出、资本深化和经济活度；L_t 为该模型的权数函数；I_{eff}、O_{eff}、D_{eff}、A_{eff} 分别为水足迹强度、资本产出、资本深化和经济活度对人均水足迹数量变化的影响程度，其值为正时，表示该因素对水足迹数量变动表现为增量效应，反之则表现为减量效应。

3. ISODATA 算法模型

（1）ISODATA 算法目标函数的建立。

设样本数据 X 中包含 n 个模式数据，则 $X = \{x_1, x_2, \cdots, x_n\}$，其中

$x_i=\{x_{i1},x_{i2},\cdots,x_{ij}\}$（$j=1,2,\cdots,m$）。建立对于论域 X 的聚类中心 V，设 $V=\{v_1,v_2,\cdots,v_k\}$，k 为分类数，$v_i=\{v_{i1},v_{i2},\cdots,v_{im}\}$，为第 i 个聚类中心向量。将 n 个模式样本按照最近邻原则（最小距离值）分配到 k 个聚类中，即若 $\|X-v_j\|=\min\{\|X-v_i\|\}$（$i=1,2,\cdots,k$），则 $X\in S_j$，其中 S_j 为聚类中心 v_j 的类。

根据各聚类样本中心、类内平均距离及总体平均距离建立目标函数。各聚类样本中心 $v_i=\frac{1}{N_i}\sum_{X\in S_i}X$，$N_i$ 为第 i 类中样本的总数；类内平均距离 $\bar{D}_i=\frac{1}{N_i}\sum_{X\in S_j}\|X-v_i\|$；总体平均距离 $\bar{D}=\frac{1}{N}\sum_{i=1}^{n}\sum_{X\in S_j}\|X-v_i\|=\frac{1}{N}\sum_{i=1}^{n}n_i\bar{D}_i$。在各种距离度量的实际应用中，从计算的复杂性和解析分析的方便程度来看，欧氏距离具有良好的计算和分析特性，所以选择欧氏距离度量方法提取特征数据。

建立如下目标函数：设 I 为允许迭代的次数，θ_c 为两个聚类中心之间的最小距离，K 为希望的聚类中心的个数。若 $I=1$，则置 $I=0$，结束聚类；若 $k\leqslant K/2$，则进入分裂步骤；若 $k\geqslant 2K$，或迭代次数为偶数，则进入合并步骤。

（2）ISODATA 聚类最优化。

若目标函数 $k\leqslant K/2$，则计算各类类内距离的标准差矢量：$\bar{\sigma}_i=[\sigma_{i1},\sigma_{i2},\cdots,\sigma_{in}]^{\mathrm{T}}$，并比较 $\sigma_{i\max}$ 和 θ_c，θ_c 为聚类域中样本距离分布的样本差。

若同时满足 $\bar{D}_i>\bar{D}$，$n_i>2(\theta_N+1)$，其中 θ_N 为每个聚类中心的最少样本数，或 $k\leqslant K/2$，则进行类内分裂。

若目标函数 $k\geqslant 2K$，或迭代次数为偶数，则计算所有聚类中心之间的距离：$D_{ij}=\|v_i-v_j\|$（$i=1,2,\cdots,k-1$；$j=i+1,i+2,\cdots,k$）。比较所有 D_{ij} 与 θ_c 的值，将小于 θ_c 的 D_{ij} 按照升序排列，形成集合 $\{D_{ij1},D_{ij2},\cdots,D_{ijl}\}$，将集合 $\{D_{ij1},D_{ij2},\cdots,D_{ijl}\}$ 中每个元素对应的两类合并。

3.2.2 中国省际人均水足迹时间序列变化

1.中国省际人均水足迹概况

表 3-7 给出了 2000～2018 年中国 30 个省（区、市）平均水足迹数量，可以看出，青海省是研究期间多年平均水足迹数量最少的地区，仅为 99.377 亿 m³，而水足迹数量最多的是山东省，为 2254.659 亿 m³，其次是河南省，为 2192.070 亿 m³，这是因为山东省与河南省是农业大省和人口大省，而农畜产品水足迹是总水足迹的重要组成部分。人均水足迹较大的两个地区是黑龙江和内蒙古，其多年人均水足迹分别是 0.447 亿 m³/万人和 0.428 亿 m³ 万人，人均水足迹数量较小的两个地

区是北京和天津，其人均水足迹分别是 0.139 亿 m^3/万人和 0.140 亿 m^3/万人。对比总水足迹与人均水足迹可知，总水足迹受人口规模影响较大，因此人均水足迹数量更能真实地反映地区水足迹变动状况。

表 3-7　2000～2018 年中国 30 个省（区、市）平均水足迹数量及人均水足迹

省（区、市）	总水足迹/亿 m^3	人均水足迹/（亿 m^3/万人）	省（区、市）	总水足迹/亿 m^3	人均水足迹/（亿 m^3/万人）
北京	245.201	0.139	湖北	1359.668	0.237
天津	171.209	0.140	湖南	1649.257	0.250
河北	1622.268	0.229	广东	1978.336	0.200
山西	590.616	0.170	广西	1243.346	0.261
内蒙古	1053.083	0.428	海南	226.753	0.264
辽宁	959.516	0.222	重庆	670.623	0.232
吉林	793.716	0.290	四川	1964.562	0.241
黑龙江	1711.246	0.447	贵州	670.000	0.184
上海	438.573	0.211	云南	836.915	0.184
江苏	1950.430	0.251	陕西	907.999	0.243
浙江	896.686	0.173	甘肃	473.589	0.185
安徽	1552.232	0.254	青海	99.377	0.180
福建	800.686	0.219	宁夏	194.733	0.310
江西	1171.512	0.265	新疆	686.723	0.319
山东	2254.659	0.237	合计	31365.584	0.238
河南	2192.070	0.231			

2. 中国省际人均水足迹数量及各影响因素的变化分析

图 3-2 为 2000～2018 年中国省际人均水足迹及各影响因素的变化折线图，由图可知：中国人均水足迹数量以增长为主，其中，在四个影响人均水足迹数量变动的因素中，水足迹强度表现为逐年下降的趋势，表明了研究期间中国水资源利用效率有所提高，其下降速度先快后慢，反映了在水足迹强度数量较大的时期，先期技术的提高很容易引起水足迹数量的降低，而水足迹强度降低到一定程度后，降低速度趋于减缓；GDP 产出量与资本存量的比值代表资本产出效应，该因素在研究期间波动下降，主要原因是 2007 年之后资本存量的增长速度远远大于

GDP 的增长速度，而资本存量的高速增长表征社会现有生产经营规模和技术水准的快速提高；资本劳动比表征资本深化效应，是指用资本总量除以劳动人口数量得到的平均每个工人拥有的资本量，该因素在研究期间表现为逐年增长的趋势，主要是因为劳动人口数量上升速度远远低于资本存量增长幅度；就业人口比例是就业人口与总人口的比值，是经济活度效应，表征经济活跃程度，该因素在研究期间波动上升，除 2008～2009 年、2011～2012 年、2013～2018 年其值稍有下降外，其余时间均表现为增长。人均水足迹数量是在四因素共同作用下变化的，因此在研究期间，中国省际人均水足迹数量总体上呈现出波动上升状态。

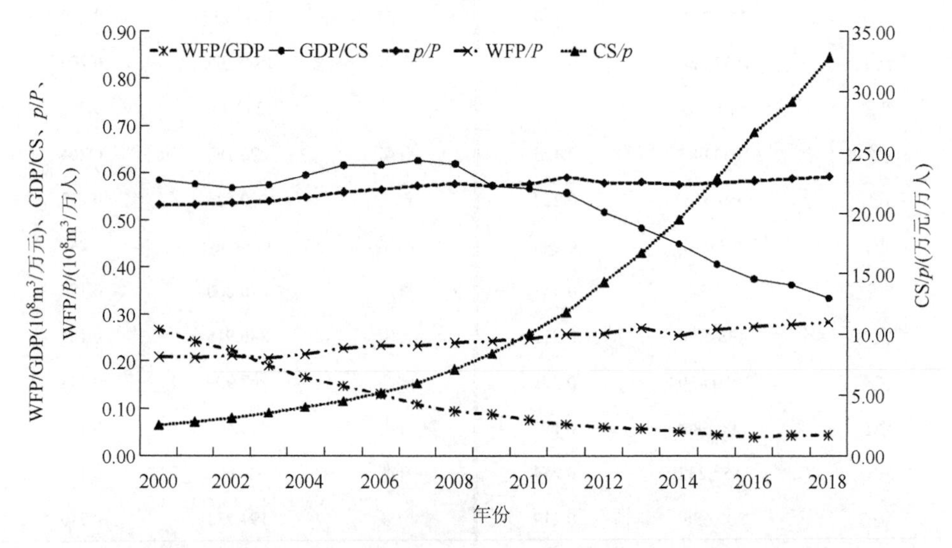

图 3-2　2000～2018 年中国省际人均水足迹及各影响因素的变化

3. 中国省际人均水足迹驱动效应分解

对 2000～2018 年中国省际人均水足迹数量变动情况进行驱动效应分解，以年份变动间距为 1 做分析，结果见表 3-8。

表 3-8　2000～2018 年中国省际人均水足迹驱动效应（单位：亿 m^3/万人）

时段	水足迹强度	资本产出	资本深化	经济活度	人均水足迹变动量
2000～2001 年	−0.0212	−0.0030	0.0217	0.0006	−0.0019
2001～2002 年	−0.0165	−0.0030	0.0227	0.0011	0.0043
2002～2003 年	−0.0337	0.0023	0.0250	0.0014	−0.0050
2003～2004 年	−0.0288	0.0075	0.0270	0.0032	0.0089
2004～2005 年	−0.0262	0.0076	0.0262	0.0047	0.0124

续表

时段	水足迹强度	资本产出	资本深化	经济活度	人均水足迹变动量
2005～2006 年	–0.0281	0.0004	0.0315	0.0024	0.0062
2006～2007 年	–0.0418	0.0036	0.0348	0.0030	–0.0005
2007～2008 年	–0.0339	–0.0028	0.0405	0.0018	0.0057
2008～2009 年	–0.0166	–0.0188	0.0409	–0.0018	0.0036
2009～2010 年	–0.0375	–0.0027	0.0432	0.0017	0.0048
2010～2011 年	–0.0333	–0.0043	0.0413	0.0064	0.0101
2011～2012 年	–0.0236	–0.0196	0.0494	–0.0053	0.0009
2012～2013 年	–0.0114	–0.0176	0.0409	0.0006	0.0125
2013～2014 年	–0.0354	–0.0190	0.0399	–0.0024	–0.0169
2014～2015 年	–0.0238	–0.0086	0.0269	0.0106	0.0051
2015～2016 年	–0.0225	–0.0056	0.0268	0.0065	0.0052
2016～2017年	–0.0268	–0.0095	0.0375	0.0026	0.0031
2017～2018年	–0.0282	–0.0046	0.0369	0.0016	0.0044
平均值	–0.0272	–0.0054	0.0341	0.0022	0.0035
标准偏差	0.0080	0.0087	0.0082	0.0036	0.0068
变异系数	–0.2926	–1.5979	0.2411	1.6575	1.9559

从时间序列的变化来看：中国省际人均水足迹数量变化以增长为主，在 18 个变动期内，仅有四个变动期人均水足迹数量是减少的，其余均表现为人均水足迹数量的增加；资本深化是导致人均水足迹数量增加的主导因素，对人均水足迹数量的变动是最大的增量效应，2000～2018 年总体上呈现逐年增加的趋势，年均效应值为 0.0341 亿 m³/万人，水资源是经济发展不可或缺的生产要素和自然资源，因此，资本深化效应与水足迹数量变动之间存在着密切的正相关关系；水足迹强度对人均水足迹数量的变动起显著的减量效应，2000～2018 年技术效率不断增强，效应的多年平均值为–0.0272 亿 m³/万人；经济活度在研究期间对人均水足迹数量的变动呈现双向作用，除 2008～2009 年、2011～2012 年、2013～2014 年表现为减量效应外，其余年份均表现为增量效应，该因素的多年平均效应值为 0.0022 亿 m³/万人；资本产出效应在研究期间呈波动下降态势，除 2002～2007 年表现为增量效应外，其余年份均表现为减量效应，该因素多年平均效应值为–0.0054 亿 m³/万人。

从各种效应对人均水足迹数量变化的变异系数来看，水足迹强度和资本深化对于人均水足迹数量变动的影响比较稳定，分别为–0.2926 和 0.2411，水足迹强度和资本深化是影响人均水足迹数量变动的主要因素，且二因素呈现对立关系。由此可以认为：资本深化代表了社会财富的增加，对于人均水足迹数量的变动始终起增量作用，是促使人均水足迹数量增加的重要因素，经济的发展离不开水资源的投入，经济的增长对于水资源用量的需求和拉动作用是非常大的，水足迹强度的不断下降代表了技术水准的不断提高，这对于人均水足迹数量的变动始终起减量作用，是遏制人均水足迹数量增长的重要因素。表 3-9 给出 2000～2018 年中国省际人均水足迹影响因素分解判断矩阵，可以直观地看出研究期间中国人均水足迹的增减趋势，以及各因素对人均水足迹数量的影响效应。

表 3-9　2000～2018 年中国省际人均水足迹影响因素分解判断矩阵

时段	人均水足迹趋势	影响因素			
		水足迹强度	资本产出	资本深化	经济活度
2000～2001 年	↓	−	−	+	+
2001～2002 年	↑	−	−	+	+
2002～2003 年	↓	−	+	+	+
2003～2004 年	↑	−	+	+	+
2004～2005 年	↑	−	+	+	+
2005～2006 年	↑	−	+	+	+
2006～2007 年	↓	−	+	+	+
2007～2008 年	↑	−	−	+	+
2008～2009 年	↑	−	−	+	−
2009～2010 年	↑	−	−	+	+
2010～2011 年	↑	−	−	+	+
2011～2012 年	↑	−	−	+	−
2012～2013 年	↑	−	−	+	+
2013～2014 年	↓	−	−	+	−
2014～2015 年	↑	−	−	+	+
2015～2016 年	↑	−	−	+	+
2016～2017 年	↑	−	−	+	+
2017～2018 年	↑	−	−	+	+

注：箭头表示人均水足迹数量的上升或下降，正（负）号表示影响因素的增量（减量）效应。

3.2.3　中国省际人均水足迹变化驱动力的空间差异与聚类分析

本节利用 LMDI 模型对 2000～2018 年中国 30 个省（区、市）的人均水足迹数量变动的四因素效应进行定量测算（表 3-10）。同时，利用 ISODATA 聚类模型将 30 个省（区、市）按照强、中、弱驱动在空间上进行聚类，然后对每一驱动类型进行具体分析。具体结果见表 3-11 和图 3-3。

表 3-10　2000～2018 年中国 30 个省（区、市）人均水足迹驱动效应分解（单位：亿 m³/万人）

省（区、市）	水足迹强度	资本产出	资本深化	经济活度	人均足迹变动量
北京	−0.0161	0.0022	0.0107	0.0020	−0.0021
天津	−0.0184	−0.0016	0.0211	−0.0011	−0.0003
河北	−0.0213	−0.0051	0.0308	0.0006	0.0038
山西	−0.0214	−0.0059	0.0272	0.0012	0.0007
内蒙古	−0.0567	−0.0300	0.0974	0.0038	0.0131
辽宁	−0.0234	−0.0103	0.0373	0.0010	0.0042
吉林	−0.0309	−0.0171	0.0547	0.0021	0.0080
黑龙江	−0.0455	−0.0178	0.0631	0.0050	0.0050
上海	−0.0230	0.0020	0.0190	−0.0029	−0.0044
江苏	−0.0257	−0.0020	0.0351	−0.0002	0.0071
浙江	−0.0244	−0.0014	0.0204	0.0018	−0.0026
安徽	−0.0310	−0.0038	0.0369	0.0023	0.0047
福建	−0.0242	−0.0031	0.0261	0.0038	0.0026
江西	−0.0305	−0.0054	0.0406	0.0013	0.0055
山东	−0.0237	−0.0052	0.0348	0.0005	0.0061
河南	−0.0272	−0.0109	0.0406	0.0016	0.0040
湖北	−0.0337	−0.0004	0.0353	−0.0001	0.0004
湖南	−0.0347	−0.0073	0.0422	0.0014	0.0015
广东	−0.0220	−0.0015	0.0217	0.0023	0.0011
广西	−0.0274	−0.0108	0.0440	0.0022	0.0077
海南	−0.0260	−0.0066	0.0362	0.0032	0.0059
重庆	−0.0319	−0.0030	0.0370	−0.0006	0.0020
四川	−0.0370	−0.0029	0.0373	0.0010	−0.0017
贵州	−0.0298	−0.0001	0.0280	0.0021	0.0006
云南	−0.0214	−0.0053	0.0267	0.0014	0.0011
陕西	−0.0265	−0.0044	0.0398	0.0009	0.0090
甘肃	−0.0227	−0.0062	0.0314	−0.0004	0.0019
青海	−0.0323	−0.0042	0.0330	−0.0006	−0.0034
宁夏	−0.0263	−0.0095	0.0506	0.0001	0.0150
新疆	−0.0251	−0.0052	0.0403	0.0017	0.0120

表 3-11　2000～2018 年中国人均水足迹驱动效应聚类表　（单位：亿 m³/万人）

时段	强驱动	中驱动	弱驱动
2000～2001 年	–0.0348/–0.0105/0.0327/–0.0193	–0.0213/0.0063/0.0232/0.0159	–0.0045/–0.0026/0.0150/0.0001
2001～2002 年	–0.0254/–0.0124/0.0353/0.0061	–0.0124/–0.0047/0.0237/0.0016	0.0049/0.0018/0.0143/–0.0013
2002～2003 年	0.0645/–0.0174/0.1037/0.0047	–0.0492/0.0069/0.0338/–0.0032	–0.0238/–0.0032/0.0192/0.0016
2003～2004 年	–0.1320/0.0118/0.0883/0.0200	–0.0369/–0.0181/0.0330/0.0055	–0.0211/0.0024/0.0140/0.0013
2004～2005 年	0.0403/–0.0574/0.0824/–0.0122	–0.0304/0.0119/0.0317/0.0121	–0.0147/0.0010/0.0199/0.0016
2005～2006 年	–0.0639/–0.0279/0.0877/0.0066	–0.0304/0.0045/0.0374/0.0026	–0.0133/–0.0036/0.0213/0.0002
2006～2007 年	–0.0844/0.0127/0.0929/0.0093	–0.0463/–0.0077/0.0397/–0.0032	–0.0330/0.0038/0.0219/0.0026
2007～2008 年	–0.1045/–0.0247/0.1060/–0.0091	–0.0393/0.0112/0.0485/0.0053	–0.0169/–0.0028/0.0283/0.0012
2008～2009 年	–0.0673/–0.0558/0.0988/–0.0344	–0.0214/–0.0274/0.0521/0.0184	–0.0024/–0.0114/0.0316/0.0020
2009～2010 年	–0.0587/–0.0242/0.0971/0.0250	–0.0387/0.0080/0.0502/–0.0083	–0.0248/–0.0030/0.0214/0.0053
2010～2011 年	–0.0658/–0.0228/0.0819/–0.0446	–0.0393/–0.0063/0.0406/0.0354	–0.0204/0.0044/0.0033/0.0050
2011～2012 年	–0.0468/–0.0525/0.1333/–0.0222	–0.0265/–0.0211/0.0568/0.0167	–0.0136/–0.0095/0.0178/–0.0061
2012～2013 年	–0.0671/–0.0691/0.0726/–0.0130	0.0272/–0.0269/0.0444/0.0069	–0.0169/–0.0113/0.0255/0.0001
2013～2014 年	–0.1116/–0.0548/0.0861/–0.0065	–0.0521/–0.0236/0.0453/0.0034	–0.0196/–0.0118/0.0279/–0.0020
2014～2015 年	–0.0855/–0.0548/0.0725/–0.0065	–0.0632/–0.0368/0.0539/0.0057	–0.0432/–0.0129/0.0299/–0.0037
2015～2016 年	–0.1214/–0.0639/0.0837/–0.0079	–0.0698/–0.0456/0.0467/0.0048	–0.0297/–0.0213/0.0280/–0.0028
2016～2017 年	–0.1485/–0.0564/0.0735/–0.0062	–0.0631/–0.0446/0.0435/0.0053	–0.0336/–0.0128/0.0273/–0.0022
2017～2018 年	–0.1397/–0.0586/0.0693/–0.0061	–0.0593/–0.0435/0.0406/0.0049	–0.0341/–0.0235/0.0295/–0.0052

注：表中数字从左到右分别代表足迹强度、资本产出、资本深化和经济活度。

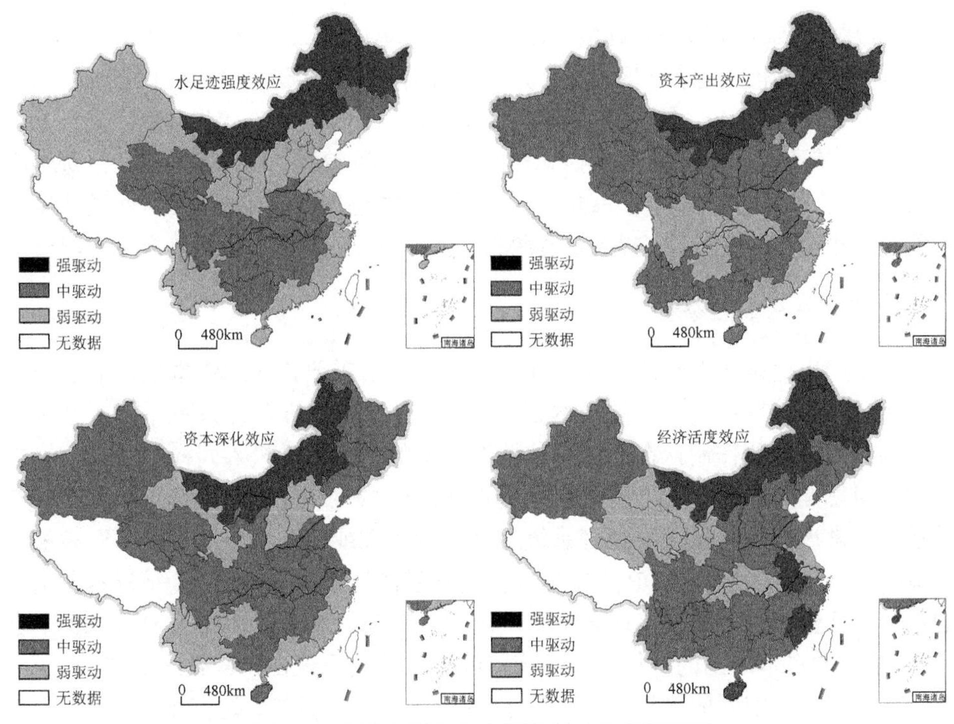

图3-3　中国省际人均水足迹驱动效应聚类图

1. 水足迹强度效应分析

2000～2018年中国30个省（区、市）的足迹强度效应均呈现减量效应的特点，说明单位GDP的水资源消耗量在不断降低，水资源利用效率不断提高。

足迹强度效应强驱动省（区）有内蒙古、黑龙江，这两个地区资源丰富、地广人稀，水资源利用方式较为粗放，基期水足迹强度较大，水足迹强度有很大的降低空间。例如，黑龙江省2000年水足迹强度为0.4251亿m³/亿元，到2018年降低为0.1005亿m³/亿元，虽然水足迹强度与同期其他省（区、市）相比仍然较高，但已经下降了80%，水足迹强度的下降对人均水足迹数量的影响十分明显，年平均效应值达–0.0454亿m³/万人，因此属于水足迹效应强驱动地区。

水足迹强度效应中驱动省（区、市）有吉林、安徽、江西等11个，多年平均水足迹强度为–0.0316亿m³/亿元，仍有较大的提升空间。以安徽省为例，研究期间安徽省GDP由2000年的2902.09亿元稳步上涨到2018年的34010.90亿元，同期水足迹数量则由2000年的1271.978亿m³上涨到1860.93亿m³，水足迹强度由2000年的0.438亿m³/亿元下降到2018年的0.0550亿m³/亿元。而青海之所以属于水足迹中驱动地区，主要原因是该省GDP上涨速度高于水足迹数量的涨幅，导致单位GDP的耗水量对水足迹的拉动作用并不是特别大。

足迹强度效应弱驱动省（区、市）有北京、天津、河北等 17 个，其中京津沪苏浙粤等属于经济较发达省（区、市），其本身的基期水足迹强度已经比较低，水资源利用效率很高，因此属于足迹强度弱驱动地区。而陕甘宁新等省（区、市），由于技术水准较低，水足迹强度在研究期间降低的速度较慢。总体来看，水足迹强度对人均水足迹数量的变动属于减量效应，而技术的进步则是足迹强度大小的决定性因素，因此加快科技创新，提高水资源利用率，可以减缓人均水足迹数量的增长。

2. 资本产出效应分析

资本产出比是一个经济系统为获得单位产出所需要投入的资本量，低的资本产出比意味着可以用相对少的资本获得相对多的产出，在生产过程中，好技术往往起到节约资本的作用，在保持其他情况不变的前提下，投入同样的资本，好技术的使用总是带来更多的产出。因此资本产出比与生产技术水准具有一定的对应关系，通常被视作衡量某个经济系统生产技术水准或经济发展水平的重要参量。本节中资本产出效应由 GDP 产出量与资本存量的比值代表，该比值是资本产出比的倒数，比值越大，说明该地区资本产出效率越高。2000～2018 年中国 30 个省（区、市）的资本产出的多年平均效应值除北京外均呈现出减量效应的特点。

资本产出效应强驱动省（区）有内蒙古、吉林、黑龙江，这三个省（区）GDP 数量在研究期间增长幅度相比于其他省（区、市）较快，而同期资本存量的增长幅度较其他省（区、市）的资本存量增长幅度较慢，说明大量的资本存量转化为 GDP 产出，因此，这三个省（区）资本产出效率提高明显，社会生产的发展必然带来用水量的增加，同时这三个省（区）第一产业占比较大，水资源利用效率较低，故资本产出对人均水足迹的变动具有强驱动效应。

资本产出效应中驱动省（区、市）有河北、山西、辽宁等 16 个，2000～2018 年平均资本产出效应值为–0.0064 亿 m^3/万人，资本产出对于人均水足迹数量的减量效应远远小于强驱动省（区），其中，陕甘宁青新等省（区、市）虽然资本产出效率较低，但资本产出对于人均水足迹的拉动作用较为明显，主要原因是这几个省（区、市）技术水准较低，水资源利用方式仍较为粗放，故仍归为资本产出中驱动地区。

资本产出效应弱驱动省（区、市）有北京、天津、上海、江苏等 11 个，在研究期间资本产出比波动不大，对人均水足迹数量变动的贡献较小，其中京津沪苏浙粤等省（区、市）经济较为发达，技术水准较高，资本产出效率提高的幅度并不是很大，因此对人均水足迹的拉动作用并不十分显著。而贵州省则是 GDP 增长速度过慢，导致该效应对人均水足迹数量的变动贡献不明显。

3. 资本深化效应分析

资本深化是指在经济增长过程中，资本积累快于劳动力增加的速度，即工人人均资本数量的提高，一般意味着经济增长中存在着技术进步，代表劳动这一指标。2000～2018 年中国 30 个省（区、市）资本深化均表现为增量效应，这也体现了经济增长和收入的提高，本节用资本-劳动比率来表征资源利用量之间的密切关系，经济增长必然拉动水资源的消耗量。仅内蒙古为资本深化效应强驱动地区，其基期资本存量与劳动人口的比值较小，说明该地区经济较为落后，但后期发展速度很快，其资本存量由 2000 年的 1976.493 亿元跃升至 2018 年的 65497.281 亿元，而同期该地区就业人口增长较为平稳，表明该地区人均资本占有量的快速提高，这一变化促使人均物质需求的增长，从而使得人均水足迹数量大幅上涨，因此属于资本深化强驱动地区。

资本深化效应中驱动省（区、市）有辽宁、吉林、黑龙江、江苏等 18 个，都属于资本存量增长幅度远远大于就业人口增长数量的省（区、市），其中，安徽省虽然资本劳动比与同期其他省（区、市）相比较低，但是其对人均水足迹增长的贡献仍较大，因此归为资本深化中驱动效应地区。

资本深化效应弱驱动省（区、市）有北京、天津、河北、山西等 11 个，其中京津沪等省（区、市）资本劳动比已经较高，人均收入和劳动生产率相对较高，尽管后期资本劳动比仍有提高，但相比于前期水平其提高幅度不大，对水足迹数量的拉动效应不明显。贵州、云南、甘肃则是由于其资本存量增长幅度较慢，而就业人口数量增长也十分缓慢，资本深化对水足迹数量的拉动作用不明显，故划分为资本深化效应弱驱动地区。

4. 经济活度效应分析

经济活跃程度代表一个地区一定时期内经济繁荣情况，本节以就业人口占总人口的比例来表征这一指标。就业人口比例越大，说明人口结构越年轻，经济活跃程度越高；就业人口比例越小，说明地区人口年龄结构越偏向于老龄化，其经济活跃程度较低。2000～2018 年中国 30 个省（区、市）经济活度对人均水足迹数量变动的效应表现不一。

经济活度效应强驱动省（区）有内蒙古、黑龙江、安徽、福建、海南，这五个省（区）经济活度对人均水足迹数量变动的多年平均效应值为 0.0033 亿 m^3/万人，研究期间这几个省（区）年末常住人口变化十分平稳，就业人口数量略有增加，但第一产业在产业结构中比例较大，就业人口主要集中于第一产业类型，第一产业是耗水量较大的产业部门，因此属于经济活度强驱动地区。

经济活度效应中驱动省（区、市）有北京、河北、山西、辽宁等 17 个，其中河南作为中国人口大省，虽然人口数量庞大，但人口变化量较为平稳，2000 年人口数量为 9488 万人，2018 年为 9605 万人，同期就业人数由 5572 万人上升至 6692 万人。就业人口比例的提高必然带来物质消费需求的增加，并对人均水足迹数量的变动产生拉动作用。广东省就业人口比例上升幅度较大，由2000年的0.461升至2018年的0.574，且该省区人口规模庞大，城市化程度较高，因此也属于经济活度中驱动地区。

经济活度效应弱驱动省（区、市）有天津、上海、江苏、湖北、重庆、甘肃、青海、宁夏，这八个省（区、市）中除宁夏外，经济活度对人均水足迹数量变动的效应均呈现减量效应。以上海为例，研究期间上海就业人口比例由2000年的0.515波动下降到2018年的0.424，主要原因是上海老龄化情况比较严重，劳动人口数量基数较小，导致该项指标对人均水足迹数量的变动呈现出减量效应。而宁夏的人口就业比例在研究期间变化十分平稳，因此对人均水足迹数量的影响并不显著，属于经济活度弱驱动地区。

3.3 “四化”建设对水足迹强度的影响机制分析

当前中国发展速度较快，“四化”[①]极大地促进了中国的经济社会发展，中国共产党第十八次全国代表大会提出坚持走中国特色新型工业化、信息化、城镇化、农业现代化道路，推动信息化和工业化深度融合、工业化和城镇化良性互动、城镇化和农业现代化相互协调，促进工业化、信息化、城镇化、农业现代化同步发展，但当前的水资源研究中，“四化”建设对水足迹的影响机制作用研究尚属空白，且现有研究中对“四化”建设和资源环境的耦合分析中，较少有将“四化”相互作用考虑其中的。2015年《中共中央 国务院关于加快推进生态文明建设的意见》中在“四化”之外加入了“绿色化”，绿色化代表着资源能源的高效利用，而水足迹强度在很大程度上反映了绿色发展水平，可以作为绿色化的表征量。因此，在“五化”协同的视角下，研究工业化、信息化、城镇化、农业现代化建设对于水足迹强度的影响机制作用，对于当前协调中国经济发展与水资源利用之间的关系具有重要的意义。

3.3.1 研究方法及变量选取

本节将“四化”建设与水足迹强度统一起来，研究“四化”建设对水足迹强度的影响作用，本节采用中国30个省（区、市）2000～2018年[②]的面板资料，将人均

① 有别于传统的“四化”，即工业现代化、农业现代化、科学技术现代化和国防现代化，本节中所涉及的“四化”为工业化、信息化、城镇化、农业现代化的简称。

② 考虑到我国工业化建设、农业现代化建设自1954年即已提出，城镇化建设与信息化建设在《中华人民共和国国民经济和社会发展第十个五年计划纲要》中曾有明确表述，虽然将工业化、信息化、城镇化与农业现代化一同表述的说法在2012年中国共产党第十八次全国代表大会报告中首次出现，但是“四化”建设早已开始，因此，本研究的时间序列确定为2000～2018年。

GDP、万人专利拥有数、污染投资额占财政预算比例作为控制变量，分别代表经济、社会、生态治理因素，将“四化”作为核心解释变量，利用普通最小二乘法模型和广义矩估计（generalized method of moments，GMM）模型分别探究了上述因素对水足迹强度的影响，同时，本节还将“四化”交互作用考虑在内，探究“四化”交互作用之后水足迹强度的变化，考虑“四化”交互项之后的情况也更加符合实际情况。

1. 模型构建

结合已有研究成果，本书认为，“四化”建设发展过程中有可能会有彼此之间的相互作用，例如，工业化的发展能够带动农业机械水平的提高，对农业现代化带来积极影响，从而间接导致农业现代化对水足迹强度的作用有可能会发生变化。此外，除“四化”因素外，仍有许多因素能够对水足迹强度产生影响，为使研究结果更加可靠，本研究将工业化、信息化、城镇化、农业现代化作为核心解释变量，同时在考虑相关因素的基础上，从经济、社会、生态三个方面各选取一个控制变量，构建如下计量模型：

$$\begin{aligned}\mathrm{WFI}_{(i,t)} = {} & \alpha_{(i,t)} + \beta_1 \mathrm{IND}_{(i,t)} + \beta_2 \mathrm{INF}_{(i,t)} + \beta_3 \mathrm{URB}_{(i,t)} + \beta_4 \mathrm{AGR}_{(i,t)} + \beta_5 \mathrm{IIUA}_{(i,t)} \\ & + \gamma_1 rj\mathrm{GDP}_{(i,t)} + \gamma_2 \mathrm{PAT}_{(i,t)} + \gamma_3 \,\mathrm{PCP}_{(i,t)} + \varepsilon_{(i,t)}\end{aligned} \tag{3-3}$$

式中，WFI 为水足迹强度；IND 为工业化水平；INF 为信息化水平；URB 为城镇化水平；AGR 为农业现代化水平；IIUA 为“四化”交互项，用来捕捉“四化”互动作用对于水足迹强度的影响，“四化”互动作用使用其乘积表示，即 $\mathrm{IIUA}_{(i,t)} = \mathrm{IND}_{(i,t)} \times \mathrm{INF}_{(i,t)} \times \mathrm{URB}_{(i,t)} \times \mathrm{AGR}_{(i,t)}$；该模型中的控制变量包括人均 GDP（rjGDP）、万人专利拥有数（PAT）、污染治理投资额占比（PCP）；ε 为误差项；i 为省（区、市）；t 为年份；α 为固定效应值；β_1、β_2、β_3、β_4、β_5 为待估计系数；γ_1、γ_2、γ_3 分别为人均 GDP、万人专利拥有数、污染治理投资额占比对水足迹强度的弹性系数。

考虑“四化”互动作用后，“四化”指标的弹性系数为

$$\xi_{\mathrm{IND}} = \beta_1 + \beta_5 \times \mathrm{INF} \times \mathrm{URB} \times \mathrm{AGR} \tag{3-4}$$

$$\xi_{\mathrm{INF}} = \beta_2 + \beta_5 \times \mathrm{IND} \times \mathrm{URB} \times \mathrm{AGR} \tag{3-5}$$

$$\xi_{\mathrm{URB}} = \beta_3 + \beta_5 \times \mathrm{IND} \times \mathrm{INF} \times \mathrm{AGR} \tag{3-6}$$

$$\xi_{\mathrm{AGR}} = \beta_4 + \beta_5 \times \mathrm{IND} \times \mathrm{INF} \times \mathrm{URB} \tag{3-7}$$

式中，ξ_{IND}、ξ_{INF}、ξ_{URB}、ξ_{AGR} 分别为工业化、信息化、城镇化、农业现代化建设对于水足迹强度的弹性系数。

2. 变量选取

（1）被解释变量。水足迹强度（WFI，10^4m^3/万元）通常由单位 GDP 的水资源消耗量得到。

（2）控制变量。考虑变量显著性对模型稳健性的影响，本节在解释变量之外再次选取三个控制变量：人均 GDP、万人专利拥有数、污染治理投资额占比。三个控制变量分别代表经济、社会、生态三个方面，以求进一步研究水足迹强度的驱动因素。

（3）解释变量。本节中主要的解释变量为各地区“四化”指数，由于“四化”指标体系尚未统一，本节中的“四化”指标体系采用课题组统一使用的指标体系，该指标体系在借鉴现有研究成果的基础上，遵循全面性、主导性、科学性、可比性、可获得性等原则，并结合中国当前“四化”建设的实际情况，选取适宜的“四化”指标（表 3-12），同时使用投影寻踪法计算“四化”各指标权重，该方法具有稳健性、抗干扰性和准确度高等优点。另外，为了探究“四化”相互作用对水足迹强度的影响，使用“四化”指数的乘积作为“四化”交互项参与回归模型的计算，从而测度“四化”相互作用对水足迹强度的影响。

表 3-12 “四化”指标的选取

一级指标	二级指标	计算方法	权重
工业化水平	工业产出比例	第二产业增加值/地区生产总值/%	0.0226
	工业就业比例	第二产业就业人数/地区就业总人数/%	1.0316
	工业劳动生产率	工业增加值/地区第二产业就业人数/(元/人)	0.0041
	科技投入比例	研发经费支出占地区生产总值的比例/%	0.0056
	工业固体废物综合利用率	统计数据	0.0153
信息化水平	移动电话普及率	移动电话数量/地区总人口数/(户/万人)	0.0108
	固定电话普及率	固定电话/地区总人口数/(户/万人)	0.0090
	邮电业务指数	邮电业务总量/地区总人口数/(元/人)	0.4998
	互联网普及率	宽带互联网接入数/地区总人数/(户/万人)	0.0163
	年末邮电局总数	统计数据	0.9386
城镇化水平	人口城镇化率	城镇人口/地区总人口/%	0.9356
	就业城镇化率	城镇就业人数/地区就业总人数/%	0.3335
	城镇居民恩格尔系数	城镇居民食品支出/地区消费支出/%	0.1622
	每万人拥有公共交通车辆	公共交通运营车标台数/（城区人口＋城区暂住人口）/标台	0.1453
	建成区绿化覆盖率	绿化覆盖率/城区面积/%	0.1946

续表

一级指标	二级指标	计算方法	权重
农业现代化水平	农业劳均经济产出	农林牧渔业总产值/地区第一产业从业人数/(元/人)	0.0671
	农村居民恩格尔系数	农村居民食品支出/地区消费支出/%	0.0002
	农业机械化水平	农业机械总动力/地区耕地面积/(kW/hm^2)	0.1900
	有效灌溉率	实际灌溉面积/地区灌溉总面积/%	1.0734
	城乡居民收入比	城镇居民家庭人均可支配收入/地区农村居民家庭人均纯收入/%	0.0013

3.3.2 水足迹强度与“四化”建设水平分析

1. 中国省际水足迹强度测算与分析

水足迹强度是水足迹概念的进一步延伸，将水资源与经济发展直接联系在一起，是评价地区水资源利用效率的重要指标，水足迹强度的高低一定程度上反映了地区科技水平的高低。表 3-13 为 2000～2018 年中国 30 个省（区、市）水足迹强度值，在此仅给出偶数年份计算结果。

表 3-13　2000～2018 年中国 30 个省（区、市）水足迹强度　（单位：亿 m³/亿元）

省（区、市）	2000 年	2002 年	2004 年	2006 年	2008 年	2010 年	2012 年	2014 年	2016 年	2018 年
北京	0.07	0.05	0.04	0.04	0.03	0.03	0.02	0.02	0.02	0.01
天津	0.08	0.07	0.05	0.04	0.03	0.03	0.02	0.02	0.02	0.01
河北	0.26	0.22	0.18	0.16	0.14	0.11	0.10	0.09	0.08	0.06
山西	0.29	0.24	0.19	0.15	0.12	0.10	0.10	0.08	0.07	0.04
内蒙古	0.39	0.35	0.31	0.28	0.22	0.17	0.14	0.10	0.09	0.08
辽宁	0.16	0.14	0.12	0.10	0.09	0.07	0.06	0.05	0.05	0.05
吉林	0.29	0.30	0.25	0.21	0.16	0.13	0.11	0.09	0.09	0.07
黑龙江	0.43	0.38	0.32	0.29	0.26	0.22	0.19	0.13	0.12	0.11
上海	0.08	0.07	0.05	0.05	0.04	0.03	0.03	0.02	0.02	0.01
江苏	0.19	0.15	0.12	0.10	0.08	0.06	0.05	0.06	0.05	0.03
浙江	0.15	0.11	0.09	0.07	0.06	0.05	0.04	0.03	0.03	0.02
安徽	0.44	0.42	0.32	0.28	0.23	0.18	0.15	0.12	0.11	0.06
福建	0.18	0.16	0.13	0.11	0.08	0.07	0.06	0.05	0.04	0.03
江西	0.48	0.39	0.33	0.28	0.23	0.18	0.16	0.14	0.13	0.07

续表

省（区、市）	2000年	2002年	2004年	2006年	2008年	2010年	2012年	2014年	2016年	2018年
山东	0.23	0.17	0.14	0.12	0.09	0.08	0.07	0.07	0.06	0.04
河南	0.35	0.32	0.25	0.22	0.18	0.16	0.13	0.10	0.09	0.05
湖北	0.36	0.29	0.23	0.21	0.17	0.14	0.11	0.08	0.07	0.03
湖南	0.42	0.35	0.30	0.25	0.19	0.16	0.13	0.10	0.09	0.05
广东	0.16	0.13	0.10	0.08	0.06	0.05	0.05	0.05	0.04	0.03
广西	0.52	0.43	0.34	0.29	0.22	0.18	0.15	0.16	0.15	0.09
海南	0.33	0.31	0.24	0.21	0.18	0.15	0.13	0.12	0.11	0.06
重庆	0.33	0.27	0.23	0.18	0.15	0.12	0.09	0.07	0.06	0.04
四川	0.49	0.40	0.33	0.25	0.21	0.17	0.13	0.09	0.07	0.04
贵州	0.64	0.54	0.47	0.38	0.29	0.22	0.16	0.13	0.11	0.04
云南	0.35	0.31	0.26	0.24	0.20	0.17	0.14	0.10	0.09	0.05
陕西	0.37	0.30	0.27	0.23	0.18	0.15	0.13	0.12	0.11	0.05
甘肃	0.37	0.33	0.27	0.25	0.20	0.18	0.15	0.10	0.09	0.06
青海	0.33	0.29	0.24	0.21	0.17	0.12	0.09	0.05	0.05	0.03
宁夏	0.41	0.37	0.29	0.28	0.26	0.22	0.20	0.21	0.21	0.10
新疆	0.33	0.31	0.25	0.24	0.21	0.21	0.18	0.17	0.16	0.09
均值	0.27	0.22	0.18	0.15	0.12	0.10	0.09	0.07	0.07	0.04

由表3-13可知，2000～2018年中国30个省（区、市）水足迹强度基本均呈现出下降趋势，而水足迹强度在一定程度上能够反映水资源利用效率的水平，这表明中国整体水资源利用效率有显著提升。各省（区、市）水足迹强度下降速度不一，经济发达省（区、市）水足迹强度较低，但下降速度较慢，较为落后的省（区、市）水足迹强度在研究前期偏高，但研究期内下降速度较快，说明经济发展水平不同的省（区、市）其水足迹强度的收敛速度是不同的。

2. 中国省际“四化”发展水平分析

表3-14仅给出中国30个省（区、市）2018年“四化”建设水平。

表3-14　2018年中国30个省（区、市）“四化”建设水平

省（区、市）	工业化	信息化	城镇化	农业现代化
北京	0.1657	28.3842	1.0537	0.4485
天津	0.3511	16.2846	1.1324	0.4325

续表

省（区、市）	工业化	信息化	城镇化	农业现代化
河北	0.2234	15.4325	0.9831	0.4508
山西	0.2082	13.9823	0.9675	0.2543
内蒙古	0.3467	14.6546	0.9722	0.2237
辽宁	0.2703	15.2475	1.0346	0.1683
吉林	0.2614	11.3042	0.9536	0.1443
黑龙江	0.0152	15.0434	0.9734	0.2367
上海	0.2432	25.0185	1.1437	0.6238
江苏	0.2802	21.9654	1.1135	0.5023
浙江	0.2967	22.2876	1.0935	0.4327
安徽	0.1882	14.0613	0.9673	0.4432
福建	0.2594	19.8747	1.1507	0.5024
江西	0.2044	13.5075	1.0048	0.3834
山东	0.2427	21.4374	1.0663	0.4235
河南	0.2285	21.6843	0.9360	0.3904
湖北	0.2014	13.7352	0.9829	0.3577
湖南	0.2007	12.3487	0.9738	0.4465
广东	0.2690	35.9824	1.1304	0.4685
广西	0.1882	13.0578	0.9705	0.2743
海南	0.3187	10.5362	1.0031	0.2625
重庆	0.2136	15.2107	1.1176	0.1892
四川	0.1872	27.9435	0.9641	0.2763
贵州	0.1381	11.5243	0.8824	0.1764
云南	0.1382	12.4352	0.9231	0.1839
陕西	0.2431	16.4689	1.0075	0.2254
甘肃	0.1625	12.5246	0.8973	0.1782
青海	0.2137	8.5329	0.9635	0.2309
宁夏	0.1456	12.7527	0.9827	0.2637
新疆	0.1957	10.2436	0.9254	0.5145
最大值	0.3511	35.9824	1.1507	0.6238
最小值	0.0152	8.5329	0.8824	0.1443
平均值	0.2200	16.7822	1.009	0.337
方差	0.0045	38.4052	0.0057	0.0166
标准偏差	0.0669	6.1972	0.0753	0.129
变异系数	0.3041	0.3693	0.0746	0.3828

由表 3-14 可知，中国 30 个省（区、市）“四化”建设水平存在较大差距，

整体来看，“四化”建设水平较高的省（区、市）主要集中于东部沿海地区，而中西部地区“四化”建设水平仍有待提高。“四化”建设水平与中国“梯度化”的区域经济发展格局相对应，即东部地区优于中部地区，中部地区优于西部地区。以变异系数来看，农业现代化变异系数最大，为0.3828，表明这30个省（区、市）之间农业现代化建设差距较大，东部地区经济发达，农业现代化指数较高，经济发展能够为农业现代化提供相应的基础条件，如肥料、农业机械等，同时这些省（区、市）经济发展对于土地和劳动力等资源的挤占，也使得农业生产更加趋于现代化；城镇化发展指数的变异系数较小，为0.0746，表明这30个省（区、市）之间城镇化建设水平差距较小。此外，工业化发展水平较高的省（区、市）有由东向西转移的趋势，这主要是由于地区产业升级，东部工业向西部地区转移，从而促进了西部地区的工业化建设水平，相比于东部地区，中西部省（区、市）需要提高工业化发展质量；信息化建设水平逐年提高，与中国“梯度化”的区域经济发展格局总体相吻合，但其中也有“逆梯度化”的现象，例如，四川信息化水平高于许多东部省（区、市），这表明中西部地区在发展上能够赶超东部省（区、市）。

3.3.3 “四化”对水足迹强度的计量回归分析

1. 变量的共线性检验与描述统计情况

在计量回归之前，需要对上述各个变量进行多重共线性检验，计算控制变量和解释变量的方差膨胀因子（variance inflation factor，VIF）值。如表3-15所示，各个变量的VIF值均小于经验值10，表明选取的各个变量之间不存在多重共线性问题，对于回归模型计算中的整体效应和回归系数可以较准确地估计，且核心解释变量“四化”指数的VIF值远小于经验值10，表明在回归计算中该四项解释变量的弹性系数估计仍较为准确，因此可以进行下一步的实验研究。表3-16给出各主要变量的统计描述结果，由表3-16可知，中国省际水足迹强度的变异系数为0.6349，说明中国省际水足迹强度的时空差异明显，研究期间水足迹强度有十分显著的改善，但地区间水足迹强度的差异依然较大。控制变量中，万人专利拥有数的变异系数较大，表明研究期间，万人专利拥有数变化较大，地区间万人专利拥有数尚有较大差距。

表3-15 各解释变量的VIF值

解释变量	IND	INF	URB	AGR	rjGDP	PAT	PCP	IIUA	VIF均值
VIF值	4.37	2.36	3.07	2.24	6.82	4.27	1.24	6.37	3.84

表 3-16　主要变量的统计描述情况

变量	均值	标准偏差	变异系数	最小值	最大值	样本数
WFI	0.1775	0.1127	0.6349	0.016	0.6439	510
IND	0.1624	0.0634	0.3904	0.0146	0.3402	510
INF	14.9851	8.2734	0.5521	1.2647	72.3543	510
URB	0.8036	0.2442	0.3039	0.2612	1.1588	510
AGR	0.2953	0.1204	0.4077	0.087	0.613	510
rjGDP	2.1572	1.5801	0.7325	0.2742	8.9392	510
PAT	4.2734	7.2043	1.6858	0.1299	46.2853	510
PCP	7.6437	3.7573	0.4916	1.2994	23.531	510
IIUA	0.7239	0.8137	1.1241	0.0044	4.7668	510

2. “四化”对水足迹强度影响的计量回归结果

表 3-17 显示，人均 GDP 的系数显著为负，表明人均 GDP 与水足迹强度二者之间存在负相关关系，人均 GDP 的提高可以降低水足迹强度，但人均 GDP 系数绝对值较小，说明人均 GDP 对于水足迹强度的降低作用还十分有限；万人专利拥有数的系数不显著为正，表明万人专利拥有数作为社会发展水平的一个评价方面，对水足迹强度的影响作用尚不明显，应着力加快专利技术的成果转化，促使专利技术能够对水足迹强度降低产生一定的积极影响；污染治理投资额占比对水足迹强度的影响不显著为负，说明污染治理投资额占比对水足迹强度的降低作用并不明显。工业化、城镇化、农业现代化对水足迹强度的影响均显著为负，说明这三化在推进过程中能够有效降低水足迹强度，而信息化对水足迹强度的影响系数则不显著，说明信息化并未对水足迹强度的变化产生较为明显的影响。

表 3-17　“四化”对水足迹强度的 OLS 法回归结果

项目	1	2	3	4	5	6
rjGDP	-0.0751^{***} （0.0121）	-0.0362^{*} （0.0186）	-0.0361^{*} （0.0188）	−0.0161 （0.0123）	−0.0140 （0.0113）	-0.0195^{**} （0.0091）
PAT	0.0063^{***} （0.0014）	0.0036^{**} （0.0015）	0.0036^{**} （0.0015）	0.0018 （0.0011）	0.0021^{*} （0.0012）	0.0006 （0.0008）
PCP	−0.0014 （0.0024）	−0.0013 （0.0018）	−0.0013 （0.001）	-0.0037^{***} （0.0014）	-0.0032^{**} （0.0013）	−0.0014 （0.0011）
IND		-0.9845^{***} （0.3813）	-0.9854^{***} （0.3837）	-0.4852^{*} （0.2721）	-0.4531^{*} （0.2692）	-0.4316^{**} （0.2028）
INF			−0.0002 （0.0012）	−0.0001 （0.0007）	−0.0001 （0.0007）	−0.0015 （0.0011）

续表

项目	1	2	3	4	5	6
URB				−0.2289*** （0.0338）	−0.2199*** （0.0302）	−0.2476*** （0.0246）
AGR					−0.1988* （0.1061）	−0.6409*** （0.1847）
IIUA						0.0776*** （0.0161）
Hausman	11.54 （0.0092）	7.16 （0.1276）	7.31 （0.1983）	10.36 （0.1103）	12.24 （0.0930）	31.83 （0.0001）
模型	FE	RE	RE	RE	RE	FE
常数项	0.3182*** （0.0270）	0.4030*** （0.0359）	0.4055*** （0.0390）	0.4852*** （0.0339）	0.5185*** （0.0405）	0.6318*** （0.0594）
R^2	0.5105	0.6088	0.6090	0.7533	0.7622	0.8200
F （Wald 值）	13.33 (0.0000)	85.24 (0.0000)	85.59 (0.0000)	184.21 (0.0000)	196.33 (0.0000)	37.01 (0.0000)
观测值	510	510	510	510	510	510

注：圆括号内为标准误差，*、**、***分别表示在 10%、5%、1%的水平上显著。

OLS 法能够成立的最重要的条件是数据均符合严格外生性，即解释变量与扰动项不相关；其次，OLS 法假定扰动项的协方差矩阵与 n 阶单位矩阵成正比。否则，无论样本容量多大，OLS 法估计量也不会收敛到真实的总体参数。但是在实际问题中，省（区、市）之间有很强的异质性，省际经济发展水平、万人专利拥有数、污染治理投资额占比对水足迹强度的作用存在差异，同时中国省际“四化”发展水平差异较大，这些地区性的差异因素在 OLS 法回归中没有体现出来。在实证模型中，解释变量可能与水足迹强度存在相互影响，从而引发内生性问题，上述问题可能会导致 OLS 法回归模型估计不准确，因此本节再次使用 GMM 模型进行回归估计，GMM 模型一方面可以解决回归过程中严格外生性假定产生的异方差和内生性问题，同时又可以解决扰动项不符合球形扰动的正态分布问题。

表 3-18 显示：GMM 模型所有回归都通过了弱工具变量检验，且 GMM 模型用解释变量的滞后值作为工具变量，结果比 OLS 法更为可靠。由回归结果可知，人均 GDP、污染治理投资额占比，以及“四化”对水足迹强度均有十分显著的降低作用，而万人专利拥有数对水足迹强度的改善作用尚不明显，表明万人专利拥有数对水资源利用的提升作用仍有待加强。加入交互项这一变量后，农业现代化对于水足迹强度的作用由不显著变为十分显著。基于此，有以下发现。

（1）“四化”各子变量对于水足迹强度降低的影响作用存在差异。第一，工业化对于水足迹强度的降低起积极的正向作用，在 GMM 模型回归中，无论是否加入其他三化的影响，工业化对于水足迹强度降低的作用都是十分显著的，这有可能是因为在中国工业化过程中，以可持续发展为战略思想的发展方式淘汰了一批高耗能高污染产业，产业结构的升级改造使得中国在工业化进程中更加注重对能源资源的利用效率；第二，信息化对水足迹强度降低的促进作用较为有限，信息化回归系数在“四化”中最小，这可能是由于以信息技术和信息产业为代表的高新技术产业对于水资源的利用效率较高，水资源的利用效率大幅度的提升，从而对水足迹强度有一定的改善作用，但是由于中国传统产业在产业结构中仍然占有较大比重，供给侧改革任重道远，同时信息化受到滞后效应的影响，其滞后一期甚至二期值对于当期水足迹强度仍有所影响，因此，信息化对于水足迹强度的降低作用较为有限；第三，城镇化有助于水足迹强度的下降，无论是否将“四化”交互因素考虑在内，城镇化都能够显著降低水足迹强度，城镇化的推进过程中，人口集中供水，能够有效避免水资源的浪费，同时城镇生态生活用水统一调配管理，有效监控水资源利用；第四，农业现代化对水足迹强度的降低有明显的促进作用，在加入“四化”交互作用后，农业现代化对于水足迹强度的改善作用在统计上变得十分显著，这可能是由于农业现代化在“四化”协同发展的条件下，受到工业化带来的机械化、城镇化带来的农业产品商品化、信息化带来的农业管理高效化等作用，农业现代化的推进对水足迹强度的下降起到明显的改善作用。

（2）“四化”建设水平的提高对于水足迹强度的下降有明显的促进作用。无论是否考虑“四化”交互作用，“四化”对于水足迹强度的降低作用都十分显著，但是加入“四化”交互作用这一影响因素后，其中一化对于水足迹强度的影响作用与其他三化相关，“四化”过程的推进有利于实现水足迹强度的降低，提高水资源利用效率。另外，“四化”水平的提高对于水足迹强度的降低效应逐渐趋于收敛，由表 3-18 中回归显示的结果可知，“四化”交互项 IIUA 在回归中的估计系数显著为正，表明随着“四化”建设水平的提高，由于“四化”交互作用的影响，“四化”发展对于水足迹强度的降低作用逐渐趋于收敛，发达地区的“四化”水平较高，水足迹强度下降的空间有所收窄，而落后地区的“四化”水平较低，当提升其中某一化水平时，对于整体水足迹强度的改善帮助都较大。

表 3-18　“四化”对水足迹强度的 GMM 模型回归结果

项目	1	2	3	4	5	6
rjGDP	-0.0571^{***} （0.0040）	-0.0273^{***} （0.0048）	-0.0274^{***} （0.0047）	-0.0113^{***} （0.0031）	-0.0110^{***} （0.0032）	-0.0145^{***} （0.0032）
PAT	0.0023^{***} （0.0006）	0.0014^{**} （0.0006）	0.0017^{***} （0.0006）	0.0003 （0.0005）	0.0004 （0.0005）	−0.0004 （0.0005）
PCP	-0.0033^{***} （0.0008）	−0.0008 （0.0007）	−0.0007 （0.0007）	-0.0029^{***} （0.0007）	-0.0027^{***} （0.0008）	-0.0020^{***} （0.0007）
IND		-0.9281^{***} （0.1076）	-0.9104^{***} （0.1056）	-0.5724^{***} （0.0868）	-0.5545^{***} （0.0861）	-0.6439^{***} （0.0781）

续表

项目	1	2	3	4	5	6
INF			−0.0010** （0.0004）	−0.0012*** （0.0003）	−0.0011*** （0.0003）	−0.0022*** （0.0005）
URB				−0.2259*** （0.0256）	−0.2256*** （0.0256）	−0.2304*** （0.0249）
AGR					−0.0336 （0.0269）	−0.1135*** （0.0365）
IIUA						0.0358*** （0.0090）
常数项	0.3065*** （0.0100）	0.3762*** （0.0132）	0.3868*** （0.0136）	0.5018*** （0.0179）	0.5046*** （0.0182）	0.5412*** （0.0224）
R^2	0.6030	0.6775	0.6832	0.7495	0.7506	0.7608
F （Wald 值）	395.54 （0.0000）	718.29 （0.0000）	770.64 （0.0000）	1257.68 （0.0000）	1268.66 （0.0000）	1520.87 （0.0000）
均方根误差	0.0652	0.0588	0.0583	0.0518	0.0517	0.0506
观测值	480	480	480	480	480	480

注：圆括号内为标准误差，*、**、***分别表示在 10%、5%、1%的水平上显著。

3.3.4 不同分位水平下“四化”对水足迹强度的影响

为论证“四化”的推进过程在降低水足迹强度时相互之间是否存在影响作用，本节将对“四化”两两互动对水足迹强度的弹性系数进行计算，作者使用某一化在不同分位点上的值测算另一化对于水足迹强度的边际影响，此时将其余两化的值固定在均值水平上，具体的计算结果如表 3-19 所示。

表 3-19 不同分位水平下“四化”建设对水足迹强度的弹性系数

弹性系数		1%	5%	10%	25%	50%	75%	90%	95%	99%
ξ_{IND}	INF	−0.6284	−0.6044	−0.5930	−0.5642	−0.5398	−0.5056	−0.4496	−0.4239	−0.2817
	URB	−0.6031	−0.5979	−0.5895	−0.5361	−0.5172	−0.5072	−0.4957	−0.4874	−0.4767
	AGR	−0.6030	−0.5888	−0.5836	−0.5715	−0.5445	−0.4845	−0.4665	−0.4503	−0.4297
ξ_{INF}	IND	−0.0017	−0.0016	−0.0015	−0.0013	−0.0010	−0.0007	−0.0003	−0.0001	0.0001
	URB	−0.0018	−0.0017	−0.0016	−0.0010	−0.0008	−0.0007	−0.0006	−0.0005	−0.0004
	AGR	−0.0018	−0.0016	−0.0015	−0.0014	−0.0011	−0.0005	−0.0003	−0.0001	0.0001
ξ_{URE}	IND	−0.2212	−0.2194	−0.2177	−0.2135	−0.2071	−0.2009	−0.1937	−0.1911	−0.1869
	INF	−0.2272	−0.2223	−0.2199	−0.2140	−0.2090	−0.2020	−0.1905	−0.1852	−0.1560
	AGR	−0.2220	−0.2191	−0.2180	−0.2155	−0.2100	−0.1976	−0.1939	−0.1906	−0.1864
ξ_{AGR}	IND	−0.0879	−0.0830	−0.0784	−0.0667	−0.0490	−0.0318	−0.0118	−0.0045	0.0071
	INF	−0.1047	−0.0910	−0.0845	−0.0681	−0.0542	−0.0347	−0.0028	0.0118	0.0928
	URB	−0.0903	−0.0873	−0.0825	−0.0521	−0.0413	−0.0356	−0.0291	−0.0243	−0.0182

由表 3-19 中数据分析可知，城镇化与其他三化分别互动时，对于水足迹强度的下降均有十分明显的积极作用。当工业化、信息化、农业现代化在 1%、5%……95%、99%等不同分位水平上依次取值时，城镇化水平对水足迹强度的影响始终为负，同时当城镇化在不同分位点上依次取值时，工业化、信息化、农业现代化对水足迹强度的弹性系数也始终为负，这表明城镇化建设的推进能够有效降低水足迹强度。

工业化在与其他三化互动时对水足迹强度有一定的改善作用，当其他三化在不同分位点上依次取值时，工业化对水足迹强度影响的弹性系数始终为负，但是当工业化在不同分位点上依次取值时，农业现代化与工业化之间的互动对水足迹强度的影响由积极作用转变为消极作用，原因可能是工业化发展过程中为农业现代化提供了技术、机械等支持，使得工业化发展初期，农业现代化得以迅速提高。随着农业现代化水平的提高，工业化为农业现代化所提供的支持逐渐趋于饱和，此时，农业现代化对水足迹强度的积极影响逐渐趋于收敛。

信息化与工业化、农业现代化互动后，其对水足迹强度的弹性系数由负转正，表明信息化在与工业化、农业现代化两两互动时，初期能够促进水足迹强度的下降，但是随着时间的推移，最终对水足迹强度的改善表现出消极影响。

农业现代化与其他三化互动时，随着城镇化水平的提高，农业现代化对水足迹强度的弹性系数始终为负，表明城镇化的发展能够有效降低农业现代化对于水资源的消耗，可能的原因是城镇化的发展对于农业用地的挤占迫使农业缩小经营范围，同时农业生产方式向更加集约化的方向发展，农业生产内容也向城镇需求靠拢，故而城镇化与农业现代化的互动能够降低水足迹强度。

第4章 中国水足迹强度时空差异变化及收敛性分析

4.1 相关研究方法

4.1.1 锡尔指数空间差异分解

锡尔指数又称锡尔熵，最早是由锡尔等人于1967年提出，因其可以分解为互为独立的地区间差异和地区内差异而被广泛用于衡量经济发展相对差距。由于其适合用于空间差异的地区分解，本章节引入该指数，来量化水足迹强度在空间上的差异程度，将其空间差异分解为两部分：区域之间的差异指标 T_{BR} 和区域内部差异指标 T_{WR}。空间总体差异指标公式为（欧向军等，2007，2006）

$$\mathrm{Theil}=T_{\mathrm{BR}}+T_{\mathrm{WR}}=\sum_{i=1}^{n}v_i\ln\frac{v_i}{d_i}+\sum_{i=1}^{n}v_i\left[\sum_{j=1}^{m}v_{ij}\ln\frac{v_{ij}}{d_{ij}}\right] \tag{4-1}$$

式中，n 和 m 分别为区域个数和区域内省（区、市）个数；v_i 和 v_{ij} 分别为 i 区域和该区域内 j 省（区、市）水足迹量占全国水足迹总量的份额；d_i 和 d_j 为 i 区域和该区域内 j 省（区、市）生产总值占全国的生产总值的份额。锡尔指数越大，表示各区域间水足迹强度水平差异越大。

据 Walsh 等（1979）的相关研究，锡尔指数中的区域之间差异和区域内部差异能进一步组合成一个反映区域之间相对分离的衡量——区域分离系数（separation index），公式为

$$\mathrm{SEP_r}=T_{\mathrm{BR}}/\ln(d/d_k)\times\ln(d_k)/T_{\mathrm{WR}} \tag{4-2}$$

式中，$\mathrm{SEP_r}$ 为区域分离系数； d 为所有区域的总 GDP；d_k 为所有区域的 GDP 中最小 GDP 的值。通过相同基本单元分类的区域分离系数值大小的比较，能够揭示区域系统内水足迹差异的空间变化特征。

4.1.2 水足迹强度基尼系数

基尼系数是意大利经济学家科拉多•基尼（Corrado Gini）根据洛伦兹曲线，于1921年提出的定量测定收入分配均衡程度的指标。联合国相关组织规定：将0.4作为收入分配贫富差距的“警戒线”；基尼系数在0.2以下，表示居民之间收入绝对平均；0.2～0.3表示相对平均；0.3～0.4表示比较合理；0.4～0.5为“差

距偏大”；0.5 以上为“高度不平均”。该指数由于能非常方便地反映出总体收入差距状况而成为国际上非常流行的指标。经过后人的改造，现在常用的基尼系数公式为

$$G=\frac{1}{2\mu}\sum_{i=1}^{n}\sum_{j=1}^{m}p_i p_j\left|y_j-y_i\right| \tag{4-3}$$

式中，μ 为全国平均水足迹强度；y_i 为 i 省（区、市）的水足迹强度；p_i 为 i 省（区、市）GDP 占全国 GDP 的比例。按照上述以基尼系数 0.4 作为分配贫富差距的“警戒线”，本章节也采用该划分方法：基尼系数在 0.2 以下，表示中国水足迹强度社会分配“高度平均”或“绝对平均”；0.2～0.3 表示“相对平均”；0.3～0.4 为“比较合理”；0.4～0.5 为“差距偏大”；0.5 以上表示“高度不平均”。

4.1.3　空间自相关模型

1. 全局空间自相关指数

全局空间自相关指数主要用来探索属性值在整个区域所表现出来的空间特征。本章节采用莫兰 I 指数表示。相关公式如下：

$$I=\frac{\sum_{i=1}^{n}\sum_{j=1}^{m}W_{ij}(x_i-\overline{x})(x_j-\overline{x})}{S^2\sum_{i=1}^{n}\sum_{j=1}^{m}W_{ij}}\quad(i=1,2,3,\cdots,n;j=1,2,3,\cdots,m) \tag{4-4}$$

式中，$S^2=\frac{1}{n}\sum_{i=1}^{n}(x_i-\overline{x})^2$；$\overline{x}=\frac{1}{n}\sum_{i=1}^{n}x_i$；$n$ 为地区的数目；x_i 和 x_j 分别为地区 i 和地区 j 的观测值；W_{ij} 为二进制的邻接空间权重矩阵，表示空间对象的邻接关系。当区域 i 和区域 j 相邻时，$W_{ij}=1$，否则为 0。当 $I>0$ 时，表示相邻地区具有相似的特征，属性值高和属性值低的地区都存在空间集聚现象，即正相关；反之表示相邻地区观测值差异较大，即存在负空间自相关。

如果想要判断空间自相关在全局上是否随机，可由标准化的 Z-Score 统计量来判断。检验统计量如下：

$$Z(I)=\frac{I-E(I)}{\sqrt{\mathrm{Var}(I)}} \tag{4-5}$$

式中，$E(I)=-1/(n-1)$。

在正态条件下其方差为

$$\mathrm{Var}(I)=\frac{n^2(n-1)S_1-n(n-1)S_2-2S_0^2}{(S_0)^2(n^2-1)} \tag{4-6}$$

在随机条件下其方差为

$$\mathrm{Var}(I)=\frac{n[S_1(n^2-3n+3)-nS_2+3S_0^2]-k[S_1(n^2-n)-2nS_2+6S_0^2]}{(n+1)(n-1)(n-3)S_0^2}+\left(\frac{1}{n-1}\right)^2 \tag{4-7}$$

式中，$S_0=\sum_{i=1}^{n}\sum_{j=1}^{n}w_{ij}$，$i\neq j$；$S_1=\frac{1}{2}\sum_{i=1}^{n}\sum_{j=1}^{n}(w_{ij}+w_{ji})^2$；$S_2=\sum_{i=1}^{n}\left[\sum_{j=1}^{n}(w_{ij}+w_{ji})^2\right]$；$k=n\sum_{i=1}^{n}(x_i-\overline{x})^2\bigg/\left[\sum_{i=1}^{n}(x_i-\overline{x})^2\right]^2$。

一般而言，在 α 的显著水平下，$Z(I)>Z_{\alpha/2}$ 表示分析范围内变量的特征有显著空间相关性而且是正相关；$-Z_{\alpha/2}\leqslant Z(I)\leqslant Z_{\alpha/2}$ 表示分析范围内变量的特征无显著相关性，即不存在空间自相关；$Z(I)<-Z_{\alpha/2}$ 表示分析范围内变量的特征有负相关性。

2. 局部空间自相关指数

区域要素的空间异质性非常普遍，局域自相关就是通过对各子区域中的属性信息进行分析，探查整个区域属性信息的变化是否平滑（均质）。揭示空间自相关的异质性可用 LISA 来表示。局部莫兰 I 数计算方法如下：

$$I_i=\left(\frac{x_i-\overline{x}}{m}\right)\sum_{i=1}^{n}W_{ij}(x_i-\overline{x}) \tag{4-8}$$

式中，$m=\sum_{i=1}^{n}(x_i-\overline{x})^2$；$I_i$ 值为正表示该空间单元周围相似值（高值或低值）空间集聚；I_i 值为负表示非相似值空间集聚。局部莫兰 I 数的检验统计量如下：

$$Z(I_i)=\frac{\text{Moran's I}_i-E(I_i)}{\sqrt{\mathrm{Var}(I_i)}} \tag{4-9}$$

式中，$I_i=\sum_{j=1}^{n}w_{ij}\bigg/(n-1)$；$\mathrm{Var}(I_i)=w_{ij}\frac{n-b}{n-1}+\frac{2w_{i(kh)}(2b-n)}{(n-1)(n-2)}-\frac{w_i^2}{(n-1)^2}$。

其中，$b=m_4\big/m_2^2$，$m_2=\sum_{i=1}^{n}\frac{x_i^2}{n}$，$m_4=\sum_{i=1}^{n}\frac{x_i^4}{n}$；$w_i=\sum_{j\neq i}^{n}w_{ij}^2$；$w_{i(kh)}=\frac{1}{2}\sum_{h\neq k}^{n}\sum_{k\neq i}^{n}w_{ik}w_{ih}$；$i$、$k$ 和 h 分别为第 i、k 和 h 个地区。

4.1.4　相关收敛模型

关于增长收敛计量研究方法可分为古典计量经济学和空间计量收敛分析。20 世纪 60 年代中期以索罗（Solow）和斯旺（Swan）为代表的新古典经济增长理论最先从理论上解释了经济增长收敛的机制问题，各区域之间经济增长差异和动态演变特征的讨论成为研究者关注的重要内容。

1. σ 收敛模型

$$\sigma=\sqrt{\left[\sum_{i=1}^{n}\left(\ln Y_{i,t}-\frac{1}{n}\sum_{i=1}^{n}\ln Y_{i,t}\right)^2\right]\Big/n} \tag{4-10}$$

式中，$\ln Y_{i,t}$ 为第 i 个地区在第 t 期的水足迹强度对数值；$i=1,2,\cdots,n$。

2. β 收敛模型

大部分古典计量收敛研究是基于 Barro 等（1992）和 Sala-i-Martin（1996）提出的著名新古典增长模型，以下记为标准 β 收敛模型。

在新古典增长收敛的研究中，标准绝对 β 收敛模型和条件 β 收敛模型已在文献（Sala-i-Martin，1996；Barro et al.，1992）中建立和使用。在本章节中，绝对 β 收敛是指高水足迹强度地区的下降速度快于低水足迹强度地区；条件 β 收敛是指不同地区水足迹强度有着不同的稳态。在此基础上本章确定的中国水足迹强度绝对 β 收敛和条件 β 收敛的面板数据模型如下：

$$\ln\frac{E_{i,t+1}}{E_{i,t}}=\alpha-b\ln E_{i,t}+h_i+k_t+\varepsilon_{i,t} \tag{4-11}$$

$$\ln\frac{E_{i,t+1}}{E_{i,t}}=\alpha-b\ln E_{i,t}+\sum_{j=1}^{J}X_{i,t}^{j} \tag{4-12}$$

式中，$E_{i,t}$ 为中国第 i 个省（区、市）在第 t 期的水足迹强度；h_i 为各地区的固定效应，反映各省（区、市）持续存在的差异；k_t 为各时期的固定效应，主要控制水足迹强度随时期变化的因素；$X_{i,t}^{j}$ 为中国第 i 个省（区、市）在时期 t 的第 j 个稳定控制常量，具体为人均 GDP、人均水足迹、工业水足迹强度、教育经费比例、外商投资比例（外商投资总额与 GDP 的比值）和市场化程度（第三产业产值与 GDP 的比值）；$\varepsilon_{i,t}$ 为与地区和时期均无关的随机扰动项。根据相关文献（Ercin et al.，2011）中的设定，若式（4-11）中的 $b>0$，水足迹强度存在绝对 β 收敛，否则发散；若式（4-12）中的 $b>0$，水足迹强度存在条件 β 收敛，否则发散；X 即为控制条件常量矩阵，收敛速度由系数 b 确定，$\beta = \ln(1b)$，收敛一半所用时间 $t = (\ln 1/2)/\ln(1\beta)$；$\alpha$ 为截距项；b 为常数项。

3. 劳均 GDP 收敛模型

劳均 GDP 从生产的角度反映经济体的绩效，表示劳动力的生产率，提高劳动生产率可以实现经济增长，因此对各省（区、市）经济增长研究采用劳均 GDP 指标。收敛计量模型已在现有研究中（Sala-i-Martin，1996；Barro et al.，1992）建立和使用，在此基础上确定中国劳均 GDP 的收敛面板数据模型如下：

$$\ln\frac{y_{i,t+1}}{y_{i,t}} = \alpha - b\ln y_{i,t} + h_i + k_i + \varepsilon_{i,t} \tag{4-13}$$

$$\ln\frac{y_{i,t+1}}{y_{i,t}} = \alpha + \rho\sum_{i\neq j} w_{i,j}\ln\frac{y_{i,t+1}}{y_{i,t}} - b\ln y_{i,t} + h_i + k_i + \varepsilon_{i,t} \tag{4-14}$$

$$\ln\frac{y_{i,t+1}}{y_{i,t}} = \alpha - b\ln y_{i,t} + h_i + k_i + u\text{ , } u = \lambda\sum w_{i,j}\ln\frac{E_{i,t+1}}{E_{i,t}} + \varepsilon_{i,t} \tag{4-15}$$

式中，$y_{i,t}$ 为中国第 i 个省（区、市）在第 t 期的劳均 GDP；α 为截距项；b 为常数项；h_i 为各地区的固定效应，反映各省（区、市）持续存在的差异；k_i 为各时期的固定效应，主要控制水足迹强度随时期变化的因素；ρ 为空间滞后系数；λ 为空间误差系数；$w_{i,j}$ 为空间权重矩阵 W 中的元素；$\varepsilon_{i,t}$ 为与地区和时期均无关的随机扰动项。

4. 水足迹强度与劳均 GDP 关系收敛模型设定

假设各省（区、市）水足迹强度差异是劳均 GDP 差异的函数，参考 Markandya 等（2006）的研究方法，构造了如下面板数据模型：

$$E_{i,t}^{*} = A\left(\frac{y_{a,t}}{y_{i,t}}\right)^{\eta} E_{a,t} \tag{4-16}$$

$$E_{i,t} = E_{i,t-1}\left(\frac{E_{i,t}^{*}}{E_{i,t-1}}\right)^{\mu} \tag{4-17}$$

式（4-16）定义为水足迹强度的演化，$E_{i,t}^{*}$ 根据各省（区、市）水足迹强度及劳均 GDP 定义为第 i 个省（区、市）在第 t 期的预期水足迹强度；$y_{i,t}$ 为中国第 i 个省（区、市）在时期 t 的劳均 GDP；$E_{a,t}$ 和 $y_{a,t}$ 分别为时期 t 各省（区、市）水足迹强度平均值和劳均 GDP 平均值；A 为常数；η 为水足迹强度差异变化对劳均 GDP 差异变化率的弹性系数。为消除时间序列因素的影响，在式（4-17）中加入一个滞后变量可以使预测更加准确，$E_{i,t}$ 为中国第 i 个省（区、市）在时期 t 的水足迹强度；μ 为时滞调整因子。对式（4-17）取自然对数并整理，得到水足迹强度随劳均 GDP 差异变动的收敛模型：

$$\ln\frac{E_{i,t+1}}{E_{i,t}} = B + C\ln\frac{E_{a,t+1}}{E_{i,t}} + D\ln\frac{y_{a,t+1}}{y_{i,t+1}} + h_i + k_t + \varepsilon_{i,t} \tag{4-18}$$

式中，$B=\mu\ln A$，$C=\mu$，$D=\mu\eta$；h_i 为各地区的固定效应，反映各省（区、市）持续存在的差异；k_t 为各时期的固定效应，主要控制水足迹强度随时期变化的因素；$\varepsilon_{i,t}$ 为与地区和时期均无关的随机扰动项。通过方程 $\eta = D/B\ln(A)$得到关键变量，即各地区水足迹强度差异对劳均 GDP 差异变化的弹性系数。在式（4-18）的基础上加入了空间滞后效应和空间误差效应，得到如下模型：

$$\ln\frac{E_{i,t+1}}{E_{i,t}} = B + \rho\sum_{i\neq j} w_{i,j}\ln\frac{E_{i,t+1}}{E_{i,t}} + C\ln\frac{E_{a,t+1}}{E_{i.t}} + D\ln\frac{y_{a,t+1}}{y_{i,t+1}} + h_i + k_i + \varepsilon_{i,t} \tag{4-19}$$

$$\begin{aligned} &\ln\frac{E_{i,t+1}}{E_{i,t}} = B + C\ln\frac{E_{a,t+1}}{E_{i,t}} + D\ln\frac{y_{a,t+1}}{y_{i,t+1}} + h_i + k_i + u \\ &u = \lambda\sum_{i\neq j} w_{i,j}\ln\frac{E_{i,t+1}}{E_{i,t}} + \varepsilon_{i,t} \end{aligned} \tag{4-20}$$

式中，$w_{i,j}$ 为空间权重矩阵 W 中的元素；ρ 为空间滞后系数；λ 为空间误差系数。

4.1.5　空间计量模型

面板数据模型综合考虑了时间相关性和空间相关性，然而由于假定所有时刻和所有个体均相等，面板数据计量经济模型有很大的改进余地。空间面板计量经济模型综合考虑了变量信息的时空二维特征，可以定量分析水足迹强度的空间依赖性和空间误差性，空间计量收敛模型可以分为空间滞后模型和空间误差模型。对于具体空间相关类型需要通过拉格朗日乘数（Lagrange multiplier，LM）形式 LMLAG、LMERR 及稳健 LMLAG、稳健 LMERR 检验来实现（Baltagi，2005）。本章节的空间权重矩阵基于距离函数关系，该矩阵中的元素定义如下：

$$W_{ij} = \begin{cases} 0 & (i=j) \\ 1/d_{ij} & (i\neq j) \end{cases} \tag{4-21}$$

式中，d_{ij} 为省（区、市）i 和省（区、市）j 重心点之间的距离。以下适用的空间权重矩阵 W 是把上面基于距离定义的空间权重矩阵行标准化处理，即每一行的元素和为 1。

1. 空间滞后模型

空间滞后模型（spatial lag model）主要用于探究某地区是否有扩散现象，其模型表达式为

$$y_{it}=\rho\sum_{j=1}^{N}W_{ij}y_{jt}+X_{it}\beta+\mu_i+\varepsilon_{it} \tag{4-22}$$

或记为

$$Y=\rho(I_T\otimes W_N)Y+X\beta+\mu+\varepsilon \tag{4-23}$$

式中，Y 为因变量；X 为 $NT\times K$ 的外生解释变量矩阵；ρ 为空间回归系数，反映了样本观测值中的空间依赖作用，即相邻区域的观测值对本地区观测值 Y 的影响方向和大小；W_N 为 $N\times N$ 阶的空间权重矩阵；（$I_T\otimes W_N$）Y 为空间滞后因变量；I_T 为 T 阶单位矩阵；$\otimes$ 为两个矩阵的克罗内克乘积；μ 为与个体有关与时期无关的随即误差扰动项；ε 为与时期和个体均无关的随即误差扰动项。

参数 β 反映了自变量 X 对因变量 Y 的影响，空间滞后因变量（$I_T\otimes W_N$）Y 是一个内生变量，反映了空间距离对区域行为的作用。区域行为受到文化环境及与空间距离有关的迁移成本的影响，具有很强的地域性。空间滞后模型与时间序列中自回归模型相类似，因此也被称作空间自回归模型。

空间面板数据计量模型中包含了空间滞后项，这使得固定效应模型估计变得复杂。首先由于 $\sum_{j=1}^{N}W_{ij}y_{jt}$ 的内质性拒绝了标准回归模型 $\sum_{j=1}^{N}W_{ij}y_{jt}=0$ 的假设。其次在每个观测点的空间依赖性影响了固定效应的估计。对于空间面板数据计量模型的估计，Elhorst（2003）推导了面板数据的空间滞后计量模型的极大似然函数，具体的估计过程如下。

第一步，把面板资料记作为横截面资料，令 $Y=\left[y_{11},\cdots,y_{N1},\cdots,y_{1T},\cdots,y_{NT}\right]^{\mathrm{T}}$ 为 y_{it} 整合的 $N_T\times 1$ 矩阵，X 为 x_{it} 整合的 $N_T\times k$ 矩阵，$y_{it}^{*}=y_{it}-\frac{1}{T}\sum_{t=1}^{T}y_{it}$，$x_{it}^{*}=x_{it}-\frac{1}{T}\sum_{t=1}^{T}x_{it}$，$Y^{*}=[y_{11}^{*},\cdots,y_{N1}^{*},\cdots,y_{1T}^{*},\cdots,y_{NT}^{*}]^{\mathrm{T}}$ 为 y_{it}^{*} 整合的 $N_T\times 1$ 矩阵，X^{*} 为 x_{it}^{*} 整合的 $N_T\times k$ 矩阵。

第二步，令 b_0 和 b_1 分别指 v 和 $(I_T\otimes W)Y^{*}$ 在 X^{*} 上的 OLS 估计，e_0 和 e_1 分别是相应的残差向量。P 的极大似然估计可以由式（4-24）的极大似然函数得到。

$$\ln L=C-\frac{NT}{2}\ln\left[(e_0^{*}-\rho e_1^{*})^{\mathrm{T}}(e_0^{*}-\rho e_1^{*})\right]+T\ln\left|I_N-\rho W\right| \tag{4-24}$$

式中，C 为一个不依赖 ρ 的常量。这个最大化问题仅仅能从数量上计算，因为关于 ρ 的一个闭包解不存在。这个集中对数似然函数关于 ρ 是凹的，这个数量解是唯一的（Anselin et al.，1992）。

第三步，计算 β 和 σ^2 的估计值，给出 ρ 的数量估计。

$$\beta = b_0 - \rho b_1 = (X^{*\mathrm{T}} X^*)^{-1} X^{*\mathrm{T}}[Y^* - \rho(I_T \otimes W)Y^*] \tag{4-25}$$

$$\sigma^2 = \frac{1}{NT}(e_0^* - \rho e_1^*)^{\mathrm{T}}(e_0^* - \rho e_1^*) \tag{4-26}$$

最后，计算回归参数的渐进方差矩阵，根据 Elhorst 等（2009）提出的形式这个矩阵可以构造如下：

$$\mathrm{AsyVar}(\beta,\rho,\sigma^2) = \begin{bmatrix} \frac{1}{\sigma^2}X^{*\mathrm{T}}X^* & & \\ \frac{1}{\sigma^2}X^{*\mathrm{T}}(I_T \otimes \tilde{W})X^*\beta & \begin{matrix}\mathrm{Trace}(\tilde{W}\tilde{W} + \tilde{W}^{\mathrm{T}}\tilde{W}) \\ +\frac{1}{\sigma^2}\beta^{\mathrm{T}}X^{*\mathrm{T}}(I_T \otimes \tilde{W}^{\mathrm{T}}\tilde{W})X^*\beta\end{matrix} & \\ 0 & \frac{T}{\sigma^2} & \frac{NT}{2\sigma^4} \end{bmatrix} \tag{4-27}$$

2. 空间误差模型

水足迹强度下降是一个复杂过程，误差项在空间上相关时的空间误差模型（spatial error model，SEM）表达为

$$y_{it} = X_{it}\beta + \mu_i + \varphi_{it}，\quad \varphi_{it} = \lambda\sum W_{ij}\phi_{it} + \varepsilon_{it} \tag{4-28}$$

或者记为

$$Y = X\beta + \mu + \varphi，\quad \varphi = \lambda(I_T \otimes W_N)\varphi + \varepsilon \tag{4-29}$$

式中，μ 为与个体有关，而与时期无关的随机误差扰动项；ε 为与时期和个体均无关的随机误差扰动项；λ 为因变量向量的空间误差系数；φ 为正态分布的随机误差向量；$\otimes$ 为克罗内克积。SEM 中参数 β 反映了自变量 X 对因变量 Y 的影响，参数 λ 衡量了样本观察值中存在于扰动误差项之中的空间依赖性，度量了邻近地区关于因变量的误差冲击对本地区观察值的影响程度。由于空间误差模型与时间序列中的序列相关问题类似，也被称为空间自相关模型。

Anselin 等（1992）给出了如何从一个线性回归模型到包含空间误差项的空间误差计量模型的参数 β，ρ，σ^2 的极大似然函数估计方法。与空间滞后模型估计方法类似，空间误差计量模型的对数极大似然函数为

$$\ln L = -\frac{NT}{2}\ln(2\pi\sigma^2) + T\ln|I_N - \rho W| - \frac{1}{2\sigma^2}\sum_{i=1}^{N}\sum_{t=1}^{T}\left\{y_{it}^* - \lambda\left[\sum_{j=1}^{N}W_{ij}y_{jt}\right]^* - \left[X_{it}^* - \lambda\left(\sum_{j=1}^{N}W_{ij}X_{jt}\right)^*\right]\beta\right\}^2 \quad (4\text{-}30)$$

给定了ρ，β和σ^2的估计值可以从其一阶最大化条件中求解，如下：

$$\beta = \left\{\left[X^* - \lambda(I_T \otimes W)X^*\right]^{\mathrm{T}}\left[X^* - \lambda(I_T \otimes W)X^*\right]\right\}^{-1} \times \left[X^* - \lambda(I_T \otimes W)X^*\right]^{\mathrm{T}}\left[X^* - \lambda(I_T \otimes W)X^*\right] \quad (4\text{-}31)$$

$$\sigma^2 = \frac{e(\rho)^{\mathrm{T}}e(\rho)}{NT} \quad (4\text{-}32)$$

式中，$e(\rho) = Y^* - \lambda(I_T \otimes W)Y^* - [X^* - \lambda(I_T \otimes W)X^*]\beta$。

最后，计算回归参数的渐进方差矩阵，如下：

$$\mathrm{AsyVar}(\beta,\rho,\sigma^2) = \begin{bmatrix} \frac{1}{\sigma^2}X^{*\mathrm{T}}X^* & & \\ 0 & \mathrm{Trace}(\tilde{\tilde{W}}\tilde{\tilde{W}} + \tilde{\tilde{W}}^{\mathrm{T}}\tilde{\tilde{W}}) + \frac{1}{\sigma^2}\beta^{\mathrm{T}}X^{*\mathrm{T}}(I_T \otimes \tilde{W}^{\mathrm{T}}\tilde{W})X^*\beta & \\ 0 & \frac{T}{\sigma^2}\mathrm{Trace}(\tilde{\tilde{W}}) & \frac{NT}{2\sigma^4} \end{bmatrix} \quad (4\text{-}33)$$

式中，$\tilde{\tilde{W}} = W(I_N - \rho W)^{-1}$。

3.空间计量模型的假设检验

（1）Hausman 检验。通过 Hausman 检验可以确定空间计量模型采取固定效应或随机效应（Baltagi，2005）。原假设记为H_0：$h = 0$

$$h = d^{\mathrm{T}}[\mathrm{var}(d)]^{-1}d \quad (4\text{-}34)$$

$$d = \hat{\beta}_{FE} - \hat{\beta}_{RE} \quad (4\text{-}35)$$

$$\mathrm{var}(d) = \hat{\sigma}_{RE}^2(X^{*\mathrm{T}}X^*)^{-1} - \hat{\sigma}_{FE}^2(X^{*\mathrm{T}}X^*)^{-1} \quad (4\text{-}36)$$

一般计量模型的 Hausman 检验服从K个自由度二次卡方分布。Hausman 检验可以扩展到空间计量模型，因为空间滞后或者误差计量模型多一个额外的解释变量，统计量$d = \left[\hat{\beta}^{\mathrm{T}} \quad \hat{\delta}\right]_{FE}^{\mathrm{T}} - \left[\hat{\beta}^{\mathrm{T}} \quad \hat{\delta}\right]_{RE}^{\mathrm{T}}$服从$K+1$个自由度二次卡方分布。如果原假

设被拒绝，随机效应设定被拒绝，应采用固定效应进行模型估计。

（2）LM 检验。由于事先无法根据先验经验推断在空间滞后计量模型和空间误差计量模型中是否存在空间依赖性和空间误差性，有必要构建一种判别准则，以决定哪种空间模式更加符合实际。在一组变量进行分析时，究竟是选用空间滞后计量模型还是空间误差计量模型更为合适，Anselin 等（1996）提出如下判别标准，如果在空间依赖性的检验中发现，LMLAG 较之 LMERR 在统计上更为显著，且稳健 LMLAG 显著而稳健 LMERR 不显著，则可以断定适合的模型是空间滞后模型；相反，如果 LMERR 比 LMLAG 更显著，且稳健 LMERR 显著而稳健 LMLAG 不显著，则可以断定空间误差模型是适合的。两个 LM 检验应用到空间面板数据计量模型，如下：

$$\mathrm{LMLAG}=\frac{\left[e^{\mathrm{T}}(I_T\otimes W)Y\hat{\sigma}^{-2}\right]^2}{J} \tag{4-37}$$

$$\mathrm{LMERR}=\frac{\left[e^{\mathrm{T}}(I_T\otimes W)e\hat{\sigma}^{-2}\right]^2}{T_W} \tag{4-38}$$

式中，$\otimes$ 为克罗内克积；I_T为 T 阶单位矩阵，e 为不带任何空间和时间效应的混合回归估计的残差向量；Y 为被解释变量。J 和 T_W 定义如下：

$$J=\frac{1}{\hat{\sigma}^2}\left\{\left((I_T\otimes W)X\hat{\beta}\right)^{\mathrm{T}}\left[I_{NT}-X(X^{\mathrm{T}}X)^{-1}X^{\mathrm{T}}\right](I_T\otimes W)X\hat{\beta}TT_W\hat{\sigma}^2\right\} \tag{4-39}$$

$$T_W=\mathrm{Trace}(WW+W^{\mathrm{T}}W) \tag{4-40}$$

空间面板数据计量模型的稳健性 LM 检验采取以下形式：

$$稳健\mathrm{LMLAG}=\frac{\left[e^{\mathrm{T}}(I_T\otimes W)Y\hat{\sigma}^{-2}-e^{\mathrm{T}}(I_T\otimes W)e\hat{\sigma}^{-2}\right]^{-2}}{J-TT_W} \tag{4-41}$$

$$稳健\mathrm{LMERR}=\frac{\left[e^{\mathrm{T}}(I_T\otimes W)e\hat{\sigma}^{-2}-[TT_W/J]e^{\mathrm{T}}(I_T\otimes W)Y\hat{\sigma}^{-2}\right]^2}{TT_W\left[1-TT_W/J\right]^{-1}} \tag{4-42}$$

4.2 中国水足迹强度差异性分析

4.2.1 中国水足迹强度时空总体差异变化分析

1. 中国水足迹强度时间演化分析

水足迹强度指标反映各省（区、市）的水资源利用效率，通过水足迹总量除以国内生产总值（GDP）得到。水足迹强度越大，表明单位 GDP 所消耗的水足迹的数量越高；反之，表明单位 GDP 所消耗的水足迹的数量越低。中国八大区域（华北：北京、天津、山西；东北：内蒙古[①]、黑龙江、吉林、辽宁；黄淮海：河北、河南、山东、安徽；西北：陕西、甘肃、青海、宁夏、新疆；东南：上海、浙江、福建；长江中下游：江苏、湖北、湖南、江西；华南：广东、广西、海南；西南：四川、贵州、云南、重庆、西藏）1997～2018 年水足迹强度的变化如图 4-1 所示。

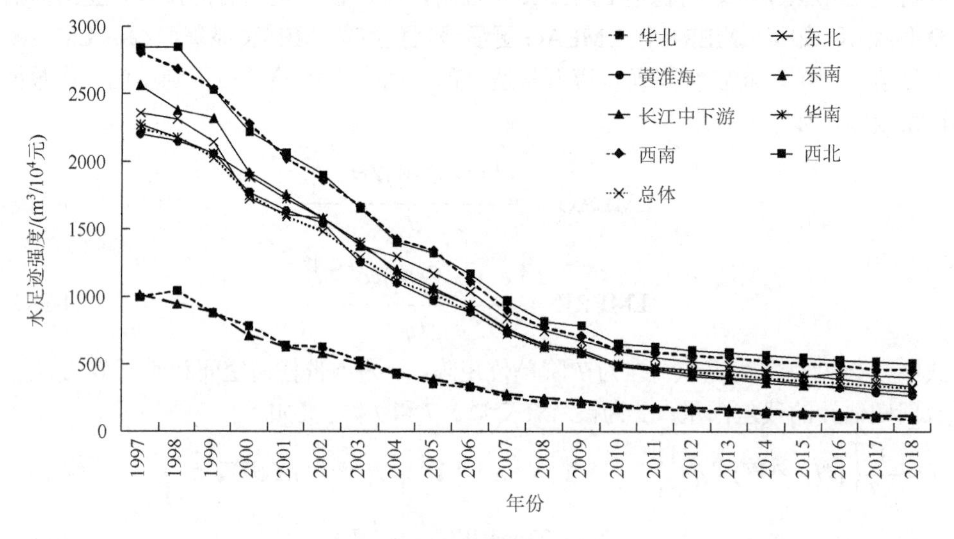

图 4-1　1997～2018 年中国八大区域水足迹强度变化趋势

由图 4-1 可知，1997～2018 年中国八大区域水足迹强度整体呈逐渐下降的态势，说明中国单位 GDP 所消耗的水足迹的数量下降趋势，水资源利用效率呈上升状态。西北、西南、东北水足迹强度普遍高于总体平均水平，西北最高，西南次之，华南和黄淮海地区与总体平均水平较为一致。华北及东南地区水足迹强度普遍低于总体平均水平，其中东南最低，华北次之。此外，研究时段内中国水足迹强度空间特征具体表现为：沿海低于内地，东部低于西部，西北地区最高；经济发达的地区低于欠发达的地区。水足迹强度差异受到自然条件、土地生产能力和区域经济发展水平等的影响，反映各地区水资源利用效率的程度差异。由于中部经济发展迅速，因此单位 GDP 产值所消耗的水足迹在研究期内降低的同时明显表现出区域的差异不平衡性。对此，本节将进一步采用基尼系数和锡尔指数两种方法相结合来分析水足迹强度的时空差异变化规律，并诠释这种不平衡性。

---

① 参考孙才志等（2010）的研究，在水足迹强度计算中将内蒙古划入东北。

2. 水足迹强度区域总体差异分析

根据式（4-1）和式（4-3）得出 1997～2018 年水足迹强度差异变化基尼系数和锡尔指数，如图 4-2 所示。

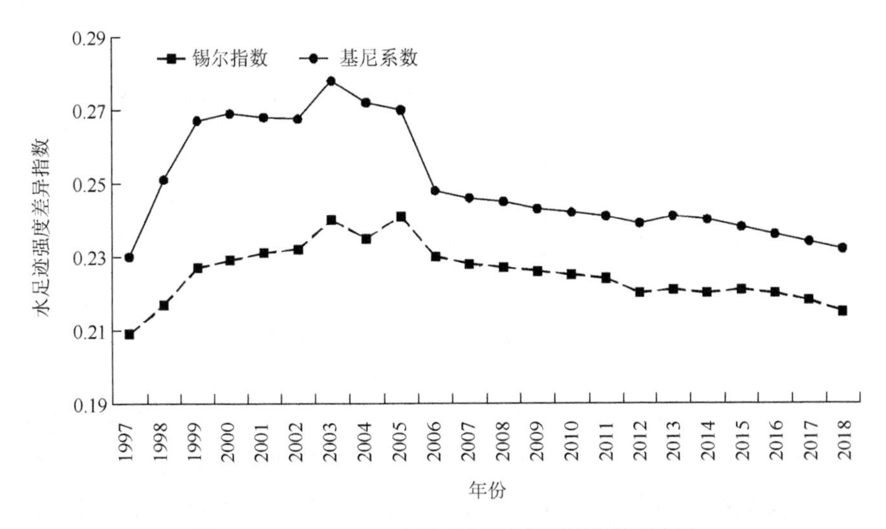

图 4-2　1997～2018 年水足迹强度区域总差异变化

根据图 4-2 可知，两种测度方法水足迹强度区域空间总差异变化趋势很相似。研究时段内，基尼系数和锡尔指数均呈现“先增大（1997～2003 年），后缩小（2003～2018 年）”的近似倒 U 形曲线发展态势，这说明，水足迹强度区域总差异经历了先增大后缩小的过程。根据环境库兹涅茨倒 U 形曲线的原理，认为产生上述水足迹时空差异变化规律的原因是：研究时段前几年各个地区之间的区位优势、资源禀赋、经济基础等不同而使各种生产要素向平均利润率高的地区转移和积聚，表现出用水效率差距拉大，导致水足迹强度差异扩大，处于倒 U 形曲线的左侧；经过一定的时间，用水效率较高地区的优势达到一定程度后，另外一些地区各种优势会逐步体现出来，加之政府的引导，水足迹强度区域差异会缩小，表现在倒 U 形曲线的右侧。由于后几年差异有所控制并变小，刚刚进入倒 U 形曲线的右侧，今后几年这种差异变小的趋势还会增强，即水足迹强度空间差异在未来几年很可能会呈收敛状态而向一定的平衡发展。

3. 中国淡水足迹和水污染足迹强度区域差异分解

将中国水资源足迹分解为淡水足迹和水污染足迹，并对两者的强度根据式（4-3）分别计算出 1997～2018 年各自的基尼系数（图 4-3）。

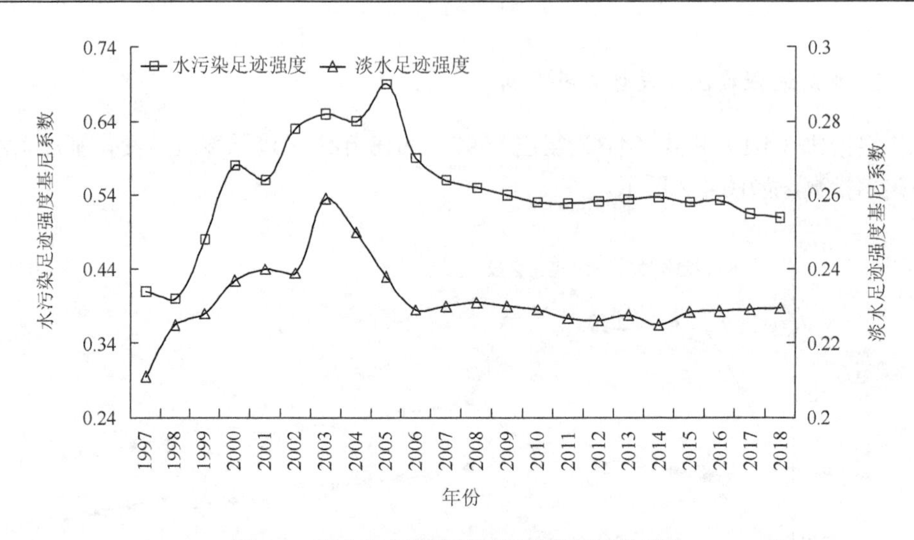

图 4-3　淡水和水污染足迹强度基尼系数变化

图 4-3 显示：淡水足迹由于在总水足迹中所占比例非常大，其强度基尼系数变化特征和范围呈现与总体水足迹强度大致相同的趋势，表现为先增大后缩小，范围均在“警戒线”以下；水污染足迹强度基尼系数结果也表现出先增大后缩小的趋势，由 1997 年 0.408 急剧增大到 2005 年的 0.690，之后又呈现下降趋势，范围均超过“警戒线”，并由“差距偏大”变为“高度不平均”。这表明，中国水污染足迹强度区域差异在研究时段内超过警戒线并迅速拉大，而使水污染足迹强度区域呈现极度不平衡，某些地区水污染现象势必非常严重，而这种状况持续整个研究时段的同时，差异还在继续拉大，说明某些地区的水污染问题已经迫在眉睫。虽然近几年随着经济社会的发展，管理技术有很大提高，水污染处理达标排放力度也有所加大，但是结果表明这些还不够，需要对水污染做更多的工作，坚持达标排放、调整产业结构和布局、完善和实施相关的规章制度，使污染降到最小。否则，生态环境长时间负载超过其容量的水污染足迹量，对环境及人类社会造成危害，后果将不堪设想。

4.2.2　中国水足迹强度区域及内部空间分异动态

1. 中国水足迹强度区域差异演变分解特征

根据锡尔指数公式，将 1997～2018 年中国水足迹强度的区域总体差异分解为地区间差异及地区内部差异，由计算结果（表 4-1）可以看出：中国八大区、东中西区和南北区不同划分地域的地区间差异指标 T_{BR}、地区内部差异 T_{WR} 的差异导致中国水足迹空间差异变化，整体来看：研究时段内八大区地区间差异（41.4%～47.62%）对整体差异的贡献要小于地区内部差异；东中西区地区间差异（58.36%～67.6%）对总体差异的贡献要大于地区内部差异；南北区地区间差异（12.79%～24.41%）对整体差异贡献份额远远小于地区内部差异。这表明，中国水足迹强度整体空间差异与中国各地区发展的内部差异和地区间差异有关，东中西地区差异主要受该三区地区间的差异影响，而南北地区差异几乎取决于此两地区内的差异。从时间来看，中国八大地区水足迹强度差异的地区间差异指标 T_{BR} 和地区内部差异指标 T_{WR} 大致呈先逐步增大后缩小的变化趋势，使中国水足迹强度差异先扩大后缩小。中国各区域水足迹强度的地区内部差异在很大程度上影响空间差异分布，表 4-1 显示了中国八大地区水足迹强度区域差异变化情况：八大区域中，华南地区和长江中下游地区对组内差异贡献最大，二者之和占总组内差异的 40%以上，西北地区最小；东中西区域中，东部地区最大，占组内总差异的近 60%；南北区域中，南部差异贡献占 60%以上，大于北方地区。

2. 中国水足迹强度区域变化趋势

区域分离系数表示区域空间相互分离状况的大小，反映了区域差异的空间结构变化趋势。在式（4-2）中，选取东中西中 GDP 最小的西部地区作为参照区域，计算中国东中西和南北地带之间的区域分离系数。结果如表 4-1 所示。

表 4-1　1997～2018 年水足迹强度区域分离系数

地区	1997 年	1998 年	1999 年	2000 年	2001 年	2002 年	2003 年	2004 年	2005 年	2006 年	2007 年
东中西	6.610	6.705	7.660	7.746	8.867	9.295	10.152	9.948	8.483	9.322	9.194
南北	2.068	1.503	1.300	1.140	1.258	1.101	1.169	1.051	1.230	1.285	1.186
地区	2008 年	2009 年	2010 年	2011 年	2012 年	2013 年	2014 年	2015 年	2016 年	2017 年	2018 年
东中西	9.238	8.954	9.178	9.284	9.743	9.942	9.145	8.943	8.746	9.138	9.178
南北	1.234	1.176	1.183	1.224	1.146	1.035	1.286	1.164	1.105	1.164	1.157

由表 4-2 可知，1997～2003 年东中西地区分离系数由 6.610 急剧增大到 10.152，空间极化加强，直到 2010 年有所控制并变小至 9.178，发展趋同明显。以 GDP 较小的北部地区作为参照区域，计算南北两大区域的分离系数，发现南北地区之间的区域分离系数远远小于东中西地区之间的区域分离系数，且在 1997～2018 年由 2.068 波动减小到 1.157，表明中国水足迹强度南北区域之间的分离程度远远小于东中西区域之间的分离程度，且南北差异呈缩小态势发展。

表 4-2　1997～2018 年水足迹强度的地区间差异及地区内部差异

区域		1997年	1998年	1999年	2000年	2001年	2002年	2003年	2004年	2005年	2006年	2007年	2008年	2009年	2010年	2011年	2012年	2013年	2014年	2015年	2016年	2017年	2018年
G		0.2254	0.2490	0.2612	0.2661	0.2629	0.2638	0.2746	0.2675	0.2640	0.2459	0.2490	0.2450	0.2443	0.2412	0.2508	0.2512	0.2516	0.2487	0.2504	0.2496	0.2349	0.2519
Theil		0.2020	0.2109	0.2218	0.2230	0.2245	0.2261	0.2411	0.2303	0.2398	0.2225	0.2170	0.2201	0.2190	0.2006	0.2023	0.2075	0.2127	0.2397	0.2238	0.2235	0.2158	0.2167
八大区	T_{BR}	0.0962	0.0933	0.0946	0.0924	0.0939	0.0936	0.1105	0.1012	0.1097	0.1007	0.0993	0.0924	0.1104	0.0927	0.0976	0.0971	0.0966	0.0961	0.0956	0.0951	0.0946	0.0941
	比重/%	47.62	44.24	42.65	41.43	41.83	41.40	45.83	43.94	45.75	45.26	45.76	44.98	45.66	45.75	45.70	46.00	46.15	46.22	45.78	46.07	45.85	45.92
	东北	0.0134	0.0118	0.0114	0.0124	0.0111	0.0118	0.0092	0.0070	0.0075	0.0052	0.0053	0.0114	0.0082	0.0068	0.0087	0.0090	0.0093	0.0096	0.0099	0.0102	0.0105	0.0108
	比重/%	6.63	5.60	5.14	5.56	4.94	5.22	3.82	3.04	3.13	2.34	2.44	2.34	2.27	2.10	2.10	2.09	2.08	2.34	2.10	2.09	2.10	2.09
	华北	0.0084	0.0142	0.015	0.0126	0.0140	0.0130	0.0130	0.0125	0.0114	0.0140	0.0113	0.0124	0.0115	0.0134	0.0141	0.0137	0.0142	0.0134	0.0145	0.0114	0.0129	0.0134
	比重/%	4.16	6.73	6.76	5.65	6.24	5.75	5.39	5.43	4.75	6.29	5.21	5.54	5.37	5.28	5.28	5.26	5.24	5.20	5.28	5.25	5.27	5.26
	黄淮海	0.0155	0.0149	0.022	0.0242	0.0252	0.0264	0.0256	0.0262	0.0239	0.0259	0.0252	0.0263	0.0246	0.0268	0.0279	0.0284	0.0289	0.0294	0.0299	0.0304	0.0309	0.0314
	比重/%	7.67	7.06	9.92	10.85	11.22	11.68	10.62	11.38	9.97	11.64	11.31	11.42	10.97	11.32	11.33	11.27	11.24	11.20	11.32	11.25	11.30	11.28
	西北	0.0057	0.0043	0.0052	0.0088	0.0128	0.012	0.0105	0.0087	0.0144	0.0117	0.0093	0.0143	0.0104	0.0116	0.0118	0.0145	0.0107	0.0134	0.0129	0.0136	0.0115	0.0106
	比重/%	2.82	2.04	2.34	3.95	5.70	5.31	4.36	3.78	6.01	5.26	4.29	4.52	4.44	4.36	4.36	4.34	4.33	4.30	4.36	4.33	4.35	4.35
	东南	0.0063	0.0076	0.0064	0.0071	0.0069	0.0062	0.0064	0.0069	0.0068	0.0071	0.0066	0.0063	0.0072	0.0065	0.0070	0.0065	0.0067	0.0072	0.0073	0.0069	0.0074	0.0072
	比重/%	3.12	3.60	2.89	3.18	3.07	2.74	2.65	3.00	2.84	3.19	3.04	3.10	2.97	2.85	2.86	2.84	2.83	2.80	2.85	2.83	2.84	2.84
	长江中下游	0.0188	0.023	0.026	0.0248	0.0284	0.0298	0.0334	0.0325	0.0294	0.0286	0.0282	0.0273	0.0282	0.0291	0.0295	0.0294	0.0292	0.0297	0.0285	0.0297	0.0301	0.0278
	比重/%	9.31	10.91	11.72	11.12	12.65	13.18	13.85	14.11	12.26	12.85	13.00	13.35	13.29	13.67	13.69	13.61	13.57	13.55	13.66	13.59	13.64	13.63
	华南	0.0235	0.0275	0.027	0.0317	0.0227	0.0232	0.0241	0.0262	0.0268	0.0191	0.021	0.0253	0.0242	0.0236	0.0224	0.0235	0.0234	0.0230	0.0236	0.0233	0.0237	0.0235
	比重/%	11.63	13.04	12.17	14.22	10.11	10.26	10.00	11.38	11.18	8.58	9.68	9.73	9.82	9.57	9.60	9.53	9.50	9.42	9.57	9.51	9.55	9.54
	西南	0.0142	0.0144	0.0142	0.009	0.0096	0.01	0.0084	0.0089	0.0098	0.0103	0.0108	0.0103	0.0107	0.0088	0.0088	0.0094	0.0093	0.0105	0.0088	0.0087	0.0096	0.0094
	比重/%	7.03	6.83	6.40	4.04	4.28	4.42	3.48	3.86	4.09	4.63	4.98	5.02	5.21	5.10	5.10	5.08	5.06	5.12	5.10	5.07	5.09	5.08
	T_{WR}	0.1058	0.1176	0.1272	0.1306	0.1306	0.1325	0.1306	0.1291	0.1301	0.1218	0.1177	0.1146	0.1258	0.1264	0.1265	0.1263	0.1259	0.1248	0.1264	0.1253	0.1263	0.1260
	比重/%	52.38	55.76	57.35	58.57	58.17	58.60	54.17	56.06	54.25	54.74	54.24	55.02	54.34	54.25	54.30	54.00	53.85	53.78	54.23	53.93	54.15	54.08

续表

区域		1997年	1998年	1999年	2000年	2001年	2002年	2003年	2004年	2005年	2006年	2007年	2008年	2009年	2010年	2011年	2012年	2013年	2014年	2015年	2016年	2017年	2018年
东中西地区	T_{BR}	0.1179	0.1234	0.1368	0.1382	0.1457	0.1488	0.1630	0.1539	0.1512	0.1444	0.1392	0.1367	0.1338	0.1316	0.1311	0.1286	0.1261	0.1236	0.1211	0.1186	0.1161	0.1136
	比重/%	58.36	58.53	61.70	61.97	64.91	65.83	67.60	66.81	63.07	64.91	64.15	63.87	64.17	64.01	64.25	64.31	64.38	64.44	64.50	64.56	64.63	64.69
	东	0.0515	0.0529	0.0514	0.0523	0.0418	0.0405	0.0473	0.0489	0.0539	0.0452	0.0462	0.0436	0.0475	0.0425	0.0438	0.0433	0.0428	0.0423	0.0418	0.0413	0.0408	0.0403
	比重/%	25.48	25.08	23.16	23.47	18.61	17.91	19.61	21.23	22.46	20.30	21.28	21.38	20.95	20.70	20.56	20.53	20.49	20.45	20.42	20.38	20.34	20.31
	中	0.0146	0.0175	0.0163	0.0165	0.0166	0.0166	0.0124	0.0107	0.0115	0.0125	0.0131	0.0113	0.0118	0.0114	0.0117	0.0115	0.0114	0.0124	0.0114	0.0117	0.0115	0.0110
	比重/%	7.21	8.28	7.37	7.38	7.40	7.33	5.15	4.66	4.78	5.63	6.03	6.27	6.28	6.36	6.32	6.31	6.29	6.28	6.27	6.26	6.25	6.24
	西	0.0182	0.0171	0.0172	0.0160	0.0204	0.0202	0.0184	0.0167	0.0232	0.0204	0.0186	0.0176	0.0168	0.0172	0.0174	0.0171	0.0168	0.0165	0.0162	0.0159	0.0156	0.0153
	比重/%	9.00	8.11	7.73	7.18	9.09	8.93	7.65	7.26	9.68	9.15	8.58	8.48	8.6	8.93	8.87	8.86	8.84	8.82	8.81	8.79	8.78	8.76
	T_{WR}	0.0841	0.0875	0.0850	0.0848	0.0788	0.0773	0.0781	0.0764	0.0886	0.0781	0.0778	0.0752	0.0773	0.0748	0.0739	0.0775	0.0762	0.0746	0.0753	0.0735	0.0712	0.0738
	比重/%	41.64	41.47	38.30	38.03	35.09	34.17	32.40	33.19	36.93	35.09	35.85	36.13	35.83	35.99	35.75	35.69	35.62	35.56	35.50	35.44	35.37	35.31
南北地区	T_{BR}	0.0493	0.0397	0.0370	0.0329	0.0356	0.0318	0.0341	0.0295	0.0348	0.0331	0.0297	0.0284	0.0291	0.0254	0.0257	0.0267	0.0253	0.0249	0.0268	0.0263	0.0248	0.0254
	比重/%	24.41	18.82	16.67	14.73	15.85	14.05	14.13	12.79	14.50	14.86	13.68	14.2	14.73	14.37	14.10	14.06	14.01	13.97	13.93	13.89	13.84	13.80
	南	0.0979	0.1113	0.1185	0.1173	0.1111	0.1151	0.1306	0.1281	0.1234	0.1135	0.1157	0.1168	0.1134	0.1176	0.1172	0.1139	0.1148	0.1154	0.1172	0.1133	0.1238	0.1154
	比重/%	48.45	52.76	53.45	52.59	49.47	50.92	54.18	55.61	51.45	51.02	53.34	52.28	51.35	51.50	51.66	51.69	51.72	51.74	51.76	51.79	51.82	51.84
	北	0.0548	0.0601	0.0663	0.0729	0.0778	0.0792	0.0764	0.0728	0.0816	0.0758	0.0716	0.0762	0.0752	0.0735	0.0748	0.0739	0.0746	0.0727	0.0746	0.0752	0.0768	0.0760
	比重/%	27.14	28.48	29.88	32.68	34.67	35.03	31.68	31.60	34.05	34.07	32.98	33.52	33.92	34.13	34.24	34.25	34.27	34.29	34.31	34.32	34.34	34.36
	T_{WR}	0.1527	0.1712	0.1848	0.1901	0.1889	0.1943	0.2070	0.2008	0.2050	0.1894	0.1873	0.1826	0.1825	0.1879	0.1859	0.1798	0.1852	0.1846	0.1855	0.1893	0.1836	0.1846
	比重/%	75.59	81.18	83.33	85.27	84.15	85.95	85.87	87.21	85.50	85.14	86.32	85.80	85.27	85.63	85.90	85.94	85.99	86.03	86.07	86.11	86.16	86.20

4.3 中国水足迹强度空间相关性分析

4.3.1 中国水足迹强度全局自相关分析

为了正确设定模型，对中国省际水足迹强度分布模式检验是收敛性分析的前提。全局莫兰 I 数用来判断要素的属性分布是否有统计上显著的集聚或分散现象，是常用的空间自相关指数。根据上述有关公式，本节计算了 1997～2018 年中国 31 个省（区、市）水足迹强度全局莫兰 I 数。结果如表 4-3 所示。

表 4-3 1997～2018 年中国 31 个省（区、市）水足迹强度全局莫兰 I 数

年份	I	$Z(I)$	p	年份	I	$Z(I)$	p
1997	0.0977	3.7226	0.0001	2008	0.1468	5.1151	0.0000
1998	0.1030	3.8738	0.0001	2009	0.1509	5.2309	0.0000
1999	0.0958	3.6692	0.0001	2010	0.1585	5.4440	0.0000
2000	0.1218	4.4064	0.0000	2011	0.1031	3.8740	0.0001
2001	0.1167	4.2614	0.0000	2012	0.1152	4.2310	0.0000
2002	0.1315	4.6812	0.0000	2013	0.1315	4.6812	0.0000
2003	0.1207	4.3745	0.0000	2014	0.1437	5.0129	0.0000
2004	0.1180	4.2978	0.0000	2015	0.1408	4.9432	0.0000
2005	0.1444	5.0465	0.0000	2016	0.1505	5.2287	0.0000
2006	0.1410	4.9509	0.0000	2017	0.1494	5.2046	0.0000
2007	0.1455	5.0763	0.0000	2018	0.1578	5.4386	0.0000

由表 4-3 所示，中国 31 个省（区、市）水足迹强度具有显著的正的空间集聚现象，这说明这些省（区、市）的水足迹强度在空间分布上具有显著的正自相关关系，水足迹强度的空间分布表现出相似值之间的空间集聚，即具有较高的水足迹强度地区相对趋于向较高的水足迹强度地区靠近，较低的水足迹强度地区相对趋于向较低的水足迹强度地区相邻。整体上全局莫兰 I 数呈现波动上升趋势，从 1997 年的 0.0977 上升到 2018 年的 0.1578，说明发展过程中这些省（区、市）水足迹强度集聚的强弱程度交替进行，并逐步加强。

4.3.2 中国水足迹强度局部自相关分析

由于全局莫兰 I 数为总体自相关统计量，并不能表明具体地区的空间集聚特征强度，要研究各省（区、市）水足迹强度是否存在局部集聚现象，则需用莫兰 I 数散点图和局部莫兰 I 数，做出 1997～2018 年中国水足迹强度的 LISA 集聚地图，如图 4-4 所示。

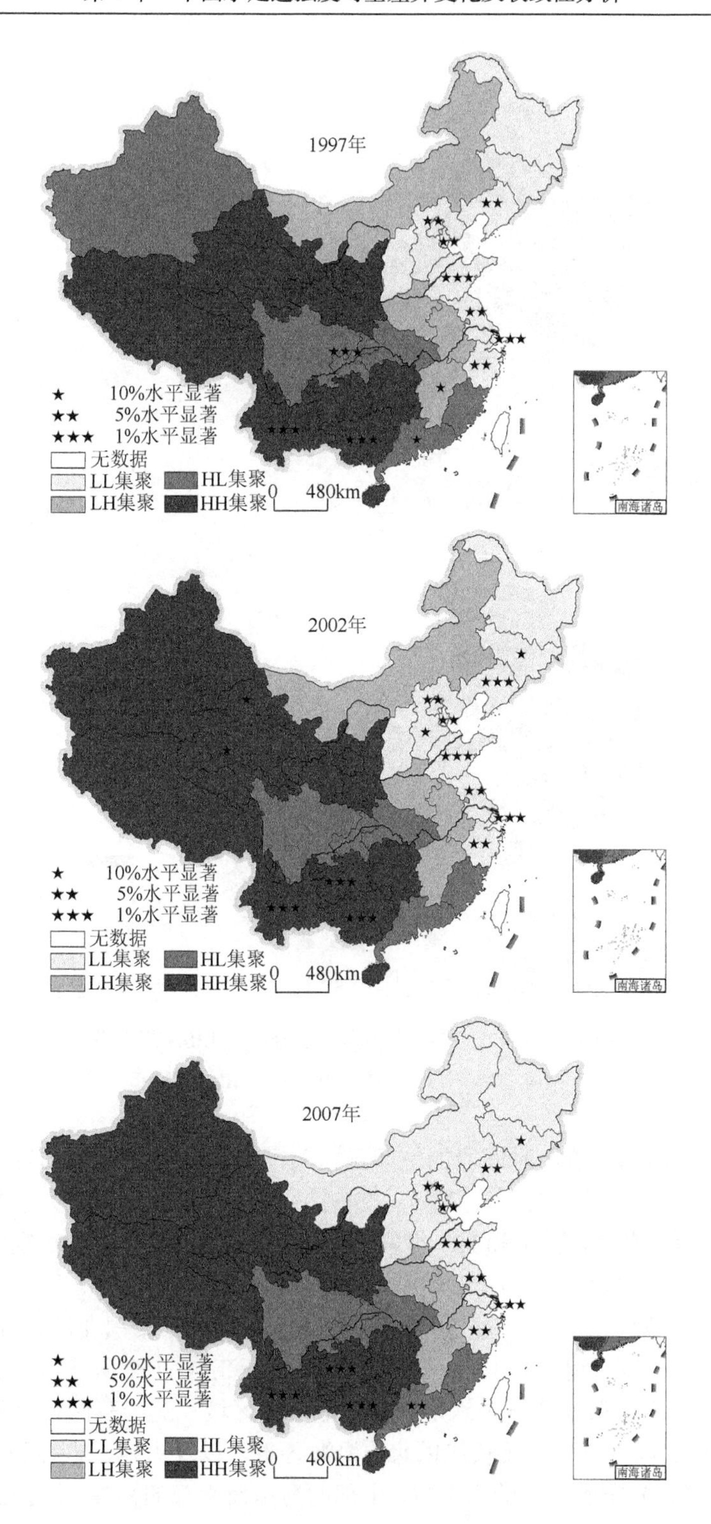
1997年
★ 10%水平显著
★★ 5%水平显著
★★★ 1%水平显著
无数据
LL集聚
HL集聚
LH集聚
HH集聚
0 480km
南海诸岛
2002年
★ 10%水平显著
★★ 5%水平显著
★★★ 1%水平显著
无数据
LL集聚
HL集聚
LH集聚
HH集聚
0 480km
南海诸岛
2007年
★ 10%水平显著
★★ 5%水平显著
★★★ 1%水平显著
无数据
LL集聚
HL集聚
LH集聚
HH集聚
0 480km
南海诸岛

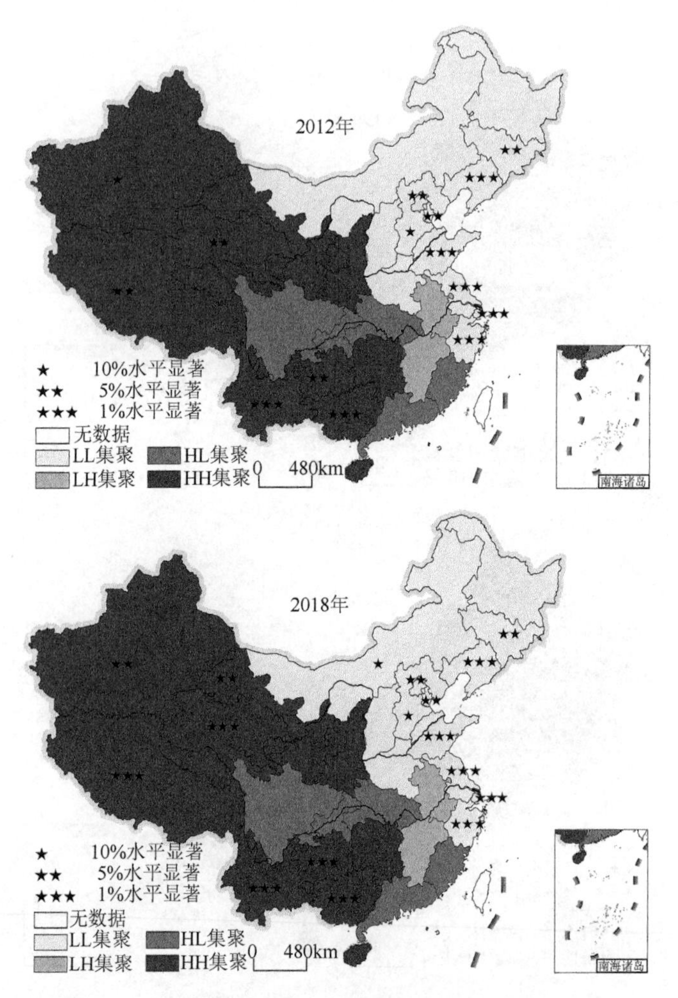

图 4-4　1997～2018 年中国水足迹强度 LISA 集聚图

HH，高高；LL，低低；LH，低高；HL，高低

如图 4-4 所示，五个时间段的空间正相关模式（LL 和 HH）的省（区、市）个数分别占到了 21 个、22 个、23 个、24 个、25 个，省（区、市）个数的增加反映出水足迹强度的 LL 集聚和 HH 集聚变得越来越显著。同时，HL 集聚的个数基本保持不变，LH 集聚略有下降。

（1）LL 集聚区。LL 集聚区主要集中在东部地区，其中黑龙江、吉林、辽宁、北京、天津、山东、河北、山西、上海、江苏、浙江这 11 个省（市）在各个时期集聚现象均显著，形成了一个水足迹强度低值的区域。这一范围在空间上有明显的扩展，1997 年主要分布在长江以北的沿海各省，以及山西、吉林和浙江地区，到 2018 年逐渐分布到北部的内蒙古、中部的河南及南部的福建。这就说明中国的东部地区形成了一个明显的水足迹强度低的空间集聚区域且有明显的向周边地区扩散的趋势，也体现出了这些地区的水资源利用效率高，这正好与东部地区尤其是华北地区严重缺水相吻合。

（2）LH 集聚区。LH 集聚区分布比较稳定，主要集中在江西、安徽、河南三省，2018 年河南转变为 LL 集聚。此类型区邻近水足迹强度低的江苏、浙江、河北、山东等省（区、市），具有有利的“被扩散”的区位优势，因此，此类型的水足迹强度下降的速度较快，且提升空间较大。这就说明经济技术的发展及工农业用水效率的提高带动了周边地区水资源利用效率的提高。

（3）HL 集聚区。HL 集聚区主要包括四川、重庆、湖北、广东，除新疆由 1997 年的 HL 集聚区变为 HH 集聚区，福建在 2018 年随着用水技术的改善变为 LL 集聚区外，此类型在研究年限内在空间上保持稳定，并没有太大的变化。由于自然禀赋的原因（新疆除外，新疆转变为 HH 集聚区可能与消费模式有关，因为新疆属于少数民族聚居地，食用的肉类产品较多，尤其是虚拟水含量较多的牛羊肉），此类型区的水资源较丰富，这在一定程度上制约了该地区水足迹强度的降低。但是由于该地区经济比较发达，如广东、重庆，占有了降低水足迹强度的先决条件，再加之合理的政策与观念的引导，该类型区的水足迹强度的下降空间很大。

（4）HH 集聚区。HH 集聚区主要集中在西北和西南地区，这一区域在空间上的范围基本保持稳定。虽然在空间上基本保持稳定，但是此地区的水足迹强度也有明显的下降趋势，与东部地区的差距在不断缩小。其中云南、广西、青海在每一个时期均显著，这表明西南地区水足迹强度的集聚性高，说明该地区的水资源利用效率差。

从各省（区、市）水足迹强度的局部集聚特征的时间变化来看，地理空间上的连续性在逐渐增强，LL 集聚区域有一定的扩张趋势。随着 LL 集聚区的向外扩张，北部的 LH 集聚类型的内蒙古、中部 LH 集聚类型的河南，以及南部的福建逐步转变为 LL 集聚，这就说明，东部水足迹强度低的地区有向周边地区溢出，降低周边水足迹强度的效应。HH 集聚区自 2001 年以来一直保持稳定，分布在西部地区，尤其是西南地区的云南、广西、贵州三省（区）一直以来显著性均较强。

4.4　中国水足迹强度收敛的空间计量分析

通过 4.3 节的空间相关性分析可知，在进行中国水足迹强度的研究中不能忽视客观存在的地理空间分布要素，应用空间计量分析方法进行中国水足迹强度的收敛研究时可以充分考虑空间效应，即空间依赖性和异质性，运用空间计量收敛模型对中国水足迹强度的收敛性进行研究成为必然。

4.4.1　σ 收敛性分析

中国水足迹强度的 σ 收敛是指随着时间的推移，各省（区、市）水足迹强度的标准偏差逐渐缩小，即各地区的水足迹强度差异越来越小，本节使用变异系数统计方法描述和刻画中国 31 个省（区、市）水足迹强度 σ 收敛。中国 31 个省（区、市）水足迹强度 1997～2006 年变异系数呈波动上升趋势，2006 年以后逐渐下降，表现出一定的收敛趋势。结果如图 4-5 所示。

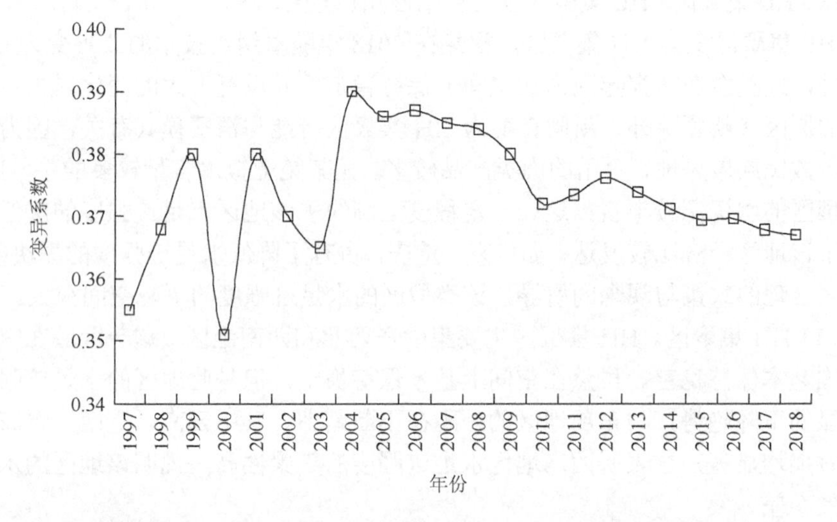

图 4-5　1997～2018 年中国 31 个省（区、市）水足迹强度变异系数

4.4.2　计量收敛性分析

通过莫兰 I 数对中国水足迹强度进行空间自相关检验，由表 4-3 可知存在正的空间自相关，进一步根据 LM 检验、稳健 LM 检验可以确定空间计量收敛模型的类型，即对空间滞后模型和空间误差模型的选择，本节得到的两个检验都呈现高度显著，空间滞后和空间误差效应同时存在，需要对两类模型进行分析；在 EViews 6.0 软件下，对式（4-11）和式（4-12）采用 Hausman 检验，结果表明固定效应模型优于随机效应模型，然后通过 F 值检验固定效应模型的适用性，使用个体时点固定效应模型更有效；在 MATLAB 空间计量工具箱下，通过 Hausman 检验可以确定本节空间计量收敛模型式（4-22）～式（4-33）对固定效应和随机效应的选择，绝对 β 收敛空间滞后效应和条件 β 收敛空间误差效应拒绝了原假设采用随机效应，而绝对 β 收敛空间误差效应和条件 β 收敛空间滞后效应没有拒绝

原假设采用随机效应，因此本节分别对空间计量收敛模型采用固定效应和随机效应进行估计，结果如表 4-4 所示。

表 4-4　检验结果

回归模型	绝对 β 收敛		条件 β 收敛	
	统计量	p	统计量	p
空间滞后模型 Hausman 检验	9.8262	0.0073	3.9193	0.8643
空间误差模型 Hausman 检验	4.0925	0.1292	33.4156	0.0001
LMLAG 检验	268.6037	0.0000	205.8840	0.0000
稳健 LMLAG 检验	1258.7023	0.0000	1543.4344	0.0000
LMERR 检验	175.1810	0.0000	118.5800	0.0000
稳健 LMERR 检验	1165.2795	0.0000	1456.1305	0.0000

通过使用 EViews 6.0 软件和 MATLAB 空间计量工具箱，本节得到模型（1）、模型（2）和模型（4）～模型（7）的主要参数估计及检验的 p 值，结果如表 4-5 所示。标准绝对 β 收敛和条件 β 收敛模型回归分析得到收敛速度为 0.4145 和 0.4472，表明在没有考虑空间效应情况下，1997～2018 年中国 31 个省（区、市）水足迹强度存在绝对 β 收敛和条件 β 收敛，人均 GDP 在 5%显著水平上正向影响水足迹强度下降，工业水足迹强度在 5%显著水平上负向影响水足迹强度下降。水足迹强度较高的地区下降趋势快于水足迹强度较低的地区，水足迹强度达到 1/2 收敛程度的时间约为 1.3 年和 1.2 年，收敛速度较快，明显超越了各省（区、市）水足迹强度 σ 收敛速度，从图 4-5 可知，各地区水足迹强度的地区差异 2006 年以后逐渐缩小，而不是急剧减小，这隐含着地理空间效应影响着水足迹强度的收敛模式。

表 4-5　模型回归结果分析

回归结果	绝对 β 收敛	条件 β 收敛	空间滞后模型		空间误差模型	
			绝对 β 收敛	条件 β 收敛	绝对 β 收敛	条件 β 收敛
α	2.358361 （0.000000）	2.512457 （0.000000）	−0.120514 （0.001793）	−0.154519 （0.040845）	−0.129212 （0.001984）	−0.168216 （0.032051）
b	0.339333 （0.000000）	0.360584 （0.000000）	0.004166 （0.000000）	−0.016732 （0.094867）	−0.002463 （0.673069）	0.012445 （0.000013）
ρ			0.714997 （0.000000）	0.602987 （0.000000）		
λ					0.685789 （0.000000）	0.702995 （0.000000）

续表

回归结果	绝对 β 收敛	条件 β 收敛	空间滞后模型		空间误差模型	
			绝对 β 收敛	条件 β 收敛	绝对 β 收敛	条件 β 收敛
收敛速度	0.4145	0.4472	0.0042	发散	发散	0.0125
R^2	0.456861	0.478803	0.225600	0.251100	0.241800	–0.029200
调整 R^2	0.391805	0.406456	0.112100	0.1679	0.001800	0.000300
似然比	670.45	678.76	597.85	607.47	603.00	603.23
人均 GDP		0.016752 （0.024300）		0.004451 （0.385427）		–0.001555 （0.718129）
人均水足迹		–0.000045 （0.169100）		–0.000045 （0.040949）		–0.000041 （0.060797）
工业水足迹度		–0.000043 （0.019100）		0.000009 （0.152137）		0.000008 （0.178086）
教育经费比例		0.268443 （0.167200）		–0.065951 （0.457892）		0.084656 （0.418096）
外商投资比例		–0.001546 （0.842700）		0.006937 （0.129163）		0.004580 （0.309965）
市场化程度		0.033026 （0.745100）		0.051670 （0.416531）		0.020220 （0.737362）

注：括号内为回归系数检验显著性水平值。

通过空间自相关检验可知，各省（区、市）水足迹强度存在正的空间自相关，忽略空间效应的标准 β 收敛模型对各省（区、市）水足迹强度的收敛速度估计有所偏离。在加入了空间滞后效应后，从表 4-5 可知，中国水足迹强度存在显著的绝对 β 收敛，绝对 β 收敛达到 1/2 收敛程度的时间约为 165.7 年；而条件 β 收敛模型的结果却呈现不显著发散，这说明在空间滞后效应和 6 个条件（即人均 GDP、人均水足迹、工业水足迹强度、教育经费比例、外商直接投资、市场化程度）共同作用下，各省（区、市）水足迹强度呈不显著的发散状态。在加入了空间误差效应后，存在显著的条件 β 收敛，达到 1/2 收敛程度的时间约为 55 年；而绝对 β 收敛模型结果却为不显著发散，单纯加入空间误差效应导致水足迹强度不显著发散。

总体来看，在考虑了空间效应情况下，收敛时间明显延长。对比现有研究成果可以发现，潘文卿（2010）研究 1978～2007 年中国区域经济增长空间滞后绝对 β 收敛半生命周期为 87.1 年，而洪国志等（2010）研究 1990～2007 年中国区域经济发展的空间滞后绝对 β 收敛半生命周期为 56.5 年，而本节计算结果为 165.7 年，相比经济增长各省（区、市）水足迹强度收敛需要更长的时间。

综上所述，在标准条件 β 收敛模型中人均 GDP 和工业水足迹强度分别正向和负向显著影响水足迹强度的收敛，而在空间滞后模型和空间误差模型中的条件 β 收敛中只有人均水足迹负向显著影响水足迹强度的收敛，其他因素均不显著，这说明加入空间效应后人均水足迹因素直接影响中国水足迹强度的收敛，人均水足迹多的地区，水足迹强度下降得慢，从节约用水角度可以加快水足迹强度的收敛。此外，通过对标准 β 收敛和加入空间效应的空间计量 β 收敛分析可知，水足迹强度较高的地区下降速度快于水足迹强度较低的地区，忽略空间效应的水足迹强度收敛速度极快，明显与各省（区、市）水足迹强度的 σ 收敛速度不符，不可能在两年之内水足迹强度达到半生命周期水平；在标准 β 收敛模型中加入了空间滞后和空间误差效应，测度出的中国水足迹强度收敛速度要小于现有研究成果（潘文卿，2010；洪国志等，2010）中关于中国区域经济收敛的速度，因此水足迹强度收敛时间比经济增长收敛时间漫长，说明中国经济落后地区追赶经济发达地区的速度快于水足迹强度高的地区下降到低的地区的速度。

4.5　基于空间效应的中国经济增长与水足迹强度收敛关系分析

从空间效应角度研究 1997～2018 年中国 31 个省（区、市）的劳均 GDP 差异的收敛情况，参照 Markandya 等（2006）的研究方法，在已获取水足迹强度计算结果的基础上，假设各省（区、市）水足迹强度差异是劳均 GDP 差异变化的函数，检验这两个变量之间的关系，通过使用面板数据计量模型进行实证估计。

4.5.1　劳均 GDP 收敛性分析

通过式（4-13）～式（4-15）验证各省（区、市）劳均 GDP 存在 β 收敛。在回归分析之前，对空间面板数据进行了 Hausman 检验，其检验结果表明模型设定应采用固定效应，进一步通过 LM 检验和稳健 LM 检验，表明空间滞后和空间误差效应同时存在，检验结果如表 4-6 所示。

表 4-6　检验结果

回归类型	空间面板数据模型	
	统计量	p 值
空间滞后模型 Hausman 检验	–44.6750	0.0000
空间误差模型 Hausman 检验	–41.9936	0.0000
LMLAG 检验	45.3542	0.0000

续表

回归类型	空间面板数据模型	
	统计量	p值
稳健 LMLAG 检验	15.2869	0.0000
LMERR 检验	46.2325	0.0000
稳健 LMERR 检验	16.1652	0.0000

表 4-7 给出了不同假定情况下 1997～2018 年中国 31 个省（区、市）劳均 GDP 收敛的估计结果，第 2 列是假定没有空间效应情况下的回归结果，第 3、4 列分别是在空间滞后效应和空间误差效应假定下的回归结果。不同设置情况下 $b>0$，t 检验完全显著，表明 1997～2018 年中国 31 个省（区、市）劳均 GDP 增长趋势存在 β 收敛，即劳均 GDP 低的地区增长速度快于劳均 GDP 高的地区。加入空间滞后效应和误差效应的 β 收敛模型得到的收敛速度都显著小于标准 β 收敛模型得到的结果，这说明空间效应影响了中国劳均 GDP 收敛过程，并在一定程度上减缓了劳均 GDP 收敛速度。中国 31 个省（区、市）经济发展程度和规模都不相同，劳均 GDP 在各地区存在空间依赖性和空间异质性导致收敛速度变慢。

表 4-7　劳均 GDP 收敛模型回归结果

系数估计	标准绝对 β 收敛模型	空间滞后模型	空间误差模型
α	0.525314 （2.9472437）***	0.572347 （1.974318）*	0.415236 （−1.495375）
b	0.046372 （−2.376528）**	0.038071 （−2.217431）**	0.034376 （−1.942634）*
ρ		−0.999954 （−3.804576）***	
λ			−0.989075 （−3.757043）***
收敛速度 β	0.0435	0.0375	0.0343
R^2	0.3894	0.4437	0.3864
调整 R^2	0.3153	0.0237	0.0168
似然比	942.0475	947.8541	946.7436

注：括号内为 t 统计量；***、**、*分别为 1%、5%和 10%水平上显著。

4.5.2　水足迹强度与劳均 GDP 关系收敛性分析

在回归分析之前，进行了 Hausman 检验，其检验结果表明本节模型设定采用固定效应，进一步通过 LM 和稳健 LM 检验，表明空间滞后和空间误差收敛同时存在，检验结果如表 4-8 所示。

对式（4-18）～式（4-20）采用固定效应模型进行系数估计，如表 4-9 所示。系数估计结果显示 B，C，D 都通过 1%显著性检验，这说明本节假设“各省（区、市）水足迹强度差异是劳均 GDP 差异的函数”通过检验。

表 4-8　检验结果

回归结果类型	空间面板数据模型	
	统计量	p 值
空间滞后模型 Hausman 检验	−110.3835	0.0000
空间误差模型 Hausman 检验	−158.5001	0.0000
LM-Lag 检验	417.6484	0.0000
稳健 LM-Lag 检验	12.3879	0.0000
LM-Err 检验	414.7379	0.0000
稳健 LM-Err 检验	9.4773	0.0000

表 4-9　模型回归结果

系数估计	标准模型	空间滞后模型	空间误差模型
B	−0.173170 （−20.822200）***	−0.107410 （−13.247800）***	−0.177490 （−21.768800）***
C	0.501024 （10.175730）***	0.531284 （10.636510）***	0.492054 10.392590）***
D	0.253324 （6.327268）***	0.269150 （6.755759）***	0.256352 （6.539329）***
A	0.707777	0.816952	0.697179
η	0.505613	0.506603	0.520983
ρ		0.7337967 （14.917297）***	
λ			0.737967 （14.917297）***
R^2	0.5115	0.4436	0.1802
调整 R^2	0.4514	0.1636	0.1425
似然比	691.8081	663.6351	661.4196

注：括号内为 t 统计量；***、**、*分别为 1%、5%和 10%水平上显著。

总体而言，中国 31 个省（区、市）区水足迹强度差异的变化趋势是收敛的。η 值在各种情况下均为正，且都小于 1，表明各省（区、市）水足迹强度收敛速度慢于劳均 GDP 收敛速度。加入空间滞后效应和空间误差效应的模型结果中的 η

值分别为 0.506603 和 0.520983，比标准模型中的 η 值 0.505613 要大，说明空间效应影响到了劳均 GDP 和水足迹强度之间的收敛关系，这种空间作用在一定程度上缩小了水足迹强度随劳均 GDP 收敛的差异，但是水足迹强度的收敛速度仍小于劳均 GDP。

利用 η 值计算公式，根据个体固定效应系数 h_i 和 B 值，得 $B_i = B + h_i$，弹性系数 $\eta_i = D/B_i \cdot \ln$（A），其不同假定下的结果如表 4-10 所示。

表 4-10　中国 31 个省（区、市）固定效应系数值

省（区、市）	标准模型			空间滞后模型			空间误差模型		
	h_i	B_i	η_i	h_i	B_i	η_i	h_i	B_i	η_i
北京	−0.0687	−0.2419	0.3619	−0.0696	−0.1770	0.3074	−0.0574	−0.2348	0.3937
天津	−0.0279	−0.2010	0.4356	−0.0245	−0.1319	0.4126	−0.0152	−0.1927	0.4799
河北	0.0159	−0.1572	0.5569	−0.1289	−0.2363	0.2303	−0.1179	−0.2954	0.3129
山西	−0.0431	−0.2163	0.4049	−0.0415	−0.1489	0.3654	−0.0381	−0.2156	0.4289
内蒙古	−0.0298	−0.2029	0.4314	−0.0255	−0.1329	0.4094	−0.0236	−0.2011	0.4598
辽宁	−0.0434	−0.2163	0.4044	−0.0419	−0.1493	0.3644	−0.0343	−0.2118	0.4365
吉林	−0.0172	−0.1904	0.4598	−0.0142	−0.1216	0.4476	−0.0111	−0.1886	0.4904
黑龙江	0.0013	−0.1719	0.5095	0.0064	−0.1010	0.5387	0.0066	−0.1709	0.5411
上海	−0.0736	−0.2468	0.3548	−0.0738	−0.1812	0.3004	−0.0579	−0.2354	0.3927
江苏	−0.1195	−0.2927	0.2991	−0.1229	−0.2303	0.2363	−0.1089	−0.2864	0.3228
浙江	−0.1669	−0.3400	0.2575	−0.1733	−0.2807	0.1938	−0.1566	−0.3341	0.2768
安徽	−0.0108	−0.1839	0.4759	−0.0081	−0.1155	0.4711	−0.0095	−0.1869	0.4946
福建	−0.0358	−0.2089	0.4189	−0.0338	−0.1412	0.3855	−0.0283	−0.2058	0.4493
江西	0.1472	−0.0259	3.3697	0.1601	0.0527	−1.0320	0.1455	−0.0319	2.8908
山东	−0.1823	−0.3555	0.2463	−0.1896	−0.2969	0.1832	−0.1722	−0.3497	0.2644
河南	−0.0914	−0.2646	0.3309	−0.0933	−0.2007	0.2711	−0.0891	−0.2666	0.3468
湖北	0.0159	−0.1572	0.5569	0.0216	−0.0859	0.6339	0.0202	−0.1573	0.5879
湖南	0.0911	−0.0821	1.0669	0.1024	−0.0050	10.7668	0.0906	−0.0869	1.0636
广东	−0.0327	−0.2059	0.4252	−0.0304	−0.1378	0.3949	−0.0233	−0.2008	0.4605
广西	0.1308	−0.0424	2.0666	0.1441	0.0367	−1.4832	0.1293	−0.0482	1.9166
海南	0.1071	−0.0661	1.3250	0.1888	0.0114	−4.7939	0.1103	−0.0672	1.3754
重庆	−0.0321	−0.2053	0.4265	−0.0289	−0.1354	0.3989	−0.0280	−0.2055	0.4499
四川	−0.0648	−0.2379	0.3679	−0.0631	−0.1706	0.3190	−0.0603	−0.2378	0.3889
贵州	0.1083	−0.0648	1.3506	0.1207	0.0133	−4.0904	0.1023	−0.0752	1.2294
云南	0.0638	−0.1094	0.8006	0.0735	−0.0339	1.6038	0.0623	−0.1152	0.8030
西藏	−0.0063	−0.1794	0.4879	−0.0002	−0.1076	0.5058	−0.0044	−0.1819	0.5083
陕西	−0.0531	−0.2263	0.3869	−0.0509	−0.1583	0.3438	−0.0505	−0.2279	0.4056

续表

省（区、市）	标准模型			空间滞后模型			空间误差模型		
	h_i	B_i	η_i	h_i	B_i	η_i	h_i	B_i	η_i
甘肃	0.0616	−0.1116	0.7845	0.0715	−0.0359	1.5158	0.06069	−0.1168	0.7917
青海	0.0821	−0.0910	0.9619	0.0942	−0.0132	4.1261	0.0829	−0.0946	0.9780
宁夏	0.1147	−0.0585	1.4979	0.1266	0.0192	−2.8366	0.1137	−0.0637	1.4508
新疆	0.1594	−0.0138	6.3451	0.1743	0.0669	−0.8133	0.1623	−0.0152	6.0967
均值	0.0000	−0.1732	0.9087	0.0000	−0.1074	0.3444	0.0000	−0.1775	0.8868

表 4-10 显示，31 个省（区、市）的 η 值表示其水足迹强度差异的收敛和发散状况，$\eta>0$ 表示该省（区、市）与其他省（区、市）劳均 GDP 差异缩小 1%，将导致该省（区、市）与其他省（区、市）水足迹强度的差异缩小 η%；$\eta<0$ 表示该省（区、市）与其他省（区、市）劳均 GDP 差异缩小 1%，将导致该省（区、市）与其他省（区、市）水足迹强度的差异增加 η%。在没有空间效应、带有空间滞后效应和带有空间误差效应 3 种情况假定下，大多数省（区、市）的 η 值在（0,1），表明这些省（区、市）的水足迹强度差异是收敛的，且水足迹强度下降速度慢于劳均 GDP 的增长速度；在没有空间效应和带有空间误差效应假定下，各省（区、市）的 η 值相似，多数在（0,1），$\eta>1$ 的省（区）同为湖南、海南、贵州、宁夏、广西、江西和新疆，表明这些地区水足迹强度的下降速度快于劳均 GDP 的增长速度；在带有空间滞后效应假定下，海南、贵州、宁夏、广西、江西和新疆的 $\eta<0$，说明在劳均 GDP 增长的同时，这些省（区）水足迹强度也在增长，而甘肃、云南、青海、湖南的 $\eta>1$，这些省的水足迹强度下降速度快于劳均 GDP 增长速度；其他省（区、市）的 η 值均在（0,1），说明这些地区水足迹强度在下降，但下降速度慢于劳均 GDP 增长速度。

第5章　中国灰水足迹研究

5.1　中国灰水足迹区域与结构分析

5.1.1　相关研究方法

本节借鉴对收入分配均衡性问题评价中的基尼系数的基本内涵，对灰水足迹在区域与结构上的均衡性进行研究。基尼系数可以分解为各省（区、市）的子基尼系数关于人均灰水足迹和单位 GDP 灰水足迹的加权平均值同排序差异两部分的和。表达式如下：

$$G=\sum_{k=1}^{r}\frac{S_k}{S}G_k+\sum_{k=1}^{r}\sum_{i_k=1}^{n_k}\frac{s_{i_k}^*}{S}(\omega_{i_k}^*-\omega_{i_k}) \tag{5-1}$$

$$S_k=\sum_{i=1}^{n_k}s_{i_k}^*,\quad S=\sum_{k=1}^{r}S_k$$

式中，G_k为各区域基尼系数。其中中国 n 个省（区、市）被归类划分为 r 个区域，如本书中 31 个省（区、市）的数据划分为东、中、西 3 个部分，k 表示区域数量（$k=1, 2, \cdots, r$），各区域内省（区、市）数据按从小到大排序。S 为 31 个省（区、市）灰水足迹总量；S_k 为各个区域灰水足迹总量；S_k/S 代表各区域灰水足迹在总灰水足迹中所占的比例，即各分区的份额权数；$S_{j_k}^*$ 表示区域 k 第 i 个省的水足迹总量；$\omega_{i_k}^*$ 为各省（区、市）的人口或 GDP 数量；ω_{i_k} 为总体的组合系数。

利用式（5-1），假设第 m 个区域或来源灰水足迹增加 e 个百分点，其他区域或来源保持不变，可得基尼系数的增量表达式为

$$\Delta G=\frac{eG}{1+eS_m/S}\left[s(m)-\frac{S_m}{S}\right]+\varDelta_1 \tag{5-2}$$

$$\varDelta_1=\sum_{i=1}^{m}\frac{s_i'}{S'}(\omega_i'-\omega_i) \tag{5-3}$$

式中，$s(m)$为计算灰水足迹份额的线性组合时，各区域或来源合并计算对总体基尼系数的贡献率；S 和 S'分别为第 m 个区域或来源增加 e 个百分点前后的灰水足迹总量；s'_i 未表示第 i 个区域或来源增加 e 个百分点后的灰水足迹总量；ω_i 和 ω_i' 为因排序产生的组合系数。e 的增长幅度较小，且增长 e 前后产生的 ω 和 ω'之差

Δ_1可以忽略不计，所以当第m个区域或来源增加e个百分点时，如果$s(m)$大于S_m/S，ΔG的符号为正，公平性恶化，相反则出现改善。

5.1.2　中国灰水足迹区域特征与结构特征分析

1. 中国灰水足迹测算结果

根据式（5-1）～式（5-3），得到 2000～2018 年 31 个省（区、市）农业、工业、生活灰水足迹，计算结果如表 5-1～表 5-3 所示，限于篇幅，在此仅给出偶数年份结果。

表 5-1　2000～2018 年 31 个省（区、市）农业灰水足迹　（单位：亿 m^3/a）

省（区、市）	2000 年	2002 年	2004 年	2006 年	2008 年	2010 年	2012 年	2014 年	2016 年	2018 年
北京	12.73	13.74	13.69	11.45	10.18	9.95	9.55	8.52	8.07	7.38
天津	9.40	12.92	15.26	15.96	11.94	12.73	12.72	12.68	13.23	13.3
河北	185.01	188.54	206.20	219.68	159.18	152.58	154.77	155.35	156.41	157.74
山西	52.06	50.83	50.07	52.94	36.55	36.79	37.28	37.65	37.55	38.02
内蒙古	74.96	75.01	103.99	127.52	130.30	133.60	129.37	137.63	147.83	154.47
辽宁	76.40	79.18	93.94	100.87	98.11	106.58	107.68	107.64	114.57	118.14
吉林	94.04	95.47	116.09	114.14	97.27	99.63	100.79	100.34	104.61	105.38
黑龙江	87.72	91.55	100.59	104.73	103.35	112.44	116.62	116.46	122.45	126.52
上海	14.23	12.66	6.06	7.30	7.65	6.47	5.99	5.40	5.34	4.97
江苏	128.62	129.80	128.73	129.36	120.63	124.08	121.68	117.17	115.21	112.59
浙江	46.35	48.23	48.97	47.75	47.00	46.56	45.57	42.05	41.25	39.51
安徽	142.88	148.20	132.52	116.56	98.84	102.75	105.90	105.50	104.34	104.4
福建	52.47	51.33	52.73	52.07	47.96	49.12	50.86	52.69	54.39	56.16
江西	82.20	81.17	83.87	84.56	72.96	79.83	83.60	85.87	92.07	96.63
山东	254.51	257.81	261.59	245.78	197.20	194.07	200.72	196.67	197.52	203.21
河南	288.52	301.38	320.42	345.57	282.53	285.70	279.12	280.37	284.57	282.65
湖北	133.48	133.60	142.29	144.00	139.70	147.70	153.23	151.15	160.89	165.58
湖南	150.90	156.14	169.70	172.66	143.36	152.43	154.57	155.47	154.63	154.54
广东	129.00	130.75	130.01	129.55	115.90	119.48	121.11	118.96	116	114.43
广西	140.01	137.07	133.29	140.00	112.69	120.29	123.66	124.42	133.24	138.36
海南	24.33	24.35	26.59	26.79	21.48	22.75	23.35	22.75	21.91	21.51
重庆	56.07	55.26	57.71	59.76	52.82	56.69	57.98	59.83	63.36	66.02

续表

省（区、市）	2000 年	2002 年	2004 年	2006 年	2008 年	2010 年	2012 年	2014 年	2016 年	2018 年
四川	225.95	231.14	239.73	257.70	232.48	236.73	234.16	239.74	243.77	245.68
贵州	102.40	108.08	115.93	124.54	93.19	96.52	91.04	95.55	92.09	90.16
云南	144.28	137.47	147.81	154.68	146.62	156.26	162.66	167.52	168.76	172.69
西藏	62.43	68.39	72.53	76.54	75.66	71.97	70.53	71.86	77.18	78.52
陕西	70.72	71.57	79.87	83.23	67.02	70.26	73.40	73.47	72.94	72.97
甘肃	59.41	66.22	67.34	75.71	73.47	75.36	75.56	79.84	83.54	86.16
青海	49.39	51.71	48.79	49.72	55.09	55.81	53.05	56.25	57.32	58.29
宁夏	15.32	16.13	18.78	22.00	20.31	20.53	21.10	22.11	23.81	24.67
新疆	73.22	77.84	90.07	104.04	80.53	83.34	94.66	105.79	113.69	123.64
合计	3039.01	3103.54	3275.16	3397.16	2951.97	3039.00	3072.28	3106.70	3182.54	3234.29

表 5-2　2000～2018 年 31 个省（区、市）工业灰水足迹　（单位：亿 m^3/a）

省（区、市）	2000 年	2002 年	2004 年	2006 年	2008 年	2010 年	2012 年	2014 年	2016 年	2018 年
北京	1.27	0.58	0.63	0.53	0.37	0.27	0.17	0.09	0.15	0.21
天津	9.96	4.67	4.34	3.85	2.60	1.73	2.51	2.81	3.16	3.56
河北	73.11	50.31	49.91	46.66	29.33	24.91	19.70	17.18	14.83	12.52
山西	23.08	22.00	23.25	23.86	19.81	17.96	15.37	7.14	7.91	7.74
内蒙古	19.26	16.75	20.78	19.90	18.77	11.26	11.77	12.65	12.93	13.53
辽宁	43.67	27.13	13.47	33.99	30.96	26.48	24.20	5.17	6.11	6.98
吉林	32.46	16.01	19.43	24.07	21.52	17.98	17.17	6.86	5.12	5.82
黑龙江	22.70	17.96	16.77	19.14	18.07	14.86	10.53	11.47	11.94	12.41
上海	4.31	1.48	0.64	1.05	0.42	0.33	0.05	0.11	0.13	0.11
江苏	20.04	24.11	23.28	19.91	16.46	16.34	14.97	13.57	12.99	13.33
浙江	46.08	30.44	25.40	27.80	20.41	18.94	18.76	12.79	12.83	12.17
安徽	21.61	14.53	14.61	16.64	14.45	12.04	11.75	6.67	6.07	6.64
福建	15.18	6.21	2.97	2.99	0.07	1.40	4.46	2.73	3.42	3.84
江西	10.15	6.68	11.16	12.89	9.83	12.38	10.00	6.80	7.5	6.48
山东	74.20	58.76	45.38	41.61	25.19	28.36	20.12	3.75	3.09	4.3
河南	63.04	51.04	43.84	39.97	37.19	34.23	34.42	13.67	12.47	12.82
湖北	33.74	25.47	19.43	19.16	15.61	18.07	13.39	12.80	11.21	9.59
湖南	42.68	40.38	33.69	38.67	30.30	21.76	15.22	14.06	14.15	13.5

续表

省（区、市）	2000 年	2002 年	2004 年	2006 年	2008 年	2010 年	2012 年	2014 年	2016 年	2018 年
广东	35.54	19.99	25.03	25.52	13.85	20.36	21.14	21.49	21.09	21.21
广西	118.12	83.95	103.31	100.35	72.81	65.60	55.87	19.68	19.7	26.51
海南	3.79	1.38	1.28	1.35	1.21	0.96	1.34	1.00	1.31	1.31
重庆	11.95	8.88	11.23	10.79	10.17	9.90	11.35	5.40	7.27	6.62
四川	81.94	63.46	53.05	38.80	30.41	32.46	27.04	10.80	10.91	12.47
贵州	6.52	2.79	2.24	1.66	1.11	1.25	0.19	7.94	2.43	2.3
云南	26.06	16.68	12.42	14.18	12.02	11.79	9.52	23.03	24.78	30.22
西藏	0.35	0.10	0.10	0.08	0.05	0.03	0.02	0.11	0.15	0.21
陕西	23.95	18.66	16.80	20.70	17.23	15.68	12.61	12.31	11.87	11.86
甘肃	7.26	5.09	4.51	7.35	6.33	5.98	5.22	12.79	9.03	9.43
青海	5.59	5.23	4.87	5.17	5.51	6.55	6.08	6.07	6.32	6.48
宁夏	22.31	12.64	6.94	16.16	14.90	13.27	12.52	15.12	14.05	13.97
新疆	15.24	16.02	22.29	25.68	24.43	24.61	26.11	27.88	27.97	28.79
合计	915.16	669.38	633.05	660.48	521.39	487.74	433.57	306.94	302.89	316.93

表 5-3　2000～2018 年 31 个省（区、市）生活灰水足迹　（单位：亿 m^3/a）

省（区、市）	2000 年	2002 年	2004 年	2006 年	2008 年	2010 年	2012 年	2014 年	2016 年	2018 年
北京	19.53	15.53	11.19	7.35	5.57	1.69	0.03	0.74	0.75	0.68
天津	16.99	7.52	13.63	14.08	13.47	13.45	13.90	6.38	8.58	7.64
河北	29.87	39.01	39.10	45.81	47.99	39.85	41.75	16.91	16.8	12.1
山西	20.60	20.72	30.75	30.29	29.31	25.72	24.10	23.27	24.67	24.13
内蒙古	18.80	18.25	19.82	23.63	20.88	25.33	25.01	18.24	17.97	15.98
辽宁	52.66	52.82	50.41	51.51	45.17	41.97	37.78	30.69	27.72	22.98
吉林	38.21	34.92	32.90	35.72	30.09	29.27	25.44	22.28	23.02	21.28
黑龙江	52.95	56.03	55.89	52.25	50.20	47.37	46.62	38.79	39.46	36.91
上海	29.44	34.25	29.00	26.96	21.66	11.88	5.65	9.55	10.73	12.9
江苏	54.00	63.47	72.43	83.50	74.49	59.44	50.16	48.39	51.79	48.4
浙江	36.93	40.09	39.22	37.89	34.32	22.71	18.39	33.23	22.62	20.68
安徽	37.83	39.68	41.73	42.70	40.83	38.01	35.64	51.78	36.38	35.39
福建	26.21	27.13	37.48	41.32	39.34	36.85	36.24	41.37	36.67	36.03
江西	45.24	47.90	52.46	52.62	50.49	43.40	40.46	53.02	41.74	39.89
山东	69.33	61.39	58.04	54.51	52.02	31.42	28.96	30.78	26.03	28.44

续表

省（区、市）	2000 年	2002 年	2004 年	2006 年	2008 年	2010 年	2012 年	2014 年	2016 年	2018 年
河南	50.94	48.93	47.12	52.38	40.36	33.19	24.43	34.86	28.75	25.37
湖北	60.02	61.80	59.71	61.15	56.11	50.23	46.89	52.51	48.53	46.82
湖南	48.54	61.15	82.95	90.59	92.10	84.45	83.45	66.10	67.57	62.56
广东	78.24	89.71	75.30	83.86	79.02	50.41	44.62	71.38	75.03	77.23
广西	36.47	38.66	40.48	60.25	61.44	59.29	59.13	47.71	50.56	48.44
海南	7.97	7.12	10.87	11.70	11.95	10.76	10.46	10.80	12.32	12.8
重庆	19.22	20.23	20.30	18.09	15.60	16.37	14.60	24.37	16.41	15.62
四川	56.63	69.89	69.80	70.30	68.19	65.40	64.07	71.46	70.51	71.18
贵州	25.93	26.09	29.41	31.02	30.27	27.31	26.27	24.71	25	24.1
云南	16.71	26.86	28.11	26.71	26.35	23.73	23.48	36.13	23.81	23.25
西藏	1.15	1.11	1.76	2.09	2.18	4.31	4.41	3.05	3.18	3.57
陕西	23.83	28.45	31.99	29.89	27.63	24.03	23.87	25.21	24.43	23.98
甘肃	11.77	12.83	17.38	17.75	17.35	16.83	16.04	19.39	18.93	19.37
青海	4.16	4.14	4.94	5.28	4.92	5.04	4.66	5.12	5.04	5.11
宁夏	5.29	3.48	1.71	4.00	3.27	2.95	2.14	0.77	2.42	2.25
新疆	13.08	13.35	15.33	15.68	15.95	16.37	17.62	12.58	18.37	19.11
合计		1008.54	1072.51	1121.21	1180.88	1108.52	959.03	896.27	875.79	844.19

2. 中国灰水足迹区域特征分析

根据上述计算结果，可得到 2000～2018 年中国 31 个省（区、市）灰水足迹总量，结果如表 5-4 所示，限于篇幅，在此仅给出偶数年份结果。根据表 5-4 计算结果，绘制 2000～2018 年总体及东中西部灰水足迹变化趋势图，如图 5-1 所示。

表 5-4　2000～2018 年中国 31 个省（区、市）灰水足迹　（单位：亿 m^3/a）

省（区、市）	2000 年	2002 年	2004 年	2006 年	2008 年	2010 年	2012 年	2014 年	2016 年	2018 年
北京	33.54	29.84	25.51	19.32	15.73	11.65	9.47	9.35	8.97	8.27
天津	36.35	25.11	33.23	33.88	28.01	27.91	29.13	21.87	24.97	24.5
河北	287.99	277.86	295.21	312.15	236.51	217.34	216.21	189.44	188.04	182.36
山西	95.74	93.55	104.07	107.09	85.67	80.48	76.74	68.06	70.13	69.89

续表

省（区、市）	2000年	2002年	2004年	2006年	2008年	2010年	2012年	2014年	2016年	2018年
内蒙古	113.01	110.01	144.59	171.05	169.94	170.19	166.16	168.51	178.73	183.98
辽宁	172.74	159.12	157.81	186.37	174.24	175.03	169.66	143.50	148.4	148.1
吉林	164.71	146.4	168.43	173.93	148.87	146.89	143.40	129.48	132.75	132.48
黑龙江	163.38	165.54	173.25	176.12	171.62	174.66	173.77	166.72	173.85	175.84
上海	47.98	48.4	35.71	35.31	29.73	18.28	11.04	15.05	16.2	17.98
江苏	202.66	217.37	224.44	232.76	211.58	199.87	186.80	179.12	179.99	174.32
浙江	129.36	118.76	113.58	113.43	101.73	88.21	82.71	88.06	76.7	72.36
安徽	202.32	202.42	188.86	175.9	154.11	152.80	153.29	163.95	146.79	146.43
福建	93.86	84.67	93.19	96.38	87.37	87.37	91.56	96.80	94.48	96.03
江西	137.59	135.76	147.49	150.08	133.28	135.61	134.06	145.68	141.31	143
山东	398.04	377.97	365.01	341.9	274.41	253.85	249.80	231.20	226.64	235.95
河南	402.49	401.35	411.37	437.92	360.07	353.11	337.97	328.90	325.79	320.84
湖北	227.24	220.86	221.42	224.31	211.42	216.01	213.50	216.46	220.63	221.99
湖南	242.12	257.66	286.34	301.93	265.75	258.64	253.24	235.63	236.35	230.6
广东	242.78	240.45	230.34	238.94	208.77	190.24	186.87	211.83	212.12	212.87
广西	294.6	259.68	277.07	300.61	246.94	245.17	238.66	191.81	203.5	213.31
海南	36.09	32.85	38.74	39.83	34.63	34.46	35.16	34.55	35.54	35.62
重庆	87.24	84.36	89.24	88.63	78.59	82.96	83.92	89.60	87.04	88.26
四川	364.53	364.49	362.58	366.8	331.08	334.59	325.26	322.00	325.19	329.33
贵州	134.85	136.96	147.58	157.22	124.57	125.09	117.12	128.21	119.52	116.56
云南	187.05	181.01	188.34	195.58	184.99	191.78	195.66	226.68	217.35	226.16
西藏	68.58	69.6	74.39	78.71	77.89	76.39	75.06	75.02	80.51	82.3
陕西	118.49	118.67	128.66	133.82	111.89	109.97	109.87	110.99	109.24	108.81
甘肃	78.44	84.15	89.24	100.81	97.14	98.17	96.81	112.02	111.5	114.96
青海	53.73	56.1	53.92	60.17	65.52	67.40	63.79	67.45	68.68	69.88
宁夏	42.91	32.25	27.43	42.16	38.49	36.75	35.76	38.00	40.28	40.89
新疆	101.54	107.21	127.69	145.4	120.92	124.32	138.40	146.24	160.03	171.54
东部	1681.39	1612.39	1612.76	1650.28	1402.70	1304.20	1268.40	1220.79	1212.05	1208.36
中部	1748.6	1733.55	1845.83	1918.33	1700.74	1688.39	1652.14	1623.38	1626.33	1625.05
西部	1531.97	1494.48	1566.11	1669.91	1478.00	1492.59	1480.31	1676.54	1522.84	1562
合计	4961.95	4840.43	5024.71	5238.53	4581.45	4485.18	4400.85	4352.21	4361.22	4395.41

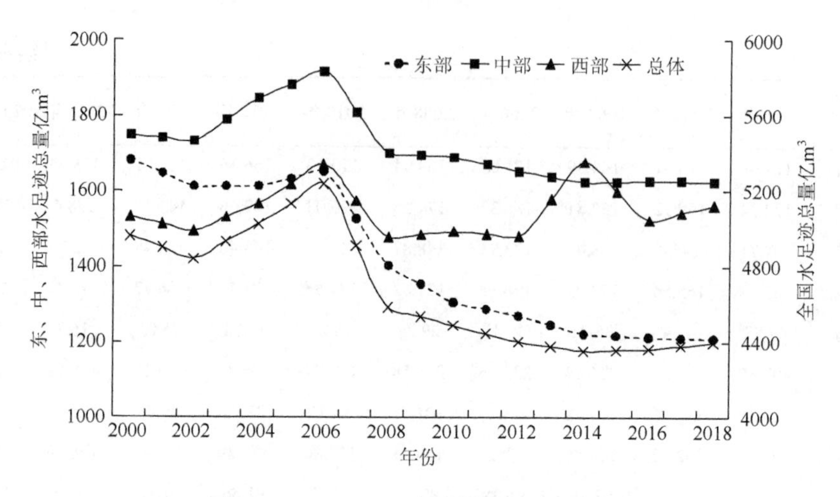

图 5-1　2000～2018 年灰水足迹变化趋势

由表 5-4 和图 5-1 可知，总体灰水足迹呈现先上升后下降的趋势，由 2000 年的 4961.95 亿 m^3 提升至 2006 年的 5238.51 亿 m^3，随后又降至 2018 年的 4395.41 亿 m^3，灰水足迹 19 年的平均值为 4663.44 亿 m^3。其中，灰水足迹最大的省为河南，其次为四川，两省 19 年间灰水足迹一直大于 300 亿 m^3，灰水足迹最小的为北京，平均灰水足迹仅为 17.17 亿 m^3。东部和中部地区灰水足迹整体呈现先升高再下降趋势，其中大部分省（区、市）灰水足迹出现大幅下降，例如，上海、山东和山西 2018 年较 2000 年分别下降了 62.5%、40.7%和 27.08%，只有少数地区如海南、黑龙江和湖北等降幅较小。这表明东部、中部大部分地区在经济发展的同时已经开始意识到水资源保护的重要性。西部地区的甘肃、内蒙古、青海、新疆等灰水足迹增幅较大，其中新疆增幅达到 69%，为增幅最大的地区。随着西部大开发进程的加快，人口增长促使粮食的需求量增加，而较为落后的农业生产技术及农药、化肥的不科学使用，导致农业水环境问题日渐突出；西部部分地区的生产生活污水未经处理直接排入河道，且部分内陆河没有排污入海的出口，造成所在流域的严重污染；西部地区工业处在快速发展的初期，然而被东部地区淘汰的某些污染严重的产业，却被西部地区以种种优惠政策引进，出现了“东污西移”的局面，由于污水处理技术及基础设施建设都与当地工业发展速度不协调，污水达标排放率较低。

3. 中国灰水足迹结构特征分析

根据表 5-1～表 5-3 计算结果，绘制 2000～2018 年各类灰水足迹变化趋势图，如图 5-2 所示。

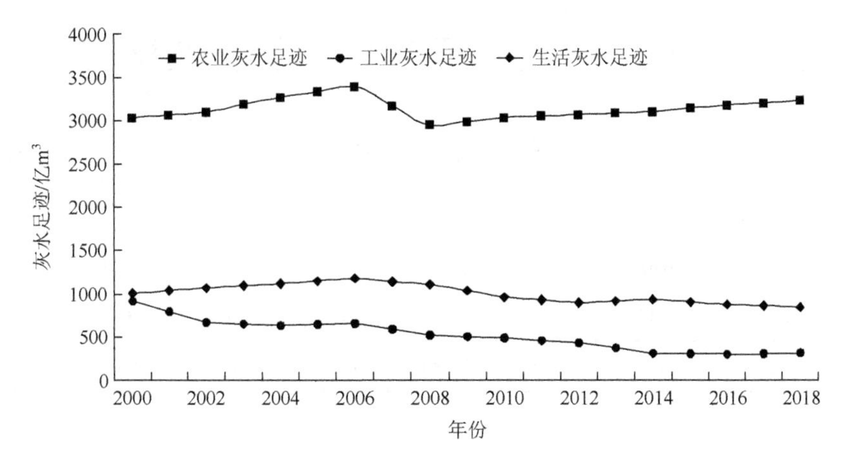

图 5-2　2000～2018 年各类灰水足迹变化趋势

农业灰水足迹是中国灰水足迹最主要的组成部分，约 60%的灰水足迹来自农业生产。从图 5-2 来看，农业灰水足迹整体较稳定，2007 年中央一号文件提出大力推广资源节约型农业技术、减少农业面源污染、必须把建设现代农业作为贯穿新农村建设和现代化全过程的一项长期艰巨任务等相关意见，促进了高效生态农业的发展，使中国农业灰水足迹于 2007 年出现小幅下降。然而在农业技术较为落后的地区，农药、化肥的不合理使用、畜禽养殖场废弃物处理不当等问题依然严重，导致农业灰水足迹多年居高不下，保持在 2500 亿 m^3 以上。

在工业污染治理方面，2002 年国务院通过了《排污费征收使用管理条例》，2006 年中国发布《煤炭工业污染物排放标准》（GB 20426—2006），加强了对重点排污行业废水排放的监管，国家环境保护总局（现生态环境部）规定 2008 年起所有排污单位实行持证排污，未获许可的一律不得生产，随着工业污废水管治措施的不断加强，工业灰水足迹在 19 年中呈现缓慢下降的趋势。随着中国城市化加速发展，生活污水排放量也在逐年增加，但是城镇生活污水处理率由 25.8%提升至 90.2%，因此生活灰水足迹在小幅增长后回落，起伏和缓，较为稳定。

5.1.3　中国灰水足迹区域均衡性分析

选取人口和 GDP 两个指标，设定人口灰水足迹（灰水足迹/人口数）、经济灰水足迹（灰水足迹/GDP）。依据式（5-1）和式（5-3）对东、中、西三个分区灰水足迹基尼系数及边际效应进行计算，结果如表 5-5、图 5-3、表 5-6、图 5-4 所示。

表 5-5　2000 年和 2018 年人均灰水足迹的区域基尼系数及边际效应

地区	2000 年				2018 年			
	基尼系数	贡献率/%	份额权数/%	边际效应	基尼系数	贡献率/%	份额权数/%	边际效应
东部	0.1180	−32.01	33.89	−0.0723	0.1211	−54.24	28.75	−0.1491
中部	0.0958	40.63	35.24	0.0059	0.1530	55.37	38.24	0.0278
西部	0.1877	91.38	30.87	0.0679	0.1656	96.77	34.83	0.1089
总体	0.1469	100.00	100.00	1.0000	0.2298	100.00	100.00	1.0000

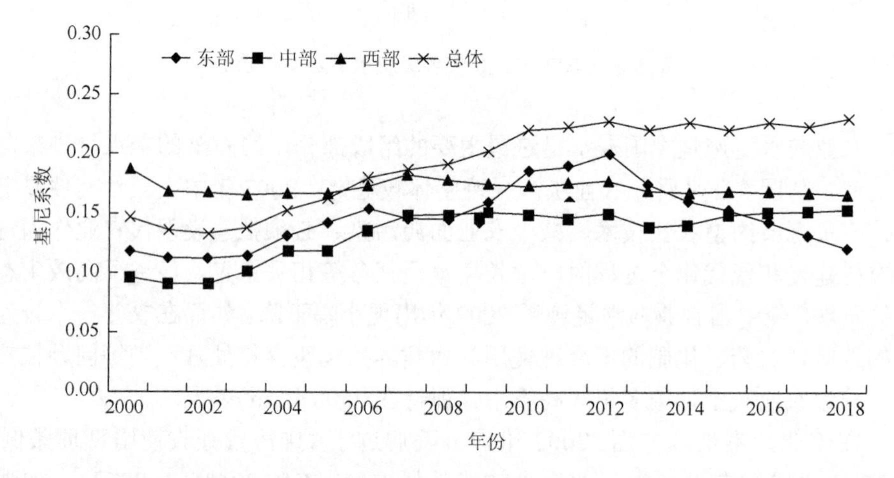

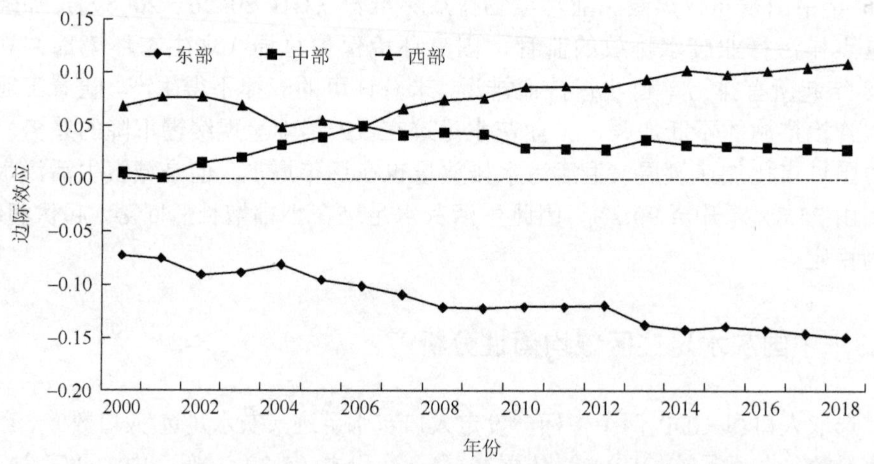

图 5-3　2000～2018 年东部、中部、西部人均灰水足迹基尼系数及边际效应变化趋势

结合表 5-5 和图 5-3 可知：总体人均灰水足迹基尼系数 19 年间呈现波动上

升趋势。虽然各分区的人均灰水足迹基尼系数在小幅提高后仍保持在绝对均衡范围，但总体基尼系数已从 0.1469 增长至 0.2298，从绝对均衡发展至相对均衡状态，表明地区间人均灰水足迹的均衡性变差，应引起重视。2000 年各区域及总体人均灰水足迹均衡性出现小幅下降，随后国家在“十五”期间安排环保投入 7000 亿元，较“九五”期间增加 1 倍多，其中水污染防治投资占 38.6%，对污染的整治促使 2001～2003 年中均衡性较稳定，随后国民经济进入新快速增长期，技术较为落后的省（区、市）经济增长方式粗放和经济结构不合理的问题依然存在，水环境污染越发严重，各分区均衡性再次下降。中部、西部基尼系数在 2007 年后趋势平稳，略有下降。东部地区基尼系数在 2007～2008 年出现小幅回落，随后继续增长，2008 年后大部分省（区、市）灰水足迹逐年减小，只有海南、福建等地有所增长，导致东部地区均衡性逐渐降低，2010 年后东部人均灰水足迹基尼系数超过西部，然而 2013 年出现下降，2014 年再次低于西部。

2013 年，党的十八届三中全会提出“用制度保护生态环境”，对造成生态环境损害的责任者依法追究刑事责任。随着对环境破坏责任的追究日趋严格，各地加大了对环境污染治理的投资，关停煤炭开采和洗选、化工、冶金等行业的多家高污染企业，致使 2013 年以后东部及西部地区的基尼系数呈现下降态势。西部人均灰水足迹基尼系数长期高于中部和东部，东部高于中部。在贡献率方面，东部地区大幅下降，中部、西部地区则大幅上升。在份额权数方面，只有东部地区由 2000 年的 33.89%降至 2018 年的 28.75%，中部、西部地区都有提升，2011 年上半年，发改委发布的节能减排一级预警的 8 个省（区）中，有 5 个位于西部，包括内蒙古、甘肃、青海、宁夏和新疆，表明东部、西部差距增大，亟须加强污水排放的公平性。

东部地区人均灰水足迹边际效应保持在 0 线以下，且随着时间的推移与 0 线的距离逐渐增大；西部地区边际效应维持在 0 线以上，随时间发展呈现提高的趋势；中部地区的边际效应维持在 0 线以上，虽存在小幅波动但一直为正值；由此可知降低中部、西部地区灰水足迹有助于降低总体基尼系数，促进中国人均灰水足迹均衡性的改善。

结合表 5-6 及图 5-4 可知：中国经济灰水足迹总体基尼系数从 2000 年至 2006 年呈现缓慢增长，2007 年国务院节能减排工作领导小组的成立促进了地方政府和社会各界不断加大节能减排工作力度，实施目标责任制，加强污水治理市场化运营，中国环保科研经费的大量投入促进了污水治理设备升级改造，使经济灰水足迹基尼系数在 2007 年后趋势较为平稳，表明地区间经济灰水足迹差距变化不大，但总体基尼系数长期临近 0.4 警戒线，仍需加强重视。东部地区经济灰水足迹基尼系数虽长期位于相对均衡范围并有小幅波动，但与中部地区同样呈现整体较稳定的趋势，且两者在 2013 年皆出现小幅下降，2013 年东部、中部集中式污染设施治理水量较 2011 年分别增加了 583 亿 m^3、127 亿 m^3，环境污染治理投资总额较 2012 年分别增加了 328.1 亿元、280.2 亿元，表明加速经济发展的同时，东部和中部各省（区、市）已经意识到水资源保护的重要性。西部地区基尼系数 2005 年起出现持续小幅抬升。中部地区灰水足迹的均衡性一直高于东部和西部，西部则高于东部。中部、西部粗放型的经济发展方式，使灰水足迹增加，所占份额有所增长。2013 年东部平均单位 GDP 灰水足迹仅为 51.69 m^3，中部、西部则分别达到 130.35 m^3、202.72 m^3。中部与东部、西部单位 GDP 灰水足迹差距的增大是总体均衡性较低的重要原因。中部、西部贡献率出现小幅下降，东部略有提升。

表 5-6　2000 年和 2018 年经济灰水足迹的区域基尼系数及边际效应

地区	2000 年				2018 年			
	基尼系数	贡献率/%	份额权数/%	边际效应	基尼系数	贡献率/%	份额权数/%	边际效应
东部	0.2450	–25.43	33.89	–0.1457	0.2358	–20.76	27.34	–0.1424
中部	0.1060	75.26	35.24	0.0363	0.0912	74.82	37.67	0.0248
西部	0.1818	75.26	30.87	0.1115	0.2583	47.44	34.85	0.1181
总体	0.3288	100.00	100.00	1.0000	0.3812	100.00	100.00	1.0000

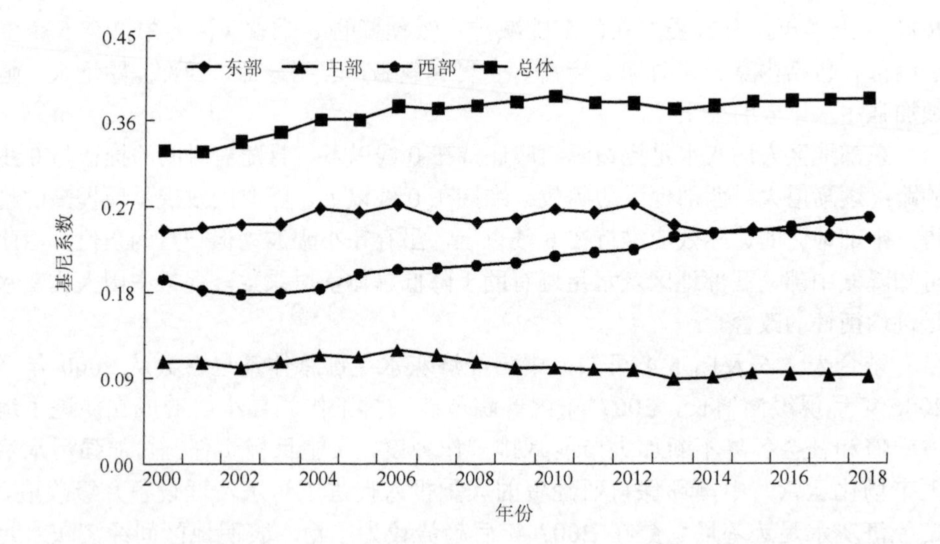

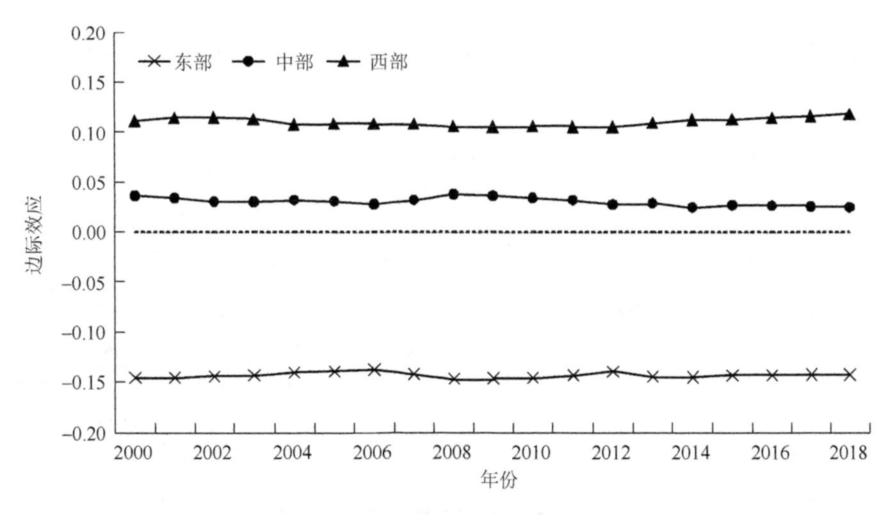

图 5-4　2000～2018 年东部、中部、西部经济灰水足迹基尼系数及边际效应变化趋势

在边际效应方面，东部地区经济灰水足迹边际效应一直在远离 0 线的–0.15～–0.1 的范围内波动，中部和西部地区边际效应一直平稳地维持在 0 线以上，且西部远高于中部。表明在各个时间点减少中部、西部重污染地区单位经济灰水足迹，对整体经济灰水足迹均衡性的提升都能发挥显著作用。

改善中国经济灰水足迹的区域均衡性，需调整传统产业结构，加大污水治理技术的自主研发投入，制定合理可行的污水整治目标，加强排污许可管理与水环境监测，逐步提高水资源利用率，将各地区灰水足迹降到最低，促进水资源环境公平性的提升。

东部地区应对其内部灰水足迹较高省（区、市）的水污染进行重点整治，全面排查污染源，推进污水处理技术革新，完善城区排水管网和常态化城乡水质监测体系。

降低中部、西部地区灰水足迹是提升中国整体灰水足迹均衡性、改善水环境公平性的工作重心。因此，亟须做好以下几个方面：①在推广高效农灌技术，降低农药化肥流失率的同时，大力扶持生态农业，使有机肥逐渐代替化肥；②对高污染行业严格管理、限期治理，鼓励发展绿色工业；③污水处理厂与污水收集管道的建设同步进行，最大程度发挥污水处理厂的作用；④探索适合本地自然条件的净化系统，增强水污染防治的自主研发能力。

5.1.4　中国灰水足迹结构均衡性分析

选取 GDP 指标，设定经济灰水足迹（灰水足迹/GDP）。依据式（5-1）和式（5-3）对农业、工业及生活灰水足迹基尼系数及边际效应进行计算，结果如表 5-7、图 5-5 所示。

表 5-7　2000 年和 2018 年各结构经济灰水足迹的基尼系数及边际效应

项目	2000 年				2018 年			
	基尼系数	贡献率/%	份额权数/%	边际效应	基尼系数	贡献率/%	份额权数/%	边际效应
农业灰水足迹	0.3833	96.25	61.24	0.1017	0.4190	92.72	72.04	0.0746
工业灰水足迹	0.4106	3.39	18.44	–0.0595	0.5058	–2.34	7.04	–0.0494
生活灰水足迹	0.2164	0. 36	20.32	–0.0777	0.3858	9.07	21.78	–0.0616
总体	0.4684	100.00	100.00	1.0000	0.6129	100.00	100.00	1.0000

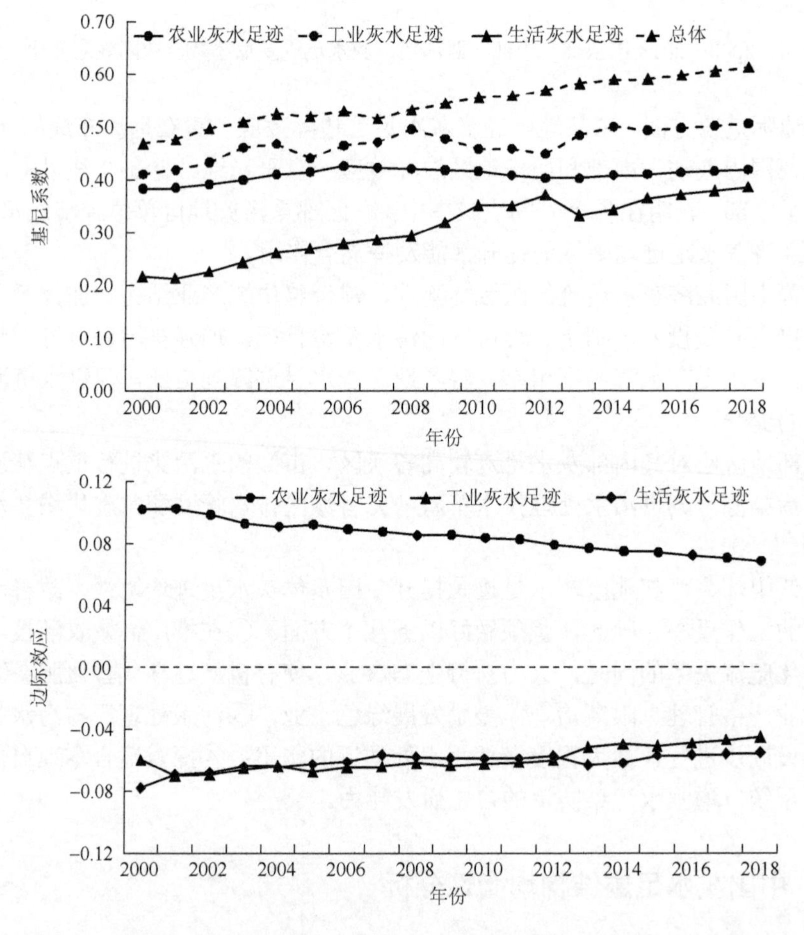

图 5-5　2000～2018 年各结构经济灰水足迹基尼系数及边际效应变化趋势

从以上计算结果分析，总体基尼系数在2004～2007年保持稳定，其他时间点则维持缓慢增长，截至2018年已提升至0.6129，均衡性差距偏大且呈现出将超过0.6达到高度不均衡的趋势。表明一些地区仍坚持走低效率、低产出、高消耗的粗放型经济发展道路，导致水污染问题日益突出。农业灰水足迹基尼系数呈现先上升再下降的趋势，且维持在0.35～0.45，变化较小，在一些被国家列为重点的推广生态农业的环保治理地区，如太湖、巢湖周边地区，清洁生产资料的应用使农业污染形势有所好转，农业灰水足迹逐年低于其他省（区、市），但在一些农业生产方式粗放的地区面源污染防治相对滞后，养殖业缺少独立的污水处理系统，农业生态环境进入恶性循环。例如，云南省2012年农业GDP仅为7191亿元，位居全国第22，农业灰水足迹则位居全国第3，这使省际农业经济灰水足迹均衡性降低。农业灰水足迹份额权数由2000年的61.24%提升至2018年的72.04%，2000年和2018年对总体的贡献率都为90%以上，对总体变化起主导作用。工业灰水足迹基尼系数整体维持波动上行，在连续七年增长后工业灰水足迹基尼系数2005年出现小幅回落，2006～2008年持续提升，政府工作报告指出2006年产业结构调整进展缓慢，高污染行业增长仍然偏快，尤其是中西部地区长期以种种优惠政策引进被东部地区淘汰的不符合产业政策的产业，导致工业灰水足迹均衡性恶化，2013年再次出现小幅提高。由此可知，虽然工业灰水足迹大幅降低，但地区间工业水污染的治理程度仍存在较大差距。生活灰水足迹基尼系数2000～2018年持续增长，且涨幅最大，由0.2164提升至0.3858，2013年略有降低。生活灰水足迹的贡献率和份额权数皆有小幅提高。2006年全国共有80%的生活污水未经处理直接排放。2012年底中国城镇化率已达到52.6%，一些GDP较高的发达省（区、市）多年来对污水处理厂及配套管网的建设使污水处理率大幅提高，而部分欠发达地区在经济发展、人口向城镇不断集聚的同时，管网建设滞后，污水处理能力严重不足，导致中国生活灰水足迹均衡性逐渐恶化，2013年国务院通过了《城镇排水与污水处理条例》，对城镇排水与污水处理设施建设进行了详细的规定，加强了对生活污水处理的监管。工业的经济灰水足迹均衡性长期低于农业和生活的经济灰水足迹均衡性。

从边际效应的正负来看，工业和生活灰水足迹的边际效应值都位于0线以下。2000～2002年工业灰水足迹边际效应逐渐下降，生活灰水足迹的边际效应则逐渐增加，2002年以后两者接近重合。农业灰水足迹边际效应值一直位于0线以上，呈缓慢下降趋势，表明降低农业灰水足迹，有利于促进整体的均衡发展。

农业用水量占全国用水量的60%以上，而中国工业重复用水率2013年已达到85.7%；农业灰水足迹在三者中所占份额最大、降幅较小，污染物排放范围大而分散，可控性较差，工业污废水则由特定地点排出，可控性较强，便于整治，促使工业灰水足迹降幅较大；然而农业对GDP的贡献率较低，在2013年仅为10%，工业则达到43.9%。因此，亟须推广节水灌溉农业，减少各省（区、市）农业灰水足迹以提升中国灰水足迹的总体公平性。

农业灰水足迹均衡性的提升。各农业污染大省加强面源污染防治是提升整体GDP灰水足迹均衡性、整治水污染的工作重心。在种植业方面：因地制宜，采取多样高效灌溉方式，测土配方施肥，开发生物农药技术，给予发展生态农业的农户经济补贴。在养殖业方面：合理规定畜牧养殖规模，调整饲料品质，普及干清粪工艺，最大限度地减少污染物排放量。推广“畜禽养殖-沼气生产-农家肥积造”一体化发展模式，使养殖业对水环境的影响降到最低。

工业灰水足迹均衡性的提升。节约热力和工艺系统用水，采用废水闭路循环等技术，提高工业用水重复利用率；对排水管道实行清污分流，促进污水处理率和达标排放率的提高；必要时对重污染企业可采取限期整改达标的措施。

生活灰水足迹均衡性的提升。倡导生活污水再利用，增强公众生态意识，对水价及污水处理费用进行调整，扩大征收范围、提高征收标准，加快欠发达地区生活污水处理设施的建设和节水设备的推广，促进中国水环境公平性的提高。

5.2 中国人均灰水足迹及驱动效应研究

5.2.1 中国人均灰水足迹测算

根据相关公式计算得到2000～2018年中国31个省（区、市）人均灰水足迹，结果如表5-8和图5-6所示，限于篇幅，在此仅给出偶数年份结果。

表5-8 2000～2018年中国31个省（区、市）人均灰水足迹 （单位：m^3/人）

省（区、市）	2000年	2002年	2004年	2006年	2008年	2010年	2012年	2014年	2016年	2018年
北京	242.69	209.69	170.87	122.22	92.79	59.36	45.75	43.47	41.28	38.39
天津	363.14	249.37	324.51	315.20	238.14	214.78	206.11	144.15	159.86	157.05
河北	427.03	412.55	433.56	452.52	338.41	302.13	296.69	256.56	251.73	241.34
山西	407.59	284.00	312.06	317.31	251.19	225.17	212.53	186.56	190.47	187.98
内蒙古	286.63	462.99	606.52	713.60	704.06	688.43	667.34	672.69	709.25	726.05
辽宁	272.46	378.60	374.23	436.37	403.82	400.07	386.56	326.81	338.97	339.76
吉林	276.60	542.44	621.74	638.73	544.52	534.79	521.39	470.50	485.73	489.94
黑龙江	270.42	434.15	453.89	460.68	448.64	455.64	453.24	434.95	457.62	466.05
上海	438.41	297.83	204.98	194.52	157.45	79.37	46.36	62.05	66.94	74.17

续表

省（区、市）	2000 年	2002 年	2004 年	2006 年	2008 年	2010 年	2012 年	2014 年	2016 年	2018 年
江苏	280.93	294.50	301.95	308.29	275.59	253.98	235.86	225.03	225.02	216.52
浙江	458.57	255.56	240.64	227.78	198.69	161.95	151.02	159.89	137.21	126.13
安徽	290.39	319.38	292.31	287.89	251.20	256.51	255.99	269.52	236.91	231.55
福建	475.65	244.28	265.41	270.89	242.42	236.59	244.29	254.33	243.88	243.67
江西	603.79	321.54	344.27	345.89	302.90	303.91	297.65	320.74	307.73	307.66
山东	442.88	416.17	397.61	367.28	291.39	264.76	257.93	236.18	227.85	234.85
河南	337.99	417.51	423.36	466.27	381.88	375.44	359.31	348.56	341.79	334.03
湖北	332.35	368.84	368.06	394.01	370.21	377.11	369.45	372.18	374.90	375.17
湖南	434.84	388.69	427.51	476.07	416.54	393.66	381.44	349.75	346.45	334.25
广东	376.97	305.96	277.38	256.81	218.74	182.21	176.40	197.53	192.85	187.62
广西	375.96	538.54	566.72	637.02	512.74	531.83	509.75	403.48	420.63	433.03
海南	656.28	409.11	473.55	476.47	405.55	396.80	396.55	382.62	387.57	381.37
重庆	282.34	271.52	285.84	315.65	276.83	287.58	284.97	299.58	285.56	284.53
四川	437.66	420.26	415.56	449.01	406.84	415.90	402.74	395.58	393.60	394.83
贵州	382.56	356.96	378.03	418.48	328.45	359.55	336.15	365.47	336.20	323.78
云南	436.22	417.74	426.58	436.26	407.19	416.77	419.96	480.87	455.56	468.24
西藏	2617.50	2606.71	2714.84	2801.05	2713.87	2540.26	2440.04	2359.03	2432.33	2392.44
陕西	328.70	323.01	347.26	358.30	297.41	294.42	292.74	294.01	286.49	281.60
甘肃	306.16	324.52	340.73	386.84	369.63	383.48	375.60	432.36	427.20	435.95
青海	1037.19	1060.57	1000.31	1097.91	1181.98	1197.19	1112.92	1156.94	1158.18	1158.87
宁夏	763.55	563.81	466.42	698.07	623.06	580.63	552.48	574.07	596.74	594.33
新疆	527.47	562.77	650.47	709.27	567.47	568.95	619.84	636.39	667.35	589.75
东部地区	342.21	334.31	327.46	322.47	268.31	236.96	227.11	215.84	206.65	203.72
中部地区	397.95	385.47	406.38	434.07	382.72	377.30	367.13	357.95	383.43	383.63
西部地区	462.06	435.56	450.77	494.64	433.32	444.26	436.18	439.22	418.17	430.94
总体	393.09	379.60	388.26	405.68	350.19	336.26	326.50	319.44	325.29	324.22

研究期内各省（区、市）人口平稳增长，随着灰水足迹的年际波动变化，人均灰水足迹 2002 年降至 379.60m^3/人后开始增长，至 2006 年达到 19 年最大值 405.68m^3/人。中国加入世贸组织后，各产业贸易额快速增长，水环境压力也随之增大，2006 年起，《煤炭工业污染物排放标准》（GB 20426—2006）和

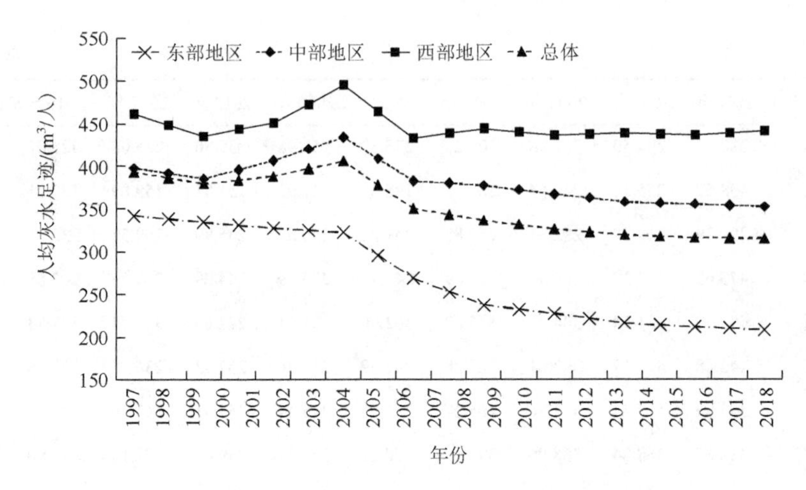

图 5-6　2000～2018 年人均灰水足迹变化趋势

“中央一号文件”的陆续颁布，加强了对重点排污行业废水排放和农业面源污染的管治，推动了人均灰水足迹自 2007 年起逐年下降，截至 2018 年已降至 324.22m^3/人。东部、中部地区人均灰水足迹的变动趋势与总体一致，而西部在人口增长的同时，大部分省（区、市）灰水足迹近年也有所增加。从均值来看，西部人均灰水足迹最大，中部大于东部。人均灰水足迹最大的地区为西藏，其次为青海，两地年均值分别为 2602.86m^3/人和 1116.41m^3/人。西藏和青海作为经济欠发达地区，各产业发展仍处在初级阶段，对水环境的破坏较小，灰水足迹 19 年均值较低，分别为 74.42 亿 m^3 和 61.58 亿 m^3，但由于两省人口较少，人均水灰水足迹偏高。北京年均灰水足迹最低，为 19.18 亿 m^3，人均灰水足迹年均值仅为 122.31m^3/人。

5.2.2　中国人均灰水足迹区域差异及因素分解

1. 相关研究方法

锡尔指数考虑了人口加权影响，它是可微分的、对称的、尺度不变的，并且满足庇古-道尔顿标准。因此，为了解地区间人均灰水足迹差异的主要驱动来源，本节将锡尔指数定义为

$$T(g,f)=\sum_{i=1}^{n} f_i \cdot \ln\left(\frac{\overline{g}}{g_i}\right) \tag{5-4}$$

式中，g_i 为地区 i 的人均灰水足迹；$g_i = \mathrm{GWF}_i/P_i$（地区 i 的灰水足迹/地区 i 的人口数）；f_i 为地区 i 的人口在全国人口中所占比例；$\overline{g}$ 为人均灰水足迹的全国平

均值。该指数被称为人口加权锡尔指数，其下限为零，上限取决于样本大小。值接近于零表示较为均衡，随着该值增长，差异程度也逐渐提高。

日本学者 Kaya 于 1989 年针对碳排放的变化提出 Kaya 恒等式，如今已广泛运用到能源领域。本节以 Kaya 恒等式作为参考，进一步分析导致人均灰水足迹差异的影响因素，这些因素包括：经济活度效应 $a = P_2/P_1$（就业人口数/总人口数），期望提升就业率为水环境治理提供良好的经济基础；资本深化效应 $d = \mathrm{CS}/P_2$（CS 为资本存量），期望增加资本积累带动水环境改善；资本产出效应 $o = \mathrm{GDP/CS}$，期望更少的资本换取更大的经济效益；技术效率效应 $c = \mathrm{WF/GDP}$（WF 为水足迹），期望消耗更少的水资源换取更大的经济产值；环境效率效应 $e = \mathrm{GWF/WF}$，期望更少的水资源向灰水足迹转化。

$$g_i = \frac{\mathrm{GWF}_i}{P_{1i}} = \frac{P_{2i}}{P_{1i}} \times \frac{\mathrm{CS}_i}{P_{2i}} \times \frac{\mathrm{GDP}_i}{\mathrm{CS}_i} \times \frac{\mathrm{WF}_i}{\mathrm{GDP}_i} \times \frac{\mathrm{GWF}_i}{\mathrm{WF}_i} = a_i \times d_i \times o_i \times c_i \times e_i \tag{5-5}$$

为测算各因素对差异的贡献，在每个地区定义了 5 个虚拟的人均灰水足迹矢量，各矢量中只允许一个因子的值偏离平均值：

$$g_i^a = a_i \times \overline{d} \times \overline{o} \times \overline{c} \times \overline{e} \tag{5-6}$$

$$g_i^d = \overline{a} \times d_i \times \overline{o} \times \overline{c} \times \overline{e} \tag{5-7}$$

$$g_i^o = \overline{a} \times \overline{d} \times o_i \times \overline{c} \times \overline{e} \tag{5-8}$$

$$g_i^c = \overline{a} \times \overline{d} \times \overline{o} \times c_i \times \overline{e} \tag{5-9}$$

$$g_i^e = \overline{a} \times \overline{d} \times \overline{o} \times \overline{c} \times e_i \tag{5-10}$$

式中，$\overline{a}$，$\overline{d}$，$\overline{o}$，$\overline{c}$ 和 $\overline{e}$ 分别为 a_i，d_i，o_i，c_i 和 e_i 的全国平均值。

应用锡尔指数计算与各因素相关的差异程度：

$$I^r(g^r, f) = \sum_{i=1}^{n} f_i \cdot \ln\left(\frac{\overline{g}^r}{g_i^r}\right),\quad r = a,d,o,c,e \tag{5-11}$$

如果 a，d，o，c，e 五个要素间相对独立，则式（5-9）是成立的。

$$T(g,f) = \sum_{r=1}^{5} I^r(g^r, f) \tag{5-12}$$

但往往各因素间存在相互作用的关系，式（5-9）并不成立。所以 Remuzgo 等（2015）推导出各因素的阶乘分解公式：

$$T(g,f) = \sum_{r=1}^{5} I^r(g^r, f) + \sum_{r=1}^{4} \ln\left(\frac{\overline{g}}{\overline{g}^r}\right) \tag{5-13}$$

为解释相互作用项的含义，对其进行如下表述：

$$\ln\left(\frac{\overline{g}}{\overline{g}^a}\right) = \ln\left(1 + \frac{\sigma_{a,doce}}{\overline{g}^a}\right) = \mathrm{inter}(a, doce) \tag{5-14}$$

$$\ln\left(\frac{\overline{g}}{\overline{g}^{d}}\right)=\ln\left(1+\frac{\overline{a}\cdot\sigma_{d,oce}}{\overline{g}^{d}}\right)=\text{inter}(d,oce) \tag{5-15}$$

$$\ln\left(\frac{\overline{g}}{\overline{g}^{o}}\right)=\ln\left(1+\frac{\overline{a}\cdot\overline{d}\cdot\sigma_{o,ce}}{\overline{g}^{o}}\right)=\text{inter}(o,ce) \tag{5-16}$$

$$\ln\left(\frac{\overline{g}}{\overline{g}^{c}}\right)=\ln\left(1+\frac{\overline{a}\cdot\overline{d}\cdot\overline{o}\cdot\sigma_{c,e}}{\overline{g}^{c}}\right)=\text{inter}(c,e) \tag{5-17}$$

式中，$\sigma_{a,doce}$代表变量 a 和 $doce$ 间的加权协方差。

$$\sigma_{a,doce}=\sum_{i=1}^{n}p_i(a_i-\overline{a})(d_io_ic_ie_i-\overline{adoce}) \tag{5-18}$$

式中，$i=1, 2, \cdots, n$；权重 $p_i=P_{2i}/P_2$，$\sigma_{a,doce}$为经济活度效应与就业人口人均灰水足迹间的协方差；$\sigma_{d,oce}$为资本深化效应与单位资本存量灰水足迹间的协方差；$\sigma_{o,ce}$为资本产出效应与单位 GDP 灰水足迹间的协方差；$\sigma_{c,e}$为技术效率效应与环境效率效应间的协方差；inter（$a,doce$）表示因子 a 和 $doce$ 之间的相互作用，inter（d,oce），inter（o,ce）和 inter（c,e）的含义与之同理。

锡尔指数也可以分解为地区内差异指标 $T_{\text{WR}}(g,f)$和地区间差异指标 $T_{\text{BR}}(g,f)$。相关分解公式如下：

$$T(g,f)=T_{\text{WR}}(g,f)+T_{\text{BR}}(g,f)=\sum_{h=1}^{H}f_h\cdot T_h(g,f)+\sum_{h=1}^{H}f_h\cdot\ln\left(\frac{\overline{g}}{\overline{g}_h}\right) \tag{5-19}$$

式中，H 为区域数量；f_h为区域 h 在全国人口中所占份额；$T_h(g,f)$为区域 h 内的差异；$\overline{g}_h$为区域 H 的人均灰水足迹平均值。

2. 中国人均灰水足迹差异因素分解

根据上述相关公式，计算得到 2000～2018 年人均灰水足迹差异因素分解结果，如表 5-9 所示，限于篇幅，在此仅给出偶数年份结果（系数值下方为百分比）。根据表 5-9 的结果，绘制 2000～2018 年人均灰水足迹差异的因素变化趋势图，如图 5-7 所示。

表 5-9　2000～2018 年人均灰水足迹差异的因素分解

年份	$T(g,f)$	$I^e(g,f)$	$I^c(g,f)$	$I^o(g,f)$	$I^d(g,f)$	$I^a(g,f)$	inter（e，$coda$）	inter（c，oda）	inter（o，da）	inter（d，a）
2000	0.0459 100.00%	0.0066 14.41%	0.1225 266.88%	0.0108 23.44%	0.1016 221.27%	0.0169 36.73%	0.0009 2.02%	−0.2526 −550.28%	0.0029 6.30%	0.0364 79.23%
2002	0.0432 100.00%	0.0053 12.29%	0.1321 305.97%	0.0108 24.95%	0.1124 260.23%	0.0138 31.89%	0.0041 9.52%	−0.2674 −619.32%	−0.0040 −9.37%	0.0362 83.85%

续表

年份	$T(g,f)$	$I^e(g,f)$	$I^c(g,f)$	$I^o(g,f)$	$I^d(g,f)$	$I^a(g,f)$	inter（e，$coda$）	inter（c，oda）	inter（o，da）	inter（d，a）
2004	0.0751 100.00%	0.0052 6.91%	0.1151 153.32%	0.0134 17.87%	0.1337 178.15%	0.0212 28.23%	0.0099 13.13%	−0.2529 −336.91%	−0.0282 −37.59%	0.0577 76.89%
2006	0.0751 100.00%	0.0052 6.91%	0.1151 153.32%	0.0134 17.87%	0.1337 178.15%	0.0212 28.23%	0.0099 13.13%	−0.2529 −336.91%	−0.0282 −37.59%	0.0577 76.89%
2008	0.0855 100.00%	0.0053 6.19%	0.1020 119.37%	0.0144 16.80%	0.1373 160.68%	0.0228 26.73%	0.0119 13.87%	−0.2262 −264.68%	−0.0422 −49.40%	0.0602 70.44%
2010	0.1113 100.00%	0.0090 8.05%	0.0784 70.41%	0.0170 15.26%	0.1389 124.73%	0.0324 29.13%	0.0077 6.95%	−0.1922 −172.64%	−0.0547 −49.10%	0.0748 67.20%
2012	0.1166 100.00%	0.0064 5.52%	0.0652 55.90%	0.0202 17.33%	0.1263 108.30%	0.0395 33.88%	0.0070 6.04%	−0.1561 −133.84%	−0.0666 −57.15%	0.0747 64.04%
2014	0.1091 100.00%	0.0063 5.79%	0.0567 51.95%	0.0240 21.96%	0.1086 99.59%	0.0516 47.33%	0.0061 5.63%	−0.1389 −127.34%	−0.0806 −73.88%	0.0752 68.97%
2016	0.1130 100.00%	0.0067 5.98%	0.0589 48.87%	0.0253 21.68%	0.1085 91.30%	0.075 54.75%	0.0061 5.29%	−0.1109 −106.46%	−0.0910 −77.82%	0.0837 64.98%
2018	0.1152 100.00%	0.0070 6.19%	0.0587 44.92%	0.0279 23.06%	0.0953 82.59%	0.0659 63.71%	0.0053 4.88%	−0.0843 −87.28%	−0.1030 −85.86%	0.0889 63.48%

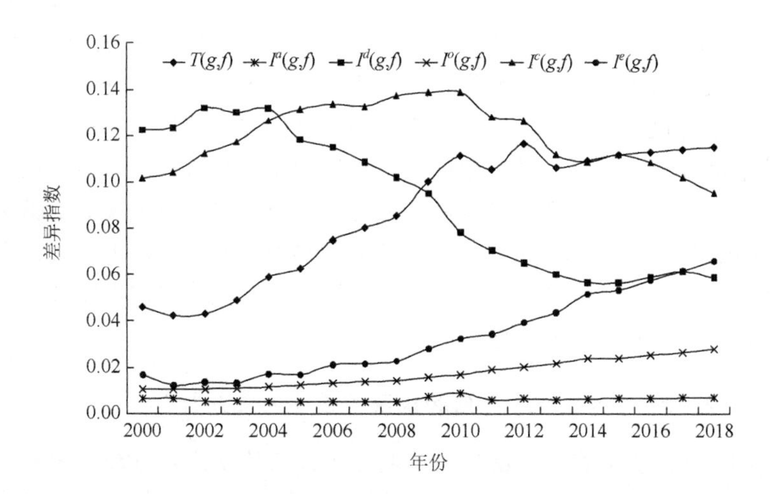

图5-7　2000～2018年人均灰水足迹差异的因素变化趋势

由表5-9和图5-7可知，改革开放以来，经济发展带动水资源消耗量快速增长，而各地治污能力差距增大，2001～2010年人均灰水足迹差异逐年提升，增幅达154%，随后缓幅波动，2012年差异指数为19年中最高（0.1166）。在各时间段，资本深化效应和技术效率效应是造成差异的主因。2000～2004年资本深化效应所占份额最大，随着西部大开发和振兴东北老工业基地等战略的逐步实施，欠发达地区资本积累和就业率快速增长，各地资本深化差距减小，2004 年起该效应大幅下降。2005 年以来，技术效率效应指数呈先增长再下降的趋势，贡献率近年也出现大幅下降，但仍为人均灰水足迹差异的贡献主体，新技术作用下资源利用率的提高可以对水环境的改善产生直接影响，中国发达地区与欠发达地区的产业发展分别侧重技术密集型产业和资源、劳动力密集型产业，地区间技术差距逐渐增大，对水污染差异影响较大。资本产出效应和环境效率效应的贡献率较小，且前者指数增幅较小，贡献率略有下降，后者指数维持波动增长，地区间用水效率差距增大带动人均灰水足迹差异提升，水资源向灰水足迹的转化量也正逐年增加。经济活度效应是总体差异的最小贡献因素，其变幅最小。各省（区、市）人口数量小幅增长，就业人口数在大部分地区逐年提升，经济活度的提高对各地水环境治理的影响差距减小。

由表 5-9 可知，在相互作用因素方面，资本深化效应与单位资本存量灰水足迹相互作用对人均灰水足迹差异的贡献率降幅已达 77%。其负面特征表明，资本深化程度较低的地区，单位资本存量产生灰水足迹也较多。另一方面也表明，加强对经济落后地区资本投入，可减小人均灰水足迹差异。资本产出效应与单位 GDP 灰水足迹相互作用对人均灰水足迹差异的贡献值显著提升，且由正值转变为负值。说明在其他条件不变的情况下，一个省（区、市）资本产出程度越低，其单位 GDP 灰水足迹与其他省（区、市）比越高。因此，提高欠发达地区资本效率有利于全国人均灰水足迹均衡性提升。在正向关联因素中，经济活度效应与就业人口人均灰水足迹相互作用产生的灰水足迹对全国差异的贡献率存在小幅提升。说明经济活度较高的地区，单位就业人口产生的灰水足迹较多，但其指数较低、影响小。技术效率效应与环境效率效应相互作用对全国差异现象的贡献率出现小幅回落，指数略有提高，说明单位 GDP 水足迹较高的地区，灰水足迹在水足迹中所占比例也较大。因此，扶持落后地区水资源利用和水环境技术发展，有利于提升中国整体人均灰水足迹均衡性。

3. 各分区人均灰水足迹地区内和地区间差异因素分解

根据相关计算公式得到 2000～2018 年中国人均灰水足迹地区内和地区间差异因素分解结果，如表 5-10～表 5-13 及图 5-8 所示，限于篇幅，在此仅给出偶数年份结果。

由表 5-10 可知，地区内和地区间两个成分的指数在研究期间都有所增长。地区内差异于近年出现小幅波动回落，但仍为总体差异的主要影响成分，说明各效应对各区域内部的影响存在很大差异，差异性长期增长后，随着各分区内部省（区、市）经济社会发展的分化逐渐减小，人均灰水足迹差异也逐渐缩小。地区间差异指数由 2000 年的 0.0067 逐渐提升至 2018 年的 0.0544，且从图 5-8 可知，该成分在总体差异中的重要性也在逐年提高，地区内差异的重要性则逐年下降，可见当前经济社会发展加剧了区域间人均灰水足迹差异。

表 5-10　2000～2018 年人均灰水足迹差异的地区内和地区间差异分解

年份	T（g,f）	T_{WR}（g,f）	T_{BR}（g,f）
2000	0.0459	0.0392	0.0067
2002	0.0432	0.0354	0.0077
2004	0.0592	0.0455	0.0137
2006	0.0751	0.0563	0.0187
2008	0.0855	0.0605	0.0250
2010	0.1113	0.0778	0.0335
2012	0.1166	0.0785	0.0381
2014	0.1091	0.0642	0.0449
2016	0.1130	0.0636	0.0494
2018	0.1152	0.0608	0.0544

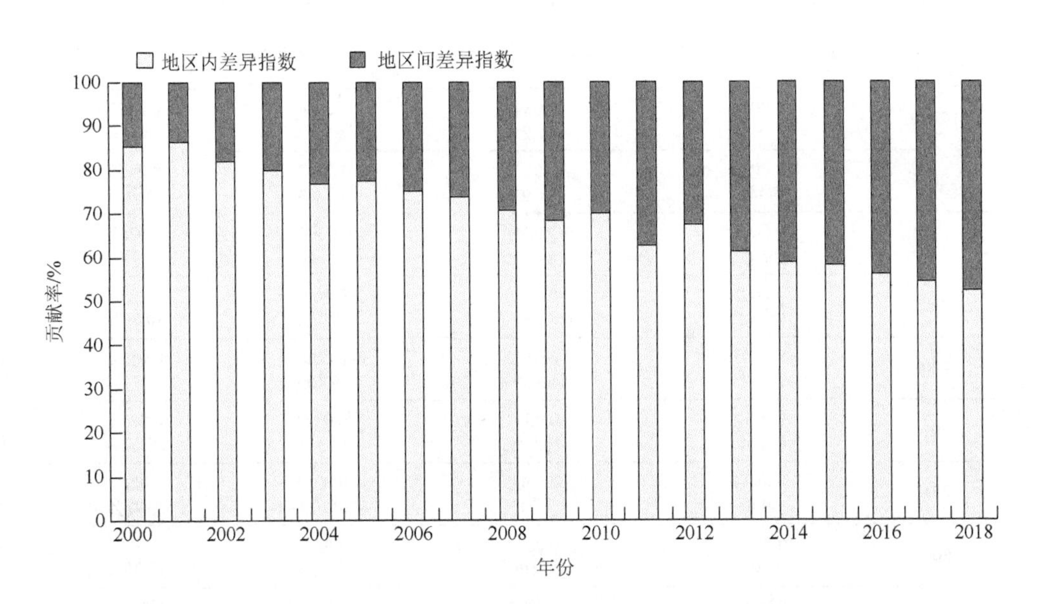

图 5-8　2000～2018 年人均灰水足迹差异的地区间和地区内差异贡献率

表 5-11　2000～2018 年人均灰水足迹地区内差异的因素分解

年份	$T_{WR}(g,f)$	$\sum_{h=1}^{3} f_h \cdot I_h^a(g,f)$	$\sum_{h=1}^{3} f_h \cdot I_h^d(g,f)$	$\sum_{h=1}^{3} f_h \cdot I_h^o(g,f)$	$\sum_{h=1}^{3} f_h \cdot I_h^c(g,f)$	$\sum_{h=1}^{3} f_h \cdot I_h^e(g,f)$
2000	0.0392 100.00%	0.0066 16.83%	0.0399 101.79%	0.0079 20.22%	0.0276 70.25%	0.0146 37.17%
2002	0.0354 100.00%	0.0051 14.28%	0.0408 115.11%	0.0079 22.35%	0.0294 83.02%	0.0112 31.49%
2004	0.0455 100.00%	0.0043 9.55%	0.0408 89.71%	0.0088 19.27%	0.0337 73.95%	0.0135 29.63%
2006	0.0563 100.00%	0.0051 9.01%	0.0388 68.82%	0.0104 18.54%	0.0362 64.26%	0.0151 26.89%
2008	0.0605 100.00%	0.0051 8.43%	0.0385 63.66%	0.0117 19.40%	0.0373 61.68%	0.0154 25.44%
2010	0.0778 100.00%	0.0087 11.14%	0.0353 45.36%	0.0152 19.48%	0.0370 47.55%	0.0211 27.15%
2012	0.0785 100.00%	0.0064 8.20%	0.0352 44.87%	0.0183 23.30%	0.0389 49.59%	0.0259 33.03%
2014	0.0642 100.00%	0.0063 9.83%	0.0350 54.51%	0.0213 33.27%	0.0442 68.87%	0.0268 41.73%
2016	0.0636 100.00%	0.0076 10.69%	0.0348 52.62%	0.0226 37.75%	0.0441 76.89%	0.0282 45.29%
2018	0.0608 100.00%	0.0080 11.69%	0.0346 53.15%	0.0250 43.24%	0.0463 87.17%	0.0306 50.21%

年份	$\sum_{h=1}^{3} f_h \cdot \text{inter}_h(a,doce)$	$\sum_{h=1}^{3} f_h \cdot \text{inter}_h(d,oce)$	$\sum_{h=1}^{3} f_h \cdot \text{inter}_h(o,ce)$	$\sum_{h=1}^{3} f_h \cdot \text{inter}_h(c,e)$
2000	0.0014 3.51%	−0.0813 −207.25%	0.0066 16.77%	0.0160 40.71%
2002	0.0030 8.48%	−0.0822 −231.95%	0.0037 10.45%	0.0166 46.76%
2004	0.0076 16.70%	−0.0841 −184.71%	0.0007 1.49%	0.0202 44.41%
2006	0.0095 16.81%	−0.0776 −137.81%	−0.0042 −7.38%	0.0230 40.86%
2008	0.0105 17.44%	−0.0662 −109.39%	−0.0093 −15.40%	0.0174 28.74%
2010	0.0112 14.43%	−0.0552 −70.89%	−0.0181 −23.31%	0.0226 29.10%
2012	0.0074 9.44%	−0.0502 −64.04%	−0.0264 −33.62%	0.0229 29.23%
2014	0.0048 7.50%	−0.0514 −80.10%	−0.0307 −47.85%	0.0079 12.26%
2016	0.0049 8.78%	−0.0452 −72.09%	−0.0354 −54.12%	0.0024 11.70%
2018	0.0039 9.52%	−0.0412 −69.43%	−0.0401 −63.31%	−0.0052 0.0052%

注：系数值下方为百分比。

表 5-12　2000～2018 年人均灰水足迹地区间差异的因素分解

年份	T_{BR}（g,f）	I^e（g,f）	I^c（g,f）	I^o（g,f）	I^d（g,f）	I^a（g,f）
2000	0.0067 100.00%	0.0000 0.18%	0.0826 1237.72%	0.0028 42.33%	0.0740 1109.40%	0.0023 34.12%
2002	0.0077 100.00%	0.0002 3.17%	0.0913 1178.87%	0.0029 36.86%	0.0830 1070.72%	0.0026 33.71%
2004	0.0137 100.00%	0.0006 4.35%	0.0911 667.36%	0.0029 20.90%	0.0929 680.92%	0.0037 27.04%
2006	0.0187 100.00%	0.0001 0.57%	0.0763 407.63%	0.0030 15.85%	0.0975 520.87%	0.0060 32.29%
2008	0.0250 100.00%	0.0002 0.79%	0.0635 254.16%	0.0026 10.49%	0.1000 400.19%	0.0075 29.84%
2010	0.0335 100.00%	0.0003 0.86%	0.0431 128.58%	0.0018 5.47%	0.1019 304.01%	0.0113 33.73%
2012	0.0381 100.00%	0.0000 0.00%	0.0300 78.59%	0.0019 5.02%	0.0874 229.11%	0.0136 35.62%
2014	0.0449 100.00%	0.0000 0.02%	0.0217 48.29%	0.0026 5.80%	0.0644 143.49%	0.0249 55.33%
2016	0.0501 100.00%	0.0001 0.02%	0.0137 39.90%	0.0029 6.26%	0.0562 98.30%	0.0292 62.12%
2018	0.0561 100.00%	0.0000 0.017%	0.0029 37.21%	0.0033 6.88%	0.0432 75.41%	0.0358 73.26%

年份	inter（$e,coda$）	inter（c,oda）	inter（o,da）	inter（d,a）
2000	−0.0003 −5.04%	−0.1743 −2612.21%	−0.0016 −23.28%	0.0211 316.79%
2002	0.0007 9.64%	−0.1883 −2429.94%	−0.0060 −77.95%	0.0213 274.93%
2004	0.0022 16.24%	−0.1977 −1448.45%	−0.0121 −88.99%	0.0301 220.62%
2006	0.0017 9.10%	−0.1866 −996.58%	−0.0174 −92.82%	0.0380 203.07%
2008	0.0028 11.13%	−0.1694 −677.79%	−0.0246 −98.53%	0.0424 169.73%
2010	−0.0021 −6.41%	−0.1486 −443.39%	−0.0286 −85.28%	0.0544 162.45%
2012	−0.0002 −0.47%	−0.1173 −307.50%	−0.0315 −82.66%	0.0543 142.27%
2014	0.0004 0.85%	−0.0981 −218.36%	−0.0395 −87.91%	0.0685 152.48%
2016	0.0009 2.24%	−0.0889 −161.20%	−0.0417 −85.22%	0.0722 145.50%
2018	0.0007 1.28%	−0.0717 −138.55%	−0.0463 −86.56%	0.0792 144.69%

注：系数值下方为百分比。

表 5-13　2000～2018 年各分区人均灰水足迹地区内差异因素分解

地区	年份	$T(g,f)$	$I^e(g,f)$	$I^c(g,f)$	$I^o(g,f)$	$I^d(g,f)$	$I^a(g,f)$
东部地区	2000	0.0272 100.00%	0.0063 23.18%	0.0663 243.82%	0.0079 28.95%	0.0453 166.72%	0.0169 62.14%
	2002	0.0252 100.00%	0.0049 19.46%	0.0645 255.95%	0.0067 26.66%	0.0485 192.45%	0.0133 52.61%
	2004	0.0375 100.00%	0.0038 10.14%	0.0623 165.99%	0.0068 18.00%	0.0568 151.31%	0.0152 40.50%
	2006	0.0534 100.00%	0.0038 7.08%	0.0561 105.12%	0.0075 14.02%	0.0606 113.51%	0.0161 30.20%
	2008	0.0528 100.00%	0.0042 7.91%	0.0476 90.09%	0.0078 14.77%	0.0621 117.60%	0.0132 25.07%
	2010	0.0925 100.00%	0.0087 9.38%	0.0337 36.37%	0.0078 8.45%	0.0616 66.59%	0.0265 28.68%
	2012	0.0990 100.00%	0.0062 6.25%	0.0291 29.38%	0.0072 7.24%	0.0652 65.86%	0.0384 38.73%
	2014	0.0694 100.00%	0.0063 9.06%	0.0257 37.05%	0.0075 10.80%	0.0663 95.42%	0.0312 44.96%
	2016	0.0742 100.00%	0.0074 9.65%	0.0211 34.08%	0.0074 11.14%	0.0675 106.54%	0.0361 45.79%
	2018	0.0714 100.00%	0.0080 8.48%	0.0169 32.72%	0.0077 12.15%	0.0693 119.89%	0.0393 49.97%
中部地区	2000	0.0261 100.00%	0.0081 30.85%	0.0181 69.16%	0.0044 16.83%	0.0073 27.78%	0.0112 42.84%
	2002	0.0217 100.00%	0.0064 29.68%	0.0187 85.89%	0.0031 14.28%	0.0098 45.00%	0.0082 37.74%
	2004	0.0373 100.00%	0.0059 15.72%	0.0173 46.32%	0.0032 8.69%	0.0118 31.62%	0.0107 28.79%
	2006	0.0489 100.00%	0.0077 15.80%	0.0176 35.98%	0.0052 10.66%	0.0119 24.40%	0.0148 30.25%
	2008	0.0571 100.00%	0.0072 12.63%	0.0270 47.30%	0.0116 20.23%	0.0147 25.82%	0.0144 25.21%
	2010	0.0579 100.00%	0.0091 15.75%	0.0385 66.41%	0.0216 37.31%	0.0133 22.92%	0.0130 22.40%
	2012	0.0563 100.00%	0.0079 14.03%	0.0437 77.53%	0.0272 48.34%	0.0135 23.97%	0.0128 22.67%
	2014	0.0512 100.00%	0.0075 14.57%	0.0481 93.83%	0.0300 58.52%	0.0153 29.78%	0.0105 20.46%
	2016	0.0530 100.00%	0.0076 15.24%	0.0523 106.84%	0.0325 67.42%	0.0172 23.49%	0.0110 19.89%
	2018	0.0524 100.00%	0.0074 15.64%	0.0577 119.51%	0.0369 75.97%	0.0184 22.31%	0.0102 18.32%

续表

地区	年份	T（g,f）	I^e（g,f）	I^c（g,f）	I^o（g,f）	I^d（g,f）	I^a（g,f）
西部地区	2000	0.0741 100.00%	0.0051 6.93%	0.0301 40.64%	0.0127 17.11%	0.0283 38.13%	0.0157 21.14%
	2002	0.0682 100.00%	0.0035 5.14%	0.0349 51.17%	0.0159 23.35%	0.0270 39.67%	0.0119 17.51%
	2004	0.0682 100.00%	0.0032 4.66%	0.0388 56.93%	0.0190 27.86%	0.0270 39.50%	0.0144 21.15%
	2006	0.0708 100.00%	0.0036 5.12%	0.0395 55.78%	0.0220 31.06%	0.0300 42.30%	0.0141 19.91%
	2008	0.0773 100.00%	0.0038 4.91%	0.0392 50.64%	0.0183 23.66%	0.0273 35.37%	0.0202 26.06%
	2010	0.0796 100.00%	0.0081 10.16%	0.0339 42.63%	0.0186 23.38%	0.0280 35.20%	0.0228 28.69%
	2012	0.0739 100.00%	0.0049 6.62%	0.0341 46.06%	0.0247 33.44%	0.0293 39.60%	0.0229 30.91%
	2014	0.0727 100.00%	0.0048 6.57%	0.0328 45.08%	0.0327 45.04%	0.0463 63.61%	0.0412 56.63%
	2016	0.0691 100.00%	0.0040 7.71%	0.0303 44.18%	0.0367 50.93%	0.0323 44.42%	0.0399 50.45%
	2018	0.0675 100.00%	0.0036 8.19%	0.0283 42.45%	0.0434 58.28%	0.0331 45.37%	0.0447 55.37%

地区	年份	inter（$e,coda$）	inter（c,oda）	inter（o,da）	inter（d,a）
东部地区	2000	−0.0034 −12.53%	−0.1502 −552.83%	0.0111 40.83%	0.0271 99.72%
	2002	−0.0006 −2.49%	−0.1475 −585.58%	0.0058 23.17%	0.0297 117.78%
	2004	0.0044 11.72%	−0.1571 −418.43%	0.0066 17.57%	0.0387 103.20%
	2006	0.0077 14.43%	−0.1475 −276.06%	0.0077 14.32%	0.0413 77.38%
	2008	0.0091 17.27%	−0.1250 −236.77%	0.0030 5.77%	0.0308 58.28%
	2010	0.0100 10.76%	−0.0897 −96.95%	−0.0058 −6.28%	0.0398 43.00%
	2012	0.0025 2.54%	−0.0767 −77.41%	−0.0138 −13.90%	0.0409 41.31%
	2014	−0.0031 −4.44%	−0.0683 −98.39%	−0.0171 −24.59%	0.0209 30.12%
	2016	−0.0047 −6.50%	−0.0586 −89.91%	−0.0182 −23.64%	0.0197 24.44%

续表

地区	年份	inter（*e,coda*）	inter（*c,oda*）	inter（*o,da*）	inter（*d,a*）
东部地区	2018	−0.0079 −10.93%	−0.0450 −85.78%	−0.0222 −27.25%	0.0135 16.56%
中部地区	2000	0.0044 16.88%	−0.0261 −99.82%	0.0016 6.13%	−0.0028 −10.66%
	2002	0.0032 14.88%	−0.0255 −117.52%	0.0014 6.31%	−0.0035 −16.26%
	2004	0.0100 26.66%	−0.0151 −40.32%	−0.0022 −5.92%	−0.0043 −11.57%
	2006	0.0121 24.69%	−0.0096 −19.69%	−0.0062 −12.74%	−0.0046 −9.34%
	2008	0.0151 26.52%	−0.0094 −16.38%	−0.0115 −20.12%	−0.0121 −21.20%
	2010	0.0133 23.03%	−0.0203 −35.05%	−0.0200 −34.52%	−0.0106 −18.24%
	2012	0.0132 23.35%	−0.0275 −48.82%	−0.0235 −41.63%	−0.0109 −19.43%
	2014	0.0104 20.34%	−0.0376 −73.45%	−0.0197 −38.53%	−0.0131 −25.51%
	2016	0.0108 20.21%	−0.0409 −84.86%	−0.0161 −36.87%	−0.0141 −28.07%
	2018	0.0100 18.95%	−0.0475 −94.63%	−0.0123 −33.76%	−0.0149 −30.40%
西部地区	2000	0.0044 5.93%	−0.0530 −71.47%	0.0065 8.77%	0.0243 32.82%
	2002	0.0080 11.75%	−0.0602 −88.34%	0.0036 5.30%	0.0235 34.46%
	2004	0.0094 13.75%	−0.0630 −92.39%	−0.0045 −6.66%	0.0240 35.20%
	2006	0.0088 12.47%	−0.0579 −81.83%	−0.0199 −28.17%	0.0307 43.36%
	2008	0.0068 8.75%	−0.0468 −60.56%	−0.0263 −34.02%	0.0349 45.19%
	2010	0.0106 13.29%	−0.0446 −55.94%	−0.0352 −44.19%	0.0373 46.80%
	2012	0.0078 10.60%	−0.0369 −49.95%	−0.0509 −68.88%	0.0382 51.61%
	2014	0.0104 14.33%	−0.0417 −57.36%	−0.0680 −93.45%	0.0142 19.55%

续表

地区	年份	inter（*e,coda*）	inter（*c,oda*）	inter（*o,da*）	inter（*d,a*）
西部地区	2016	0.0122 14.20%	−0.0339 −52.47%	−0.0915 −99.19%	0.0110 16.49%
	2018	0.0148 16.82%	−0.0299 −49.78%	−0.1061 −93.75%	0.0116 18.92%

注：系数值下方为百分比。

在单一要素方面，首先，资本深化效应和技术效率效应是差异的主导因素。2000～2018 年，各省（区、市）资本存量都存在大幅增长，劳动力变化相对较小，资本深化效应对地区间和地区内差异的影响程度分别减少了 96%和 13%，其贡献率也有所下降，表明国家对中部、西部扶持力度的增大可以对区域间水环境质量差距的减小发挥更积极的作用。在地区内差异方面，该效应对东部人均灰水足迹差异的影响程度逐渐下降，在中部则逐渐提升，在西部变化较小，说明东部资本投入的增加已逐渐对水环境发挥效用；中部部分省（区、市）劳均资本存量虽大幅增长，但缺乏合理的规划应用，资源低效利用加剧。技术效率效应的组内差异程度增加了 68%，在地区间差异方面呈现先增长再下降的趋势，其地区内贡献率反复波动而地区间贡献率逐渐下降。说明该因素对各分区内人均灰水足迹差异的影响程度更高，提升区域内技术效率较低省（区、市）水资源利用率有利于地区内均衡性的提升。从各分区地区内差异来看，东部地区指数有所提升，而贡献率出现大幅下降；中部指数低，且变幅较小；西部指数长期稳定，但由于西部 GDP 持续增长，而重庆、四川、青海等省（区、市）水足迹于 2018 年出现大幅下降，使西部组内差异的技术效率效应大幅增加，其贡献率与 2012 年相比提高 24.02%，为各因素最大值。

其次，环境效率效应在两组成分中都维持波动增长；经济活度效应的指数和贡献率在地区间和地区内差异因素中都为最低值，且存在小幅波动，以上两者都与全国差异结果情况相似。在环境效率地区内效应方面，东部差异指数小幅提升，但贡献率变化较小；西部指数逐渐提高；与东部、西部地区相比，中部省际发展程度差距和灰水足迹比例差异较小，其贡献率大幅下降，指数也在增长后小幅回落。东部、中部发展过程中水环境治理制度和技术的逐步完善，使经济活度效应在各分区人均灰水足迹差异的指数都较小，且呈现反复波动的趋势，贡献率在东部、中部降幅略大。资本产出效应的地区间差异指数较低，而地区内差异指数有所提高。从各分区地区内结果来看，该效应指数在东部变化小，贡献率已有所下降；西北省区资本产出水平显著下降，造成该效应对中部、西部人均灰水足迹差异的驱动效应增强，对中部差异的贡献率 19 年增幅达

248%，对西部差异的贡献率也逐渐增长。

在相互作用的成分中，首先，资本深化效应与单位资本存量灰水足迹相互作用对地区间和地区内人均灰水足迹差异的影响程度都有所下降，资本产出效应与单位 GDP 灰水足迹相互作用近年在两组差异中的作用都有所提升，以上两者结果都与其全国差异结果相似。此外，两者对地区间差异的影响都大于对地区内差异的影响。说明提高资本深化和产出水平较低的中部、西部地区资本投入量和资本利用率，更有利于缓解地区间灰水足迹不均衡状况，促进中国整体均衡性提升。从各分区地区内结果来看，资本产出效应与单位 GDP 灰水足迹相互作用项指数在各分区都逐渐由正值转为负值。其中，西部地区该成分贡献率近年大幅提升，超过资本深化效应与单位资本存量灰水足迹相互作用项成为主导因素，东部、中部则都以后者为主导，且中部指数呈先下降再上升的趋势。说明西部发展对资本投入的依赖性减弱，随着 GDP 的加速增长，产业发展对水环境的影响也在逐渐增强；东部、中部侧重发展资本密集型产业，资本深化程度提高对水环境的驱动作用更强。因此，提高西部资本效率和东部、中部资本投入有利于各分区地区内灰水足迹减少。

其次，经济活度效应与就业人口人均灰水足迹相互作用对地区间和地区内两类差异的影响都较小，对地区内差异的影响程度略高，但近年有所下降。反映出就业率提高，单位就业人口产生的灰水足迹随之增长，易造成分区内部人均灰水足迹差距扩大，因此各省（区、市）在提高就业率的同时，更应注重资源利用技术的提升。中部、西部长期建立在劳动力和自然资源基础上的传统发展模式不利于水污染形势改善，因此从地区内结果来看，该成分对中部、西部差异作用的指数为正，贡献率都存在小幅提升；东部则出现正负变动，且指数较小，对地区差异影响小。技术效率效应与环境效率效应相互作用项的地区间差异指数增幅达 225%，而贡献率由 316.79%降至 152.48%；在地区内差异中呈先增长再下降的趋势；东部、西部的差异指数为正，贡献率有所下降；中部则为负值，贡献率略有提升。这反映出缩小区域间水资源利用率差异更有益于提升中国整体人均灰水足迹均衡性；在东部、西部地区单位 GDP 水足迹减少的同时，灰水足迹在水足迹中所占比例也会下降。

5.2.3 要素与效率耦合视角下中国人均灰水足迹驱动效应研究

1. 相关研究方法

（1）扩展的 Kaya 恒等式，有助于随污染程度时间变化的驱动因素分析，现已在能源领域得到广泛应用。为解析人均灰水足迹变化的影响因素，本节对该等式进行了扩展，计算公式如下：

$$G = \frac{\text{GWF}}{P_1} = \frac{\text{GWF}}{\text{WF}} \times \frac{\text{WF}}{\text{GDP}} \times \frac{\text{GDP}}{\text{CS}} \times \frac{\text{CS}}{P_2} \times \frac{P_2}{P_1} = ecoda \tag{5-20}$$

式中，GWF 为灰水足迹（亿 m^3）；P_1 为人口数（万人）；WF 为水足迹（亿 m^3）；GDP 为国内生产总值（万元）；CS 为资本存量（万元）；P_2 为就业人口数（万人）；G 为人均灰水足迹；$e = \text{GWF/WF}$，为灰水足迹在水足迹中所占比例（无量纲）；$c = \text{WF/GDP}$，为技术效率（亿 m^3/万元）；$o = \text{GDP/CS}$，为产出-资本比（无量纲）；$d = \text{CS}/P_2$，为资本深化水平（万元/万人）；$a = P_2/P_1$，为就业人口比例（无量纲）。其中，本节运用永续盘存法计算资本存量，采用 10.96%的折扣率，对于西藏缺失的固定资产投资价格指数数据，将靠近西藏且与西藏经济发展程度相似的新疆和青海的固定资产投资价格指数的算术平均值作为替代值。

（2）LMDI 模型。该模型广泛应用于污染物排放的影响因素分析，也被运用到水资源领域。在此将中国人均灰水足迹驱动效应分为环境效率效应、技术效率效应、资本产出效应、资本深化效应和经济活度效应。具体公式如下：

$$\Delta G = G_t - G_0 = \Delta G_{e\text{eff}} + \Delta G_{c\text{eff}} + \Delta G_{o\text{eff}} + \Delta G_{d\text{eff}} + \Delta G_{a\text{eff}} \tag{5-21}$$

$$\Delta G_{e\text{eff}} = \frac{G_t - G_0}{\ln G_t - \ln G_0} \ln\left(\frac{e_t}{e_0}\right) \tag{5-22}$$

$$\Delta G_{c\text{eff}} = \frac{G_t - G_0}{\ln G_t - \ln G_0} \ln\left(\frac{c_t}{c_0}\right) \tag{5-23}$$

$$\Delta G_{o\text{eff}} = \frac{G_t - G_0}{\ln G_t - \ln G_0} \ln\left(\frac{o_t}{o_0}\right) \tag{5-24}$$

$$\Delta G_{d\text{eff}} = \frac{G_t - G_0}{\ln G_t - \ln G_0} \ln\left(\frac{d_t}{d_0}\right) \tag{5-25}$$

$$\Delta G_{a\text{eff}} = \frac{G_t - G_0}{\ln G_t - \ln G_0} \ln\left(\frac{a_t}{a_0}\right) \tag{5-26}$$

式中，总效应 ΔG 为 0 年至 t 年人均灰水足迹差值，由环境效率效应($\Delta G_{e\text{eff}}$)、技术效率效应($\Delta G_{c\text{eff}}$)、资本产出效应($\Delta G_{o\text{eff}}$)、资本深化效应($\Delta G_{d\text{eff}}$)和经济活度效应($\Delta G_{a\text{eff}}$)组成。环境效率效应是用水效率的一种表现形式，指稀释水体污染物消耗的水资源量在人类消耗的单位水足迹中所占份额；技术效率效应指单位经济产值所消耗的水资源量，反映水资源利用效率；资本产出效应指单位资本产生的经济效益，反映资本效率水平；资本深化效应指单位就业人口资本存量，反映资本积累效率水平；经济活度效应指就业人口占总人口的比例，反映就业效率水平，并映射经济产值关联环境投入。驱动效应为负值表明该效应有利于人均灰水足迹的减少，反之则会造成人均灰水足迹增加。

2. 中国人均灰水足迹驱动效应分解

（1）中国人均灰水足迹各驱动效应时间序列分析。根据上述计算公式计算得到2000～2018年人均灰水足迹各驱动效应，并绘制其变化趋势图，如图5-9所示。

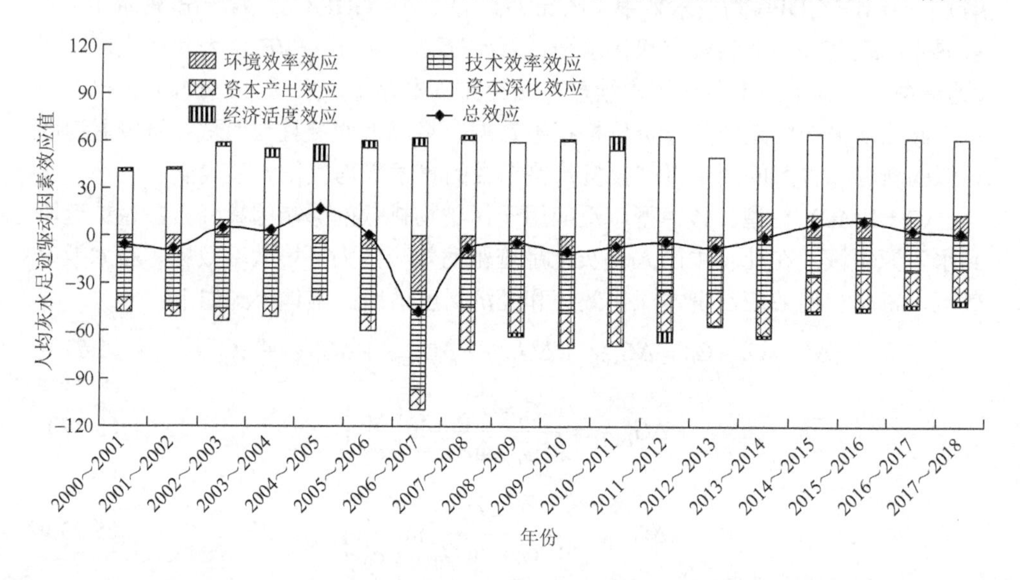

图5-9　2000～2018年人均灰水足迹各驱动因素效应值变化趋势

由图5-9可知，2000～2005年总效应波动提升，2005～2007年环境效率效应和技术效率效应对人均灰水足迹的影响显著增强。2006～2007年农业灰水足迹减少带动了灰水足迹总量大幅降低，而水足迹小幅下降且GDP增长，用水效率和水资源利用效率大幅提高，推动总效应明显下降。2007～2008年农业灰水足迹增加，而工业和生活灰水足迹大幅减少，灰水足迹总量小幅下降，水足迹小幅回升且GDP提高，环境效率效应和技术效率效应的减量作用与上一时段相比减弱，总效应回升后维持在0线以下平稳波动。

资本深化程度的提高是导致人均灰水足迹增加的重要驱动因素，由于中国资本投入大量集中于资源密集型重工业，建立在高水耗强度上的产业发展造成了严重的水污染。由于经济规模扩大，就业率大幅提高，经济活度的提升在大部分时间段能够使人均灰水足迹增加，但效应较弱；近年人口一直维持小幅增长，就业人口数小幅下降，经济活度降低对人均灰水足迹产生减量效应。技术效率效应和资本产出效应的下降在各时间段都能带动人均灰水足迹减少，其中技术效率效应是主要减量因素，资本产出效应的驱动作用近年来有所增强。环境效率效应为弱减量效应，但在 2002～2003 年和 2013～2018 年两个时间段对人均灰水足迹具有增量作用。

（2）中国省际人均灰水足迹驱动因素分解。根据相关公式计算得到中国省际人均灰水足迹各驱动因素，结果如表 5-14、图 5-10 所示。

表 5-14　2000～2018 年中国省际人均灰水足迹各驱动因素分解

地区	环境效率效应	技术效率效应	资本产出效应	资本深化效应	经济活度效应
东部地区	−10.36	−29.04	−9.90	37.75	2.43
北京	−10.88	−12.41	−2.85	7.65	4.26
天津	−11.95	−31.24	−6.83	35.48	−1.10
河北	−15.03	−33.05	−13.11	47.52	1.49
辽宁	−11.71	−36.89	−25.54	66.77	1.60
上海	−12.56	−17.37	−0.53	14.04	0.39
江苏	−8.59	−25.73	−9.93	40.83	0.03
浙江	−4.41	−23.87	−7.19	24.08	3.06
福建	−3.45	−25.15	−7.21	30.14	4.52
山东	−16.35	−35.55	−14.54	49.93	2.06
广东	−5.66	−23.29	−6.20	25.16	4.02
海南	−11.14	−33.31	−21.76	50.01	10.77
中部地区	−7.34	−38.99	−22.65	63.54	2.58
山西	−6.86	−26.76	−16.78	40.88	2.11
内蒙古	−7.22	−68.24	−60.44	146.92	3.06
吉林	−20.18	−53.80	−47.24	108.54	3.15
黑龙江	−4.90	−40.39	−19.59	59.96	4.36
安徽	−7.83	−28.08	−11.04	39.92	2.13
江西	−6.03	−29.73	−16.45	50.37	1.01
河南	−9.84	−40.06	−26.09	67.91	1.92
湖北	−2.28	−42.14	−11.74	53.97	1.84
湖南	−3.51	−43.04	−24.08	66.60	2.16
西部地区	−2.12	−46.27	−22.58	70.64	2.20
广西	−21.54	−55.43	−36.84	93.53	2.22
重庆	−2.44	−33.04	−10.71	46.53	0.89
四川	−0.41	−53.89	−12.91	62.30	1.91

续表

地区	环境效率效应	技术效率效应	资本产出效应	资本深化效应	经济活度效应
贵州	−0.36	−40.30	−17.11	54.94	1.61
云南	0.49	−38.47	−23.56	61.72	3.01
西藏	−2.45	−289.90	−256.33	430.96	99.25
陕西	−11.31	−27.03	−18.06	52.44	1.47
甘肃	3.69	−33.18	−23.28	62.04	−0.25
青海	14.79	−126.19	−75.05	204.39	−9.39
宁夏	−31.32	−42.04	−46.26	113.08	−7.00
新疆	−10.87	−33.95	−30.06	79.70	2.95

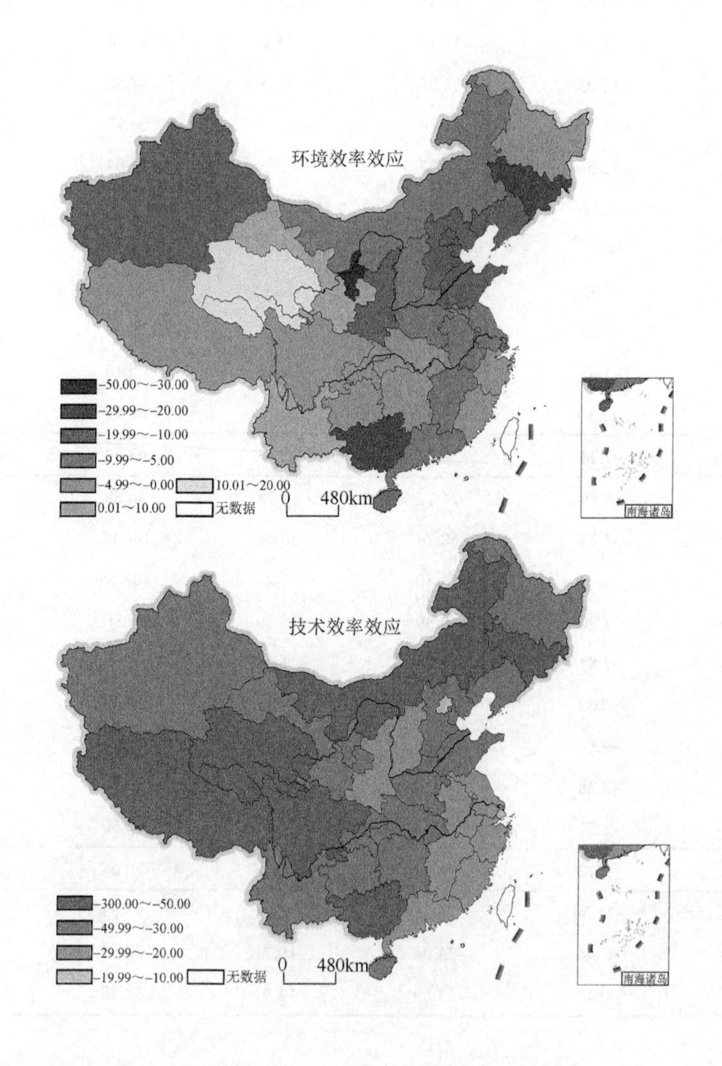

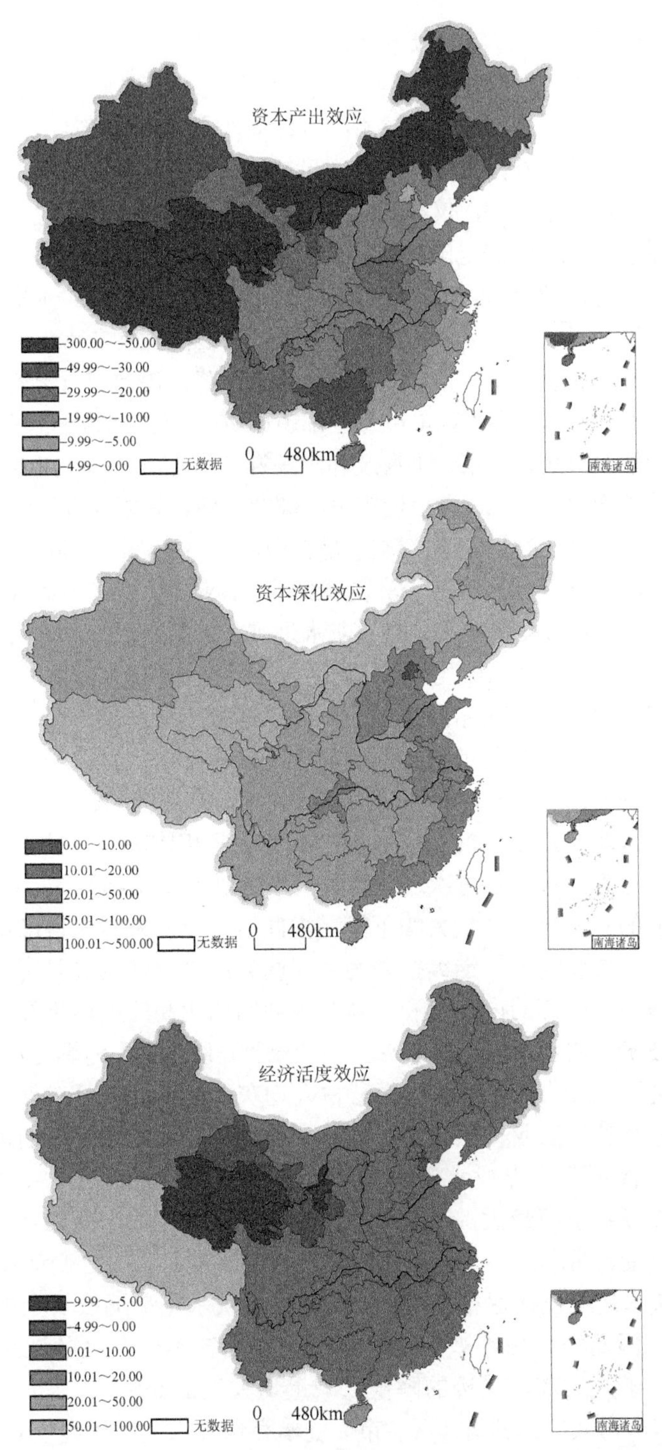

图 5-10　2000～2018 年中国人均灰水足迹驱动因素累积效应

由表 5-14、图 5-10 可得出以下结论。

（1）环境效率效应。随着中国各地区经济发展和人口增长，生产用水量和生活用水量增大，大部分地区水足迹略有提升，而灰水足迹经调控已出现小幅下降，污染排放得到了有效控制，水资源向灰水足迹的转化率降低，环境效率效应减弱，可以有效降低人均灰水足迹，仅在西部的云南、甘肃和青海呈增量效应特点。宁夏水足迹增速高达 78%，位居全国第二，而灰水足迹变化小；吉林和广西存在水足迹大幅增加和灰水足迹减少的趋势，造成环境效率效应大幅减弱。水资源利用效率逐渐提升使耗水量的提高并未大幅增加灰水足迹，广西的工业灰水足迹、宁夏和吉林的生活灰水足迹都有所减少，带动人均灰水足迹下降，该效应对宁夏人均灰水足迹的减量作用最大，对吉林和广西的减量也都超过 20m^3/人，减量程度位居各省（区、市）前列。新疆、陕西、北京、上海及环渤海省（区、市）的环境效率效应对人均灰水足迹的减量均大于 10m^3/人。近年来西部的云南、甘肃和青海的灰水足迹出现小幅增长，云南 2000～2018 年生活灰水足迹增幅为 39.14%；甘肃 2000～2018 年工业灰水足迹增幅为 29.89%；青海经济发展缓慢，农业、工业和生活灰水足迹增幅都较缓，而这三省水足迹变幅较小，导致灰水足迹在水足迹中所占比例提升，环境效率效应与人均灰水足迹呈正相关关系，产生较小的增量作用。

（2）技术效率效应。技术效率效应在各地区都为最主要的减量效应，其中对中部、西部省（区、市）的减量作用更显著。东南部省（区、市）经济发展程度高，技术效率效应有所提升，水足迹在 GDP 中所占比例较低，导致该效应对东南省（区、市）人均灰水足迹的减量作用与其他地区相比略小。技术效率效应减量作用最大的地区为西藏，青海次之。两省区水足迹维持平稳波动，GDP 增幅较大造成单位产值的水资源消耗量大幅下降，由此可见经济发展是西藏和青海技术效率效应下降的主要驱动力，继续推动两省（区）经济持续发展是降低其人均灰水足迹的有效途径。中部的内蒙古和吉林及西部的四川和广西由于经济较快增长和水资源利用技术的逐步改善，单位 GDP 水资源消耗量大幅下降，技术效率效应的减量作用均超过 50m^3/人。其中，内蒙古人均灰水足迹的下降有赖于工业和服务业产值的快速增长和工业、生活水足迹的显著降低，而农业作为当地重要产业，其灰水足迹居高不下，农业水资源利用效率仍有待提升。四川灰水足迹波动下降，且水足迹降幅全国最大，说明四川在经济发展的同时节水治污成果显著。北京和上海人口集聚带动经济、技术进步和可持续发展，水足迹变动较小，GDP 逐年提升，其灰水足迹也在逐年下降，但两地人均灰水足迹远低于全国平均值，下降空间不大，因此技术效率效应对两地减量作用较小。其余各地技术效率效应也都有效促进了人均灰水足迹的降低，减量均大于 20m^3/人。

（3）资本产出效应。各省（区、市）资本存量投入速度远高于 GDP 增速，造成资本产出效应逐年下降，该效应在各省（区、市）都带动了人均灰水足迹减少，其减量程度分布呈现较明显的西北大于东南的格局。西北内陆地区经济基础薄弱，在国家各项政策扶持下，资本存量迅速增长，而偏低的技术水平和产业优化度使资本生产率较低，资本产出效应大幅下降，而东南部地区 GDP 与资本存量增速差距较小，资本产出效应降幅较小，因此该效应对西北地区人均灰水足迹的影响比东南部地区更显著。西藏近年来重视资本投入，资本存量增幅仅次于内蒙古，但薄弱的经济基础和以资本投入驱动的传统经济增长模式导致经济发展水平不足，19 年的 GDP 均值全国最低且增幅较缓，资本效率水平下降，由资本产出效应引起的人均灰水足迹减量超过 200m^3/人，为全国最大值。资本产出效应对内蒙古和青海的人均灰水足迹减量作用超过 50m^3/人，对广西、吉林、宁夏和新疆的减量作用也都超过 30m^3/人，这些省（区）经济发展趋于平缓，而资本存量增幅较大，以广西为例，从 2000 年资本存量来看，广西约为北京的 50%，而在 2018 年，广西已远超北京。资本产出效应的下降能够大幅减少灰水足迹，表明以上省（区）在产业发展的过程中仍然依靠增加资本投入减少灰水足迹。其余大部分中部、西部地区人均灰水足迹减量都在 10～30m^3/人。北京和上海的经济发展程度高，GDP 和资本存量增幅较小，资本产出效应较稳定，且对两地人均灰水足迹的减量作用较小。

（4）资本深化效应。随着经济建设投入和产出的增长，经济增长模式向资本密集型转化，资本存量逐年递增，就业人口与之相比增幅较缓，资本积累效率逐渐提高，与其他效应相比，资本深化效应对各地人均灰水足迹的增量作用较大。

中部、西部大量承接东部高污染工业，对水环境的破坏日趋严重，中部的内蒙古和吉林、西部的西藏和青海的经济基础较弱，近年对欠发达地区建设的经济扶持使以上地区资本存量增幅较大，为强化基础设施建设，大量投资集中于高污染重工业，且治污技术欠佳，同时就业人口增量较小，资本深化效应对人均灰水足迹表现出较强的提升作用，对西藏和青海人均灰水足迹的增量分别超过 400m^3/人和 200m^3/人。

东部地区经济发达，资本深化程度逐渐提升，第三产业比例较大，技术密集型产业集聚，除海南和辽宁外，其他省（区、市）由资本深化导致的人均灰水足迹增量都小于 50m^3/人。辽宁是东部唯一资本存量增幅超过 10%的省区，作为东部的老工业基地，产业转型升级困难，就业人口波动增长，环境科技发展滞后，资本的深化并未有效解决水环境问题。海南经济发展水平和资本存量较低，资本深化和技术进步缓慢，水环境污染加剧。北京和上海仍存在大量的水污染问题，仅 2013 年北京和上海水污染造成的经济损失就分别达到 64.11 亿元和 364.69 亿元。但两地人口数量较大，导致人均灰水足迹较少，作为中国经济发展的重心，与其他省（区、市）相比，具有良好的基础，经济、技术快速发展有益于水环境改善，资本深化的驱动效应最小。

（5）经济活度效应。经济活度效应对除西藏及减量省（区、市）外的其他省（区、市）人均灰水足迹的增量作用较小。中国大部分省（区、市）人口数量逐年小幅增加，就业人口数逐年增幅较大，经济活度效应有所提升，但长期建立在劳动力和自然资源基础上的传统发展模式不利于水污染形势改善，人均灰水足迹增加。西藏 19 年间的人口数量一直为全国最低值，就业率增速位列全国第三，区域开发程度的提高促进了耗水量增长，使经济活度效应对西藏人均灰水足迹的驱动水平远高于其他省（区、市），增量作用超过 90m^3/人。在东部的天津、西部的甘肃、青海和宁夏，该因素推动了人均灰水足迹小幅下降。天津人口增幅大，就业率波动小幅增长，经济结构完善，在提升经济活度效应的同时推动了环境保护开展，已对人均灰水足迹产生微弱的减量作用。甘肃受人口迁移和劳动人口外出就业影响，19 年人口增幅仅为 3.14%，经济活度对人均灰水足迹的驱动效应减弱。青海和宁夏两地人口增幅较大，但就业人口增长趋势平稳，不利于经济发展活力的增强和水环境的改善。

5.3 中国灰水经济生产率研究

5.3.1 中国灰水经济生产率对人文因素的响应分析

1. 相关研究方法与指标选取

（1）空间权重矩阵的构建。由于本节以灰水经济生产率为研究主体，涉及经济和资源两个方面，需要将空间单元的距离和潜在的影响因素结合设定权重。因此，采用非对称的经济距离函数的空间权重矩阵，测试空间中一地对另一地的权重，公式如下：

$$W_{ij}=\begin{cases}0 & (i=j)\\ \left(\dfrac{\mathrm{GDP}_i}{\mathrm{GDP}_j}\right)^{1/2}\times\dfrac{1}{d_{ij}} & (i\neq j)\end{cases} \tag{5-27}$$

当 i 和 j 为同一省（区、市）时，空间权重 W_{ij} 用 0 表示，为不同省区时，GDP_i 和 GDP_j 分别为省（区、市）i 和省（区、市）j 的 GDP；$\mathrm{GDP}_i/\mathrm{GDP}_j$ 为省（区、市）i 对省（区、市）j 的经济权重；d_{ij} 为省（区、市）i 和省（区、市）j 重心点之间的距离。

（2）空间杜宾模型。空间杜宾模型（spatial Durbin model）与空间滞后模型（spatial lag model）和空间误差模型（spatial error model）相比，同时考虑了因变量和自变量的空间滞后项，可以更全面地考察不同维度因素对因变量的影响。相应公式如下：

$$y = \rho Wy + X\beta + WX\theta + \varepsilon \tag{5-28}$$

式中，y 为灰水经济生产率（元/m^3）；W 为空间权重矩阵；X 为影响因素，WX 为其滞后项；ε 为随机扰动项。当模型引入空间权重矩阵后，应考虑其空间效应，LeSage 等（2009）提出直接效应和间接效应分别表示影响因素对本地和邻域被解释变量的平均影响，总效应为直接效应和间接效应之和，表示影响因素对所有地区的平均影响。因此将式（5-28）表达为

$$(I_n - \rho W)y = X\beta + WX\theta + \varepsilon \tag{5-29}$$

式（5-9）左右两边乘以 $(I_n - \rho W)^{-1}$，展开可得

$$y = \sum_{r=1}^{k} S_r(W)x_r + V(W)\varepsilon \tag{5-30}$$

式中，$S_r(W) = V(W)(I_n\beta_r + W\theta_r)$，$V(W) = (I_n - \rho W)^{-1}$，展开后得到

$$\begin{pmatrix} y_1 \\ y_2 \\ \vdots \\ y_n \end{pmatrix} = \sum_{r=1}^{k} \begin{pmatrix} S_r(W)_{11} & S_r(W)_{12} & \cdots & S_r(W)_{1n} \\ S_r(W)_{21} & S_r(W)_{22} & \cdots & S_r(W)_{2n} \\ \vdots & \vdots & \vdots & \vdots \\ S_r(W)_{n1} & S_r(W)_{n2} & \cdots & S_r(W)_{nn} \end{pmatrix} \begin{pmatrix} x_{1r} \\ x_{2r} \\ \vdots \\ x_{nr} \end{pmatrix} + V(W)\varepsilon \tag{5-31}$$

由式（5-31），因变量 y 对自变量 X 求偏导可认为自变量 X 对因变量造成的平均影响，得到：

$$M(r)_{总效应} = n^{-1} I_n^{-1} S_r(W) I_n \tag{5-32}$$

$$M(r)_{直接效应} = n^{-1} \mathrm{tr}\left[S_r(W)\right] \tag{5-33}$$

$$M(r)_{间接效应} = M(r)_{总效应} - M(r)_{直接效应} \tag{5-34}$$

式中，$I_n = (1,1,\cdots,1)_{1\times n}^{\mathrm{T}}$。

（3）指标选取。以各省（区、市）不变价 GDP 与同期灰水足迹之比表示灰水经济生产率（EPGW），在模型中取自然对数值（lnEPGW）。将灰水经济生产率作为被解释变量的同时，设定了如下解释变量：①人口发展水平（PD），选取人口密度即各地区每平方公里人口数表示；②受教育程度（EDU），由各地区大专及以上人口在总人口中所占比例表示；③产业结构优化度（OIS），选用第三产业固定资产投资额占 GDP 的比例来衡量；④城镇化水平（URB），以各省（区、市）城镇建成区面积占总面积的比例表示；⑤城乡差距（URG），由城乡居民人均可支配收入的差值表示；⑥社会福利（SW），以每万人社区服务机构数表示，由于地区数值差距较大，在模型中取自然对数值（lnSW）。以上变量的描述性统计如表 5-15 所示。

表 5-15　变量的描述性统计

变量	单位	观测值	均值	标准差	最小值	最大值
lnEPGW	—	465	3.6804	1.0951	0.4706	7.2231
PD	人/km²	465	384.7136	515.1196	2.1003	3726.1270
EDU	%	465	7.6434	5.4702	0.7203	39.4566
OIS	%	465	44.1063	10.2803	31.5113	77.9484
URB	%	465	1.4645	2.6599	0.0256	15.8532
URG	万元	465	0.9355	0.4674	0.2765	2.9665
lnSW	—	465	9.3609	1.6212	3.3673	11.9144

2. 实证分析

在已计算得到的 2000～2018 年中国省际灰水足迹的基础上，基于相关公式计算得到 2000～2018 年中国省际灰水经济生产率，结果如表 5-16 所示，限于篇幅，在此仅给出偶数年份结果。2000～2018 年东部、中部、西部地区灰水经济生产率均值变化如图 5-11 所示。

表 5-16　2000～2018 年中国 31 个省（区、市）灰水经济生产率　（单位：元/m³）

省（区、市）	2000 年	2002 年	2004 年	2006 年	2008 年	2010 年	2012 年	2014 年	2016 年	2018 年
北京	73.13	100.85	147.88	244.43	366.34	603.57	861.69	1042.26	1250.16	1459.06
天津	44.67	81.53	81.88	105.51	171.26	235.67	300.63	365.71	430.69	495.66
河北	17.59	21.71	25.64	31.19	51.13	68.73	84.64	98.93	114.48	130.04
山西	18.92	23.54	27.61	33.99	52.54	67.18	88.28	104.88	122.63	140.38
内蒙古	12.42	15.67	16.80	21.27	30.19	40.90	53.86	63.68	74.52	85.37
辽宁	26.41	34.45	43.70	47.54	66.04	85.34	108.61	127.51	147.76	168.01
吉林	11.06	14.88	15.95	19.83	31.09	40.69	53.15	60.72	70.25	79.77
黑龙江	20.21	24.01	28.17	34.69	44.53	55.01	68.51	76.48	86.58	96.68
上海	94.65	114.71	197.81	249.00	369.51	718.84	1370.69	1820.86	2321.45	2822.04
江苏	43.11	49.39	62.28	78.98	111.99	150.19	196.77	222.1	256.12	290.14
浙江	46.97	63.57	86.92	111.56	156.67	219.51	275.28	315.39	363.86	412.32
安徽	16.17	19.11	25.09	34.24	50.73	67.06	85.97	98.99	114.45	129.91
福建	42.6	56.90	64.74	80.34	115.66	148.35	178.57	206.23	235.80	265.31
江西	15.71	19.26	22.89	28.65	41.22	52.56	66.68	75.85	87.00	98.15
山东	21.82	28.21	38.34	54.15	86.47	117.84	146.13	172.37	200.29	228.22
河南	12.78	15.30	18.81	23.12	36.15	45.98	59.37	67.88	78.28	88.68

续表

省（区、市）	2000 年	2002 年	2004 年	2006 年	2008 年	2010 年	2012 年	2014 年	2016 年	2018 年
湖北	19.25	23.48	28.49	35.95	49.83	64.34	83.51	93.95	107.80	121.64
湖南	15.65	17.44	19.30	22.97	33.76	45.57	58.88	66.62	76.80	86.98
广东	39.44	48.72	66.44	83.60	121.05	164.00	198.18	229.82	264.21	298.59
广西	7.46	10.11	11.66	13.85	21.99	28.97	37.40	44.96	52.75	60.49
海南	14.38	18.82	19.48	23.48	33.95	43.93	52.55	60.66	69.31	77.97
重庆	19.07	23.72	28.08	35.57	53.55	68.69	90.15	102.39	118.11	133.84
四川	11.3	13.67	17.41	22.30	31.28	41.61	56.36	66.02	77.27	88.52
贵州	7.31	8.53	9.71	11.33	17.78	22.22	31.05	36.5	42.86	49.22
云南	10.99	13.07	15.25	17.97	23.75	28.92	36.75	40.71	46.11	51.50
西藏	1.6	2.01	2.39	2.93	3.69	4.80	6.20	7.14	8.23	9.32
陕西	13.73	16.39	18.89	22.99	36.23	47.83	61.57	73.99	86.72	99.46
甘肃	12.96	14.45	16.64	18.38	23.60	28.85	37.20	42.44	48.61	54.78
青海	4.81	5.78	7.56	8.55	9.97	12.34	16.67	19.69	23.04	26.39
宁夏	6.31	10.18	14.88	12.17	16.91	22.56	29.29	34.49	40.19	45.89
新疆	12.8	14.14	14.55	15.72	23.53	27.34	30.95	34.69	38.40	42.11
东部	42.25	56.26	75.92	100.89	150.01	232.36	343.07	423.80	514.01	604.31
中部	15.80	19.19	22.57	28.30	41.12	53.25	68.69	78.78	90.92	103.06
西部	9.85	12.00	14.27	16.52	23.84	30.38	39.42	45.73	52.93	60.14
均值	23.07	29.79	38.56	49.88	73.63	108.69	155.66	189.48	227.57	265.69

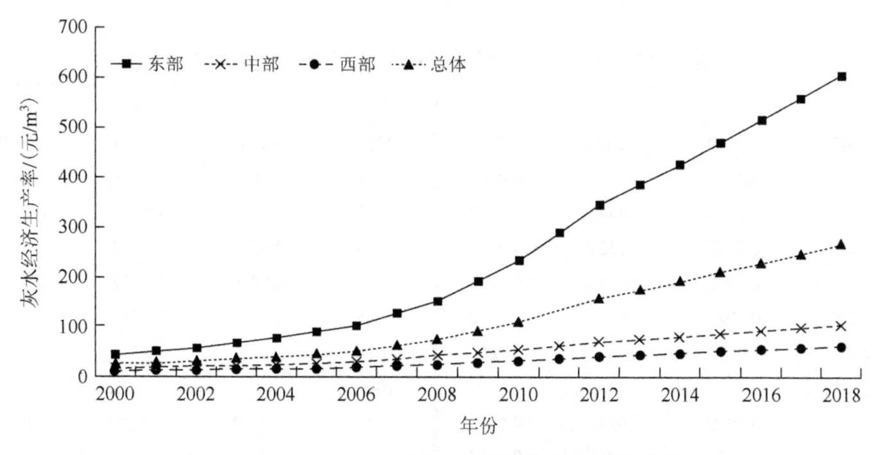

图 5-11　2000～2018 年灰水经济生产率均值变化

由表 5-16 可知，各省（区、市）灰水经济生产率均呈现逐年上升趋势，总体灰水经济生产率由 2000 年的 23.07 元/m^3 增至 2018 年的 265.69 元/m^3，19 年均值为 114.72 元/m^3。其中，上海的灰水经济生产率最高且涨幅最大，其次为北京，19 年均值都高于 250 元/m^3，两地在经济技术、社会管理等多方面与其他地区相比都存在显著优势，且侧重发展第二、第三产业，使其具有较高的 GDP 和较少的灰水足迹，两市灰水经济生产率在 19 年间也一直远高于其他地区。西藏作为社会经济处在初级发展阶段的地区，GDP 最低而灰水足迹较高，其灰水经济生产率一直为全国最低值，均值仅为 4.80 元/m^3。

由图 5-11 可知，东部地区灰水经济生产率显著高于中部、西部地区，西部最低，中部、西部 19 年平均灰水经济生产率与东部的差距已大于 20 元/m^3。这表明东部地区在经济发展的同时，兼顾对水资源的保护和可持续利用。2000～2006 年总体及各分区灰水经济生产率变动趋势平稳，提升较少，2007 年后开始较快增长。2007 年国务院节能减排工作领导小组的成立和排污单位需持证排污的政策促进了社会各界加大节能减排工作力度，推动了水污染治理的开展。与东部相比中部、西部地区增幅较缓，区域间差距逐年增大。由原始数据可知，3 个分区 19 年的 GDP 增幅都约为 4.20%，东部地区的灰水足迹降幅达到 31.33%，中部仅为 9.51%，西部却增加了 0.81%。因此，减小区域差距，推动中部、西部灰水经济生产率提升的重点在于提高水资源利用率，减少水污染，降低灰水足迹。

根据已获取的 2000～2018 年中国灰水经济生产率，在此基础上基于非对称性的空间权重矩阵计算得到不同时期中国灰水经生产率全局空间自相关指数及其显著性水平，以此可识别中国省际灰水经济生产率的相似程度，可进一步从整体上了解中国灰水经济生产率的时间演变趋势。结果如表 5-17 所示。

表 5-17 中国灰水经济生产率全局莫兰 *I* 数检验结果

年份	I	Z	p	年份	I	Z	p
2000	0.1149	3.8603	0.0001	2010	0.0688	2.6645	0.0039
2001	0.1344	4.3687	0.0000	2011	0.0619	2.4869	0.0064
2002	0.1373	4.4425	0.0000	2012	0.0382	1.8713	0.0307
2003	0.1261	4.1527	0.0000	2013	0.0922	3.2730	0.0005
2004	0.0998	3.4714	0.0003	2014	0.0816	2.9979	0.0014
2005	0.1024	3.5373	0.0002	2015	0.0775	2.8553	0.0015
2006	0.0936	3.3091	0.0005	2016	0.0769	2.8333	0.0015
2007	0.1015	3.5148	0.0002	2017	0.0804	2.9621	0.0014
2008	0.0999	3.4742	0.0003	2018	0.0814	2.9990	0.0001
2009	0.0809	2.9806	0.0014				

如表 5-17 所示，2000～2018 年中国省际灰水经济生产率的全局莫兰 *I* 数均为正，最高值出现于 2002 年，为 0.1373，最低值出现于 2012 年，为 0.0382，所有时间范围的结果都在 1%水平下显著，表明中国灰水经济生产率在空间分布上存在显著的正自相关性且空间集聚程度较高，即灰水经济生产率具有相似属性和特征的区域相邻或集聚，并非随机分布。因此，有理由认为空间分布因素可以通过空间溢出效应对灰水经济生产率产生影响。但全局莫兰 *I* 数并不能确切指出区域内部的空间集聚状况，因此下文对局部自相关性进行了分析。

如图 5-12 所示，2000 年，中国灰水经济生产率高高集聚区集中于东部沿海，自北向南依次为天津、江苏、上海和浙江；高低集聚区都存在于东部省（市），分别为辽宁、北京、福建和广东；中部的山西和安徽属于低高集聚区；其他省（区、市）皆为低低集聚区。相比 2000 年，2018 年辽宁由高低集聚区转变为低高集聚区，北京由高低集聚区转变为高高集聚区，中部的内蒙古成为低高集聚区，说明区域内灰水经济生产率差距正在逐渐缩小，区域间的分化现象加剧，低低集聚区比例大，社会经济发达的东部地区集聚类型较为多样化，中部地区灰水经济生产率水平有所提高，而西部地区经济技术发展缓慢，所有省区皆为低低集聚区。以上分析表明各省（区、市）灰水经济生产率具有空间关联性，并需要考虑空间溢出效应，所以采用空间杜宾模型。

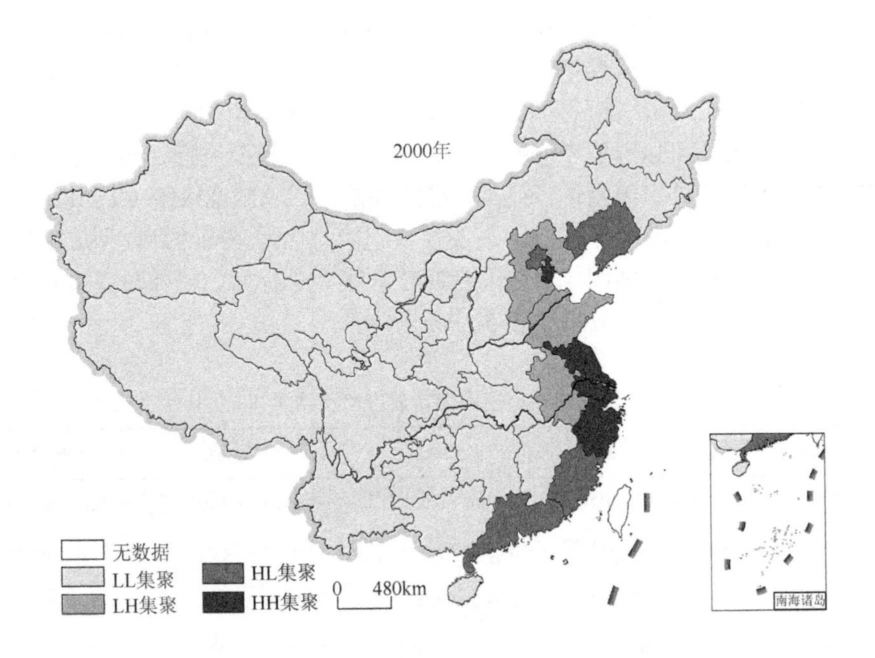

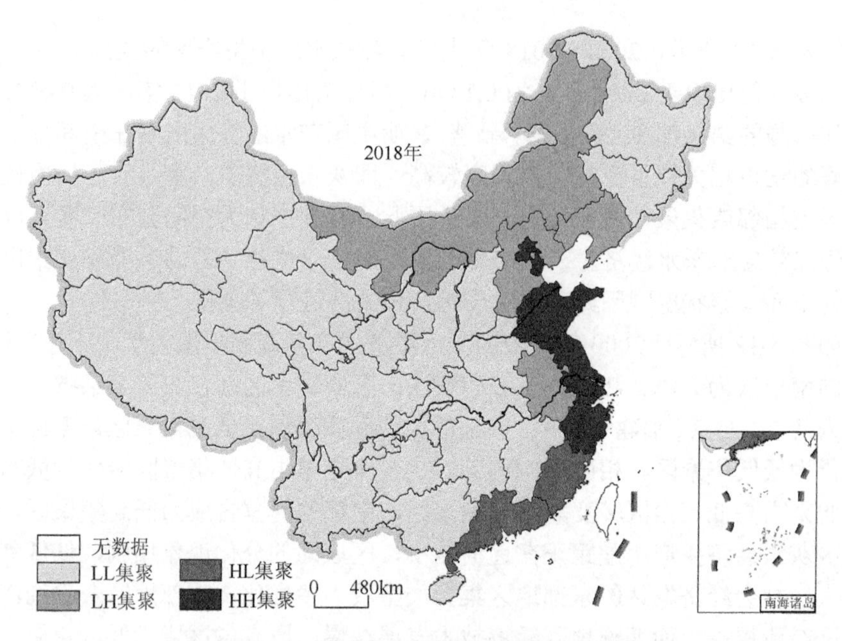

图 5-12　中国灰水经济生产率空间分布

经拉格朗日乘子（Lagrange multiplier，LM）检验发现各地区仅空间固定效应模型通过检验，因此只在表 5-18 中列出各地区空间固定效应模型检验结果。各地区空间固定形式下的空间滞后效应结果均比空间误差效应结果更显著。通过似然比检验(likelihood ratio，LR)检验结果得知空间固定效应和时间固定效应都存在较强的显著性，表明可以选取空间固定效应的空间杜宾模型进行回归。随后对空间固定形式下的空间杜宾模型进行模拟，在此基础上的沃尔德检验（Wald's test）和 LR 检验结果均在 1%水平下显著，表明模型不能简化为空间滞后模型或空间误差模型。所以本节选取空间固定效应的空间杜宾模型进行回归，并对直接效应、间接效应和总效应结果进行分析（表 5-19）。

表 5-18　空间固定效应检验结果

检验	总体	东部地区	中部地区	西部地区
LM 滞后检验	313.7894（0.000）***	69.8496（0.000）***	99.1783（0.000）***	70.8209（0.000）***
稳健 LM 滞后检验	192.7290（0.000）***	73.6387（0.000）***	26.2737（0.000）***	39.9878（0.000）***
LM 误差检验	151.1461（0.000）***	13.6478（0.004）***	90.5281（0.000）***	30.8430（0.000）***
稳健 LM 误差检验	30.0857（0.000）***	7.4368（0.006）***	17.6236（0.000）***	9.0099（0.015）**
空间 LR 检验	1413.4754（0.0000）***	297.8215（0.0000）***	343.8444（0.0000）***	364.5448（0.0000）***

续表

检验	总体	东部地区	中部地区	西部地区
时间 LR 检验	385.7273（0.0000）***	161.5245（0.0000）***	192.7085（0.0000）***	114.1386（0.0000）***
Wald 空间滞后检验	95.5074（0.0000）***	79.5037（0.0000）***	17.5179（0.0076）***	122.4508（0.0000）***
LR 空间滞后检验	74.4016（0.0000）***	54.0445（0.0000）***	16.6342（0.0107）***	82.7333（0.0000）***
Wald 空间误差检验	96.8900（0.0000）***	72.0940（0.0000）***	23.0244（0.0000）***	89.9049（0.0000）***
LR 空间误差检验	82.8642（0.0000）***	54.0084（0.0000）***	22.8880（0.0000）***	75.8400（0.0000）***

注：**和***分别表示 5%和 1%的显著水平。

表 5-19 显示，在人口密度的总效应和间接效应结果中，总体和东部地区都显著为负，中部、西部各类效应结果都不显著。这表明随着人口增长和社会经济发展，制造业吸引大量人口向东部及其他较发达地区迁移，人口密度增大对经济发展具有正向带动作用，然而超额利用水资源承载过量人口，也增加了水环境负担和水污染治理难度，不利于水环境和经济的可持续发展，对东部邻近地区灰水经济生产率造成显著负向影响。

教育程度的提升对东部灰水经济生产率存在显著积极影响，而在西部则具有显著的负向相关性。这说明东部地区民众教育水平的提高能够有效推动当地治污技术的革新和环境规制的执行。虽然西部地区高等教育人口比例逐年增加，但受人口流动影响，大量在籍高学历人口跨省流出，流入人口学历较低，使原有的人才资源并未对当地降低灰水足迹和改善水环境起到良好的效用。在总效应和间接效应结果中，总体及东部地区都显著为正，表明综合素质的提升不仅有利于本地减少灰水足迹和开展经济建设，还可以带动其他地区对水资源水环境的保护。中部地区的各类效应结果都为正值但不显著。

东部地区的产业结构优化度对当地灰水经济生产率具有显著正向影响，对其邻近地区的影响不显著。可见东部第三产业比例增长能够对当地经济效益提升和水环境良性发展起到显著推动作用。中部、西部第三产业比例相对东部较低，且波动不定涨幅较缓，两地发展仍以第二产业为主，且近年来承接大量东部污染密集型产业的形势正在加剧；作为灰水足迹最主要组成部分的农业灰水足迹，近年也呈波动上升趋势。这说明中部、西部地区缺乏科学合理的产业规划和有远见的水环境标准，未能采取有效的水资源保护机制，导致中部、西部产业结构优化度对当地灰水经济生产率产生显著负向影响。区域间的经济辐射和产业竞争合作，加剧了中部、西部经济和环境问题向外界扩散，使其对邻近地区灰水经济生产率产生消极影响，中部、西部间接效应结果显著为负。

表 5-19　直接效应、间接效应和总效应下的空间杜宾模型回归结果

变量	总体			东部地区			中部地区			西部地区		
	直接效应	间接效应	总效应	直接效应	间接效应	总效应	直接效应	间接效应	总效应	直接效应	间接效应	总效应
PD	−0.0001	−0.0031	−0.0032	−0.0001	−0.0015	−0.0017	0.0004	−0.0007	−0.0003	0.0014	0.0081	0.0096
	(−0.5397)	$(-4.2528)^{***}$	$(-4.1256)^{***}$	(−1.2108)	$(-4.0065)^{***}$	$(-3.7165)^{***}$	(0.4035)	(−0.1656)	(−0.0612)	(1.0571)	(1.3605)	(1.5193)
EDU	0.0049	0.0290	0.0340	0.0109	0.0515	0.0624	0.0043	0.0295	0.0338	−0.0249	0.0116	−0.0133
	(1.4108)	$(1.5780)^{*}$	$(1.8024)^{*}$	$(2.1638)^{*}$	$(3.4052)^{***}$	$(3.7837)^{***}$	(0.6029)	(1.0320)	(1.0382)	$(-3.4470)^{***}$	(0.4659)	(−0.4928)
OIS	0.0035	−0.0060	−0.0025	0.0168	−0.0152	0.0015	−0.0070	−0.0217	−0.0288	−0.0091	−0.0189	−0.0280
	$(2.1049)^{**}$	(−0.8091)	(−0.3152)	$(4.3290)^{***}$	(−1.4969)	(0.1236)	$(-3.2612)^{***}$	$(-2.1597)^{**}$	$(-2.7643)^{**}$	$(-3.1152)^{***}$	$(-1.8825)^{*}$	$(-2.5414)^{**}$
URB	0.1102	0.5076	0.6178	0.0841	0.1013	0.1854	0.0836	−1.6620	−1.5784	0.8591	3.9854	4.8446
	$(9.2905)^{***}$	$(6.0064)^{***}$	$(7.1184)^{***}$	$(6.1411)^{***}$	$(2.6590)^{**}$	$(4.2154)^{***}$	(0.8025)	$(-2.4471)^{**}$	$(-2.0721)^{*}$	$(6.6644)^{***}$	$(4.7208)^{***}$	$(5.1123)^{***}$
URG	0.2038	0.8189	1.0226	0.2301	0.6321	0.8622	0.5990	1.3558	1.9548	0.2410	0.3645	0.6054
	$(3.8078)^{***}$	$(7.3166)^{***}$	$(9.7649)^{***}$	$(3.0575)^{***}$	$(4.4549)^{***}$	$(5.4200)^{***}$	$(7.5971)^{***}$	$(4.4738)^{***}$	$(6.0877)^{***}$	$(2.1287)^{**}$	$(1.8408)^{*}$	$(3.3579)^{***}$
lnSW	0.0018	0.1029	0.1045	0.0301	0.0296	0.0597	−0.0252	0.0777	0.0525	0.0106	0.1160	0.1265
	$(1.2407)^{*}$	$(2.9265)^{***}$	$(2.8661)^{***}$	$(2.1541)^{*}$	(0.6896)	(1.2207)	$(-2.1904)^{*}$	$(1.9663)^{*}$	(1.1946)	$(0.7523)^{***}$	$(2.3819)^{**}$	$(2.2982)^{**}$

注：*、**和***分别表示 10%、5%和 1%的显著水平。

城镇化水平变量的直接效应和总效应结果在总体和东部、西部地区都显著为正，且西部地区总效应系数值高达 4.8446。在 3 个分区中，西部城市化发展最快，东部次之，19 年间各省（区、市）平均城镇化增幅分别达到 173%和 118%，城镇在发挥聚集效应汇聚人口和扩张建设的同时，可以带动经济资源整合，其建设水平的提升和排水设施的逐步完善有益于污水集中整治，因此东部、西部城市建设面积的扩大对提高当地灰水经济生产率具有积极的促进作用。中部城镇建设面积增幅虽为 87%，但众多企业分散在小城镇，不利于产业集聚发展和统一整治，且小城镇建设量多质低，基础设施无法满足环境需要，对邻近地区水环境造成了不利影响，使中部地区间接效应和总效应结果都显著为负。总体和东部、西部的间接效应结果都为正值。可见东部、西部快速的城市化变革也辐射带动了邻近地区工业、生活污水处理率的提高和相关产业的发展。

城乡差距变量在总体和各分区的各类效应结果中，都与灰水经济生产率显著正相关。2018 年，第二产业和第三产业对 GDP 的总贡献率已超过 90%，所占比例远高于农业，而城市经济以现代化大工业生产为主，农村经济正处在从传统农业向现代农业的过渡期，发展较为缓慢，2000～2018 年农业 GDP 平均增长率为 8.58%，第二产业和第三产业 GDP 平均增长率分别为 12.24%和 14.95%，造成城乡经济发展差距和收入差距增大，城镇经济的发展成为 GDP 提升的主导因素，且近年来灰水足迹出现小幅下降，导致城乡收入差距与灰水经济生产率表现出显著正相关关系。然而，城乡差距的增大不利于社会稳定，仍然需要缩小城乡差距，逐步改变二元结构，促进城乡协调发展，为水环境的改善提供稳定的社会环境。

社会福利的增加能够对全国范围和东部、西部当地灰水经济生产率产生显著积极影响。作为社会经济实力增强的表现和促进环境规制实行的民众基础，全国范围和东部、西部政府对于公共环境福利的改善和民众生活质量的提高，有利于减轻社会阶层矛盾，确保经济发展拥有稳定的社会条件，对提升当地灰水经济生产率具有积极的促进作用。中部地区大力推进“摊大饼式”发展，而由于地方财力有限和政策落实不到位等原因，提供的公共服务与产品不能及时满足人口集聚的需求，导致每万人社区服务机构数近年逐渐减少，出现社会福利滞后的现象，使社会福利变量与中部灰水经济生产率显著负相关；而邻近的地区间，公共福利资源配置存在相互竞争的关系，同时受到来自经济和人口迁徙集聚效应的影响，对经济社会产生带动效应，使该变量对中部邻近地区灰水经济生产率产生显著正向影响。然而，社会福利水平的降低不利于社会公平和安定，因此中部还需构建完善的社区服务机制。全国和西部间接效应结果都显著为正，东部结果不显著，表明全国总体和中部、西部公民社会福利惠及范围的扩大，对邻近地区灰水经济生产率同样存在正向带动作用。

5.3.2 基于空间计量模型的中国灰水经济生产效率变动研究

1. 研究方法及指标选取

本节借鉴李小平等（2016）对模型的设定，在考虑各类相关因素对灰水经济生产率的影响基础上，以环境规制水平和创新驱动水平为核心解释变量，构建如下中国省级灰水经济生产率影响因素计量模型：

$$\ln \mathrm{EPGW}_{i,t} = \alpha_0 + \beta_1 \ln \mathrm{PCI}_{i,t} + \beta_2 \mathrm{NOPAPM}_{i,t} + \gamma \mathrm{Contr} + \mu_t + \varepsilon_{i,t} \quad (5\text{-}35)$$

式中，EPGW 为灰水经济生产率；PCI 为污染治理投资总额，用于表征环境规制水平；NOPAPM 为每万人拥有的专利授权数，用于衡量各地区的创新驱动水平；i 和 t 分别为省（区、市）和年份；Contr 是控制变量，包括：①产业结构优化度（OIS），采用各省（区、市）第三产业固定资产投资占该省（区、市）GDP 的比例表示；②城镇化水平（URB），以各省（区、市）城镇建成区面积占总面积的比例表示；③受教育程度（EDU），选用各省（区、市）大专及以上人口在总人口中所占比例表示；④外商投资程度（FORI），以外商固定资产投资额占全社会固定值产投资额比例表示；⑤基础设施水平（INFRA），以城镇每万人排水管道长度表示；μ 为年份效应；ε 为其他干扰项；α、β_1、β_2、γ 为待估计参数。

以上变量描述性统计情况如表 5-20 所示。

表 5-20　各变量的描述性统计情况

	符号	含义	单位	观测值	最小值	最大值	均值	标准差
被解释变量	lnEPGW	灰水经济生产率对数	—	450	1.5701	7.2231	3.7619	1.0138
核心解释变量	lnPCI	污染治理投资总额对数	—	450	19.4252	25.6764	22.7443	1.1612
	NOPAPM	每万人拥有的专利授权数	个	450	0.13	36.8	3.345	5.8219
其他解释变量	OIS	产业结构优化度	%	450	16.9537	78.4117	39.5206	12.7394
	URB	城镇化水平	%	450	0.0127	15.8532	1.5131	2.6933
	EDU	受教育程度	%	450	1.6569	39.4566	7.8331	5.459
	FORI	外商投资程度	%	450	0.0832	15.665	2.6087	2.6627
	INFRA	基础设施水平	%	450	0.2877	43.2907	6.3147	6.7678

2. 实证分析

应用 EViews 8.0 软件，探讨中国东部、中部、西部环境规制水平、创新驱动水平与灰水经济生产效率之间的关系，结果如图 5-13、图 5-14 所示。

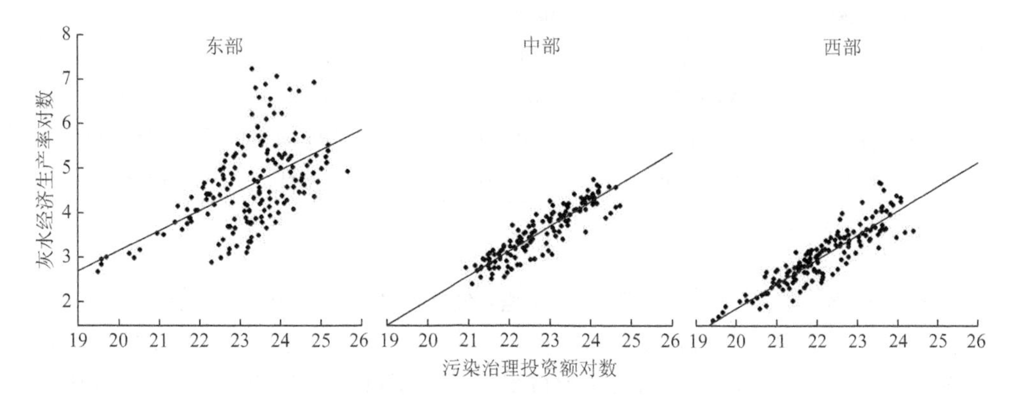

图 5-13　灰水经济生产率与环境规制关系散点图

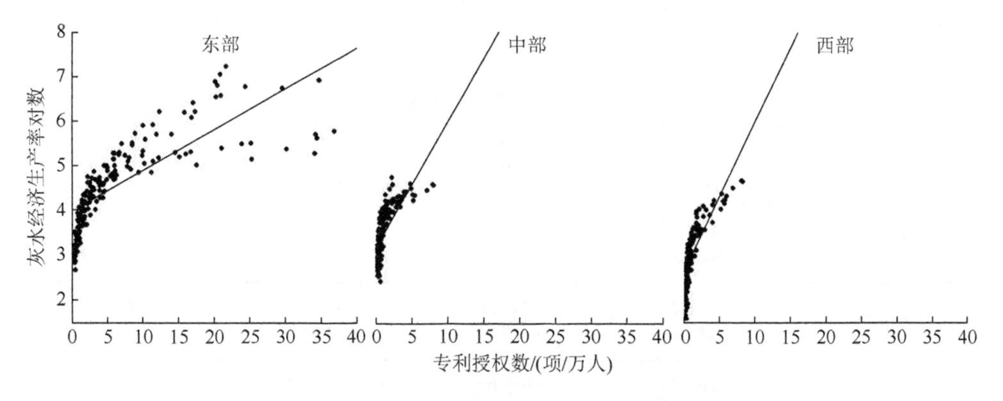

图 5-14　灰水经济生产率与创新驱动关系散点图

由图 5-13 可知，中国东部、中部、西部环境规制水平与灰水经济生产率皆为正相关关系，初步表明环境规制水平的提高能够促进灰水经济生产率的提升，与东部地区相比，中部、西部地区环境规制对灰水经济生产率的影响较大。

由图 5-14 可知，灰水经济生产率与创新驱动水平在中国各分区都呈正相关关系，且中部、西部地区创新驱动水平对灰水经济生产率的影响远大于东部地区，初步表明创新驱动有利于促进灰水经济生产率的提高。因此，实施创新驱动发展战略，提升科技自主研发能力，不仅有助于推动产业结构优化升级和高端制造业发展，提高中国的国际竞争优势，也能够提升水资源利用率和污水处理率，减轻经济发展对水环境造成的不利影响，促进经济社会可持续发展。

在 OLS 回归之前进行模型的相关检验，结果如表 5-21 所示。

表 5-21　模型检验结果

检验	总体	东部地区	中部地区	西部地区
Hausman 检验	26.79[0.00]	10.48[0.16]	10.40[0.11]	1.62[0.95]
模型	FE	RE	RE	RE
异方差检验	5.28[0.02]	1.84[0.17]	0.63[0.43]	2.42[0.12]
自相关检验	259.16[0.00]	88.61[0.00]	63.01[0.00]	74.25[0.00]
内生性检验	27.34[0.00]	7.29[0.03]	4.96[0.08]	5.24[0.07]

注：方括号中的数值为 *P* 值。

表 5-21 显示，总体采用固定效应模型，分区样本采用随机效应模型。异方差、自相关和内生性检验表明总体和东部地区都存在内生性问题，因此需要使用工具变量。在下文中，解释变量的滞后项被用作工具变量。此外，该模型还具有扰动项并显示异方差性。经综合考虑，采用高斯混合模型（Gaussian mixture model，GMM），结果如表 5-22 所示。

表 5-22　GMM 估计结果

项目	（1）	（2）	（3）	（4）
	lnEPGW	lnEPGW	lnEPGW	lnEPGW
lnPCI	0.4213 （20.70）***	0.2167 （5.60）***	0.2408 （3.63）***	0.3160 （12.25）***
NOPAPM	0.0216 （4.52）***	0.0186 （5.29）***	0.0252 （1.77）*	0.1099 （6.44）***
OIS	0.0689 （7.71）***	0.0100 （3.73）***	0.0065 （2.17）**	0.0040 （1.17）
URB	0.0122 （6.26）***	0.0839 （9.81）***	0.1075 （1.79）*	0.4695 （6.67）***
EDU	0.0956 （9.55）***	0.0279 （4.79）***	0.0213# （1.62）	−0.0191# （−1.61）
FORI	0.0287 （5.66）***	0.0319 （3.01）***	0.0505 （2.63）***	−0.0716 （−2.15）**
INFRA	−0.0005 （−0.25）	−0.0152 （−2，01）**	−0.0282 （−1.72）*	0.0048 （3.96）***
AR（1）	0.01 （1.00）	−2.04 （0.04）	−2.52 （0.01）	−2.16 （0.03）

续表

项目	(1)	(2)	(3)	(4)
	lnEPGW	lnEPGW	lnEPGW	lnEPGW
AR（2）	−0.05 [0.96]	0.48 [0.63]	−1.53 [0.13]	1.40 （[0.16）
Sargan	2.99 （0.22）	0.83 （0.66）	0.91 （0.64）	2.72 （0.26）
R^2	0.9131	0.9211	0.8968	0.9311
Wald	4570.04 （0.00）	2330.22 （0.00）	2275.60 （0.00）	4216.92 （0.00）
Year Dummy	Yes	Yes	Yes	Yes
N	450	165	135	150

注：模型中的内生变量为PCI和NOPAPM，工具变量为PCI和NOPAPM的第1、2阶滞后项；AR（1）、AR（2）分别表示一阶和二阶差分残差序列的Arellano-Bond自相关检验；Sargan检验为过度识别检验。系数值下方括号内为*z*值；#、*、**和***分别表示15%、10%、5%和1%的显著水平。

表中模型（1）为总体估计结果。结果显示两个核心解释变量与中国总体灰水经济生产率呈显著正相关关系，通过了1%水平显著性检验，与OLS估计值相比，两者的系数值与显著性均有较大提升，表明从全国整体来看，随着环境规制制约力度的提升和科技创新能力的增强，灰水足迹水污染能够得到有效控制，经济产值也能够随着科技的进步有所增长，有利于促进灰水经济生产率的提高。产业结构优化度的估计结果显著为正，说明从总体来看，中国产业结构的合理化进程对水环境良性发展起到了显著的推动作用。城镇化水平、受教育程度和外商投资程度均显著为正，且都通过了1%水平显著性检验，表明中国城市化建设水平和人口素质的提升有利于减少灰水足迹和开展经济建设，对提高灰水经济生产率具有积极的促进作用，外资企业对先进治污技术的应用，有助于中国灰水足迹的降低。基础设施水平与灰水经济生产率呈负相关关系，说明从全国范围来看，基础设施建设的日益完善并未对灰水经济生产率的提升产生良好的效果。

模型（2）为东部地区面板数据估计结果。从表中可以看出，东部地区环境规制和创新驱动变量都与灰水经济生产率呈显著正相关关系，与OLS估计值相比有较大提升，其中，环境规制系数远高于创新驱动系数，说明在东部地区，环境规制因素对灰水经济生产率的影响更显著，对水资源保护科技的研发力度仍需增强。产业结构优化度、城镇化水平、受教育程度及外商投资程度均显著为正，表明东部地区第三产业比例的增长能够在促进经济发展的同时对水环境的改善产生深刻影响，人口向城镇集聚为城镇发展提供大量人力资源，有益于工业和服务业产值的增加和对污水进行集中治理，与中部、西部地区相比，东部具有丰富的教育资源，人口素质的提升能够推动治污和生产技术的革新，促进知识生产率逐步代替劳动生产率，并有利于环境规制的执行，在严格的环境规制有效限制了污染密集型外企引入的同时，东部地区良好的经济基础也增强了当地企业对外企先进生产技术的吸纳能力，带动了绿色经济的发展。基础设施建设与灰水经济生产率呈现显著负相关关系，这是因为，虽然东部地区排水管网密度相对较高，但排水管道主要用于工业和生活造成的点源污染的收集，而东部地区存在诸多农业大省，农业活动造成的面源污染仍居高不下，对灰水足迹影响作用较弱，导致该变量无法对灰水经济生产率造成积极影响。

模型（3）为中部地区估计结果。两个核心解释变量估计系数显著为正，均大于 OLS 回归结果，环境规制水平通过了 1%水平显著性检验，其系数高于创新驱动水平估计系数，表明环境规制水平对中部水污染减少的效果更显著，更有利于灰水足迹的生产率的提高。产业结构优化度及外商投资程度与灰水经济生产率显著正相关，产业结构优化度的显著性低于东部地区。与东部第三产业为主不同的是，中部仍以第二产业为主，经济实力较弱，使其对经济发展和环境保护的影响较小，但中部地区努力发展第三产业仍然能够有利于灰水经济生产率的提升。政府加大环境管制力度降低外资引进的同时，外商投资促进产业结构的改善从而减少了污染物的排放。城镇化水平和受教育程度系数虽为正值但显著性较弱，这反映出中部地区加速城镇化建设过程中轻视质量使相应的污水治理配套设施滞后，且水环境教育的缺失导致民众及管理者的生态素养依然偏低，对水污染整治带来阻碍。中部地区研究期间各省（区、市）城镇万人排水管道长度平均仅为 3.63km，低于东部、西部 3km 以上，经济的高速发展未能与基础设施建设相协调，加剧了水环境恶化，导致基础设施水平变量与灰水经济生产率呈负相关关系。

模型（4）为西部地区估计结果。核心解释变量系数大于 OLS 回归结果，通过了 1%显著性检验，且环境规制系数远高于创新驱动系数，表明对于西部地区来说，提升环境规制水平更有利于促进灰水经济生产率的提高。产业结构优化度的估计系数为正但不显著，说明虽然近年来西部地区第三产业投资额与产值均呈现较快增长，2014 年第三产业占 GDP 比例已由 2000 年的 35.13%增至 40.77%，但 2014 年第一、第二产业灰水足迹占总灰水足迹的 81.34%，仍属重点污水排放产业，因此第三产业所占比例的逐年增加对灰水经济生产率的提升影响较小，这反映出西部大开发在推动西部经济发展的同时并未对工农业排污治污技术的提升起到显著的促进作用。城镇化水平和基础设施水平对灰水经济生产率的影响显著为正。研究期间西部各省（区、市）平均城镇化增幅在三个分区中最大，达到 173%，其建设水平的提升和排水设施的逐步完善有益于进行污水集中整治，因此该变量能够促进西部地区经济产值的增长和污水处理率的提高。受教育程度和外商投资程度变量与灰水经济生产率呈较显著的负相关关系，与经济较为发达的东部、中部相比，欠发达的西部地区教育水平提升缓慢，环境意识偏低，较低的环境标准使外商投资中污染密集型产业和低技术含量产业向西部转移，不利于水环境的改善和经济发展，使得两者对灰水经济生产率产生消极影响。

第 6 章　中国灰水足迹荷载系数及效率测度研究

6.1　中国灰水足迹荷载系数测度分析

6.1.1　灰水足迹荷载系数测度方法

灰水足迹并不能完全反映出一个地区的水环境压力，例如，部分地区灰水足迹相对较小，但其水资源缺乏从而导致水环境压力较大，基于此本节构建了灰水足迹荷载系数。灰水足迹荷载系数是稀释水污染到一定环境水质标准所用水量与水资源量的比值，建立起灰水足迹与水资源总量之间的关系，用于表示水污染压力的系数，系数越大，水污染压力越大。

$$K = \mathrm{TGWF} / \mathrm{Twr} \tag{6-1}$$

式中，K 为灰水足迹荷载系数；TGWF、Twr 分别为地区灰水足迹、水资源总量（亿 m^3）。其中，当 $K>1$ 时，表示稀释后水体污染物浓度依然不能达到环境水质标准；当 $K=1$ 时，表示稀释后水体污染物浓度恰好能够达到环境水质标准；当 $K<1$ 时，表示稀释后水体污染物浓度高于环境水质标准。

6.1.2　灰水足迹荷载系数结果分析

由式（6-1）计算得到 1998～2018 年中国 31 个省（区、市）灰水足迹荷载系数见表 6-1（限于篇幅仅列偶数年份），并对中国灰水足迹荷载系数进行分类，如图 6-1 所示。

表 6-1　1998～2018 年中国 31 个省（区、市）灰水足迹荷载系数

省（区、市）	1998 年	2000 年	2002 年	2004 年	2006 年	2008 年	2010 年	2012 年	2014 年	2016 年	2018 年
北京	0.87	1.99	1.76	1.20	0.87	0.46	0.50	0.24	0.46	0.23	0.19
天津	3.12	11.54	6.84	2.32	3.35	1.53	3.03	0.89	1.92	1.11	1.07
河北	1.68	2.00	3.23	1.91	2.91	1.47	1.56	0.92	1.78	0.89	1.04
山西	1.26	1.17	1.19	1.13	1.21	0.98	0.88	0.72	0.61	0.49	0.50
内蒙古	0.10	0.31	0.35	0.33	0.42	0.41	0.44	0.33	0.31	0.40	0.38

续表

省（区、市）	1998 年	2000 年	2002 年	2004 年	2006 年	2008 年	2010 年	2012 年	2014 年	2016 年	2018 年
辽宁	0.43	1.26	1.07	0.55	0.71	0.66	0.29	0.31	0.98	0.43	0.57
吉林	0.34	0.47	0.40	0.52	0.49	0.45	0.21	0.31	0.42	0.25	0.24
黑龙江	0.17	0.26	0.26	0.27	0.24	0.37	0.20	0.21	0.18	0.19	0.16
上海	1.24	1.56	1.05	1.43	1.28	0.80	0.50	0.33	0.32	0.19	0.21
江苏	0.45	0.47	0.81	1.10	0.58	0.56	0.52	0.50	0.45	0.47	0.52
浙江	0.13	0.13	0.10	0.17	0.13	0.12	0.06	0.06	0.08	0.05	0.07
安徽	0.21	0.31	0.25	0.38	0.30	0.22	0.17	0.22	0.21	0.12	0.18
福建	0.06	0.07	0.07	0.13	0.06	0.08	0.05	0.06	0.08	0.05	0.13
江西	0.06	0.09	0.07	0.14	0.09	0.10	0.06	0.06	0.09	0.06	0.12
山东	1.14	1.58	3.85	1.04	1.72	0.83	0.82	0.91	1.56	1.02	0.62
河南	0.70	0.60	1.28	1.01	1.36	0.97	0.66	1.27	1.16	0.94	0.90
湖北	0.17	0.23	0.19	0.24	0.35	0.20	0.17	0.26	0.24	0.14	0.24
湖南	0.10	0.14	0.10	0.17	0.17	0.17	0.14	0.13	0.13	0.10	0.16
广东	0.13	0.15	0.13	0.19	0.11	0.09	0.10	0.09	0.12	0.09	0.12
广西	0.11	0.19	0.11	0.17	0.16	0.11	0.13	0.11	0.10	0.08	0.08
海南	0.14	0.08	0.10	0.23	0.18	0.08	0.07	0.10	0.09	0.07	0.08
重庆	0.11	0.15	0.15	0.16	0.23	0.14	0.18	0.18	0.14	0.15	0.18
四川	0.11	0.14	0.18	0.15	0.20	0.13	0.13	0.11	0.13	0.14	0.11
贵州	0.13	0.11	0.12	0.15	0.19	0.11	0.13	0.12	0.11	0.11	0.12
云南	0.08	0.08	0.08	0.09	0.11	0.08	0.10	0.12	0.13	0.11	0.11
西藏	0.01	0.01	0.02	0.02	0.02	0.02	0.02	0.02	0.02	0.02	0.02
陕西	0.29	0.33	0.46	0.42	0.49	0.37	0.22	0.28	0.32	0.41	0.29
甘肃	0.37	0.42	0.56	0.52	0.55	0.52	0.46	0.36	0.56	0.67	0.35
青海	0.09	0.09	0.10	0.09	0.11	0.10	0.09	0.07	0.08	0.12	0.08
宁夏	2.91	6.13	2.53	2.77	3.98	4.18	3.95	3.31	3.76	3.69	2.61
新疆	0.11	0.11	0.10	0.15	0.15	0.15	0.11	0.15	0.2	0.13	0.18
均值	0.15	0.18	0.17	0.21	0.21	0.17	0.15	0.15	0.13	0.13	0.15

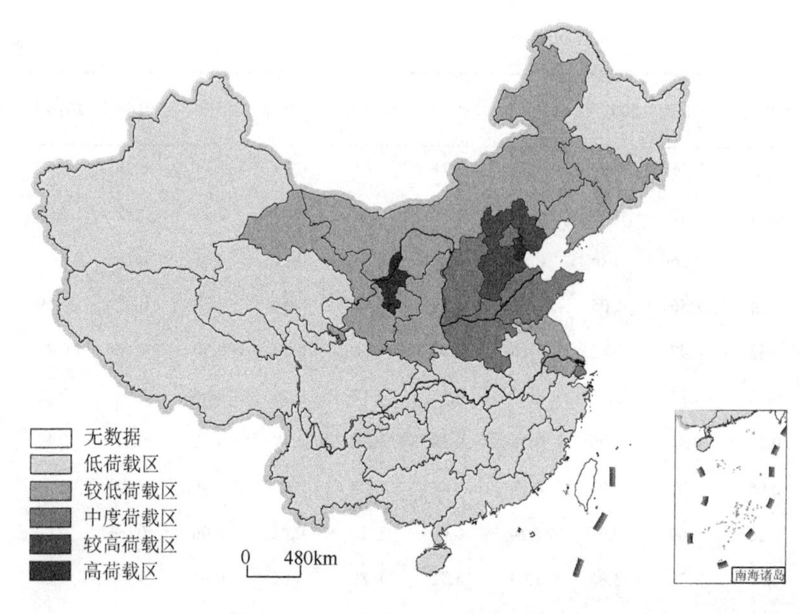

图 6-1　中国灰水足迹荷载系数分类

由表 6-1 及图 6-1 可知：研究期内，31 个省（区、市）灰水足迹荷载系数变化不大，整体呈现小幅波动趋势。省际也存在着明显的地区差异，根据 31 个省（区、市）19 年平均灰水足迹荷载系数均值，将中国灰水足迹荷载系数分为五类（图 6-1）：第一类为高荷载区，灰水足迹荷载系数在 1.76～3.88，包括天津、宁夏两地，灰水足迹荷载系数远高于全国平均水平，水污染压力巨大，两地区虽然灰水足迹较低，但研究期间宁夏平均水资源量位列全国末位、天津其次，导致其水污染压力巨大；第二类为较高荷载区，仅有河北省，灰水足迹荷载系数为 1.21～1.75；第三类为中度高荷载区，包括北京、山东、山西、河南、上海 5 省（市），灰水足迹荷载系数为 0.54～1.20，除上海以外，均位于华北平原及黄土高原缺水地区；第四类为较低荷载区，灰水足迹荷载系数为 0.25～0.53，主要包括内蒙古、甘肃、陕西、吉林、辽宁和江苏 6 个省（区）；第五类为低荷载区，灰水足迹荷载系数为 0.02～0.24，主要分布在长江流域及西南水资源丰富地区，水污染压力较小。

灰水足迹荷载系数由灰水足迹与水资源总量共同决定，通过分析可知灰水足迹荷载系数高值主要集中在华北与西北部分地区，低值主要集中于青藏高原与江南地区。灰水足迹荷载系数表现出一定的空间集聚性，即相邻省（区、市）的灰水足迹荷载系数有存在空间相关的可能性，故本节运用空间自相关分析方法进一步探讨中国省际灰水足迹荷载系数的空间关联格局。

6.2　中国灰水足迹荷载系数空间关联格局研究

6.2.1　灰水足迹荷载系数空间关联格局研究方法

空间自相关分析是一系列空间数据分析方法和技术的集合，用来定量分析事物在空间上的依赖关系并将其可视化表达，目前主要集中在区域经济、土地利用、生态保护等领域，近年来在水资源领域也得到一定运用。

6.2.2　灰水足迹荷载系数空间关联格局分析

1. 中国省际灰水足迹荷载系数全局空间自相关分析

将中国31个省（区、市）研究期间的灰水足迹荷载系数运用全局空间自相关模型分析得到其全局自相关指数（表6-2）。

表6-2　中国31个省（区、市）灰水足迹荷载系数全局自相关指数

年份	*I*	*Z*	*p*	年份	*I*	*Z*	*p*
1998	0.2761	2.5185	0.0118	2009	0.1542	1.5322	0.1254
1999	0.2566	2.3773	0.0174	2010	0.1634	1.6013	0.1094
2000	0.1654	1.6263	0.1038	2011	0.0952	1.0509	0.2934
2001	0.4032	3.5515	0.0004	2012	0.1191	1.2473	0.2122
2002	0.4092	3.6088	0.0004	2013	0.1469	1.6348	0.1134
2003	0.2694	2.4627	0.0138	2014	0.1342	2.2241	0.0332
2004	0.4031	3.5482	0.0004	2015	0.1271	1.8526	0.0745
2005	0.2295	2.1509	0.0314	2016	0.1198	0.942	0.0243
2006	0.3123	2.8125	0.005	2017	0.1163	1.8831	0.0702
2007	0.2402	2.2293	0.0258	2018	0.1095	1.8275	0.0789
2008	0.1477	1.4812	0.1386				

表6-2显示，2007年之后全局莫兰*I*数未通过显著性检验，即不具有统计学意义上的全局自相关关系，2007年之前（除2000年）全局莫兰*I*数的正态统计量*Z*值均大于在0.05置信水平的下的临界值（1.96），即通过显著性检验。说明中国省际灰水足迹荷载系数高值和低值分别呈现一定程度的空间集聚。研究期内全

局莫兰 I 数虽然出现波动，但整体呈下降趋势，直至 2008 年呈现不显著相关，表明中国省际灰水足迹荷载系数全局空间相关性减弱，省际灰水足迹荷载系数逐渐从空间集聚向分散转变。

通过以上分析可知：区域水资源总量直接影响其灰水足迹荷载系数，相邻省（区、市）水资源量在相同地形、气候等因素共同作用下，呈现一定的相似特征从而使灰水足迹荷载系数出现空间集聚性；同时灰水足迹也是区域灰水足迹荷载系数的决定因素，其受经济发展水平、人口、产业结构等社会经济因素的影响，临近省（区、市）社会经济特征也呈现一定的相似性，故导致灰水足迹荷载系数在空间上集聚；随着区域发展水平的变化，区域间差异逐渐变大，灰水足迹荷载系数的空间集聚现象开始减弱。

2. 中国省际灰水足迹荷载系数局部空间自相关分析

在全局自相关分析的基础上，利用 MATLAB 软件计算出中国 31 个省（区、市）灰水足迹荷载系数局部莫兰 I 数，并做出 1998 年与 2018 年的中国灰水足迹荷载系数的 LISA 集聚（图 6-2）。

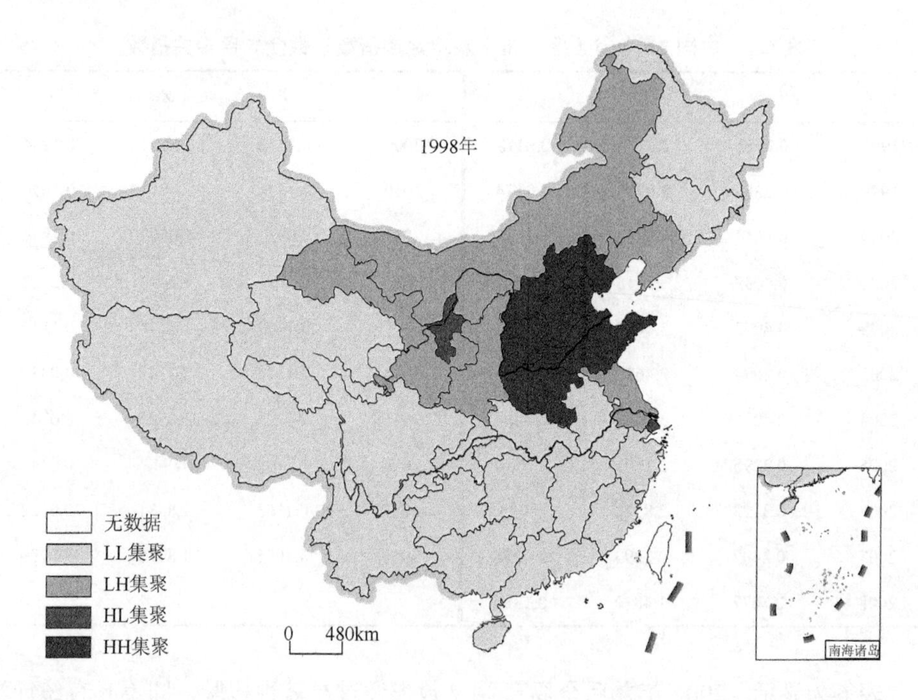

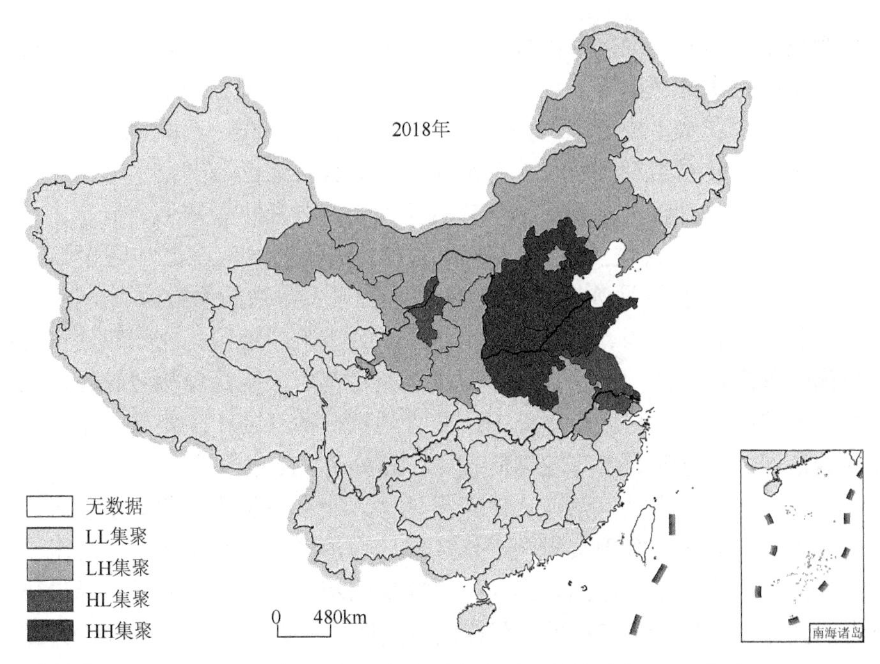

图 6-2　1998 年和 2018 年中国灰水足迹荷载系数 LISA 集聚

如图 6-2 所示：HH 集聚与 LL 集聚地区较多、HL 集聚与 LH 集聚地区相对较少，中国灰水足迹荷载系数在空间上集聚现象明显，省际水污染压力存在明显的空间关联性；但 2018 年 HH 集聚与 HL 集聚地区较 1998 年减少，说明中国灰水足迹荷载系数空间聚集现象开始减弱，省际水污染压力联系减弱。

（1）HH 集聚地区。稳定存在 HH 集聚的地区分别为：天津、河北、山西、山东，河南，主要集中在华北地区。天津虽然在产业结构、土地面积、国家政策等影响下灰水足迹小，但其地处华北地区水资源短缺，从而导致其灰水足迹荷载系数大，水污染压力巨大。河北、山东、河南三省作为中国的人口与农业大省，粮食生产过程中农药化肥的过量施用、能源原材料产业比重大、污水处理不足等因素的影响致使其灰水足迹远远高于全国平均水平，研究期间平均灰水足迹分列全国第三、四、一位，导致现有水资源无法有效稀释水污染。山西位于中国缺水地区，研究期间平均水资源总量属全国倒数第五，同等污染排放下水污染压力大。

（2）HL 集聚地区。宁夏稳定位于 HL 集聚地区，属高荷载地区。宁夏位于西北缺水地区，是全国水资源总量最少的地区，研究期间平均水资源量仅为 9.9 亿 m^3，水污染稀释可用水量少，灰水足迹荷载系数大。

（3）LL 集聚地区。吉林、黑龙江、浙江等 18 省（区、市）稳定位于 LL 集聚，大部分位于南方、青藏高原等地区。南方与青藏高原区是中国水资源丰富地区，新疆位于中国西北地区，区域内水资源分布极端不均衡，北疆地区受地形等自然条件影响，水资源丰富。此类型由于可用于水污染稀释的水量大，其相对缺水省（区、市）灰水足迹荷载压力较小。同时新疆、青海、西藏地区由于自然条件等的限制经济发展相对落后、人口密度小，灰水足迹也较小。

（4）LH 集聚地区。LH 集聚地区较为不稳定，内蒙古、陕西、辽宁、甘肃稳定位于该区。内蒙古畜牧业发达、养殖业灰水足迹量大，在这些因素影响下其 1998～2018 年平均灰水足迹位列全国 15 位，灰水系数荷载系数位列全国 13 位。但内蒙古临近河北、山西、宁夏等灰水足迹系数更大的地区，相比较而言为低值区。陕西、甘肃位于西部地区，工农业发展相对落后，水污染相对较轻，灰水足迹荷载系数较小，同时临近宁夏等 HH 集聚地区，故存在 LH 集聚。辽宁省属中度高荷载地区，临近河北省等较高荷载区，故处于 LH 集聚地区。

北京市由 HH 集聚地区落入 LH 集聚地区，北京市位于华北缺水地区，且在人口密度大、工业发达等因素影响下水环境压力较大，但在发达的经济水平、先进的技术水平、政策驱动等因素影响下研究期间灰水足迹呈现明显下降趋势，相较临近的天津、河北等地灰水足迹荷载系数变低；安徽省由 LL 集聚地区变为 LH 集聚地区，由于其位于中国灰水足迹荷载系数 HH 集聚地区与 LL 集聚地区过渡地区，易受二者影响；江苏省由 LH 集聚地区变为 HL 集聚地区，与安徽相同其也位于中国灰水足迹荷载系数 HH 集聚地区与 LL 集聚地区过渡地区，易受二者影响，江苏省灰水足迹荷载系数由 1998 年的 0.45 增加到 2018 年的 0.50，导致其由 LH 集聚地区变为 HL 集聚地区；上海由 HL 集聚地区落入 LL 集聚地区，与北京类似，上海作为中国的经济中心，在经济高速增长的同时，工业废水和生活污水的排放量大，水污染压力大。

6.3 中国灰水足迹效率测度分析

6.3.1 相关研究方法

为有效衡量单位 GDP 的真实污染情况，本节构建灰水足迹效率指标，即 GDP 与灰水足迹量（TGWF）的比值求得，表示单位灰水足迹可产生的 GDP 数量。值越大，灰水足迹效率越高；反之，灰水足迹效率越低。计算方法如下：

$$g = \frac{\mathrm{GDP}}{\mathrm{TGWF}} \tag{6-2}$$

式中，g 为灰水足迹效率（元/m^3）。

6.3.2 中国灰水足迹效率时空演化分析

根据上述相关公式，计算得到 1998～2018 年中国 31 个省（区、市）灰水足迹效率值，计算结果见表 6-3、图 6-3 及图 6-4。

表 6-3　1998～2018 年中国 31 个省（区、市）灰水足迹效率　（单位：元/m^3）

省（区、市）	1998 年	2000 年	2002 年	2004 年	2006 年	2008 年	2010 年	2012 年	2014 年	2016 年	2018 年
北京	59.21	73.13	100.85	147.88	244.43	366.34	603.57	861.69	1042.26	1250.16	1459.06
天津	31.52	44.67	81.53	81.88	105.51	171.26	235.67	300.63	365.71	430.69	495.66
河北	13.79	17.59	21.71	25.64	31.19	51.13	68.73	84.64	98.93	114.48	130.04
山西	13.05	18.92	23.54	27.61	33.99	52.54	67.18	88.28	104.88	122.63	140.38
内蒙古	10.04	12.42	15.67	16.80	21.27	30.19	40.90	53.86	63.68	74.52	85.37
辽宁	22.21	26.41	34.45	43.70	47.54	66.04	85.34	108.61	127.51	147.76	168.01
吉林	10.23	11.06	14.88	15.95	19.83	31.09	40.69	53.15	60.72	70.25	79.77
黑龙江	16.63	20.21	24.01	28.17	34.69	44.53	55.01	68.51	76.48	86.58	96.68
上海	70.52	94.65	114.71	197.81	249.00	369.51	718.84	1370.69	1820.86	2321.45	2822.04
江苏	31.76	43.11	49.39	62.28	78.98	111.99	150.19	196.77	222.1	256.12	290.14
浙江	34.09	46.97	63.57	86.92	111.56	156.67	219.51	275.28	315.39	363.86	412.32
安徽	12.81	16.17	19.11	25.09	34.24	50.73	67.06	85.97	98.99	114.45	129.91
福建	34.50	42.60	56.90	64.74	80.34	115.66	148.35	178.57	206.23	235.8	265.31
江西	12.82	15.71	19.26	22.89	28.65	41.22	52.56	66.68	75.85	87	98.15
山东	15.59	21.82	28.21	38.34	54.15	86.47	117.84	146.13	172.37	200.29	228.22
河南	10.84	12.78	15.30	18.81	23.12	36.15	45.98	59.37	67.88	78.28	88.68
湖北	15.37	19.25	23.48	28.49	35.95	49.83	64.34	83.51	93.95	107.8	121.64
湖南	13.82	15.65	17.44	19.30	22.97	33.76	45.57	58.88	66.62	76.8	86.98
广东	33.49	39.44	48.72	66.44	83.60	121.05	164.00	198.18	229.82	264.21	298.59
广西	7.47	7.46	10.11	11.66	13.85	21.99	28.97	37.40	44.96	52.72	60.49
海南	12.81	14.38	18.82	19.48	23.48	33.95	43.93	52.55	60.66	69.31	77.97
重庆	16.69	19.07	23.72	28.08	35.57	53.55	68.69	90.15	102.39	118.11	133.84
四川	10.70	11.30	13.67	17.41	22.30	31.28	41.61	56.36	66.02	77.27	88.52
贵州	6.16	7.31	8.53	9.71	11.33	17.78	22.22	31.05	36.5	42.86	49.22
云南	9.20	10.99	13.07	15.25	17.97	23.75	28.92	36.75	40.71	46.11	51.5
西藏	1.36	1.60	2.01	2.39	2.93	3.69	4.80	6.20	7.14	8.23	9.32
陕西	11.80	13.73	16.39	18.89	22.99	36.23	47.83	61.57	73.99	86.72	99.46
甘肃	11.23	12.96	14.45	16.64	18.38	23.60	28.85	37.20	42.44	48.61	54.78

续表

省（区、市）	1998 年	2000 年	2002 年	2004 年	2006 年	2008 年	2010 年	2012 年	2014 年	2016 年	2018 年
青海	3.98	4.81	5.78	7.56	8.55	9.97	12.34	16.67	19.69	23.04	26.39
宁夏	6.97	6.31	10.18	14.88	12.17	16.91	22.56	29.29	34.49	40.19	45.89
新疆	10.36	12.80	14.14	14.55	15.72	23.53	27.34	30.95	34.69	38.4	42.11
均值	18.42	23.07	29.79	38.56	49.88	73.63	108.69	155.66	189.48	227.57	265.69

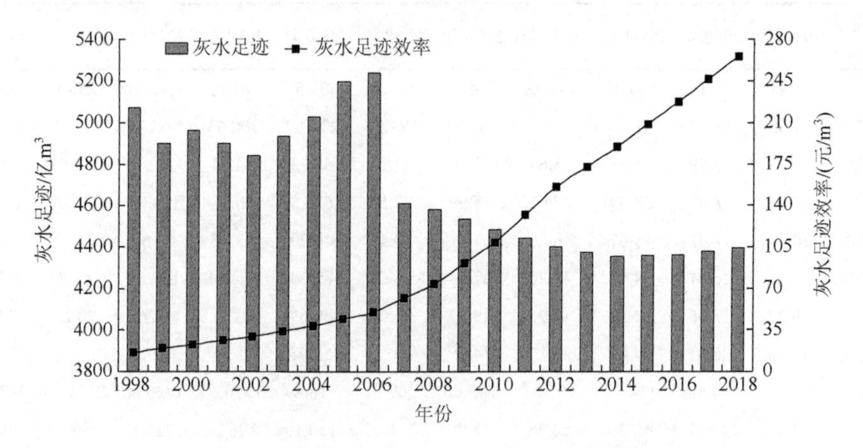

图 6-3　1998～2018 年灰水足迹及其效率变化

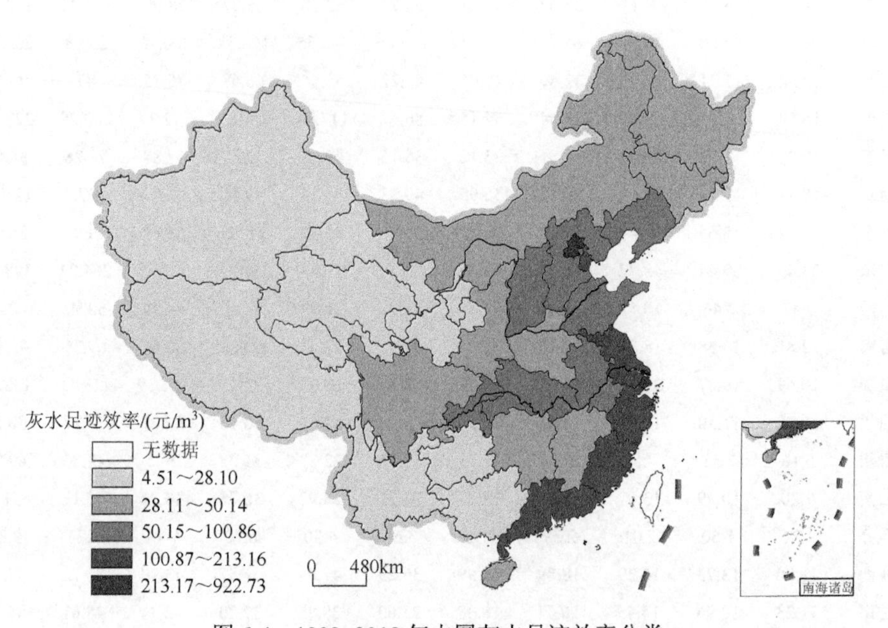

图 6-4　1998~2018 年中国灰水足迹效率分类

由图 6-3 可知，中国灰水足迹效率从 1998 年的 18.42 元/m^3 增加到 2018 年的 265.69 元/m^3，增加幅度较大，说明中国灰水足迹效率在明显提高。由表 6-3 可见，1998～2018 年，中国平均灰水足迹效率为 105.51 元/m^3，但区域间灰水足迹效率差别较大，大体上呈现西低东高的特征。根据研究期间灰水足迹效率均值将中国灰水足迹效率分为五类（图 6-4）：第一类、第二类灰水足迹效率分别为 4.51～28.10 元/m^3 和 28.11～50.14 元/m^3，主要分布在中国的西部及西南地区，这些地区经济发展相对落后、技术条件不足、环境保护意识较弱，其中西藏灰水足迹效率仅为 4.51 元/m^3；第三类灰水足迹效率为 50.15～100.86 元/m^3，主要包括辽宁、河北、山西、山东、安徽、重庆、湖北等省（市），大部分位于中部地区，其中山东、河北、辽宁虽然位于东部地区，经济发达，但其灰水足迹量大导致其灰水足迹效率居于一般水平；第四类灰水足迹效率为 100.87～213.16 元/m^3，第五类灰水足迹效率为 213.17～922.73 元/m^3，这两类主要包括上海、北京、浙江、天津、福建、广东、江苏，此类型多位于东部沿海地区，经济发展水平高、产业结构合理、技术管理水平先进，其中上海市灰水足迹效率高达 922.73 元/m^3。

6.4　中国灰水足迹效率驱动分析

6.4.1　相关研究方法

1. Kaya 恒等式的扩展

本节将 Kaya 恒等式引入灰水足迹效率变化的研究中，对其进行效应分解。扩展后的 Kaya 恒等式表述为

$$g=\sum_i\frac{\mathrm{GDP}_i}{\mathrm{TGWF}}=\sum_i\frac{\mathrm{GDP}_i}{\mathrm{TGWF}_i}\times\frac{\mathrm{TGWF}_i}{\mathrm{TGWF}}\times\frac{\mathrm{TGWF}}{\mathrm{GDP}}\times\frac{\mathrm{GDP}}{P}\times\frac{P}{\mathrm{WR}}\times\frac{\mathrm{WR}}{\mathrm{WU}}\times\frac{\mathrm{WU}}{\mathrm{TGWF}} \quad (6\text{-}3)$$

$$g^2=\sum_i\frac{\mathrm{GDP}_i}{\mathrm{TGWF}_i}\times\frac{\mathrm{TGWF}_i}{\mathrm{TGWF}}\times\frac{\mathrm{GDP}}{P}\times\frac{P}{\mathrm{WR}}\times\frac{\mathrm{WR}}{\mathrm{WU}}\times\frac{\mathrm{WU}}{\mathrm{TGWF}}=\sum_i s_ih_ikwej \quad (6\text{-}4)$$

式中，TGWF_i 为第 i 产业灰水足迹（亿 m^3）；GDP_i 为第 i 产业 GDP（万元）；WR 为水资源量（亿 m^3）；WU 为用水量（亿 m^3）；P 为人口数量（万元）；$s_i=\mathrm{GDP}_i/\mathrm{TGWF}_i$ 为第 i 产业灰水足迹量（元/m^3）；$h_i=\mathrm{TGWF}_i/\mathrm{TGWF}$ 为灰水足迹产业结构；$k=\mathrm{GDP}/P$ 为人均 GDP（元/人）；$w=P/\mathrm{WR}$ 表示人均水资源量倒数（m^3/人）；$e=\mathrm{WR}/\mathrm{WU}$ 为水资源开发利用效率的倒数（无量纲）；$j=\mathrm{WU}/\mathrm{TGWF}$ 为用水量与灰水足迹的比值，可以反映水资源利用的技术水平。其中 g^2 为扩展的 Kaya 恒等式分解后的必然结果，同时从统计学意义上讲，g^2 相较 g 增强了各影响因素的贡献差异，使分析结果更加明显，在不影响贡献特征的同时找出主要影响因素。

2. LMDI 模型

本节运用 LMDI 模型对影响灰水足迹效率变化的各因素贡献率进行定量化分析。根据 LMDI 模型，从基期到 t 年灰水足迹效率的变化值称为总效应 ΔG。故：

$$\Delta G = g_t^2 - g_0^2 = A_{\text{eff}} + B_{\text{eff}} + C_{\text{eff}} + D_{\text{eff}} + E_{\text{eff}} + F_{\text{eff}} \tag{6-5}$$

$$A_{\text{eff}} = \Delta G \sum_i q_{it} \ln \frac{s_{it}}{s_{i0}} \Big/ \ln \frac{G_t}{G_0} \tag{6-6}$$

$$B_{\text{eff}} = \Delta G \sum_i q_{it} \ln \frac{h_{it}}{h_{i0}} \Big/ \ln \frac{G_t}{G_0} \tag{6-7}$$

$$C_{\text{eff}} = \Delta G \sum_i q_{it} \ln \frac{k_{it}}{k_{i0}} \Big/ \ln \frac{G_t}{G_0} \tag{6-8}$$

$$D_{\text{eff}} = \Delta G \sum_i q_{it} \ln \frac{w_{it}}{w_{i0}} \Big/ \ln \frac{G_t}{G_0} \tag{6-9}$$

$$E_{\text{eff}} = \Delta G \sum_i q_{it} \ln \frac{e_{it}}{e_{i0}} \Big/ \ln \frac{G_t}{G_0} \tag{6-10}$$

$$F_{\text{eff}} = \Delta G \sum_i q_{it} \ln \frac{j_{it}}{j_{i0}} \Big/ \ln \frac{G_t}{G_0} \tag{6-11}$$

式中，A_{eff} 为效率效应；B_{eff} 为结构效应；C_{eff} 为经济效应；D_{eff} 为禀赋效应；E_{eff} 为开发效应；F_{eff} 为技术效应；q_{it} 为对数权重，计算方法如下：

$$q_{it} = \frac{(G_{it} - G_{i0}) \times (\ln G_t - \ln G_0)}{(G_t - G_0) \times (\ln G_{it} - \ln G_{i0})} \tag{6-12}$$

驱动效应 A_{eff}、B_{eff}、C_{eff}、D_{eff}、E_{eff} 及 F_{eff} 为正值，分别表示效率效应、结构效应、经济效应、禀赋效应、开发效应，以及技术效应的变化促进灰水足迹效率增加，称为正向驱动效应，反之，称为负向驱动效应。

3. LES 模型

最小方差法（least square error，LSE）模型指实际值与期望值的偏差最小值，由美国地理学家 John C. Weaver 最早提出用来研究农业分区。本节将 LSE 模型引入灰水足迹效率驱动类型研究，将各省（区、市）灰水足迹效率变化的实际效应贡献率分布与理论分布求方差并进行比较，通过最小方差确定驱动类型。最小方差具体测算步骤见参考文献（孙才志等，2014，2012；张耀光，1986），计算方法如下：

$$S^2 = \frac{1}{n}\sum_{i=1}^{n}(x_i - \overline{x})^2 \tag{6-13}$$

式中，S^2 为方差；x_i 为样本数据；$\overline{x}$ 为样本的平均值；n 为样本数量。

6.4.2　中国灰水足迹效率驱动效应分解

根据上述分解模型，对 1998～2018 年中国 31 个省（区、市）灰水足迹效率进行效应分解（按年份变动间距为 1 做分析），分解结果如表 6-4 所示。

表 6-4　1998～2018 年中国 31 个省（区、市）灰水足迹效率变化的相对贡献率　（单位：%）

时段	A_{eff}	B_{eff}	C_{eff}	D_{eff}	E_{eff}	F_{eff}
1998~1999 年	71.35	−21.34	33.54	86.32	−95.48	25.62
1999~2000 年	55.88	−5.87	44.27	20.04	−0.55	−13.75
2000~2001 年	73.87	−23.87	43.54	16.66	−21.51	11.30
2001~2002 年	73.27	−23.27	40.77	−18.84	27.58	0.50
2002~2003 年	59.89	−9.89	57.12	18.84	2.11	−28.08
2003~2004 年	60.73	−10.72	54.14	62.90	−78.41	11.37
2004~2005 年	40.10	9.90	73.24	−88.24	75.11	−10.11
2005~2006 年	55.70	−5.70	50.41	44.10	−53.08	8.57
2006~2007 年	41.56	8.44	25.44	1.78	−1.40	24.17
2007~2008 年	79.95	−29.95	41.22	−29.83	26.46	12.14
2008~2009 年	65.54	−15.54	45.23	57.10	−58.37	6.04
2009~2010 年	59.89	−9.89	39.69	−81.24	82.47	9.07
2010~2011 年	61.22	−11.22	42.87	113.13	−116.70	10.70
2011~2012 年	70.76	−20.76	44.71	−111.14	111.92	4.51
2012~2013 年	64.35	−14.35	43.69	−53.45	53.04	6.72
2013~2014 年	74.94	−15.94	47.27	−63.96	50.49	7.21
2014~2015 年	65.54	−17.54	45.85	74.48	−72.02	3.70
2015~2016 年	59.13	−21.13	44.42	84.99	−69.61	2.20
2016~2017 年	66.73	−18.73	46.00	95.51	−92.82	3.31
2017~2018 年	68.32	−17.32	44.58	−111.14	111.04	4.52
均值	63.44	−13.73	45.40	5.90	−5.99	4.99
变异系数	0.16	−0.71	0.20	11.92	−11.67	2.33

由表 6-4 可得出以下结论。

（1）效率效应对中国灰水足迹效率的变化起正向驱动效应，是引起灰水足迹效率变化的主要因素，研究期间均值为 63.44%。各产业灰水足迹效率均得到提升，第一产业灰水足迹效率由 4.99 元/m^3 上升到 12.46 元/m^3、第二产业灰水足迹效率由 33.88 元/m^3 上升到 675.13 元/m^3、第三产业灰水足迹效率由 30.58 元/m^3 上升到 158.41 元/m^3，各产业灰水足迹效率的提升，促使总的灰水足迹效率的提升。

（2）结构效应对中国灰水足迹效率的变化起负向驱动效应，均值为–13.73%。全国灰水足迹中，第一产业灰水足迹所占比例最大、第三产业次之、第二产业最小。随着时间的变化，第二产业与第三产业的灰水足迹在产业结构调整、污水处理技术提高等影响下，得到一定的控制；第一产业的灰水足迹却呈现扩大趋势，据计算可知，在研究期间第一产业占总灰水足迹的比值由 58%增加到近 70%。同时第一产业的 GDP 贡献率却逐渐降低，不合理的排放结构限制了灰水足迹效率的提升。

（3）经济效应对中国灰水足迹效率的变化起正向驱动效应，均值为 45.40%。经济效应是影响中国灰水足迹效率变化的重要因素。随着经济水平的进步，人均 GDP 由 1998 年的 6581.19 元/人增长到 2018 年的 64644 元/人，年增长速度达到 12%左右。经济水平的提高，促使中国灰水足迹效率提高。经济水平的提高，不但使得治污排污技术水平与管理水平提高，而且为增加排污治污基础设施的数量提供了经济基础，从而促使中国灰水足迹效率提高。

（4）禀赋效应对中国灰水足迹效率的变化起负向驱动效应（资源禀赋的倒数与灰水足迹效率变化呈正相关关系），研究期间均值为 5.90%。水资源禀赋高的地区，水资源制约越弱，人们的节水意识越低，导致灰水足迹效率越低。但随着人口的增长，人均水资源占有量不断下降，人们的节水意识逐渐提高，在此基础上进行水利技术提高、农业种植结构改善等，很大程度上能提升灰水足迹效率。

（5）开发效应对中国灰水足迹效率的变化起正向驱动效应（资源开发程度的倒数与灰水足迹效率变化起负向驱动效应），研究期间均值为–5.99%。随着人口的增长、经济的发展，研究期间用水量由 5435 亿 m^3 增加到 6015.5 亿 m^3，水资源消耗量增大，人类对水资源的开发利用已受到很大限制，在此影响下，必须提高现有水资源的利用效率。

（6）技术效应对中国灰水足迹效率的变化起正向驱动效应，研究期间均值为 4.99%。技术效应反映的是用水量与排污量之间的比值关系，比值越大说明污水处理与循环利用技术水平越高。研究期间用水量逐年增加，灰水足迹整体上却呈现下降趋势，故其比值增大，说明技术水平提高，一定程度上促使中国灰水足迹效率提升，但鉴于中国整体上技术水平还有待改进，其作用较小。

以上六效应的共同作用促使中国灰水足迹效应在研究期间保持逐年上升趋势，虽然其中结构效应、禀赋效应对中国灰水足迹效率的变化呈现负向驱动效应，一定情况下不利于中国灰水足迹效率的提升，但是整体上中国灰水足迹效率变化的正向驱动效应仍大于其负向驱动效应。同时根据计算可得各效应的变异系数（表 6-4），其中效率效应、结构效应、经济效应与技术效应的变异系数较小，说明以上四种效应对中国灰水足迹效率变化的影响较为稳定；禀赋效应与开发效应的变异系数较大，说明其对中国灰水足迹效率变化的影响不稳定，由于以上两个效应均涉及水资源总量这一指标，而中国在自然条件影响下水资源总量年际变化大，以上两效应对灰水足迹效率变化的影响出现波动。

6.4.3　中国灰水足迹效率变化空间驱动类型分析

通过以上模型，计算出各省（区、市）不同驱动效应的绝对贡献率均值（表 6-5），利用 LSE 模型，结合效率效应、结构效应、驱动效应、禀赋效应、开发效应及技术效应 6 个驱动效应的绝对贡献率，划分不同类型的空间驱动类型（图 6-5）。

表 6-5　中国 31 个省（区、市）灰水足迹变化的驱动效应绝对贡献率均值（单位：%）

类型	省（区、市）	A_{eff}	B_{eff}	C_{eff}	D_{eff}	E_{eff}	F_{eff}
双因素支配型 I	上海	46.83	24.34	2.93	3.18	8.00	14.73
	北京	45.37	36.83	1.88	4.63	6.26	5.03
双因素支配型 II	海南	47.45	0.69	42.45	6.86	2.53	0.03
	重庆	41.34	1.08	39.72	6.91	8.67	2.28
	西藏	46.21	8.32	33.13	8.55	0.65	3.15
	宁夏	43.79	8.67	30.28	2.99	11.05	3.22
	陕西	41.23	9.20	29.68	6.06	8.78	5.05
	山西	42.06	5.89	25.07	2.63	5.31	19.03
	安徽	41.88	5.84	33.68	0.68	8.13	9.80
	四川	38.26	6.49	30.16	11.75	5.27	8.08
	新疆	37.08	0.75	39.72	7.84	12.92	1.69
三因素主导型	贵州	44.66	26.38	16.88	5.35	6.18	0.56
	云南	41.99	12.15	29.52	8.32	7.71	0.30
	山东	42.91	13.68	21.35	8.62	7.09	6.34
	黑龙江	41.12	14.92	26.29	8.88	1.45	7.35
四因素协同型 I	天津	19.19	0.53	14.09	30.28	35.34	0.57
	河北	29.42	7.04	16.31	20.58	22.75	3.90
	内蒙古	38.69	8.94	30.29	11.07	10.77	0.25

续表

类型	省（区、市）	A_{eff}	B_{eff}	C_{eff}	D_{eff}	E_{eff}	F_{eff}
四因素协同型Ⅰ	辽宁	26.28	5.30	19.23	23.72	24.22	1.25
	浙江	31.90	4.43	16.08	18.10	22.38	7.11
	青海	30.95	1.66	29.95	11.58	20.05	5.82
	甘肃	35.31	6.72	30.38	12.14	12.90	2.55
	广西	36.24	3.82	29.47	13.76	13.43	3.28
	河南	28.71	4.63	20.35	18.25	21.29	6.76
	江西	30.70	4.56	23.61	19.31	18.61	3.21
	福建	34.35	2.98	28.32	15.65	16.92	1.78
四因素协同型Ⅱ	江苏	40.71	5.98	26.31	9.49	9.29	8.22
	广东	46.29	1.26	27.34	3.71	14.17	7.23
	吉林	39.66	6.01	30.01	10.34	2.36	11.62
五因素联合型	湖北	37.10	9.45	26.77	7.84	12.90	5.94
	湖南	38.84	12.53	23.40	11.16	11.53	2.53

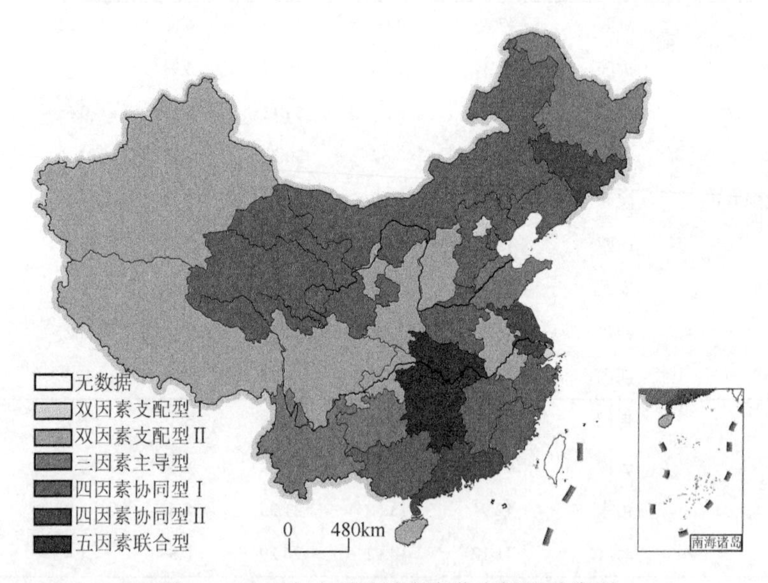

图 6-5 中国灰水足迹效率变化空间驱动类型

1. 双因素支配型

（1）双因素支配型Ⅰ。此类型以效率效应和结构效应的影响为主，包括上海、北京两市。两市均为中国经济发达地区，以上海市为例，上海市作为灰水足迹效率研究期间全国最高的地区，在政策因素、经济发展迅速、产业结构合理、市场配置完善、管理技术水平先进等条件的作用下，各产业灰水足迹效率得以大幅提高，其中第一产业灰水足迹效率由 6.44 元/m^3 上升到 17.34 元/m^3、第二产业灰水足迹效率由 261.97 元/m^3 上升到 183547.8 元/m^3、第三产业灰水足迹效率由 53.32 元/m^3 上升到 1738.21 元/m^3，促使总灰水足迹效率提升；另一方面，虽然三产的灰水足迹都有下降，但是第一产业的下降幅度远远比不上第二、第三产业，第一产业灰水足迹占区域灰水足迹的比率由 23.33%上升到 58.36%，但第一产业的 GDP 贡献率却逐渐变小，至 2018 年 GDP 贡献率不足 1%，为全国最低，不合理的产业灰水足迹排放结构使得结构效应不利于灰水足迹效率的提升，但由于各产业灰水足迹效率的高速提升，整体上海市灰水足迹效率呈上升趋势，且位于全国首位。故较其他效应，效率效应和结构效应为影响上海市灰水足迹变化的支配效应。

（2）双因素支配型Ⅱ。此类型以效率效应和经济效应影响为主，除海南省外，均位于中国西部地区。以宁夏为例，虽然位于经济欠发达地区，但是在国家西部大开发等因素影响下，研究期间其经济也得到了快速发展，人均 GDP 由 1998 年的 4227.88 元/人增长到 2018 年的 47157.07 元/人，年均增速达到 13.53%；同时各产业灰水足迹效率也得到了很大提升，其中第一产业灰水足迹效率由 2.74 元/m^3 上升到 5.27 元/m^3、第二产业灰水足迹效率由 9.55 元/m^3 上升到 67.33 元/m^3、第三产业灰水足迹效率由 16.86 元/m^3 上升到 195.54 元/m^3，促使总灰水足迹效率提升，在效率效应与经济效应的共同影响下，其灰水足迹效率得到提高。

2. 三因素主导型

此类型以效率效应、结构效应和经济效应影响为主。以山东省为例，研究期间经济快速发展，人均 GDP 由 1998 年的 8103.87 元/人增长到 2018 年的 68049.75 元/人，年均增速超过 10%；其中第一产业灰水足迹效率由 5.13 元/m^3 上升到 20.28 元/m^3、第二产业灰水足迹效率由 22.67 元/m^3 上升到 1935.48 元/m^3、第三产业灰水足迹效率由 35.62 元/m^3 上升到 497.42 元/m^3，促使总灰水足迹效率的提升；另第一产业作为主要污染源，其灰水足迹贡献率由 51.63%上升到 87.54%，但第一产业的 GDP 贡献率却逐年降低，研究期间由 16.97%下降到 6.82%，使得结构效应对灰水足迹效率起负向效应。由于结构效应带来的负向驱动效应小于效率效应与经济效应的正向驱动效应，整体上其灰水足迹效率呈现上升趋势。

3. 四因素协同型

（1）四因素协同型Ⅰ。此类型以效率效应、经济效应、禀赋效应及开发效应影响为主。以天津为例，人均 GDP 由 1998 年的 13964.26 元/人增长到 2018 年的 115613.86 元/人，年均增速达到 11.23%；其中第一产业灰水足迹效率由 9.14 元/m^3 上升到 10.07 元/m^3、第二产业灰水足迹效率由 90.50 元/m^3 上升到 2743.78 元/m^3、第三产业灰水足迹效率由 22.31 元/m^3 上升到 256.43 元/m^3，各产业灰水足迹效率的提升促使总灰水足迹效率提升；另天津位于缺水地区，平均水资源禀赋为全国最低，仅 105.93m^3/人，同时其研究平均水资源为 13.45 亿 m^3，用水量却达到 23.42 亿 m^3，在这样的水资源压力下，人们节水意识强，有利于灰水足迹效率提高。此类型其他省（区、市）与天津市相同，在效率效应、经济效应、禀赋效应与开发效应协同作用下，灰水足迹效率逐年提升。

（2）四因素协同型Ⅱ。此类型以效率效应、经济效应、开发效应及技术效应影响为主。以江苏省为例，人均 GDP 由 1998 年的 10024.99 元/人增长到 2018 年的 95394.26 元/人，年均增速达到 11.57%，其中第一产业灰水足迹效率由 7.84 元/m^3 上升到 20.85 元/m^3、第二产业灰水足迹效率由 88.88 元/m^3 上升到 1448.82 元/m^3、第三产业灰水足迹效率由 45.39 元/m^3 上升到 317.34 元/m^3，促使总灰水足迹效率提升。江苏省位于东部沿海地区，人口密集、经济发展迅速，使得其用水量在研究期间呈现直线上升趋势，在水资源压力下，人们节水意识提升，从而促使总灰水足迹效率提升。另外，由于江苏省灰水足迹在研究期间出现小幅下降，在经济高速发展等因素影响下江苏省的污水处理与循环利用技术水平提升，促进了江苏省灰水足迹效率的提升，在以上效应的共同作用下江苏省灰水足迹效率呈现上升趋势。

4. *五因素联合型*

此类型主要以效率效应、结构效应、经济效应、禀赋效应及开发效应影响为主。以湖南省为例，人均 GDP 由 1998 年的 4939.10 元/人增长到 2018 年的 46063.45 元/人，年均增速达到 12.47%；同时其各产业灰水足迹效率也得到了很大提升，其中第一产业灰水足迹效率由 5.58 元/m^3 上升到 14.37 元/m^3、第二产业灰水足迹效率由 26.01 元/m^3 上升到 593.45 元/m^3、第三产业灰水足迹效率由 31.81 元/m^3 上升到 80.42 元/m^3；第一产业作为主要污染源，其 GDP 贡献率逐年降低，研究期间由 40.30%下降到 10.01%，故灰水结构效应对灰水足迹效率起负向效应；另一方面随着人口的增加，水资源禀赋一定程度上下降，同时研究期间在湖南省用水量增加，使得人们对水资源的关注度加大，节水意识增强等影响下，促进了湖南省灰水足迹效率的提高。此类型地区除技术效应影响较小外，在其他五效应联合影响下，整体上灰水足迹效率提升。

第 7 章　中国水生态足迹测度及适应性理论视角下的水安全评价

7.1　中国水生态足迹及水生态承载力

7.1.1　中国水生态足迹及水生态承载力核算

1. 水生态承载力测算方法

基于生态足迹模型的水资源承载力兼具自然属性及空间属性，可将其定义为：某一区域在某一具体历史发展阶段，水资源最大供给量可供支持该区域资源、环境和社会（生态、生产和生活）可持续发展的能力（黄林楠等，2008），强调满足生态需求的情况下，区域产水能力所能供给的最大的土地面积。本书根据生态承载力理论，参考相关文献（黄林楠等，2008）采用如下水生态承载力计算公式：

$$\mathrm{EC}_w = 0.4 \times \phi \times \gamma \times (Q / w),\quad \phi = \mathrm{WM}/w \qquad (7\text{-}1)$$

式中，EC_w 为区域水生态承载力（hm^2）；ϕ 为区域水资源产量因子；Q 为区域水资源总量（m^3）；WM 为区域产水模数（$\mathrm{m}^3/\mathrm{hm}^2$）。根据之前相关研究文献（张义等，2013a；黄林楠等，2008），一个国家或地区的水资源开发率若超过30%～40%将引起生态环境恶化，水资源量中需预留 60%水量以维护生态环境，故取水资源可利用系数为 0.4。水资源产量因子是各区域单位面积产水能力与水资源世界平均生产能力的比值。由于年际水资源量丰枯也会导致区域水资源产量因子波动。为保证研究结果客观准确，本书选取研究期内各省（区、市）多年平均产水模数，根据式（7-1）测算得到各省（区、市）多年平均的水资源产量因子，如表 7-1 所示。

表 7-1　1997～2018 年中国 31 个省（区、市）平均水资源产量因子

省（区、市）	产量因子	省（区、市）	产量因子	省（区、市）	产量因子	省（区、市）	产量因子
总体	0.90	黑龙江	0.53	河南	0.74	贵州	1.79
北京	0.49	上海	1.82	湖北	1.67	云南	1.65

续表

省（区、市）	产量因子	省（区、市）	产量因子	省（区、市）	产量因子	省（区、市）	产量因子
天津	0.37	江苏	1.30	湖南	2.62	西藏	1.15
河北	0.25	浙江	3.14	广东	3.29	陕西	0.59
山西	0.21	安徽	1.72	广西	2.61	甘肃	0.15
内蒙古	0.12	福建	3.16	海南	3.52	青海	0.31
辽宁	0.62	江西	2.88	重庆	2.04	宁夏	0.05
吉林	0.68	山东	0.59	四川	1.63	新疆	0.18

2. 中国水生态足迹及水生态承载力测算结果

根据前文相关计算公式，计算得到1997～2018年中国31个省（区、市）的水量生态足迹、水质生态足迹、水生态足迹及水生态承载力，如表7-2所示，限于篇幅，在此仅给出1997年、2018年计算结果及平均值。

表7-2显示，研究期内的水生态足迹的整体趋势与水量生态足迹大致相同，总体上呈上升趋势。其中1997～2001年的水量生态足迹与水生态足迹经历了一个先上升，再下降的趋势；2001年以后，中国的水量生态足迹和水生态足迹呈现明显上升趋势，水量生态足迹年平均增长率为2.57%，水生态足迹的年平均增长率为2.18%。研究期内中国的人口数量由12.37亿人上升到13.95亿人，国内生产总值年平均增速达9%以上，用水量从5566.06亿m^3增长到6095亿m^3。水资源需求量同人口增加和经济发展呈正比，水量生态足迹增长趋势也与中国逐年增长的用水量相符。水质生态足迹呈小幅波动并逐步降低趋势，在水生态足迹中占比从3.72%下降到2.69%，其中，1997～2006年波动上升，2006年以后呈现出明显的下降趋势，到2018年水质生态足迹下降至研究期内最低值。研究期内的工业废水排放达标率从61.8%上升至90%以上，废水处理率的提高和污染物排放量得到了相应控制是水质生态足迹下降的主要原因。

根据前文测算得出的水资源产量因子，计算得到1997～2018年中国平均水生态承载力，如图7-1所示。

图7-1显示，水生态承载力受年际水资源量丰枯影响，整体呈波动状态。2011年的水生态承载力是研究期内的最低值，该年份降水量比常年值偏少9.4%，是1956年以来年降水量最少的一年。受季风气候的影响，中国降水量和水资源量分布呈由南向北递减趋势，因此各省（区、市）水生态承载力有较大差别。水生态承载力分布状况与中国降水量和水资源量的时空分布相似，降水量较充足的南

表 7-2　1997 年、2018 年中国 31 个省（区、市）水生态足迹及水生态承载力　（单位：10^6 hm^2）

省（区、市）	1997 年				2018 年				平均值			
	水量生态足迹	水质生态足迹	水生态足迹	水生态承载力	水量生态足迹	水质生态足迹	水生态足迹	水生态承载力	水量生态足迹	水质生态足迹	水生态足迹	水生态承载力
北京	14.29	0.62	14.91	0.62	28.69	0.27	28.96	1.15	16.5	0.49	16.99	0.71
天津	9.63	0.52	10.15	0.05	22.49	0.41	22.9	0.43	11.25	0.51	11.76	0.24
河北	94.14	4.65	98.79	1.53	89.45	2.84	92.29	2.69	111.53	3.67	115.21	2.22
山西	35.97	1.69	37.65	0.89	38.52	1.07	39.59	1.68	40.7	1.44	42.14	1.22
内蒙古	45.91	1.52	47.43	3.79	37.51	2.71	40.22	3.66	70.53	2.18	72.74	4.32
辽宁	55.17	2.61	57.78	8.22	56.34	2.17	58.51	9.6	65.76	2.71	68.47	12.35
吉林	39.12	2.2	41.33	6.81	31.4	1.78	33.18	21.77	53.35	2.28	55.63	18.04
黑龙江	111.09	2.66	113.75	33	50.14	2.42	52.56	34.17	122.15	2.65	124.8	30.02
上海	27.33	1.12	28.45	2.9	42.15	0.58	42.73	4.66	30.35	0.85	31.2	4.15
江苏	135.99	2.63	138.63	13.67	131.72	2.51	134.23	32.52	132.96	2.91	135.87	31.53
浙江	72.14	2.06	74.2	248.76	84.32	1.19	85.51	179.96	64.41	1.92	66.32	203.95
安徽	93.69	3.21	96.9	37.54	92.06	2.04	94.1	95.08	108.78	2.56	111.34	77.32
福建	53.53	1.33	54.86	387.33	64.2	1.33	65.53	162.57	55.81	1.5	57.31	251.38
江西	77.21	2.23	79.43	460.53	68.11	1.67	69.78	218.5	80.53	2.33	82.85	327.18
山东	129.01	6.08	135.09	4.14	121.11	3.81	124.92	13.29	152.54	4.92	157.46	11.18
河南	119.09	5.69	124.78	6.59	103.64	4.25	107.89	16.61	152.43	5.46	157.89	19.16
湖北	97.9	3.29	101.19	69.25	80.9	2.82	83.72	94.68	98.16	3.1	101.25	103.32
湖南	108.62	3.84	112.47	389.85	101.24	3.32	104.56	232.27	116.79	4.06	120.85	315.84

续表

省（区、市）	1997年				2018年				平均值			
	水量生态足迹	水质生态足迹	水生态足迹	水生态承载力	水量生态足迹	水质生态足迹	水生态足迹	水生态承载力	水量生态足迹	水质生态足迹	水生态足迹	水生态承载力
广东	126.75	4.13	130.88	851.61	169.96	3.15	173.11	411.63	13.26	4.19	139.44	403.81
广西	80.41	4.06	84.47	540.5	67.83	2.81	70.64	316.23	82.66	4.17	86.83	330.41
海南	11.38	0.54	11.91	104.1	12.6	0.44	13.04	97.31	14.98	0.58	15.56	84.22
重庆	46.74	1.32	48.06	79.56	47.73	1.16	48.89	70.77	47.78	1.34	49.12	73.21
四川	144.62	5.34	149.96	189.59	121.4	4.21	125.61	318.92	144.41	5.49	149.9	268.03
贵州	44.9	2.06	46.96	192.56	37.78	1.68	39.46	115.53	48.51	2.16	50.66	120.32
云南	45.35	3.06	48.41	282.55	51.14	3.18	54.32	240.83	57.97	3.01	60.98	225.64
西藏	3.66	1.21	4.87	283.63	3.88	1.18	5.06	354.03	4.89	1.37	6.26	344.47
陕西	44.68	1.54	46.18	4.12	40.31	1.58	41.89	14.48	59.81	1.52	61.34	13.95
甘肃	22.79	6.19	28.99	1.37	31.62	1.52	33.14	3.36	33.22	1.48	34.7	2.38
青海	7.51	0.94	8.44	7.14	5.15	1.13	6.28	19.79	7.3	1.12	8.42	13.61
宁夏	7.92	0.48	8.39	0.02	7.02	0.51	7.53	0.05	11.79	0.55	12.33	0.04
新疆	26.44	1.39	27.83	8.96	32.55	6.28	34.83	10.11	42.3	1.73	44.02	10.8
总体	1932.98	80.21	2013.14	1721.96	1872.96	66.02	1934.98	1652.82	2053.41	74.25	2249.64	1667.46

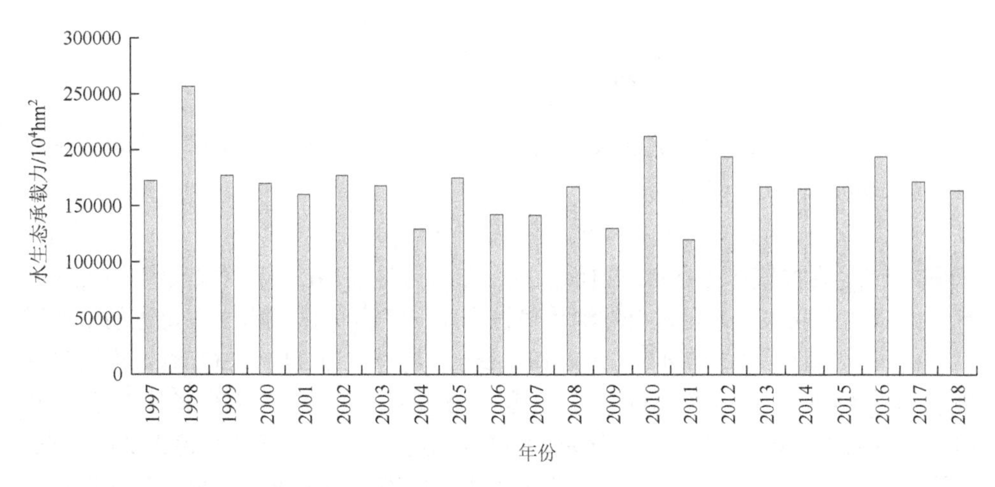

图 7-1　1997～2018 年中国 31 个省（区、市）平均水生态承载力

方地区水生态承载力较高，水生态承载力排在前五位的省（区）除西藏外，均位于南方地区，分别是广东、广西、江西、湖南；降水量较少的北方地区水生态承载力较低，宁夏、天津、北京、山西、河北，这五个地区地处于华北和西北地区，是中国主要的缺水区域，水生态承载力排在研究区域的后五位。

7.1.2　中国水生态足迹广度与深度核算

1. 水生态足迹广度与深度测算方法

生态系统可以提供的自然资源和生态服务统称为自然资本，根据其属性可分为存量和流量资本两部分。人类对自然资本流量的占用水平称为足迹广度（方恺，2015b；方恺等，2012a）。水生态足迹广度代表了人类社会发展对水资源流量资本的占用情况。生物圈可提供的自然资本流量的上限为生物承载力，所以水生态承载力水平是水资源可提供的流量资本的上限，根据生态足迹研究文献（方恺，2015a，2013；方恺等，2012b），推导出水生态足迹广度计算公式：

$$\mathrm{EF_{ws}} = \min[\mathrm{EF}_w, \mathrm{EC}_w]，0 < \mathrm{EF}_w \leqslant \mathrm{EC}_w \tag{7-2}$$

式中，$\mathrm{EF_{ws}}$为区域水生态足迹广度（hm^2）；EC_w为区域水生态承载力（hm^2）；EF_w为区域水生态足迹（hm^2）。

人类对自然资本存量的消耗程度用足迹的深度来表示。水生态足迹深度代表了人类社会经济发展消耗的水量对水资源存量资本的消耗程度。参考生态足迹深度相关研究成果（方恺，2013；方恺等，2012b）可得到水生态足迹深度测算公式：

$$EF_{wd} = 1 + \frac{\max[EF_w - EC_w, 0]}{EC_w} \tag{7-3}$$

式中，EF_{wd}为区域水生态足迹深度。进一步分析，水生态足迹深度分为自然深度和附加深度两部分，即

$$EF_{wd} = EF_{wd}^N + EF_{wd}^A \tag{7-4}$$

式中，EF_{wd}^N为区域水生态足迹自然深度，参考方恺（2013）对生态足迹深度的研究，本研究中取水生态足迹自然深度值恒为1；EF_{wd}^A为区域水生态足迹的附加深度。由式（7-3）、式（7-4）可知，$EF_{wd} \geqslant 1$。其中，当$EF_w \leqslant EC_w$时，表明该区域仅有自然深度，该区域的水资源流量资本可以满足自身发展的需求，故$EF_{wd}=1$；而当$EF_w > EC_w$时，该区域的水资源流量资本已经无法满足人类的需求，需要动用存量资本，故$EF_{wd} > 1$。流量资本维持着年际可再生资源流及其生态服务的供给，当其不足时，存量资本将作为补充而被消耗。区域的EF_{wd}越大，表明该区域消耗的水资源存量资本越多，发展越不可持续。

2. 中国水生态足迹深度与广度测算结果

区域足迹广度反映了一个区域的流量资本占用水平（方恺，2015b），水生态足迹广度则可以直观反映区域水资源流量资本的占用情况。根据第2章相关公式计算得到1997～2018年中国水生态足迹广度如图7-2、表7-3所示。足迹深度表征了人类对超出生物承载力部分资源的累计需求（方恺，2013），区域水生态足迹深度反映了一个区域对水资源存量资本的消耗程度，数值越大，表明研究区域对超出水生态承载力部分的水资源消耗比例越大。结合水生态承载力和水生态足迹广度的测算结果，测算出1997～2018年中国水生态足迹深度（表7-4）。限于篇幅，表7-3及表7-4仅给出偶数年份结果。

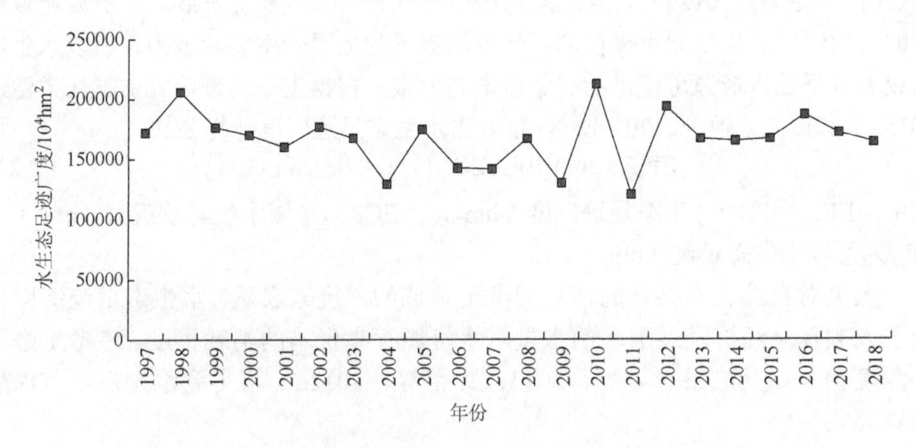

图7-2　1997～2018年中国31个省（区、市）水生态足迹广度

表 7-3　1997～2018 年中国 31 个省（区、市）水生态足迹广度　（单位：10^6 hm^2）

省（区、市）	1998 年	2000 年	2002 年	2004 年	2006 年	2008 年	2010 年	2012 年	2014 年	2016 年	2018 年
北京	1.90	0.36	0.36	0.57	0.61	1.47	0.67	1.96	0.52	1.14	1.15
天津	0.34	0.02	0.03	0.36	0.18	0.59	0.15	1.92	0.23	0.46	0.43
河北	3.79	2.34	0.83	2.67	1.29	2.91	2.17	6.22	1.27	3.41	2.69
山西	1.27	0.91	0.84	1.15	1.06	1.03	1.13	1.52	1.66	1.85	1.68
内蒙古	24.29	2.48	1.80	3.48	3.08	3.09	2.75	4.74	5.26	3.38	3.66
辽宁	23.50	2.73	3.18	11.81	9.88	10.24	53.28	43.34	3.08	13.52	9.60
吉林	22.25	36.20	15.27	11.77	14.06	12.38	52.97	23.82	10.52	22.11	21.77
黑龙江	46.16	56.93	18.53	19.69	24.53	9.88	33.73	32.78	41.29	29.34	35.17
上海	5.89	3.14	7.05	2.07	2.54	4.55	4.50	3.82	7.37	7.34	4.66
江苏	51.98	37.97	14.82	8.60	33.77	29.51	30.38	28.78	32.93	63.73	32.52
浙江	86.24	77.82	74.28	74.86	79.70	79.23	76.88	80.30	73.99	81.95	85.51
安徽	89.31	62.39	102.67	37.84	50.88	73.83	128.58	74.19	91.51	87.49	94.10
福建	65.23	59.49	60.55	62.23	65.47	65.50	68.71	73.89	76.95	64.82	65.53
江西	84.73	82.87	81.61	87.08	94.17	97.77	97.46	107.20	117.67	66.50	69.78
山东	22.29	8.73	1.32	16.42	5.34	14.52	12.84	10.11	2.96	8.53	13.29
河南	41.85	57.23	12.80	21.03	13.17	17.53	36.39	8.97	10.25	16.48	16.60
湖北	125.84	113.16	110.46	97.19	46.35	121.07	130.85	75.03	94.68	85.73	83.71
湖南	138.86	132.74	131.36	141.33	146.13	144.69	150.14	155.71	146.78	98.92	104.55
广东	152.87	149.23	149.11	154.75	159.58	153.08	164.31	178.61	194.06	165.47	173.10
广西	106.87	102.27	100.82	99.29	108.42	102.14	108.36	109.05	134.47	68.88	70.64
海南	14.34	16.13	17.52	17.08	18.59	19.44	20.18	22.46	23.64	12.62	13.04
重庆	56.93	51.59	51.41	54.98	36.96	58.39	55.09	58.11	60.81	48.56	48.90
四川	178.67	174.38	171.90	176.33	151.38	176.21	186.53	188.89	157.21	121.06	125.61
贵州	61.38	61.49	61.64	65.44	66.89	62.91	61.28	59.02	59.96	41.27	39.45
云南	68.76	69.67	69.38	72.35	78.67	82.14	85.04	94.59	84.56	55.36	54.31
西藏	10.72	11.24	11.77	11.93	12.83	13.62	12.60	12.44	12.60	5.68	5.07
陕西	16.66	12.88	6.68	9.80	7.77	9.46	26.38	15.62	12.66	10.59	14.48
甘肃	2.28	1.87	1.19	1.57	1.81	1.86	2.46	3.78	2.09	1.70	3.36
青海	11.26	10.94	9.07	10.85	9.54	12.76	14.08	13.33	11.38	6.33	6.28
宁夏	0.05	0.02	0.07	0.04	0.05	0.03	0.04	0.05	0.04	0.03	0.05
新疆	12.24	11.10	14.57	9.37	11.63	8.51	15.86	10.38	6.76	12.87	10.11
合计	2019.39	1702.52	1771.49	1294.54	1426.37	1673.20	2123.50	1938.29	1668.15	1873.83	1641.11

表 7-4　1997～2018 年中国 31 个省（区、市）水生态足迹深度

省（区、市）	1998 年	2000 年	2002 年	2004 年	2006 年	2008 年	2010 年	2012 年	2014 年	2016 年	2018 年
北京	8.20	43.32	41.06	26.61	27.53	12.09	27.59	9.69	39.17	23.72	25.19
天津	31.68	522.18	412.28	29.11	64.34	19.88	88.00	7.33	63.57	49.04	53.34
河北	27.82	41.39	117.67	38.57	90.98	42.36	57.70	22.26	108.58	25.69	34.37
山西	34.65	43.06	49.26	37.08	41.21	39.45	37.93	33.66	27.89	19.68	23.53
内蒙古	2.09	17.96	27.68	18.21	26.92	30.05	34.85	21.31	15.33	12.01	10.99
辽宁	2.90	19.37	18.50	5.48	6.92	7.25	1.41	1.87	25.10	4.57	6.10
吉林	2.24	1.16	3.37	4.62	4.16	4.80	1.18	2.82	6.46	1.49	1.51
黑龙江	2.34	1.75	5.80	5.73	5.12	14.27	4.55	4.88	2.93	1.71	1.49
上海	4.96	8.94	4.05	13.79	12.31	7.07	7.48	8.83	4.31	5.69	9.17
江苏	2.61	3.13	8.04	13.88	3.99	4.63	4.56	4.98	5.68	2.04	4.13
浙江	1.00	1.00	1.00	1.00	1.00	1.00	1.00	1.00	1.00	1.00	1.00
安徽	1.12	1.53	1.05	2.75	2.23	1.58	1.00	1.76	1.35	1.00	1.00
福建	1.00	1.00	1.00	1.00	1.00	1.00	1.00	1.00	1.00	1.00	1.00
江西	1.00	1.00	1.00	1.00	1.00	1.00	1.00	1.00	1.00	1.00	1.00
山东	6.48	16.40	100.32	8.43	28.75	10.79	12.85	16.97	72.52	14.32	9.40
河南	3.16	2.34	11.42	6.77	12.40	9.84	5.09	21.22	16.58	6.24	6.50
湖北	1.00	1.00	1.00	1.00	2.17	1.00	1.00	1.54	1.05	1.00	1.00
湖南	1.00	1.00	1.00	1.00	1.00	1.00	1.00	1.00	1.00	1.00	1.00
广东	1.00	1.00	1.00	1.00	1.00	1.00	1.00	1.00	1.00	1.00	1.00
广西	1.00	1.00	1.00	1.00	1.00	1.00	1.00	1.00	1.00	1.00	1.00
海南	1.00	1.00	1.00	1.00	1.00	1.00	1.00	1.00	1.00	1.00	1.00
重庆	1.00	1.00	1.00	1.00	1.21	1.00	1.00	1.00	1.00	1.00	1.00
四川	1.00	1.00	1.00	1.00	1.00	1.00	1.00	1.00	1.00	1.00	1.00
贵州	1.00	1.00	1.00	1.00	1.00	1.00	1.00	1.00	1.00	1.00	1.00
云南	1.00	1.00	1.00	1.00	1.00	1.00	1.00	1.00	1.00	1.00	1.00
西藏	1.00	1.00	1.00	1.00	1.00	1.00	1.00	1.00	1.00	1.00	1.00
陕西	3.28	3.81	7.29	5.60	7.90	6.83	2.65	4.91	6.87	3.63	2.89
甘肃	14.62	15.72	26.55	20.02	19.80	19.87	16.21	11.55	16.67	18.12	9.87
青海	1.00	1.00	1.00	1.00	1.00	1.00	1.00	1.00	1.00	1.00	1.00
宁夏	175.65	431.08	144.63	243.63	254.04	384.84	421.15	339.59	500.90	238.92	157.52
新疆	2.60	2.92	2.48	3.84	3.68	5.33	3.42	5.80	10.24	2.39	3.45
总体	1.00	1.15	1.13	1.60	1.58	1.39	1.16	1.34	1.56	1.00	1.18

图 7-2 显示中国水生态足迹广度整体呈波动趋势，结合图 7-1 及水生态足迹广度取值范围可知，随着中国水生态足迹持续增长，除 1998 年外，其余年份的水生态足迹均高于同年的水生态承载力，社会生产生活对水资源流量资本的占用已达到极限，水生态足迹广度的变化趋势同水生态承载力一致。当水资源流量资本被完全占用时，为满足生产生活用水需求，水资源存量资本也开始消耗。

表 7-3 显示，浙江、福建、江西等 14 个省（区、市）在 1998～2018 年的平均水生态足迹低于当地平均水生态承载力的上限，这些省（区、市）大部分位于中国降水量相对充足的南方地区。受气候影响，南方地区水系发达，水量丰沛，其水资源量占全国水资源总量的 80%以上，除湖北、重庆之外，其余地区人均水资源量均超过 $2000m^3$，水资源流量资本可以满足当地用水需求。其余省（区、市）的水资源流量资本已经被完全占用，水生态足迹广度取值是当地水生态承载力的上限。宁夏地区 1998～2018 年的年平均水生态足迹广度最低，仅为 $4\times10^4\ hm^2$，与水生态足迹广度最高的四川相比，宁夏的年平均水生态足迹广度不足四川的 1%，而人均水资源量仅为 5%左右，水资源短缺是该地区水生态足迹广度较低的主要原因。

表 7-4 显示，1997～2018 年，除 1998 年和 2016 年水生态足迹深度为 1 外，其余年份的水生态足迹深度均高于 1，其中 2011 年水生态足迹深度达到 2.13，是研究期内总体水生态足迹深度最大值。各省（区、市）的水生态足迹深度相差较大，整体上由南向北递增；平均水生态足迹低于当地平均水生态承载力上限的 14 个省（区、市）研究期内平均水生态足迹深度为 1，社会生产生活用水不需要动用水资源存量资本；水生态足迹深度较高的地区大都位于中国北方地区，如京津冀、陕甘宁、山西、内蒙古、山东、河南，以及东三省地区，受气候条件影响，北方地区降水量相对于南方地区偏少，包括东北、西北、山东半岛、海河流域、黄河流域、淮河流域的水资源量只占全国水资源总量的 14.4%，人口却占全国的 43.2%，耕地占全国的 58.3%，耕地、人口和水资源情况的不匹配，导致这些地区水资源流量资本完全被占用，对水资源存量资本消耗极其严重，平均水生态足迹深度最高的宁夏已达到 308.12。

7.2　中国水生态足迹空间格局分析

为使计算数据更加均匀，更加接近或具备正态分布，便于研究，本节对水生态足迹广度与深度计算结果取自然对数，并对结果进行全局和局部空间相关性分析。取对数可以降低数据之间的差距，使数据更加均匀，更加接近或具备正态分布。

7.2.1　中国水生态足迹广度与深度全局空间自相关分析

根据前文有关计算公式，计算得到1997～2018年中国31个省（区、市）水生态足迹广度及深度的全局莫兰 *I* 数，结果如表7-5、表7-6所示。

表7-5　中国31个省（区、市）水生态足迹广度全局自相关指数

年份	*I*	*Z*	*p*	年份	*I*	*Z*	*p*
1997	0.5259	4.5436	0.0000	2008	0.5319	4.5938	0.0000
1998	0.3851	3.4017	0.0003	2009	0.5278	4.5595	0.0000
1999	0.5759	4.9803	0.0000	2010	0.4699	4.0890	0.0000
2000	0.4681	4.0756	0.0000	2011	0.4463	3.8981	0.0000
2001	0.5863	5.0345	0.0000	2012	0.4270	3.7431	0.0001
2002	0.5966	5.1168	0.0000	2013	0.4572	3.9865	0.0000
2003	0.4393	3.8395	0.0001	2014	0.5752	4.9432	0.0000
2004	0.5125	4.4345	0.0000	2015	0.5060	4.6741	0.0000
2005	0.4475	3.9082	0.0000	2016	0.4800	4.4914	0.0000
2006	0.5500	4.7389	0.0000	2017	0.4904	4.5339	0.0000
2007	0.5630	4.8449	0.0000	2018	0.4831	4.4877	0.0000

表7-6　中国31个省（区、市）水生态足迹深度全局自相关指数

年份	*I*	*Z*	*p*	年份	*I*	*Z*	*p*
1997	0.6358	5.4333	0.0000	2008	0.6365	5.4413	0.0000
1998	0.4504	3.9312	0.0003	2009	0.6314	5.3994	0.0000
1999	0.6696	5.7096	0.0000	2010	0.5518	4.7530	0.0000
2000	0.5490	4.7309	0.0000	2011	0.5537	4.7685	0.0000
2001	0.7057	6.0007	0.0000	2012	0.5274	4.5562	0.0000
2002	0.6776	5.7720	0.0000	2013	0.5443	4.6919	0.0000
2003	0.5324	4.5942	0.0000	2014	0.6287	5.3760	0.0000
2004	0.6244	5.3409	0.0000	2015	0.5897	5.2899	0.0000
2005	0.5411	4.6666	0.0000	2016	0.5731	5.1775	0.0000
2006	0.6750	5.7506	0.0000	2017	0.5919	5.2843	0.0000
2007	0.6738	5.7426	0.0000	2018	0.6030	5.3799	0.0000

由表7-5可知，研究期内中国水生态足迹广度全局自相关指数整体呈波动趋

势。经检验，中国各年份的水生态足迹广度全局自相关指数正态统计量 Z 值均大于 0.05 置信水平的临界值（1.96），各省（区、市）水生态足迹广度在各个年份均出现正相关，相邻地区水生态足迹广度较高的省（区、市）和较低的省（区、市）均出现相对集聚的现象，水生态足迹广度较高的省（区、市）互相邻近，水生态足迹广度较低的省（区、市）也互相邻近。

1997～2018 年中国水生态足迹深度全局自相关指数测算结果如表 7-6 所示，整体呈波动趋势。中国水生态足迹深度全局自相关指数的正态统计量 Z 值均大于在 0.05 置信水平的下的临界值（1.96），各省（区、市）的水生态足迹深度在各个年份均出现正相关，这说明相邻地区水生态足迹深度较高的区域和较低的区域均出现相对集聚的现象，水生态足迹深度较高的省（区、市）邻近，水生态足迹深度较低的省（区、市）也邻近。

7.2.2　中国水生态足迹广度局部空间自相关分析

本节利用 MATLAB 软件计算得出了中国 31 个省（区、市）水生态足迹广度局部自相关指数，得到各省（区、市）空间集聚情况，并绘制了 1997 年和 2018 年中国水生态足迹广度 LISA 集聚图。如图 7-3 所示，水生态足迹广度 HH 集聚与 LL 集聚地区较多，而 HL 集聚与 LH 集聚地区相对较少，中国水生态足迹广度在空间上集聚现象明显，省际水资源流量资本占用情况存在明显的空间关联性。

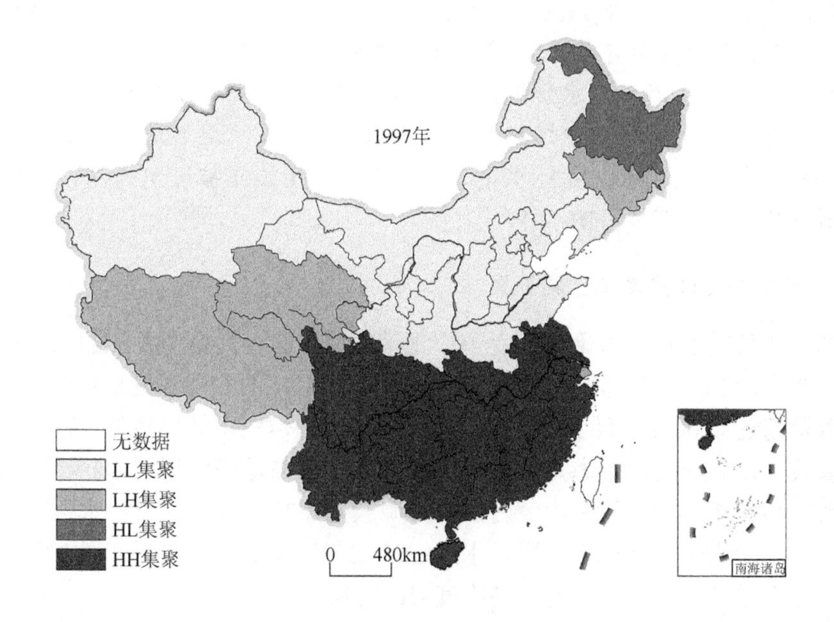

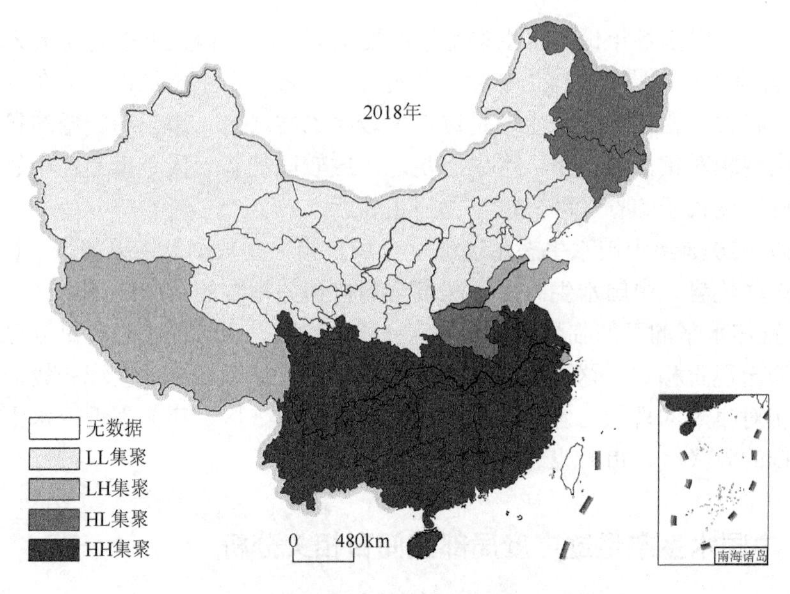

图 7-3　中国水生态足迹广度 LISA 集聚

1. 水生态足迹广度 HH 集聚区

据图 7-3 可知，水生态足迹广度处于 HH 集聚的省（区、市）有江苏、浙江、安徽、福建、江西等 14 个，主要集中在西南部和东南沿海区域。受季风气候影响，这些省（区、市）的降水量相对充足，除江苏和安徽之外，其余省（区、市）研究时期内的水生态足迹平均值均低于水生态承载力平均值的上限，随着人口增长和经济发展，用水量和水生态足迹广度的增加仍可保持在水生态承载力上限以下，这些省（区、市）的水资源流量资本可以满足经济社会的生活生产需求。安徽和江苏处于水资源由丰转枯的过渡地区，且人口密度较高，特别是安徽的水资源利用效率较低，农业耗水量大，水资源流量资本被完全占用，与周围地区形成水生态足迹广度 HH 集聚。

2. 水生态足迹广度 HL 集聚区

黑龙江稳定在水生态足迹广度 HL 集聚地区。研究期内黑龙江的水生态足迹广度排在中国 31 个省（区、市）的中等水平。黑龙江的水资源量相对充足，人均水资源量超过 2000m^3，耗水量也呈逐年增加趋势，但利用效率较低，特别是农业耗水量较大，导致其水生态足迹较高，历年的水生态足迹均超过了同年的水生态承载力。与其相邻的吉林和内蒙古，水资源较为短缺，两地的历年水生态足迹均超过了同年的水生态承载力上限，水生态足迹广度较低，相对而言黑龙江是高值区，故与周围区域形成水生态足迹广度 HL 集聚。

3. 水生态足迹广度LH集聚区

上海、西藏两个地区稳定在水生态足迹广度LH集聚地区。西藏的水资源量充足，但经济发展相对落后，人口密度较低，水生态足迹广度较小，且水生态足迹低于生态承载力上限，与其相邻的四川和云南地区水生态足迹广度较高，相较而言西藏处于低值区域，故处于LH集聚。上海的降水量较大，但由于产水区域面积相对较小，水生态承载力相对较低。同时上海是中国人口密度最大的地区，对水资源的需求和消耗量都比较大，水生态足迹已超过水生态承载力上限，故与周围区域形成LH集聚。

4. 水生态足迹广度LL集聚区

北京、天津、河北、山西、内蒙古等11个省（区、市）稳定在水生态足迹广度LL集聚。这些省（区、市）大部分位于中国北方地区和西北地区，受气候和降水量由东南向西北递减趋势影响，这些省（区、市）是中国主要的缺水地区，水资源流量资本较小。研究期内这11个省（区、市）水资源量仅占全国的10.75%，但贡献了全国生产总值的28.81%，人口比例占全国的30%，水资源与经济规模和人口规模的不匹配，使得水资源消耗极其严重，水资源流量资本被完全占用；而西北地区部分省（区、市）蒸发量大，导致农业耗水量较大，进一步加剧了水资源短缺，最终形成了水生态足迹广度LL集聚。

吉林和青海的水生态足迹广度由LH集聚区落入到了LL集聚区。两省处于水生态足迹广度HL集聚到LL集聚的过渡地区，易受两者影响。与吉林相邻的辽宁2014年水生态足迹广度较1997年有大幅度降低，导致其由LH集聚变为LL集聚。青海是长江、黄河等大河的发源地，水资源量充足，除1997年外，历年水生态足迹均低于水生态承载力，水资源利用呈良好发展态势。而经济发展相对落后，使得青海1997～2018年的平均水足迹处于全国最低值，相邻的四川、新疆两地区2018的水生态足迹广度较1997年均有所下降，导致相邻区域平均值降低，水生态足迹广度与周围地区由LH集聚落入LL集聚。

7.2.3　中国水生态足迹深度局部空间自相关分析

利用MATLAB软件计算得出了中国31个省（区、市）水生态足迹深度局部自相关指数，并做出1997年和2018年的中国水生态足迹深度LISA集聚图（图7-4）。水生态足迹深度HH集聚与LL集聚地区较多，HL集聚与LH集聚地区相对较少，表明中国水生态足迹深度在空间上集聚现象明显，省际水资源存量资本占用情况存在明显的空间关联性。

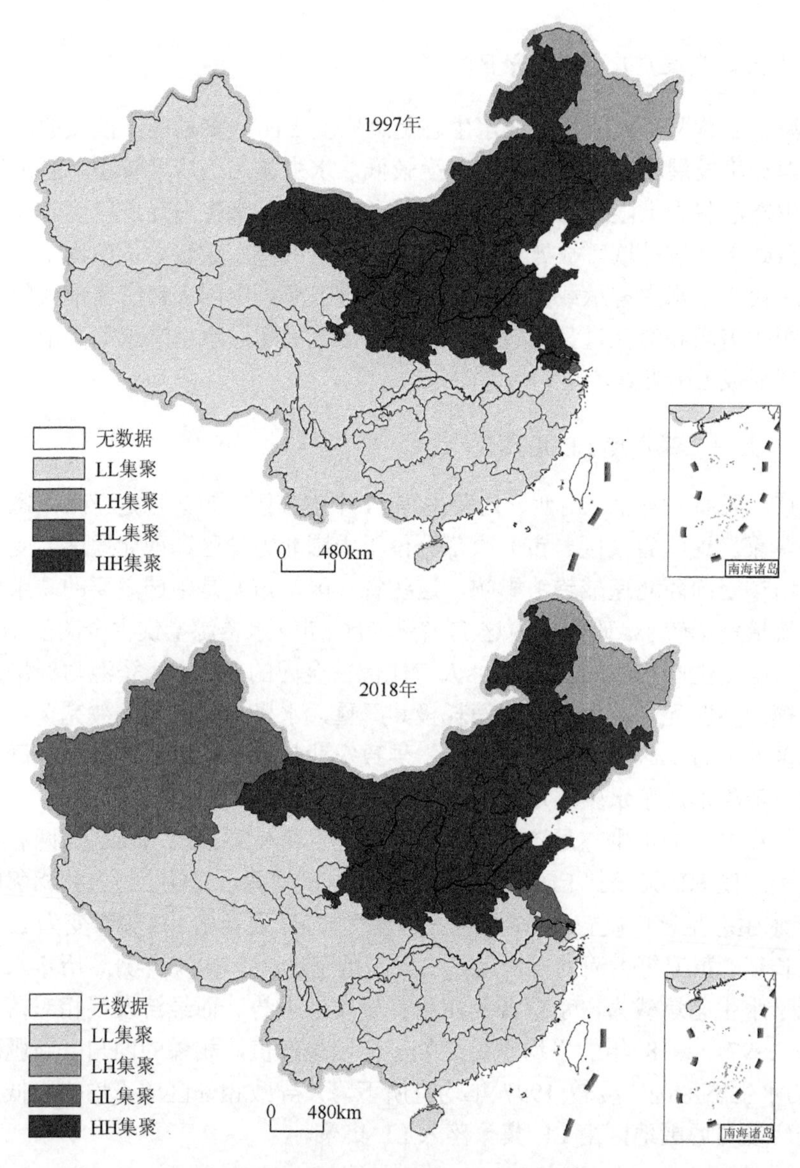

图 7-4　中国水生态足迹深度的 LISA 集聚分布

1. 水生态足迹深度 HH 集聚区

北京、天津、河北、山西等 11 个省（区、市）的水生态足迹深度稳定在 HH 集聚，这些地区主要分布在北方的黄河、海河及辽河流域。受气候和降水趋势影响，这些地区是中国主要的缺水地区，水资源流量资本被完全占用。京津冀和辽宁是中国传统工业区，山东、河南则是中国传统农业大省，这些地区人口密度高，地表水资源缺乏，部分省（区、市）为满足生产生活需求而大量开采地下水，造成极其严重的水资源消耗，耕地、人口、经济规模与水资源量的不匹配是造成水资源存量资本消耗的主要原因；山西、内蒙古、陕西、甘肃、宁夏地区虽然人口密度较低，但是受气候和降水量影响，可利用的水资源流量资本较少，同时水资源利用效率偏低，导致水资源存量资本消耗严重。

2. 水生态足迹深度HL集聚区

水生态足迹深度HL集聚区是一个不稳定集聚区，处于这一集聚区的省（区、市）相对较少，并且1997年和2018年没有省（区、市）稳定在HL集聚，这也与各省（区、市）不同年份的水资源量丰枯情况有关。1997年上海市处于水生态足迹深度HL集聚区，2018年江苏和新疆处于水生态足迹深度HL集聚区。水生态足迹深度HL集聚区多处于HH集聚区和LL集聚区的过渡地区，易受这两个区域的影响。

3. 水生态足迹深度LH集聚区

黑龙江稳定于水生态足迹深度LH集聚区。黑龙江的水资源量相对充足，但由于其农业耗水量较大，用水效率较低，各年份均不同程度地消耗了水资源存量资本，1997年和2018年的水生态足迹深度分别为3.45和1.49。但是相较于与其相邻的内蒙古（对应年份值为2.09、10.99）和吉林（对应年份值为2.24、1.51）来说，其水生态足迹深度处于低值区，故与周围区域形成LH集聚。

4. 水生态足迹深度LL集聚区

浙江、安徽、福建、江西等15个省（区、市）水生态足迹深度稳定在LL集聚区，大部分位于水资源量和降水量充足的南方地区。除安徽外，其余省（区、市）在研究期内平均水生态足迹深度均为1，水资源流量资本可以满足当地生产生活的用水需求。内陆和沿海经济发达的省（区、市）虽然在经济、人口规模和用水效率有一定的差别，但得益于相对充足的水资源量，能够将用水需求维持在水资源流量资本之内，不需要动用存量资本。西藏和青海人口密度较低，经济规模较小，对水资源的压力相对较低，水资源流量资本即可满足用水需求。

新疆的水生态足迹深度从1997年的LL集聚落入到2018年的HL集聚。经济发展和人口增长加大了新疆的水资源压力，水生态足迹深度呈波动上升的趋势，存量资本的消耗日趋严重，故从LL集聚落入HL集聚。江苏的水生态足迹深度由HH集聚进入到HL集聚，上海的水生态足迹深度由HL集聚进入到LL集聚，两地的人口密度高，经济规模较大，水生态足迹深度位于LL集聚区到HH集聚区的过渡带，各个年份均消耗了不同程度的水资源存量资本。但两地2018年的水生态足迹深度较 1997 年相比均有大幅度下降，而与江苏邻接的安徽 2018 年的水生态足迹深度较 1997 年也有所降低，故江苏的水生态足迹深度由 HH 集聚转为 HL 集聚，上海由 HL 集聚转为 LL 集聚。

7.3 中国灰水生态足迹时空差异分析

7.3.1 中国灰水生态足迹时间差异

根据上述相关公式计算得到 2000～2018 年中国 31 个省（区、市）灰水生态足迹及人均灰水生态足迹总量及其变化趋势，结果如表 7-7、表 7-8 及图 7-5 所示。限于篇幅，在此仅给出偶数年份计算结果。

表 7-7 2000～2018 年中国 31 个省（区、市）灰水生态足迹 （单位：10^4hm^2）

省（区、市）	2000 年	2002 年	2004 年	2006 年	2008 年	2010 年	2012 年	2014 年	2016 年	2018 年
北京	121.97	115.13	103.40	86.76	77.60	72.13	76.58	67.40	53.82	45.75
天津	116.45	84.12	106.89	110.32	92.40	94.95	87.12	84.53	78.15	73.04
河北	775.32	752.63	820.75	870.25	623.38	570.14	514.50	505.58	451.15	410.25
山西	279.83	274.56	309.43	323.05	251.78	239.39	221.72	216.51	211.30	206.09
内蒙古	325.64	311.56	417.58	482.78	480.71	477.40	452.35	452.44	443.68	438.37
辽宁	528.61	485.91	486.13	582.44	542.95	545.30	493.23	461.32	437.46	408.26
吉林	473.01	417.56	452.67	514.39	431.44	423.06	377.43	315.65	276.96	231.81
黑龙江	495.49	503.81	522.97	524.92	502.18	499.41	500.25	468.89	459.52	446.23
上海	194.31	198.73	161.62	172.54	153.68	129.03	120.08	110.29	96.21	83.14
江苏	486.48	565.28	603.03	643.90	577.66	557.75	574.53	530.01	521.84	504.89
浙江	396.26	382.23	375.44	392.72	361.89	334.64	326.97	343.85	321.58	512.10
安徽	537.46	538.21	505.52	465.32	391.01	392.42	463.05	460.33	457.60	454.88
福建	262.19	243.12	289.75	312.49	290.19	290.52	334.13	326.34	340.96	351.48
江西	414.16	412.23	454.60	471.70	417.14	434.47	484.28	489.36	507.62	515.90
山东	1088.64	1040.45	1017.86	967.83	766.68	737.39	739.67	707.85	676.03	644.21
河南	1099.95	1079.44	1118.97	1190.73	934.99	922.34	877.10	876.02	847.08	824.86
湖北	619.95	598.82	587.89	589.52	552.65	561.93	589.49	593.31	604.77	611.51
湖南	720.68	775.39	869.53	911.25	792.90	772.14	713.69	725.37	737.05	748.75
广东	795.72	800.99	786.21	851.48	753.63	707.04	883.64	831.77	819.00	822.93
广西	936.03	826.76	888.46	970.03	817.11	799.81	607.67	585.15	582.63	570.10

续表

省（区、市）	2000 年	2002 年	2004 年	2006 年	2008 年	2010 年	2012 年	2014 年	2016 年	2018 年
海南	111.74	103.23	121.31	124.26	105.16	105.35	106.79	104.39	104.89	103.69
重庆	259.63	251.68	268.08	267.96	230.15	240.78	267.69	268.61	275.23	274.89
四川	1099.58	1103.84	1101.95	1109.41	992.82	1001.48	985.87	995.63	1005.40	1015.16
贵州	406.33	411.62	448.77	479.89	364.74	368.58	370.32	385.63	366.60	358.19
云南	549.09	517.85	537.16	547.50	506.90	524.65	634.30	638.58	577.19	590.65
西藏	234.61	237.95	254.76	268.87	266.35	260.39	252.02	256.33	266.60	269.41
陕西	299.97	303.44	330.44	343.64	276.79	264.75	271.92	265.94	259.27	251.41
甘肃	230.15	241.99	259.79	293.69	283.29	287.90	325.71	334.13	347.45	361.98
青海	182.64	190.55	184.30	205.55	224.24	230.90	218.93	230.63	242.56	250.13
宁夏	123.64	91.08	76.89	123.82	113.17	106.90	110.14	110.20	118.78	122.18
新疆	288.34	307.90	370.94	396.13	315.38	318.16	288.93	357.40	338.40	340.18
合计	14453.85	14168.04	14833.09	15595.14	13490.97	13271.09	13270.12	13109.43	12826.75	12642.40

表 7-8　2000～2018 年中国 31 个省（区、市）人均灰水生态足迹　（单位：hm^2）

省（区、市）	2000 年	2002 年	2004 年	2006 年	2008 年	2010 年	2012 年	2014 年	2016 年	2018 年
北京	0.089	0.081	0.069	0.054	0.044	0.037	0.037	0.031	0.025	0.021
天津	0.116	0.084	0.104	0.103	0.079	0.073	0.062	0.056	0.050	0.047
河北	0.116	0.112	0.121	0.126	0.089	0.079	0.071	0.068	0.060	0.054
山西	0.086	0.083	0.093	0.096	0.074	0.067	0.061	0.059	0.057	0.055
内蒙古	0.137	0.131	0.175	0.200	0.197	0.193	0.182	0.181	0.176	0.173
辽宁	0.126	0.116	0.115	0.136	0.126	0.125	0.112	0.105	0.100	0.094
吉林	0.176	0.155	0.167	0.186	0.158	0.154	0.137	0.115	0.101	0.086
黑龙江	0.130	0.132	0.137	0.137	0.131	0.130	0.130	0.122	0.121	0.118
上海	0.121	0.116	0.088	0.088	0.072	0.056	0.050	0.045	0.040	0.034
江苏	0.066	0.076	0.080	0.084	0.074	0.071	0.073	0.067	0.065	0.063
浙江	0.085	0.080	0.076	0.077	0.069	0.061	0.060	0.062	0.058	0.054
安徽	0.088	0.088	0.081	0.076	0.064	0.066	0.077	0.076	0.074	0.072
福建	0.077	0.070	0.082	0.087	0.080	0.079	0.089	0.086	0.088	0.089
江西	0.100	0.098	0.106	0.109	0.095	0.097	0.108	0.108	0.111	0.111
山东	0.121	0.115	0.111	0.104	0.081	0.077	0.076	0.072	0.068	0.064
河南	0.116	0.112	0.115	0.127	0.099	0.098	0.093	0.093	0.089	0.086
湖北	0.110	0.106	0.103	0.104	0.097	0.098	0.102	0.102	0.103	0.103

续表

省（区、市）	2000 年	2002 年	2004 年	2006 年	2008 年	2010 年	2012 年	2014 年	2016 年	2018 年
湖南	0.110	0.117	0.130	0.144	0.124	0.118	0.108	0.108	0.108	0.109
广东	0.092	0.091	0.086	0.090	0.076	0.068	0.083	0.078	0.074	0.073
广西	0.197	0.171	0.182	0.206	0.170	0.173	0.130	0.125	0.120	0.116
海南	0.142	0.129	0.148	0.149	0.123	0.121	0.120	0.116	0.114	0.111
重庆	0.091	0.089	0.096	0.095	0.081	0.083	0.091	0.090	0.090	0.089
四川	0.132	0.136	0.136	0.136	0.122	0.124	0.122	0.122	0.122	0.122
贵州	0.108	0.107	0.115	0.130	0.101	0.106	0.106	0.110	0.103	0.099
云南	0.129	0.120	0.122	0.122	0.112	0.114	0.136	0.135	0.121	0.122
西藏	0.909	0.887	0.922	0.943	0.911	0.867	0.819	0.806	0.805	0.783
陕西	0.082	0.083	0.090	0.093	0.074	0.071	0.072	0.070	0.068	0.065
甘肃	0.092	0.096	0.102	0.115	0.11	0.112	0.126	0.129	0.133	0.137
青海	0.353	0.360	0.342	0.375	0.405	0.410	0.382	0.396	0.409	0.415
宁夏	0.223	0.159	0.131	0.205	0.183	0.169	0.170	0.166	0.176	0.178
新疆	0.156	0.162	0.189	0.193	0.148	0.146	0.129	0.156	0.141	0.137
总体	0.114	0.110	0.114	0.119	0.102	0.099	0.098	0.096	0.093	0.091

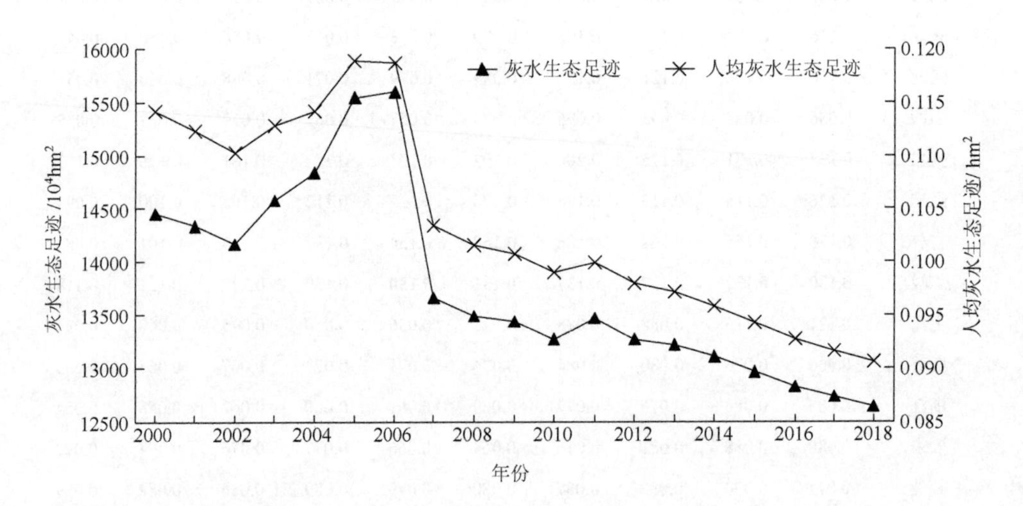

图 7-5　2000～2018 年灰水生态足迹及人均灰水生态足迹变化图

图 7-5 显示，研究期内灰水生态足迹和人均灰水生态足迹总体上都经历了一个先上升后下降的趋势，2000～2006 年灰水生态足迹呈小幅度下降后又增长的趋势，

灰水生态足迹由2000年的14453.85×10^4 hm^2降至2002年的14168.04×10^4 hm^2，2006年上升到15595.14×10^4 hm^2，自2007年起开始逐渐下降，到2018年已降至12642.40×10^4 hm^2。

灰水生态足迹降低主要源于政策监管力度的加大和产业水平的不断升级完善，其中2006年中国发布《煤炭工业污染物排放标准》（GB 20426—2006），加强了对重点排污行业废水排放的监管；2007年中央一号文件提出要减少农业面源污染；2008年起国家环保总局规定：所有排污单位实行持证排污，未获许可的一律不得生产。2000～2018年中国工业废水治理设施共增加19342套，政策监管力度加大和产业水平不断升级完善，污染物排放和灰水产出得到了有效控制，废水处理率的提高和污染物排放量得到了相应控制是灰水生态足迹下降的主要原因。故灰水生态足迹从2007年后呈稳步下降趋势，污染物排放和灰水产出得到了有效控制。

7.3.2　中国灰水生态足迹空间差异

根据已获得的各省（区、市）灰水生态足迹总量及人均生态足迹，借助ArcGIS 10.2软件，绘制其空间分布图。结果如图7-6、图7-7所示。

由图7-6、图7-7可知，研究期内中国灰水生态足迹呈西高东低的分布态势。四川、河南两省研究期内平均灰水生态足迹分别为1044.86×10^4 hm^2、1004.50×10^4 hm^2，作为传统农业和人口大省，为达到作物增产的目的不合理地增加化肥、农药的施用量，同时大量畜禽排泄物的不合理处置，使得其农业灰水足迹和灰水生态足迹较高；北京平均灰水生态足迹为90.17×10^4 hm^2，是31个省（区、市）中的最小值。东部、中部各省（区、市）的灰水生态足迹整体呈现先上升后下降的趋势，大多数省（区、市）灰水生态足迹下降趋势较为明显，西部的部分省（区、市）灰水生态足迹出现了增长现象，内蒙古、云南、甘肃、青海、新疆的灰水生态足迹均有一定程度的上升。2000年中国开始实施“西部大开发”战略，西部经济快速发展也带来能耗和人口增长，粮食需求也不断增加，为达到增产而大量使用农药、化肥造成农业污染；各地区科技发展程度不同，环保门槛也不一致，被东部地区淘汰的产业，却被中西部地区以优惠政策引进，导致了“东污西移”，污染处理设备与发展速度不匹配也是灰水生态足迹增加的原因。与灰水生态足迹空间分布特征相似，人均灰水生态足迹平均值最小的地区是北京（0.06 hm^2/人），最大的地区是西藏（0.88 hm^2/人），西部地区人口密度相对较低，也是人均灰水生态足迹较高的原因。

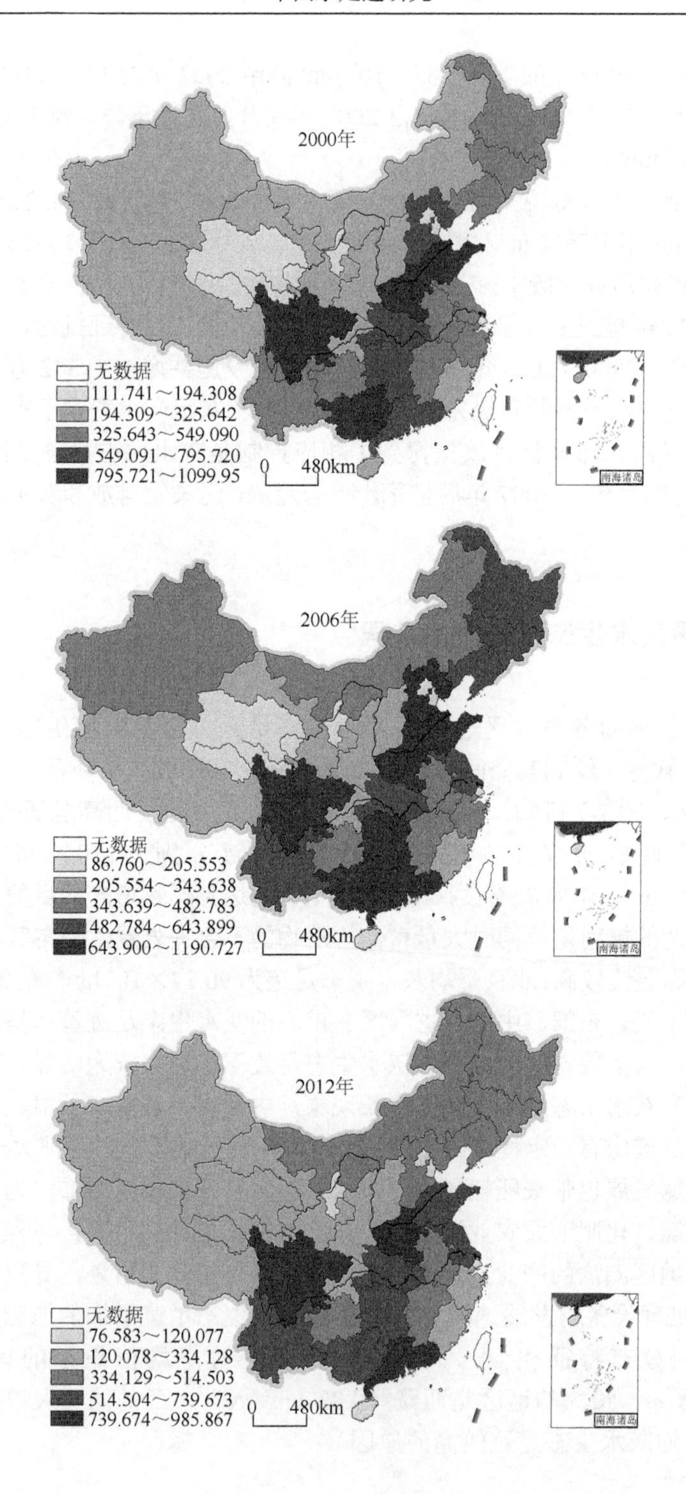
2000年
无数据
111.741～194.308
194.309～325.642
325.643～549.090
549.091～795.720
795.721～1099.95
0　480km
南海诸岛
2006年
无数据
86.760～205.553
205.554～343.638
343.639～482.783
482.784～643.899
643.900～1190.727
0　480km
南海诸岛
2012年
无数据
76.583～120.077
120.078～334.128
334.129～514.503
514.504～739.673
739.674～985.867
0　480km
南海诸岛

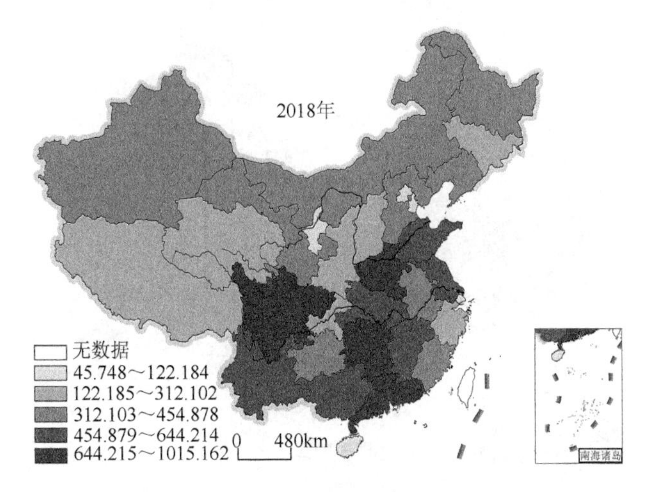

图7-6　中国灰水生态足迹空间分布

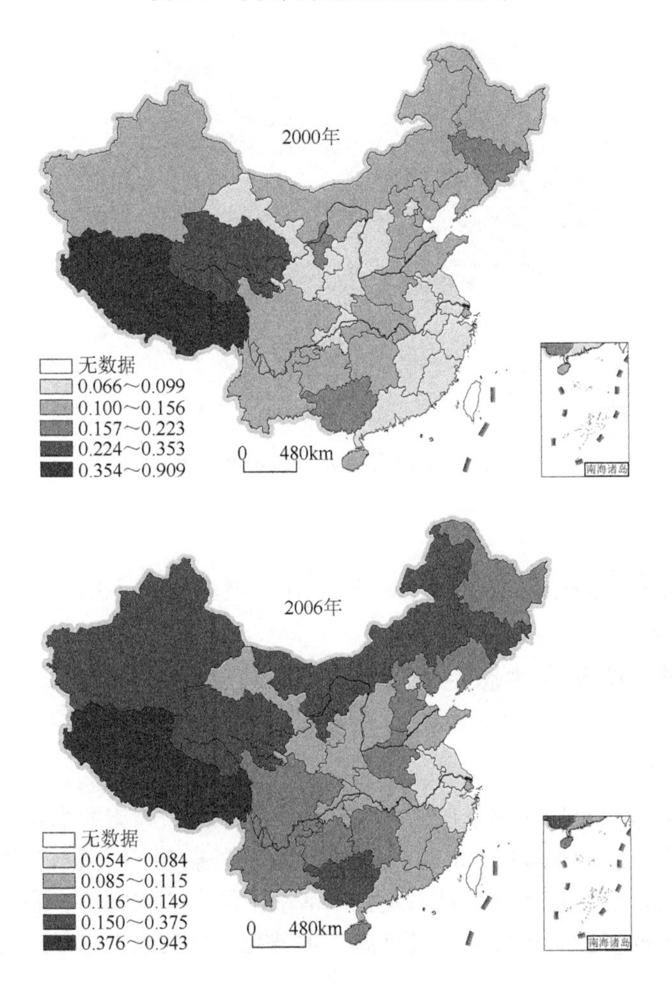

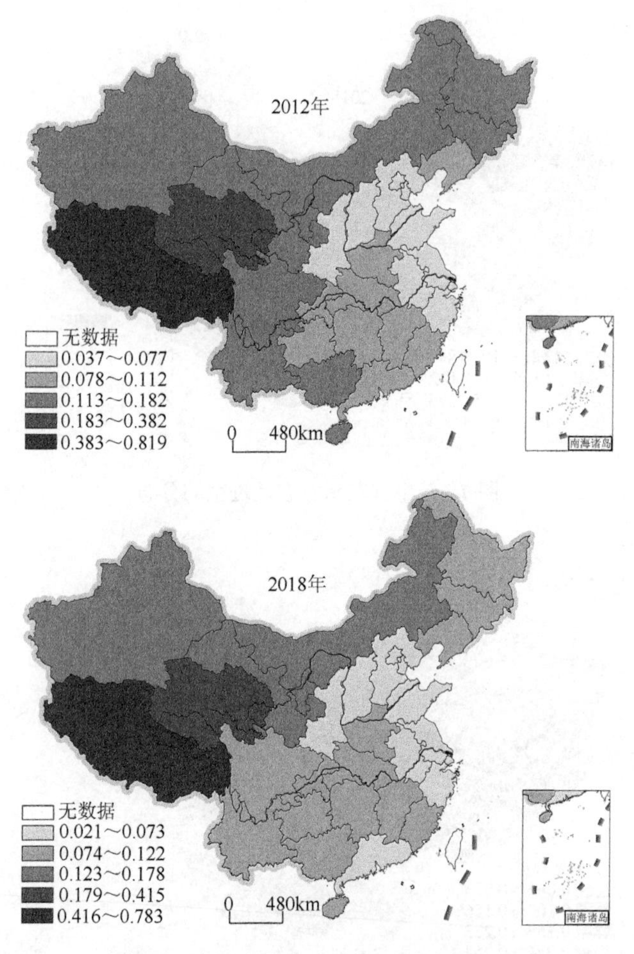

图 7-7　中国人均灰水生态足迹空间分布

7.4　中国人均灰水生态足迹变化的驱动效应测度及空间分异

7.4.1　中国人均灰水生态足迹变化驱动效应测度

1. *相关研究方法*

当前对灰水足迹影响因素的研究主要集中在经济、人口和水资源利用效率方面，研究这些因素时通常只考虑总人口数和 GDP 的影响，而灰水产生主要是由生产活动造成的，其中资本和劳动力是生产活动中两个关键的生产要素，但目前的研究没有考虑此类因素的成果。鉴于此，本节在估算灰水生态足迹的基础上引入扩展的 Kaya 恒等式建立因素分解模型，采用 LMDI 模型对中国人均灰水生态足迹年际变化的驱动效应进行定量分析，相关公式不再赘述。

2. 实证分析

（1）人均灰水生态足迹变化驱动效应分类。经济活度效应（f_{effect}）属于就业效率水平，以期为水环境治理提供良好的经济基础；资本深化效应（d_{effect}）属于资本积累效率水平，以期投资增长带动水环境改善；在资本效率效应（o_{effect}）方面，需要消耗更少的水资源换取更大的经济产值；灰水生态足迹强度效应（w_{effect}）属于用水效率水平，以期用更少的用水换取更大的经济效益；环境效率效应（e_{effect}）是水效率的一种表现形式，以期更少的水资源向灰水足迹转化。各效应值为正代表该效应呈增量效应，会导致人均灰水生态足迹的增加，反之则对人均灰水生态足迹具有抑制作用。

（2）人均灰水生态足迹变化驱动效应计算结果。基于 LMDI 分解模型定量估算了经济活度、资本深化、资本效率、灰水生态足迹强度、环境效率这五个驱动效应对各省（区、市）人均灰水生态足迹产出的贡献作用。人均灰水生态足迹年际变化结果见表 7-9。

表 7-9　人均灰水生态足迹效应分解　（单位：hm^2/人）

时段	f_{effect}	d_{effect}	o_{effect}	w_{effect}	e_{effect}	总效应
2000～2001 年	–0.0001	0.0118	–0.0016	–0.0116	–0.0004	–0.0018
2001～2002 年	0.0005	0.0120	–0.0025	–0.0079	–0.0043	–0.0020
2002～2003 年	0.0008	0.0134	–0.0009	–0.0158	0.0050	0.0025
2003～2004 年	0.0018	0.0145	0.0019	–0.0134	–0.0035	0.0013
2004～2005 年	0.0014	0.0138	0.0005	–0.0104	–0.0006	0.0047
2005～2006 年	0.0015	0.0162	0.0011	–0.0154	–0.0035	–0.0002
2006～2007 年	0.0016	0.0165	0.0049	–0.0238	–0.0143	–0.0152
2007～2008 年	0.0011	0.0176	–0.0016	–0.0143	–0.0046	–0.0018
2008～2009 年	–0.0005	0.0172	–0.0091	–0.0056	–0.0028	–0.0009
2009～2010 年	0.0009	0.0176	–0.0025	–0.0139	–0.0038	–0.0017
2010～2011 年	0.0025	0.0162	–0.003	–0.0121	–0.0028	0.0010
2011～2012 年	–0.0020	0.0189	–0.0070	–0.0094	–0.0025	–0.0020
2012～2013 年	0.0003	0.0151	–0.0070	–0.0037	–0.0055	–0.0009
2013～2014 年	–0.0009	0.0147	–0.0063	–0.0136	0.0047	–0.0013
2014～2015 年	0.0011	0.0154	0.0024	0.0122	0.0042	0.0023
2015～2016 年	0.0012	0.0157	0.0027	0.0134	0.0034	0.0026

续表

时段	f_{effect}	d_{effect}	o_{effect}	w_{effect}	e_{effect}	总效应
2016～2017 年	0.0014	0.0159	0.0053	0.0173	0.0029	0.0082
2017～2018 年	0.0013	0.0161	0.0037	0.0142	0.0021	0.0026
效应均值	0.0007	0.0155	0.0026	0.0126	0.0028	0.0018
效应标准差	0.0011	0.0018	0.0034	0.0044	0.0039	0.0041
效应变异系数	1.5019	0.1395	1.6580	0.4035	0.6568	2.1779

7.4.2　中国人均灰水生态足迹变化驱动效应空间分异

1. ISODATA 聚类

各省（区、市）人均灰水生态足迹 LMDI 模型估算结果见表 7-10。为直观分析各驱动效应的空间特征，本节采用 ISODATA 聚类模型将 31 个省（区、市）的估算结果按照强、中、弱驱动在空间上进行聚类（表 7-11），然后对每一类驱动进行具体分析。

表 7-10　中国 31 个省（区、市）人均灰水生态足迹效应分解　（单位：hm^2/人）

省(区、市)	f_{effect}	d_{effect}	o_{effect}	w_{effect}	e_{effect}	总效应
北京	0.0011	0.0040	0.0020	−0.0080	−0.0032	−0.0041
天津	−0.0003	0.0116	0.0001	−0.0114	−0.0043	−0.0043
河北	0.0004	0.0125	−0.0010	−0.0101	−0.0052	−0.0034
山西	0.0006	0.0120	−0.0013	−0.0111	−0.0021	−0.0019
内蒙古	0.0014	0.0406	−0.0103	−0.0252	−0.0033	0.0032
辽宁	0.0006	0.0203	−0.0054	−0.0127	−0.0043	−0.0015
吉林	0.0010	0.0305	−0.0084	−0.0184	−0.0091	−0.0044
黑龙江	0.0015	0.0176	−0.0047	−0.0125	−0.0025	−0.0006
上海	−0.0010	0.0070	0.0013	−0.009	−0.0037	−0.0054
江苏	−0.0001	0.0112	−0.0005	−0.0086	−0.0019	0.0001
浙江	0.0009	0.0085	−0.0004	−0.0101	−0.0006	−0.0017
安徽	0.0008	0.0108	−0.0014	−0.0089	−0.0022	−0.0009
福建	0.0014	0.0099	−0.0013	−0.0090	−0.0003	0.0007
江西	0.0006	0.0158	−0.0021	−0.0122	−0.0016	0.0005
山东	0.0004	0.0142	−0.0018	−0.0111	−0.0051	−0.0034

续表

省（区、市）	f_{effect}	d_{effect}	o_{effect}	w_{effect}	e_{effect}	总效应
河南	0.0008	0.0179	−0.0039	−0.0128	−0.0037	−0.0017
湖北	0.0000	0.0146	−0.0014	−0.0130	−0.0007	−0.0005
湖南	0.0009	0.0197	−0.0033	−0.0164	−0.0010	−0.0001
广东	0.0012	0.0093	0.0001	−0.0102	−0.0014	−0.0010
广西	0.0019	0.0285	−0.0054	−0.0211	−0.0090	−0.0051
海南	0.0016	0.0171	−0.0023	−0.0136	−0.0046	−0.0018
重庆	−0.0003	0.0144	−0.0006	−0.0127	−0.0009	−0.0001
四川	0.0006	0.0190	−0.0015	−0.0189	0.0000	−0.0008
贵州	0.0012	0.0166	0.0003	−0.0178	−0.0002	0.0001
云南	0.0009	0.0179	−0.0032	−0.0150	−0.0001	0.0005
西藏	0.0114	0.1671	−0.0615	−0.1219	−0.0024	−0.0073
陕西	0.0005	0.0131	−0.0002	−0.0104	−0.0038	−0.0008
甘肃	−0.0003	0.0189	−0.0033	−0.0144	0.0017	0.0026
青海	−0.0015	0.0682	−0.0105	−0.0639	0.0108	0.0031
宁夏	0.0002	0.0307	−0.0035	−0.0188	−0.0127	−0.0041
新疆	0.0012	0.0203	−0.0018	−0.0138	−0.0059	0.0001
总体	0.0006	0.0154	−0.0024	−0.0122	−0.0028	−0.0014

表 7-11　中国 31 个省（区、市）人均灰水生态足迹产出变化的驱动效应聚类表　（单位：hm^2/人）

时段	效应强驱动	效应中驱动	效应弱驱动
2000～2001 年	0.0019/0.0924/0.0406/−0.1333/−0.0162	−0.0006/0.0316/−0.006/−0.0130/−0.0069	−0.0028/0.0111/−0.002/−0.0090/−0.0003
2001～2002 年	0.0012/0.0747/0.0321/−0.0983/−0.0337	0.0011/0.0307/−0.0084/−0.0127/−0.0055	0.0022/0.0107/−0.0030/−0.0066/−0.0008
2002～2003 年	0.0007/0.1681/−0.0668/−0.1437/0.0069	0.0008/0.0361/−0.0053/−0.0054/0.0097	0.0007/0.0117/0.0004/−0.0156/−0.0068
2003～2004 年	0.0049/0.2093/−0.1155/−0.1112/−0.0072	0.0012/0.0352/0.0005/−0.0437/−0.0014	0.0015/0.0122/0.0038/−0.0149/0.0076
2004～2005 年	0.0068/0.2783/−0.1604/0.0242/0.0212	0.0021/0.0307/0.0078/−0.0254/−0.0124	−0.0020/0.0125/0.0060/−0.0147/0.0016
2005～2006 年	0.0026/0.2307/−0.1224/−0.2447/−0.0041	0.0014/0.0373/−0.0016/−0.0285/0.0021	0.0009/0.01444/0.0001/−0.0114/−0.0019
2006～2007 年	0.0060/0.1694/−0.0803/−0.1514/−0.0157	0.0014/0.0406/0.0016/−0.0418/−0.0178	0.0018/0.0145/0.0020/−0.0173/−0.0084
2007～2008 年	0.0027/0.1863/−0.0840/−0.0346/−0.0176	0.0003/0.0459/−0.0029/−0.0306/−0.0104	0.0010/0.0157/−0.0000/−0.0138/−0.0033
2008～2009 年	0.0035/0.1346/−0.0665/−0.2045/−0.0051	0.0012/0.0422/−0.0160/−0.0310/0.0036	−0.0110/0.0170/−0.004/−0.0067/0.0009

续表

时段	效应强驱动	效应中驱动	效应弱驱动
2009～2010 年	0.0034/0.1461/–0.0532/–0.1177/–0.0122	–0.0002/0.0540/–0.005/–0.0325/–0.0059	–0.0003/0.0154/0.0004/–0.0152/–0.0012
2010～2011 年	0.0058/0.1734/–0.0714/–0.1312/–0.0249	0.0028/0.0429/–0.0059/–0.0346/–0.0073	0.0075/0.0145/–0.0005/–0.0124/0.0038
2011～2012 年	–0.0050/0.1630/–0.016/–0.1431/–0.0024	–0.0021/0.0482/–0.018/–0.0232/–0.0036	–0.0051/0.0184/–0.006/–0.0081/–0.0017
2012～2013 年	0.0000/0.1436/–0.0389/–0.1052/–0.0231	0.0003/0.0404/–0.0219/–0.0080/–0.0029	0.0008/0.0150/–0.0069/–0.0060/0.0026
2013～2014 年	–0.0028/0.1698/–0.056/–0.1126/–0.0095	–0.0009/0.0401/–0.021/–0.0379/0.0060	–0.0019/0.0151/–0.006/–0.0102/0.0121
2014～2015 年	0.0034/0.1671/–0.0761/–0.1245/–0.0143	0.0012/0.0397/–0.0088/–0.0263/–0.0068	–0.0015/0.0142/–0.0033/–0.0116/–0.0038
2015～2016 年	0.0039/0.1724/–0.0782/–0.1248/–0.0128	0.0013/0.0403/–0.0096/–0.0273/–0.0072	–0.0011/0.0144/–0.0027/–0.0118/–0.0043
2016～2017 年	0.0036/0.1795/–0.8194/–0.1267/–0.0126	0.0009/0.0410/–0.0015/–0.0281/–0.0097	–0.0009/0.0146/–0.0013/–0.0121/–0.0041
2017～2018 年	0.0040/0.1803/–0.1356/–0.1255/–0.0131	0.0011/0.0413/–0.0127/–0.0299/–0.0113	0.0001/0.0149/–0.0030/–0.0119/–0.0038
平均值	–0.0083/–0.1219/–0.0615/0.1671/0.0023	0.0006/0.0397/–0.0075/–0.0272/–0.0038	–0.0005/0.0142/–0.001/–0.0116/0.0003

注：表中数字分别代表了经济活度效应、资本深化效应、资本效率效应、灰水生态足迹强度效应、环境效率效应。

2. *人均灰水生态足迹变化驱动效应空间分异*

根据上述技术结果，分别对经济活度效应、资本深化效应、资本效率效应、灰水生态足迹强度效应、环境效率效应的驱动类型进行分析，并绘制各类效应聚类图，结果如图 7-8 所示。

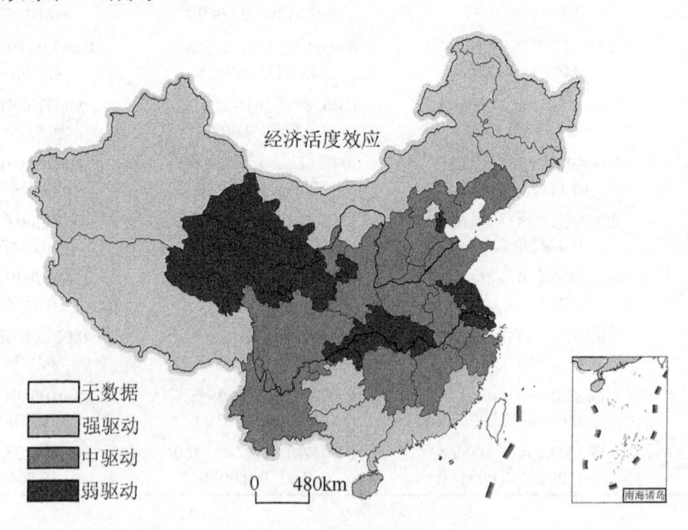

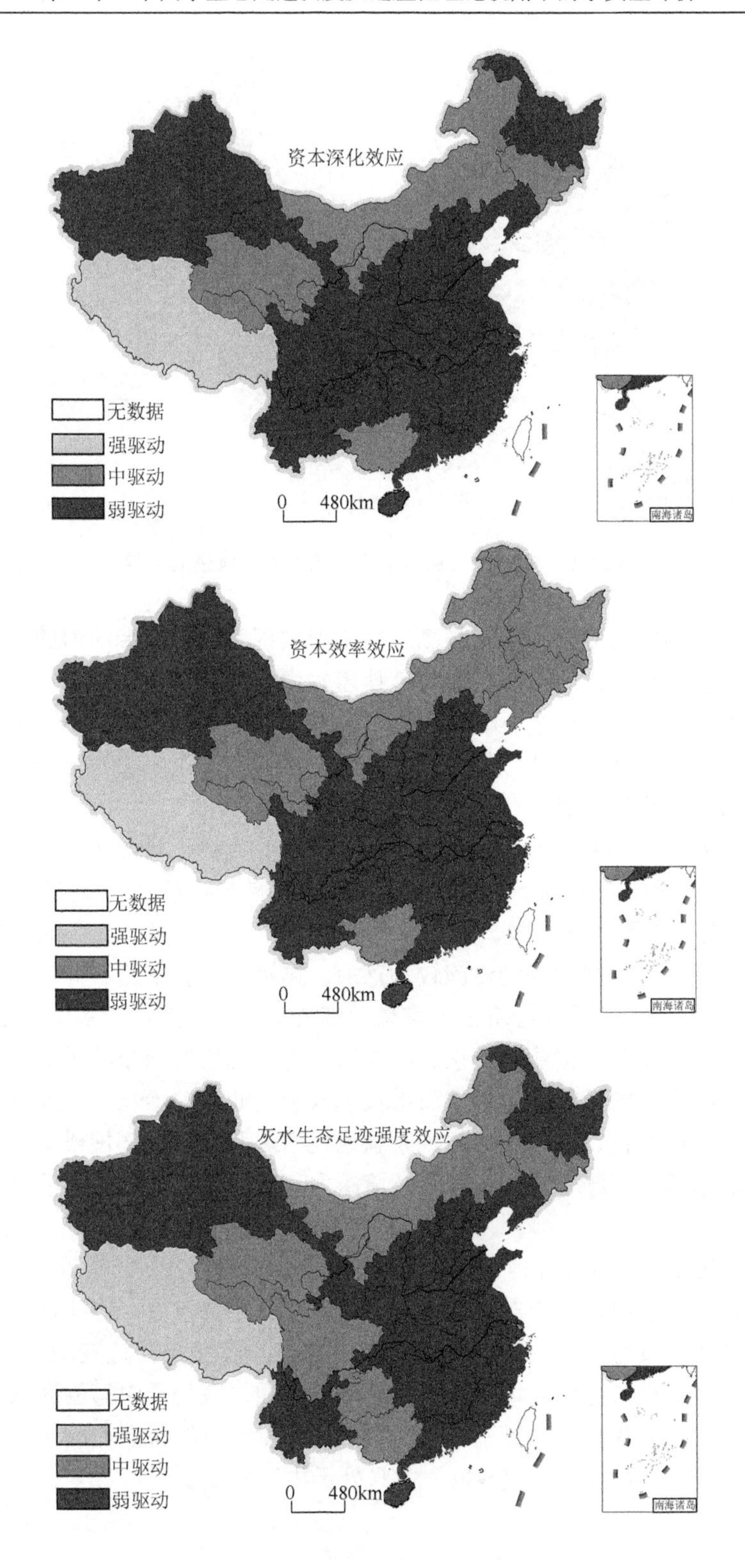
资本深化效应
无数据
强驱动
中驱动
弱驱动
0 480km
南海诸岛
资本效率效应
无数据
强驱动
中驱动
弱驱动
0 480km
南海诸岛
灰水生态足迹强度效应
无数据
强驱动
中驱动
弱驱动
0 480km
南海诸岛

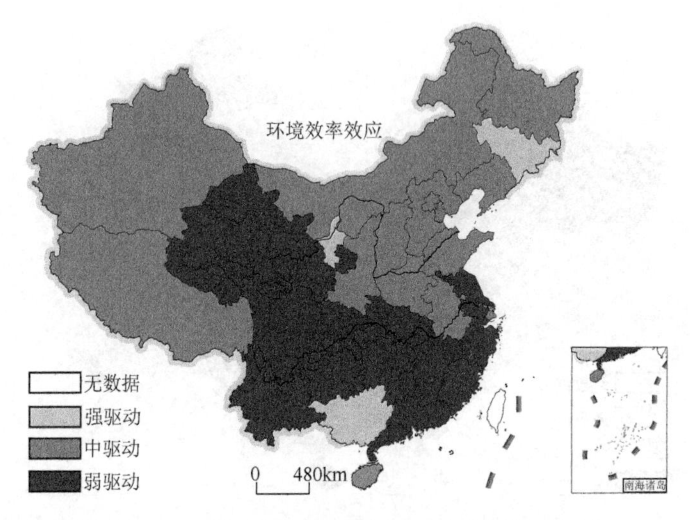

图 7-8　中国人均灰水足迹变化驱动效应空间分异

（1）经济活度效应。中国经济高速增长很大程度上源于劳动力的充分供给，劳动人口数量增加的同时也不可避免地伴随着生活污水和工业废水排放的增加。经济活度效应绝对值在五个驱动效应值中最小，年均值为 0.0006hm²/人，由于人口增长率较低，经济活度效应值较低，个别年份和省（区、市）还会随人口数量波动呈现减量效应的特点。

经济活度效应强驱动的地区是北京、内蒙古、吉林、黑龙江、福建、广东、广西、海南、贵州、西藏、新疆。研究期内西藏的经济活度效应年平均值为 0.0114hm²/人，在所有省（区、市）中效应值最高。经济发展和产业规模扩大带动了劳动人口增加，同时基础设施较为落后，排污和监管措施不够完善，导致了人均灰水生态足迹的增加，经济活度增量效应特点加剧了人均灰水生态足迹增长；北京、吉林、黑龙江、福建、广东、海南的经济多元化发展带动了劳动人口的增长，这些地区人口数量较高，且人口增长率低于就业人口增长率，经济活度效应呈增量特点；内蒙古、广西、贵州、新疆地处中国西部，经济规模不断扩大和劳动人口数量增长，加剧了水资源和水环境压力，使得这些地区经济活度效应处于强驱动水平。

经济活度效应中驱动水平的地区包括河南、湖南、四川、云南等 13 个省（区、市），大多数位于中国的中部和中西部地区。随着经济发展，这些地区的劳动人口数量增长率也较为平稳，且 2018 年的地区人均灰水生态足迹较 2000 年有所降低，增量效应特点未造成人均灰水生态足迹的增加，故处于中等驱动水平；云南地处西部，其人均灰水生态足迹有上升趋势，增量效应的特点加剧了人均灰水生态足迹的上升，得益于效应值较低，故只处于中等驱动水平。

经济活度效应弱驱动水平的地区有天津、上海、江苏、湖北、重庆、甘肃、青海。这些省（市）的经济活度效应值呈减量效应特点。除甘肃和青海外，其余地区的人均灰水生态足迹均呈下降趋势。甘肃和青海的就业人口数量增长率低于人口增长率，区域经济落后致使当地人才流失情况较为明显，经济活度效应的减量特征对人均灰水生态足迹的上升没有起到抑制作用，故处于弱驱动；天津、上海、江苏、湖北、重庆5个省（市）是中国人口和经济规模较大的地区，且经济结构较为合理，地区劳动人口比例较为稳定，随着经济转向资本密集型，劳动人口有向其他地区转移的趋势，经济活度减量效应特点也促进了区域的人均灰水生态足迹的降低，但是由于效应绝对值很低，只能处于弱驱动水平。

（2）资本深化效应。研究期内的资本深化效应均值为 0.0161hm^2/人，是最明显的增量效应。资本存量的大小决定了社会生产力水平乃至社会经济关系的变化，资本深化是伴随工业化进程而出现的一个客观现象。随着资本存量不断增长，经济从劳动密集型向资本密集型转化，资本增速远高于就业人口增长，各省（区、市）都在经历着持续的资本深化过程。经济较发达地区资本深化效应值较低，表明中国经济已有向技术密集型转化的趋势。

资本深化效应强驱动的地区是西藏，研究期内的效应均值高达 0.1671hm^2/人。西部大开发战略实施以来西藏的就业人口和资本投入增长迅速，由于经济基础较为薄弱且地区人口较少，需要大量的资本投入来带动经济的增长，研究期内西藏的社会固定资产投资年平均增速超过20%，资本存量也在迅速增长，而就业人口数量增长比例则低于资本存量增长的速度，特别是2011年后地区的就业人口数趋于稳定，资本深化效应的增量特点也越来越明显，故资本深化效应处于强驱动水平。

资本深化效应中驱动的地区包括内蒙古、吉林、江西、广西、贵州、云南、甘肃、青海、宁夏。其中的大多数地区都处于中国的西部地区，西部大开发以来的资本投入增加趋势愈发明显，资本增长速度明显大于劳动力增长速度，各省（区、市）经历着持续的资本深化过程。内蒙古、江西、贵州、云南、甘肃、青海的人均灰水生态足迹呈增长趋势，资本深化效应值在所有省（区、市）中排名较靠前，由于经济基础较为薄弱，经济发展主要靠资本投入来推动，且经济结构仍以污染较高的一、二产业为主，地区的人均灰水生态足迹也有一定增加，而贵州的人口数量有所降低，更加加剧了这一现象，故处于中驱动水平；其余三个地区的经济结构中仍然是第二产业占主导地位，虽然人均灰水生态足迹的变化呈降低趋势，但是效应值偏高，对人均灰水生态足迹的仍起到促进增长作用，故处于中等驱动水平。

资本深化效应弱驱动的地区包括北京、天津、河北、山西等21个省（区、市）。这些地区大多数处于中国的东部和中部，人均灰水生态足迹呈下降趋势。经济较为发达的东部地区资本深化的效应值较低，社会资本投入相对稳定，地区产业结构较为合理，地区经济有从资本密集型向技术密集型转化的趋势，加之地区的人均灰水生态足迹较低，资本深化效应值也较小，故处于弱驱动水平；中部地区的效应虽然较东部地区高，产业结构也不如东部地区合理，但资本投入增长和就业人口增长相对稳定，且与强、中驱动地区相比效应值较低，地区人均灰水生态足迹呈下降趋势，故资本深化效应处于弱驱动水平。

（3）资本效率效应。资本效率效应是三个呈减量效应特点的效应中效应值绝对值最小的一个，只有少数省（区、市）呈现增量效应特点。目前中国正处于社会主义工业化时期，工业尤其是重工业相对其他行业要求有很高的资本投入量，而资本生产率偏低，这也是社会生产总值的增加速度低于资本投入速度的主要原因。

资本效率效应强驱动的地区是西藏。研究期内西藏的资本效率效应值为 -0.0615hm^2/人，是所有省（区、市）中效应绝对值最大的地区。随着西部大开发的推进，西藏的资本投入增长迅速，生产总值也有较大的提升。但是地区基础设施的投资占据了资本投入的较大比例，虽然地区生产总值有所增加，但现阶段地区的产能还未得到完全发挥，资本的利用效率不高致使资本效率减量特点明显。西藏的经济基础较为薄弱，基础建设投资必不可少，但目前而言基础设施投资所产生的抑制作用明显占主导地位，减量效应也对当地人均灰水生态足迹起到较大的降低作用，使得资本效率效应处于强驱动水平。

资本效率效应中驱动水平的地区包括内蒙古、辽宁、吉林、黑龙江、广西、青海，主要位于中国东北和西部地区，资本效率效应呈减量效应特点，效应值也呈逐年下降趋势，并且产业多以工业和农业为主。内蒙古、青海的人均灰水生态足迹呈增加趋势，西部大开发以来两地区的投资力度不断增大，但地区正处于工业化阶段，前期投入需求较高的工业占据了较大比例的投资，受限于自身原因，资本利用效率不高的同时还导致了人均灰水生态足迹上升，减量效应虽然明显，但只能处于中驱动水平；其余四省（区）的人均灰水生态足迹呈波动下降趋势，其中东三省是中国主要的工农业基地，也是产能过剩主要集中领域，“东北振兴”以来，政策大多聚焦于项目投资上，投资未发挥应有的产能，故资本效率效应处于中等驱动水平。

资本效率效应弱驱动水平的地区包括北京、天津、河北、山西等 23 个省（区、市）。其中，北京、天津、上海、广东、贵州 5 个省（市）的资本效率效应值为正，区域的资本利用效率呈现良好状态，除贵州人均灰水生态足迹变化不明显之外，其余 4 个省（市）的人均灰水生态足迹均有较为明显的下降，故对人均灰水足迹的变化影响较弱，资本效率效应只处于弱驱动水平；福建、江西、云南、甘肃的人均灰水生态足迹有一定的增加，中西部的省（区、市）资本利用效率不高，加之地区产业转型导致了人均灰水生态足迹上升；其余省（区、市）的效应值与强驱动和中驱动的地区相比明显偏小，部分省（区、市）的人均灰水生态足迹变化幅度较小，资本效率效应对人均灰水生态足迹的影响较弱，故处于弱驱动水平。

（4）灰水生态足迹强度效应。2000～2018 年中国 31 个省（区、市）的灰水生态足迹强度效应呈明显的减量效应特点，平均效应值为-0.0126hm^2/人，经济发展带动用水强度逐步降低和用水效率提高，对人均灰水生态足迹降低有着积极的作用。

灰水生态足迹强度效应强驱动的地区是西藏。2000 年西藏的灰水生态足迹强度高达 $4.89\text{hm}^2/10^4$ 元，到 2018 年下降到 $0.52\text{hm}^2/10^4$ 元，并且在研究期内西藏的人均灰水生态足迹也呈波动下降的趋势，从 2000 年的 0.91hm^2/人下降到 2018 年的 0.78hm^2/人，水资源利用效率的提升对人均灰水生态足迹的减少起着主要的促进作用，故西藏灰水生态足迹强度效应处于强驱动水平。西藏的基础设施建设投资增多，基础设施也不断完善，但不可忽视西藏的灰水生态足迹强度仍然是所有省（区、市）中最高的。

灰水生态足迹强度效应中驱动的地区包括内蒙古、吉林、广西、四川、贵州、青海、宁夏。青海、贵州、四川、内蒙古的灰水生态足迹强度降幅排在 31 个省（区、市）的前列，青海的灰水生态足迹强度降幅达 90.71%，排在 31 个省（区、市）的第一位。与强驱动的西藏地区相比，青海和内蒙古的人均灰水生态足迹在研究期内呈波动上升的趋势，虽然灰水生态足迹强度效应的减量值较大，但是由于其他驱动因素的影响，人均灰水生态足迹未能呈现持续减少趋势，故只处于中等驱动水平；吉林、广西、宁夏研究期内的人均灰水生态足迹有所下降，四川和贵州的人均灰水生态足迹变化不明显，虽然这些省（区、市）的灰水生态足迹强度有了较大幅度的下降，但受限于其他因素的影响，人均灰水生态足迹的变化幅度较小，故灰水生态足迹强度效应处于中等驱动水平。

灰水生态足迹强度效应弱驱动的地区包括北京、天津、河北、山西等 23 个省（区、市）。北京、上海、福建、广东等经济发达地区的人均灰水生态足迹呈逐年减小趋势，并且已经保持了较低的用水强度，灰水生态足迹强度降低的空间也不大；山西、陕西、江西等中部地区人均灰水生态足迹也低于总体平均水平，这些地区已经意识到控制污染物排放的必要性，尽管灰水生态足迹强度都有明显的下降，但是人均灰水生态足迹降幅不明显；云南、甘肃研究期内的人均灰水生态足迹呈增长趋势，新疆的人均灰水生态足迹变化幅度较小，随着经济不断发展和科技水平提升，灰水生态足迹强度有了明显降低，但是污染物排放控制设备及农业生产方式都处于较为落后的状态，污染物排放控制措施还需要进一步完善，灰水生态足迹强度的减量效应与人均灰水生态足迹变化趋势不同，故处于弱驱动水平。

（5）环境效率效应。环境效率效应呈减量效应的特点，其总体均值为-0.0028hm^2/人。除西部个别省（区、市）的环境效率效应呈增量效应特点外，大多数省（区、市）都呈现出减量效应特点。水生态足迹和灰水生态足迹共同决定着环境效率效应的变化，在各省（区、市）水生态足迹都在增长的前提下，灰水生态足迹的变化趋势尤为关键。

环境效率效应强驱动的地区是吉林、广西、宁夏。其中，宁夏人均灰水生态足迹的环境效率效应绝对值在所有省（区、市）中排在第一位，吉林、广西也位居前列。研究期内三个省（区）的工业和生活灰水足迹均呈下降趋势，随着经济发展和科技水平进步，这些地区对水资源的利用效率在不断提升，灰水生态足迹占水生态足迹的比例也在逐年降低，点源污染的控制方面得到了极大的改善；宁夏的环境效率效应为正，且效应值较高，地区的人均灰水生态足迹也呈现上升趋势，工业灰水生态足迹的增长最为明显，农业和生活灰水生态足迹也有相应增加，研究期内青海的第二产业比重持续增大，第三产业比例却在降低，这也是地区实现工业化所必经的阶段，灰水生态足迹的上升也使得地区的环境效率效应处于强驱动效应。

环境效率效应中驱动水平的省（区、市）有北京、天津、河北、山西等 15 个。这些省（区、市）的环境效率效应呈减量特点，相对于强驱动效应的地区效应绝对值偏低，大多数省（区、市）的灰水生态足迹呈下降趋势，表明污染物的排放得到了有效的控制，灰水生态足迹占水生态足迹比例逐步降低；而内蒙古、西藏、新疆的灰水生态足迹呈增长趋势，虽然环境效率效应值为负，但减少的主要原因是水生态足迹的增长比例高于灰水生态足迹的增长比例，地区污染处理设备与产业发展速度不匹配导致灰水生态足迹增加，尤其是农业灰水生态足迹增长幅度较高，但是人口规模的扩大使得人均灰水生态足迹没有出现增长。故这些地区的环境效率效应处于中驱动水平。

环境效率效应弱驱动水平的省（区、市）有江苏、浙江、福建等 13 个。甘肃处于中国西部，环境效率效应呈增量效应特点，人均灰水生态足迹呈增加趋势，但效应值较低，对人均灰水生态足迹的影响较弱，故将其划分为弱驱动水平；贵州和云南的环境效率效应呈减量效应特点，人均灰水生态足迹呈增加趋势，云南的灰水生态足迹呈逐年上升趋势，效应值为负主要是因为水生态足迹增长比例高于灰水生态足迹增长比例，贵州灰水生态足迹有小幅降低，人均灰水生态足迹增加是由于人口减少，环境效率效应对人均灰水生态足迹影响较弱；其余省（区、市）人均灰水生态足迹呈降低趋势，且效应值为负，相对于前两种驱动的地区绝对值偏小，对人均灰水生态足迹影响较弱。

7.4.3 中国人均灰水生态足迹差异性分析

1. 锡尔指数 Kaya 分解

鉴于不同地区的人口和经济状况有很大的差异，只对区域间污染情况差异分析评价并不能客观反映出人口、经济等因素对灰水足迹变化的影响。为了测量每个因素对总体差异指数的贡献，本节利用锡尔指数对 2000～2018 年中国 31 个省（区、市）的人均灰水生态足迹差异及变化规律进行测度，并通过锡尔指数 Kaya 分解方法对之前求得的 Kaya 指数进行分析，对东部、中部、西部地区人均灰水生态足迹差异变化地区间和地区内驱动效应进行分析。本节定义了五个假设的人均灰水生态足迹，以每个地区的劳动人口为载体，并规定每个向量只允许有一个因子的值偏离总体平均值，其方法如下：

$$g_i^f = f_i \times \bar{d} \times \bar{o} \times \bar{w} \times \bar{e} \tag{7-5}$$

$$g_i^d = \bar{f} \times d_i \times \bar{o} \times \bar{w} \times \bar{e} \tag{7-6}$$

$$g_i^o = \bar{f} \times \bar{d} \times o_i \times \bar{w} \times \bar{e} \tag{7-7}$$

$$g_i^w = \bar{f} \times \bar{d} \times \bar{o} \times w_i \times \bar{e} \tag{7-8}$$

$$g_i^e = \bar{f} \times \bar{d} \times \bar{o} \times \bar{w} \times e_i \tag{7-9}$$

式中，g_i^f 为 i 地区人均灰水生态足迹；$\bar{f}$、$\bar{d}$、$\bar{o}$、$\bar{w}$、$\bar{e}$ 分别为五个驱动效应的全国平均值。

利用锡尔指数来定义各驱动效应的差异程度，方法如下：

$$I^r(g^r, e) = \sum_{i=1}^{n} e_i \cdot \ln\left(\frac{\bar{g}^r}{g_i^r}\right) \quad r = f, d, o, w, e \tag{7-10}$$

$$\bar{g}^r = \sum_{i=1}^{n} e_i \cdot g_i^r \tag{7-11}$$

式中，$\bar{g}^r$ 为每个驱动效应对人均灰水生态足迹差异的贡献值。

在此基础上，如果适当地增加表达效应 f, d, o, w 的差异指数，可以得到相应以劳动人口作为参考的全国人均灰水生态足迹的锡尔指数，公式如下：

$$\begin{aligned} I^r(g^r, e) + \ln\left(\frac{\bar{g}}{\bar{g}^r}\right) &= \sum_{i=1}^{n} e_i \cdot \ln\left(\frac{\bar{g}^r}{g_i^r}\right) + \ln\left(\frac{\bar{g}}{\bar{g}^r}\right) \\ &= \sum_{i=1}^{n} e_i \cdot \ln\left(\frac{\bar{g}}{g_i^r}\right) = T(g^r, e) \end{aligned} \tag{7-12}$$

$$r = d, o, w, e$$

$$\begin{aligned} & T(g^f, e) + T(g^d, e) + T(g^o, e) + T(g^w, e) + T(g^e, e) \\ &= \sum_{i=1}^{n} e_i \cdot \ln\left(\frac{\bar{g}}{g_i^f}\right) + \sum_{i=1}^{n} e_i \cdot \ln\left(\frac{\bar{g}}{g_i^d}\right) + \sum_{i=1}^{n} e_i \cdot \ln\left(\frac{\bar{g}}{g_i^o}\right) + \sum_{i=1}^{n} e_i \cdot \ln\left(\frac{\bar{g}}{g_i^w}\right) + \sum_{i=1}^{n} e_i \cdot \ln\left(\frac{\bar{g}}{g_i^e}\right) \\ &= T(g, e) \end{aligned} \tag{7-13}$$

式中，$T(g, e)$是基于劳动人口的全国人均灰水生态足迹锡尔指数。因此，对于这五个驱动效应的分解如下：

$$T(g,e)=\sum_{r=1}^{5}I^{r}(g^{r},e)+\sum_{r=1}^{4}e_{i}\cdot\ln\left(\frac{\bar{g}}{\bar{g}^{r}}\right) \tag{7-14}$$

由于五个 Kaya 因子相互独立的差异程度可由锡尔指数来表示，但五个驱动效应在一定程度上存在相互作用，为分析驱动效应之间的相互作用，选取inter(f, $dowe$)表示经济活度-劳均灰水生态足迹的交互作用，inter(d, owe)表示资本深化-资本灰水产出系数的交互作用，inter(o, we)表示资本效率-灰水生态足迹强度的交互作用，inter(w, e)表示水生态足迹强度-环境效率之间的相互关系。计算方法如下：

$$\text{inter}(f,dowe)=\ln\left(\frac{\bar{g}}{\bar{g}^{f}}\right)=\ln\left(1+\frac{\sigma_{f,dowe}}{\bar{g}^{f}}\right) \tag{7-15}$$

$$\text{inter}(d,owe)=\ln\left(\frac{\bar{g}}{\bar{g}^{d}}\right)=\ln\left(1+\frac{\bar{f}\cdot\sigma_{d,owe}}{\bar{g}^{d}}\right) \tag{7-16}$$

$$\text{inter}(o,we)=\ln\left(\frac{\bar{g}}{\bar{g}^{o}}\right)=\ln\left(1+\frac{\bar{f}\cdot\bar{d}\sigma_{o,we}}{\bar{g}^{o}}\right) \tag{7-17}$$

$$\text{inter}(w,e)=\ln\left(\frac{\bar{g}}{\bar{g}^{w}}\right)=\ln\left(1+\frac{\bar{f}\cdot\bar{d}\cdot\bar{o}\cdot\sigma_{w,e}}{\bar{g}^{w}}\right) \tag{7-18}$$

2. 中国省际人均灰水生态足迹驱动效应差异测度

为从区域层面探讨中国人均灰水生态足迹产出差异的原因，本节根据中国东部、中部、西部三大经济地带的划分，采用子群分解法分析并讨论中国人均灰水生态足迹差异是由区域间还是区域内差异的扩大所导致的。根据相关公式计算得出 2000～2018 年各省（区、市）的人均灰水生态足迹差异的锡尔指数，并分析这些驱动效应的变化趋势及空间差异性的分布特征。表 7-12 显示了利用锡尔指数对人均灰水生态足迹不同驱动效应进行分解得到的结果。从表 7-12 中可知，总体人均灰水生态足迹锡尔指数在 2000～2018 年呈波动上升趋势，由 0.057 上升到 0.0706，虽然在 2011 年地区差异指数有一个较为明显的降低，但在随后几年中，差异指数又呈现出明显的上升趋势，这也从侧面反映出各省（区、市）的经济发展还不够均衡，地区间人口和劳动人口分布不均匀。限于篇幅，在此仅给出偶数年份计算结果。

表 7-12　中国人均灰水生态足迹锡尔指数驱动效应分解（Ⅰ）

年份	总效应锡尔指数	各驱动效应锡尔指数				
		f_{effect}	d_{effect}	o_{effect}	w_{effect}	e_{effect}
2000	0.0572（100.00）	0.0066（11.58）	0.1281（223.90）	0.0097（16.97）	0.0956（167.20）	0.0386（67.43）
2002	0.0495（100.00）	0.0064（13.00）	0.1224（247.29）	0.0080（16.06）	0.1065（215.09）	0.0280（56.58）
2004	0.0586（100.00）	0.0052（8.96）	0.1219（207.97）	0.0086（14.68）	0.1164（198.67）	0.0303（51.76）
2006	0.0699（100.00）	0.0052（7.40）	0.1101（157.61）	0.0085（12.22）	0.1267（181.25）	0.0367（52.47）
2008	0.0798（100.00）	0.0055（6.89）	0.0950（118.97）	0.0073（9.13）	0.1271（159.14）	0.0411（51.53）
2010	0.0895（100.00）	0.0090（10.001）	0.0784（87.60）	0.0080（8.92）	0.1248（139.47）	0.0465（51.98）
2012	0.0716（100.00）	0.0064（8.98）	0.0652（90.98）	0.0101（14.06）	0.1094（152.68）	0.0433（60.41）
2014	0.0766（100.00）	0.0063（8.25）	0.0567（73.96）	0.0150（19.59）	0.0889（116.01）	0.0716（93.43）
2016	0.0691（100.00）	0.0063（9.38）	0.0972（84.14）	0.0094（16.95）	0.1272（121.41）	0.0420（70.63）
2018	0.0706（100.00）	0.0064（9.10）	0.0934（91.13）	0.0112（13.65）	0.1311（137.74）	0.0424（61.87）
平均	0.0645（100）	0.0057（8.57）	0.0812（129.17）	0.0067（11.16）	0.1103（167.94）	0.0440（53.92）

注：括号内数字为贡献率，单位为%。为探究造成人均灰水生态足迹差异的主要原因，本节对已估算的锡尔指数进行 Kaya 分解。表 7-12 显示：灰水生态足迹强度效应 w 呈先增大后减小的趋势，其年均值在五个效应中最高，是最为明显的主导效应，其贡献率在 116.01%～215.09%浮动，随着时间的推移，逐渐变为主导作用最强的驱动效应。2000～2008 年的锡尔指数呈现增长趋势，主要是由于 2000 年中国开始实施西部大开发战略，此后五年西部地区固定资产投资年增速在 20%以上，而地区的节水和排污监管措施与经济增速不匹配导致部分省（区、市）灰水生态足迹出现增长，地区差异增加。2009 年以后，灰水生态足迹强度效应指数呈现持续下降趋势，地区间用水强度差距在逐步减小，这也与部分省（区、市）不断改进生产工艺提高用水效率有很大关系。

资本深化效应 d 的锡尔指数均值为 0.0812，呈现明显的下降趋势，降幅达 55.76%，年际贡献率在 73.96%～247.29%波动，并且在五个效应中从第一位下降到第二位，表明各省（区、市）的资本深化效应差距减小。近年来资本增速远高于就业人口增长，所有省（区、市）都在经历着持续的资本深化过程，随着西部大开发的推进，西部各省（区、市）的资本存量迅速增加，与经济发达省（区、市）的差距逐步减小，故资本深化效应的差异在逐渐减小。

环境效率效应 p 的锡尔指数处于第三位，年均值为 0.0040，年际贡献率处于 48.91%～93.43%，并且呈现波动上升趋势，并且逐渐成为主导作用仅次于灰水生态足迹强度和资本效率。水生态足迹和灰水生态足迹共同决定着环境效率效应的变化，在各省（区、市）水生态足迹都在增长的前提下，灰水生态足迹的变化趋势尤为关键，研究期内大多数省（区、市）的灰水生态足迹呈下降趋势，但西部地区的部分省（区、市）灰水生态足迹呈增长趋势，并且灰水生态足迹下降趋势的省（区、市）其降幅也有较大差异，因此环境效率效应 p 的差距加大。

经济活度效应 f 和资本效率效应 o 这两个驱动效应的主导作用略弱，经济活度效应的差异指数最小，仅为 0.0057，年平均贡献率仅为 8.57%，这也与现阶段中国人口基数较高，人口增长率较低有关，西部大开发战略的实施带动了西部地区间劳动人口与总人口增长，比例差距也在逐步减小，但在 2007 年以后，经济活度效应的锡尔指数有回升趋势，表明地区之间的发展仍存在不平衡，造成了部分省（区、市）人才外流，在一定程度上造成了经济活度效应差异的增大；资本效率效应 o 的锡尔指数呈现出先波动下降后上升的趋势，2008 年以后差异值逐渐增大，表明各省（区、市）之间的资本产出水平差距在加大，地区发展仍然不平衡。目前中国大部分省（区、市）正处于社会主义工业化时期，除了部分经济较为发达的沿海省（区、市）之外，其余地区的经济仍然是第二产业为主体，工业尤其是重工业相对其他行业，要求有很高的资本投入量，而资本生产率偏低。这也是社会生产总值的增加速度低于资本投入速度的主要原因，暗示着中国经济仍然是传统的要素驱动型，即经济增长呈现出显著的粗放型增长特征。

为探究这五个分解效应之间的相互作用，本节对五个 Kaya 恒等式分解效应构成的四个相互效应进行研究（表 7-13），以分析这几个驱动效应之间的相互作用关系。inter(f,$dowe$)经历了一个先上升后下降的过程，2018 年经济活度-劳均灰水生态足迹交互作用的贡献率下降了 1.44%，效应正向特征也表明经济活度效应值越高的省（区、市），灰水生态足迹也相对较高；inter(d,owe)的绝对值呈现出逐步减小的趋势，贡献率也降低了 296.06%，效应负向特征也表明资本深化效应越高的地区其灰水生态足迹产出越低，随着灰水生态足迹的逐步减少，资本存量的持续增加，单位资本存量所产生的灰水生态足迹也在逐步降低，而地区资本累积带动着区域经济的转型，对灰水生态足迹的降低起着关键作用；inter(o,we)的绝对值呈现出逐渐增大的趋势，除 2000 年外其余年份效应值均为负，且绝对值逐渐增大，贡献率的变化趋势也与贡献值相一致，2018 年的贡献率较 2000 年增长了 75.37%，负向贡献率也表明资本产出效率越高的地区，灰水生态足迹的产出越低；inter(w,e)呈现波动减小的趋势，2018 年的差异值较 2000 年增加了 10.27%，贡献率下降了 18.56%，效应正向特征也表明，水生态足迹强度越高的地区灰水生态足迹占比越高，并且地区的人均灰水生态足迹也相对较高。

表 7-13　人均灰水生态足迹锡尔指数驱动效应分解（Ⅱ）

年份	相互效应			
	inter（*f,dowe*）	inter（*d,owe*）	inter（*o,we*）	inter（*w,e*）
2000	0.0050 （8.79）	−0.2623 （−458.60）	0.0028 （4.84）	0.0331 （57.91）
2002	0.0044 （8.86）	−0.2553 （−515.64）	−0.0008 （−1.62）	0.0299 （60.40）
2004	0.0088 （14.93）	−0.2597 （−443.15）	−0.0118 （−20.12）	0.0389 （66.30）
2006	0.0098 （14.02）	−0.2425 （−347.08）	−0.0241 （−34.44）	0.0395 （56.56）
2008	0.0110 （13.76）	−0.2125 （−266.15）	−0.0271 （−33.88）	0.0324 （40.62）
2010	0.0073 （8.17）	−0.1877 （−209.81）	−0.0399 （−44.54）	0.0431 （48.19）
2012	0.0056 （7.80）	−0.1612 （−225.04）	−0.0356 （−49.71）	0.0285 （39.85）
2014	0.0053 （6.90）	−0.1413 （−184.41）	−0.0493 （−64.37）	0.0235 （30.64）
2016	0.0072 （7.4）	−0.2153 （−179.24）	−0.0269 （−67.53）	0.0336 （37.46）
2018	0.0081 （10.23）	−0.2094 （−162.54）	−0.0307 （−70.53）	0.0365 （39.35）
平均	0.0073 （10.086）	−0.2147 （−299.166）	−0.0243 （−59.16）	0.0339 （−47.73）

注：括号内数字为贡献率，单位为%。

3. 中国省际人均灰水生态足迹地区间差异与地区内差异

表 7-14 中列出了人均灰水生态足迹地区间差异和地区内差异的锡尔指数。这两个组成部分有助于讨论灰水生态足迹的总体差异性，地区间差异有助于研究东部、中部、西部之间的差异性，而地区内差异则有助于探讨各区域内部省（区、市）间的人均灰水生态足迹差异性。从计算结果来看，地区间差异要明显高于地区内差异，并且都呈现出上升的趋势，结合图 7-9 来看，地区内差异在整体锡尔指数所占比例波动降低，地区间差异则呈现波动上升的趋势。

表 7-14　人均灰水生态足迹地区间差异锡尔指数驱动效应分解

年份	T	T_{WR}	T_{BR}	年份	T	T_{WR}	T_{BR}
2000	0.0572	0.0085	0.0487	2010	0.0895	0.0233	0.0662
2001	0.0499	0.0063	0.0437	2011	0.0687	0.0241	0.0446
2002	0.0495	0.0081	0.0414	2012	0.0716	0.0221	0.0496
2003	0.0546	0.0095	0.0451	2013	0.0728	0.0262	0.0466
2004	0.0586	0.0123	0.0463	2014	0.0766	0.0289	0.0478
2005	0.0614	0.0124	0.0489	2015	0.0751	0.0299	0.0452
2006	0.0699	0.0151	0.0548	2016	0.0764	0.0315	0.0449
2007	0.0779	0.0171	0.0608	2017	0.0755	0.0331	0.0424
2008	0.0798	0.0195	0.0603	2018	0.0774	0.0347	0.0427
2009	0.0864	0.0238	0.0626				

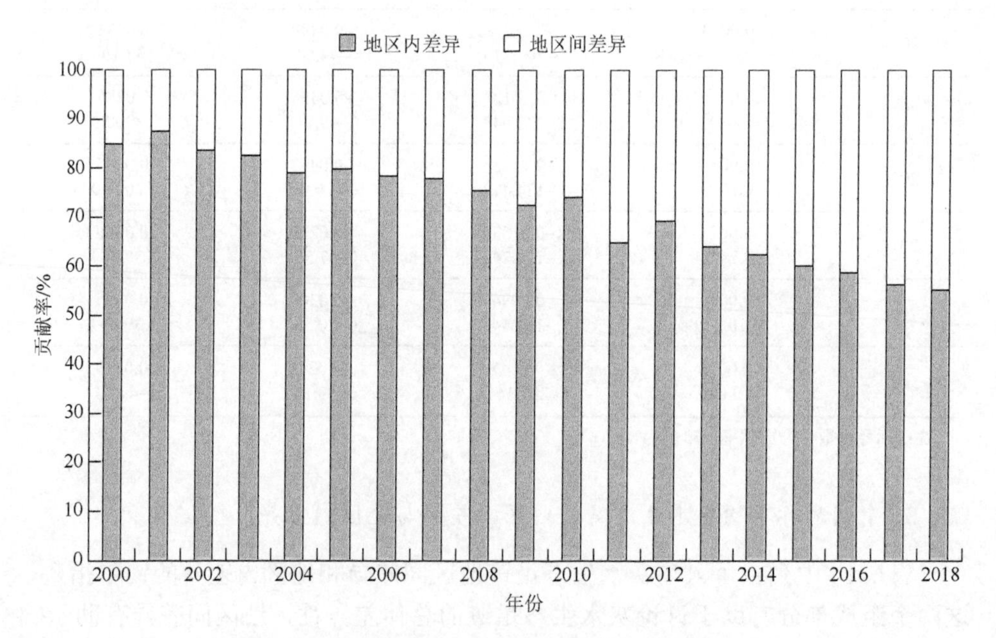

图 7-9　中国省际人均灰水生态足迹锡尔指数构成

4. 中国省际人均灰水生态足迹地区间差异

表 7-15、表 7-16 分别给出了地区间差异锡尔指数的 Kaya 分解以及四个交互因素的计算结果。

表 7-15　人均灰水生态足迹地区间差异锡尔指数驱动效应分解（Ⅰ）

年份	锡尔指数	驱动效应				
		f_{effect}	d_{effect}	o_{effect}	w_{effect}	e_{effect}
2000	0.0085 （100.00）	0.0001 （0.10）	0.0844 （997.92）	0.0024 （28.24）	0.0715 （845.19）	0.0066 （77.61）
2002	0.0081 （100.00）	0.0001 （0.68）	0.0815 （1009.67）	0.0020 （24.48）	0.0811 （1004.91）	0.0066 （82.13）
2004	0.0123 （100.00）	0.0001 （0.96）	0.0810 （656.53）	0.0027 （21.70）	0.0883 （716.07）	0.0076 （61.39）
2006	0.0151 （100.00）	0.0000 （0.24）	0.0733 （486.77）	0.0019 （12.5）	0.0914 （607.05）	0.0107 （70.74）
2008	0.0195 （100.00）	0.0000 （0.21）	0.0593 （303.86）	0.0013 （6.73）	0.0882 （451.66）	0.0123 （63.08）
2010	0.0233 （100.00）	0.0003 （1.23）	0.0431 （184.61）	0.0012 （5.26）	0.0848 （363.22）	0.0153 （65.35）
2012	0.0221 （100.00）	0.0000 （0.01）	0.0300 （135.67）	0.0011 （4.98）	0.0696 （315.09）	0.0152 （68.95）
2014	0.0289 （100.00）	0.0000 （0.04）	0.0217 （75.16）	0.0022 （7.68）	0.0419 （145.3）	0.0280 （97.11）
2016	0.0235 （100.0）	0.0001 （0.05）	0.0359 （70.23）	0.0019 （7.43）	0.0771 （135.27）	0.0128 （73.29）
2018	0.0245 （100.00）	0.0001 （0.047）	0.0217 （65.28）	0.0018 （6.42）	0.0419 （121.71）	0.0280 （71.46）
平均	0.0194 −100.00	0.0001 −0.26	0.0493 −296.86	0.0017 −10.47	0.0736 −429.88	0.0147 −72.06

注：括号内数字为贡献率，单位为%。

从表 7-15 可知，地区间差异指数由 0.0085 上升至 0.0245，涨幅超过 188%，可见东部、中部、西部之间人均灰水生态足迹差距在不断加大，这与中国目前产业布局状况有较大关系，东部地区的经济规模、人口密度等均要高于中部和西部地区，并且在产业结构方面与中西部地区相比也更有助于节能减排，地区间差异呈上升趋势，地区间的差异在不断增大。而在影响人均灰水生态足迹地区间差异的驱动效应中，各驱动效应的强弱关系与总体人均灰水生态足迹强弱关系大致相同，灰水生态足迹强度效应 w 是最为明显的主导效应，其次是资本深化效应 d。但这两个主导因素值和贡献率呈现出下降趋势，其中灰水生态

足迹强度效应 w 由 0.0715 下降到 0.0419，资本深化效应 d 由 0.0844 下降到 0.0217，东部、中部、西部之间的用水强度和资本深化差距越来越小，经济发展带动了当地科技水平的进步，用水效率有了显著提升，灰水生态足迹强度也逐渐降低，地区间灰水生态足迹强度效应差距逐渐减小。环境效率效应的锡尔指数则呈现出上升趋势，由 2000 年的 0.0066 上升至 2018 年的 0.0280，到 2018 年已经成为第二主导驱动效应。这表明地区间的灰水生态足迹占水生态足迹的比例的差距在不断扩大，之前对灰水生态足迹和水生态足迹的计算结果也表明，西部个别省（区、市）的灰水生态足迹呈增加趋势，东部、中部省（区、市）灰水生态足迹下降幅度也各不相同，东部地区由于产业结构较为合理，灰水生态足迹降幅远高于其他地区，故环境效率效应的差异有所增大。

而在五个因子的交互作用方面（表 7-16），inter(f,$dowe$)呈现波动趋势，人口和就业人口的低增长率使得交互指数影响较弱，inter(d,owe)的贡献率最为明显，并且效应特征为负，这表明资本深化效应越明显的区域，人均灰水生态足迹产出也越小。inter(o,we)也呈现出负向指数特征，并且其贡献率逐渐由正变负，表明单位资本存量所产生的灰水生态足迹越低，人均灰水生态足迹也就越低，随着资本存量的增长，单位资本存量所产生的灰水生态足迹也在逐步降低；inter(w,e)呈现波动趋势，且为正向特征效应，其贡献率逐步降低，灰水生态足迹占比越高的区域，水生态足迹强度越高，且区域人均灰水生态足迹越高。

表 7-16　人均灰水生态足迹地区间差异锡尔指数驱动效应分解（Ⅱ）

年份	相互效应			
	inter(f,$dowe$)	inter(d,owe)	inter(o,we)	inter(w,e)
2000	−0.0001 （−1.28）	−0.1786 （−2111.14）	−0.0076 （−89.64）	0.0299 （352.99）
2002	−0.0006 （−8.04）	−0.1759 （−2179.08）	−0.0107 （−133.08）	0.0241 （298.33）
2004	0.0004 （2.90）	−0.1828 （−1482.10）	−0.0183 （−148.65）	0.0334 （271.21）
2006	0.0008 （5.32）	−0.1722 （−1143.64）	−0.0241 （−159.94）	0.0333 （220.97）
2008	0.0011 （5.77）	−0.1525 （−781.21）	−0.022 （−112.61）	0.0317 （162.51）
2010	−0.0023 （−10.04）	−0.1328 （−569.18）	−0.0245 （−105.19）	0.0384 （164.73）
2012	−0.0002 （−0.85）	−0.1005 （−454.74）	−0.0207 （−93.82）	0.0276 （124.71）

续表

年份	相互效应			
	inter(*f*,*dowe*)	inter(*d*,*owe*)	inter(*o*,*we*)	inter(*w*,*e*)
2014	0.0005 (1.59)	−0.0837 (−290.24)	−0.0276 (−95.77)	0.0459 (159.14)
2016	0.0004 (3.63)	−0.1474 (−210.38)	−0.0194 (−98.26)	0.0330 (152.77)
2018	0.0037 (2.31)	−0.1528 (−173.16)	−0.0209 (−95.95)	0.0334 (150.31)
平均	0.0005 (2.79)	−0.1215 (−757.34)	−0.0237 (−134.60)	0.0325 (193.07)

注：括号内数字为贡献率，单位为%。

5. 中国人均灰水生态足迹地区内差异

从地区内差异的计算结果来看（表 7-17），地区内差异锡尔指数呈现出先增大后减小，又小幅波动的变化趋势。2018 年的差异指数与 2000 年大致相同。从 2000 年到 2002 年，地区内差异呈现一个小幅下降的状态，由 0.0487 下降到 0.0414，之后的几年中地区内保持持续增长状态，一直到 2010 年上升了 59.90%，达到了 0.0662，2011 年较前一年下降了 35.52%，之后一直到 2018 年地区内差异值都处于波动状态，而西部地区的地区内差异尤为明显。

表 7-17　人均灰水生态足迹地区内差异锡尔指数驱动效应分解（Ⅰ）

年份	锡尔指数	驱动效应				
		f_{effect}	d_{effect}	o_{effect}	w_{effect}	e_{effect}
2000	0.0487 (100.00)	0.0066 (13.57)	0.0436 (89.52)	0.0073 (15.01)	0.0241 (49.50)	0.0320 (65.66)
2002	0.0414 (100.00)	0.0064 (15.4)	0.0409 (98.74)	0.0060 (14.42)	0.0254 (61.20)	0.0214 (51.60)
2004	0.0463 (100.00)	0.0051 (11.09)	0.0409 (88.42)	0.0059 (12.80)	0.0281 (60.77)	0.0228 (49.20)
2006	0.0548 (100.00)	0.0051 (9.36)	0.0369 (67.22)	0.0067 (12.15)	0.0353 (64.33)	0.0260 (47.45)
2008	0.0603 (100.00)	0.0055 (9.05)	0.0357 (59.13)	0.0060 (9.91)	0.0389 (64.46)	0.0288 (47.79)
2010	0.0662 (100.00)	0.0087 (13.10)	0.0353 (53.38)	0.0068 (10.22)	0.0400 (60.54)	0.0313 (47.27)

续表

年份	锡尔指数	驱动效应				
		f_{effect}	d_{effect}	o_{effect}	w_{effect}	e_{effect}
2012	0.0496 （100.00）	0.0064 （12.97）	0.0352 （71.05）	0.0090 （18.10）	0.0398 （80.28）	0.0281 （56.61）
2014	0.0478 （100.00）	0.0063 （13.21）	0.0350 （73.23）	0.0128 （26.79）	0.0470 （98.32）	0.0436 （91.21）
2016	0.0481 （100.00）	0.0063 （12.22）	0.0379 （75.09）	0.0076 （23.93）	0.0348 （87.43）	0.0293 （57.10）
2018	0.0515 （100.00）	0.0062 （12.05）	0.0372 （73.28）	0.0068 （22.04）	0.0362 （72.17）	0.0289 （56.03）
平均	0.0343 （100.00）	0.0055 （11.67）	0.0339 （75.76）	0.0055 （12.34）	0.0338 （72.82）	0.0228 （49.64）

注：括号内数字为贡献率，单位为%。

在地区内差异锡尔指数分解计算结果中（表 7-17），资本深化效应 d 和灰水生态足迹强度效应 w 是最主要的两个驱动效应，同时环境效率效应 e 指数也比较高。资本深化效应 d 在研究期内的平均值在五个驱动效应中最高，为 0.0339，但从 2000 年的 0.0436 下降到 2018 年的 0.0372 降幅达 14.68%，随着时间推移逐渐转化为第一高的效应。随着经济的发展，区内各省（区、市）的资本深化差异逐步减小，但是中部地区的资本深化差异值在 2005 年后呈增长趋势，主要原因是中部个别省（区、市）资本深化效应增幅较区内其他省（区、市），内蒙古 2018 劳均资本存量是 2000 年的 28.52 倍，远高于区内各省（区、市）的平均值（14.35 倍），致使区内资本深化效应差异增大；灰水生态足迹强度效应年均值为 0.0338，研究期内区内足迹强度效应差异由 0.0241 上升到 0.0362，涨幅达 50.21%，并逐渐成为差异指数最高的驱动效应，到 2007 年时灰水生态足迹强度效应超过资本深化效应成为影响地区内差异的第一主导驱动效应，主要是东部、中部地区内各省（区、市）间的用水强度差异增大所造成的，这也体现了各省（区、市）产业结构不同所造成的用水效率差异；环境效率效应 e 差异也比较明显，在波动中呈上升趋势，并逐渐变成第三主导驱动效应。环境效率效应差距的变大表明区内各省（区、市）的环境效率效应差异呈现逐渐增大趋势。东部、西部的环境效率效应差异均呈现出增长的趋势，特别是西部地区部分省（区、市）灰水生态足迹呈增长趋势，致使环境效率效应的差异越来越大。

在五个驱动因子的相互作用方面（表 7-18），inter(d,owe)是最为突出的影响因素，其负向特征也表明，在其他影响因素不变的情况下，资本深化情况越明显人均灰水生态足迹产出也就越低。inter(*o*,*we*)和 inter(*w*,*e*)这两个交互指数则呈现出先正后负的变化特点，并且二者效应值逐渐由正变负，效应绝对值在趋近 0 之后又逐渐增大，贡献率也呈现出相同的变化趋势，表明经济越发达的省（区、市）灰水生态足迹产出越低。区内 inter(*f*,*dowe*)保持了与总体 inter(*f*,*dowe*)相近的变化趋势，呈现出先增长后下降的趋势。

表 7-18　人均灰水生态足迹地区内差异锡尔指数驱动效应分解（Ⅱ）

年份	inter(*f*,*dowe*)	inter(*d*,*owe*)	inter(*o*,*we*)	inter(*w*,*e*)
2000	0.0060	−0.0831	0.0110	0.0011
	（12.28）	（−170.43）	（22.66）	（2.23）
2002	0.0055	−0.0780	0.0091	0.0047
	（13.32）	（−188.20）	（22.07）	（11.45）
2004	0.0092	−0.0812	0.0085	0.0069
	（19.96）	（−175.46）	（18.33）	（14.90）
2006	0.0104	−0.0725	0.0001	0.0069
	（19.03）	（−132.32）	（0.15）	（12.6）
2008	0.0112	−0.0586	−0.0024	−0.0047
	（18.54）	（−97.08）	（−3.93）	（−7.86）
2010	0.0115	−0.0528	−0.0132	−0.0013
	（17.31）	（−79.87）	（−19.91）	（−2.03）
2012	0.0064	−0.0587	−0.0094	−0.0071
	（12.92）	（−118.48）	（−19.04）	（−14.42）
2014	0.0047	−0.0549	−0.0171	−0.0294
	（9.75）	（−115.06）	（−35.85）	（−61.60）
2016	0.0081	−0.0674	−0.0105	−0.0204
	15.38	−102.65	−36.37	−54.39
2018	0.0078	−0.0655	−0.0137	−0.0195
	15.76	−107.58	−40.36	−43.95
平均	0.0081	−0.0556	−0.0095	0.0010
	（17.57）	（−120.13）	（−20.48）	（2.08）

注：括号内数字为贡献率，单位为%。

综上所述，虽然地区内差异在整体当中比例由 85.21%下降到 55.17%，但仍然是主要的差异来源。而对锡尔指数进行 Kaya 分解结果中，资本深化效应、灰水生态足迹强度效应以及环境效率效应是人均灰水生态足迹地区内和地区间差异共同的主要驱动效应。

7.5　适应性理论视角下的中国省际水安全评价

7.5.1　相关研究方法

1. 水压力指数

本书采用水压力指数来反映区域在当前人口规模、社会生产水平下，用水情况对水环境造成的压力的大小。计算模型如下：

$$PI_w = \frac{EF_w}{EC_w} \tag{7-19}$$

式中，PI_w 为区域水压力指数；EF_w、EC_w 分别为地区水生态足迹和水生态承载力（hm^2）。

水压力指数表示区域当前的水资源量所承载的当地生活、生产用水的压力，当压力指数小于 1 时，表明区域的水资源量可以满足当地的用水需求，反之，则超载，数值越大就表明该地区水资源承载的用水压力越大。

2. 水适应指数

本书采用水适应指数来反映当前人口数量和经济发展情况下，区域水资源情况与人口规模、经济规模、水资源的管理监控，以及水资源相关政策的执行能力的匹配程度。水适应指数的测度方法采用多指标模型进行计算，相关指标体系见表 7-19。

表 7-19　中国水适应指数评价指标体系

决策目标	子系统	指标层	数据来源或计算方法	主观权重	客观权重	综合权重
水适应指数指标体系	社会	人口密度（人/km^2）	地区总人口/地区总面积	0.016	0.004	0.006
		灌溉覆盖率（%）	有效灌溉面积/耕地面积	0.032	0.032	0.023
		饮水安全人口比例（%）	饮水安全人口/总人口	0.051	0.012	0.018
		耗水率（%）	水资源消耗量/用水总量	0.026	0.017	0.015
		城乡恩格尔系数比	城镇居民恩格尔系数/农村居民恩格尔系数	0.020	0.011	0.012
		城镇化率（%）	城镇常住人口/总人口	0.041	0.024	0.021
	经济	人均 GDP（元）	GDP 总量/总人口	0.083	0.057	0.046
		万元工业增加值用水量（m^3/万元）	工业取用水量/工业增加值	0.062	0.004	0.018
		高风险产业 GDP 占有率（%）	高风险产业生产总值/区域生产总值	0.035	0.001	0.010
		经济密度（万元/km^2）	地区生产总值/地区土地面积	0.039	0.211	0.127
		用水弹性系数	用水增长率/GDP 增长率	0.026	0.004	0.009
		工业用水重复利用率（%）	工业用水重复利用量/工业用水总量	0.039	0.013	0.089

续表

决策目标	子系统	指标层	数据来源或计算方法	主观权重	客观权重	综合权重
水适应指数指标体系	科技	每万人中高等学校在校人数	在校大学生数量/常住人口数×10000	0.071	0.034	0.036
		研发经费支出占 GDP 比例(%)	研发经费支出/地区生产总值	0.071	0.059	0.053
	环境	生活废水处理率（%）	中国环境统计年鉴数据	0.073	0.028	0.028
		工业废水排放达标率（%）	工业废水排放达标量/工业废水排放量	0.073	0.007	0.021
		生态环境需水率（%）	生态环境需水量/供水总量	0.043	0.076	0.072
		天然湿地比例（%）	天然湿地面积/国土面积	0.039	0.096	0.068
		地下水供水比例（%）	地下供水量/总供水量	0.031	0.014	0.013
		干旱和洪涝受灾面积比例（%）	(干旱受灾面积＋洪涝受灾面积)/区域面积	0.024	0.008	0.009
	管理	人均环境治理投资额（元/人）	环境治理投资总额/地区人口数量	0.018	0.084	0.059
		水土流失治理面积（hm^2）	统计数据	0.014	0.008	0.007
		农村改水收益率（%）	统计数据	0.035	0.012	0.014
		地表水控制能力（%）	总库容/地表水资源量	0.030	0.183	0.222
		环评制度执行能力（%）	从资金投入、监管覆盖率及水资源相关政策等方面分析	0.011	0.001	0.004

注：高风险产业选取造纸及纸制品业、黑色金属冶炼及压延加工业、纺织业、化学原料和化学品制造业。

由于水适应指数计算模型指标并没有进行矢量化，所以其数据处理需要进行正向指标和负向指标的区分，本书采用离差标准化对区域水适应指数指标体系中的数据进行标准化处理，计算公式为

$$X'_{ij}(\text{正向})=\frac{X_{ij}-\min(X_j)}{\max(X_j)-\min(X_j)} \tag{7-20}$$

$$X'_{ij}(\text{负向})=\frac{\max(X_j)-(X_{ij})}{\max(X_j)-\min(X_j)} \tag{7-21}$$

式中，X'_{ij} 、X_{ij} 分别为第 j 个指标第 i 年份的归一化值和原始值；$\max(X_j)$、$\min(X_j)$ 分别为第 j 个指标的最大值和最小值。

主观偏好权重的确定方法采用层次分析法（analytic hierarchy process，AHP）。该方法是由美国著名运筹学专家 Saaty 于 20 世纪 70 年代提出的，广泛应用于复杂系统的分析与决策（孙才志等，2008）。客观权重采用熵值法确定。为了保证所得权重的准确性，本书用过最小二乘法，兼顾专家对指标的偏好和指标间的客观信息，在对指标有偏好信息及客观熵信息输出权重的基础上，得出综合权重。计算过程如下：

$$v=(v_1,v_2,\cdots,v_n)^{\mathrm{T}} \tag{7-22}$$

$$u=(u_1,u_2,\cdots,u_n)^{\mathrm{T}} \tag{7-23}$$

$$w=(w_1,w_2,\ldots,w_n)^{\mathrm{T}} \tag{7-24}$$

式中，v、u、w 分别为主观偏好权重向量、客观权重向量和假设各指标综合权重向量。

为了使得综合权重尽可能地反映主观权重和客观权重的信息，应使判断指标的主观权重和客观权重的决策结果的偏差越小越好。为此，建立如下最下二乘法决策模型：

$$\min H(w)=\sum_{i=1}^{m}\sum_{j=1}^{n}\left\{\left[(u_j-w_j)X_{ij}\right]^2+\left[(v_j-w_j)X_{ij}\right]^2\right\} \tag{7-25}$$

式中，$H(w)$为空间权重矩阵；$\sum_{j=1}^{n}w_j=1$，$w_j \geqslant 0$（$j=1, 2, \cdots, n$）。

因此区域水适应指数模型为

$$\mathrm{FI}_w=\sum_{j=1}^{n}w_jX'_{ij} \tag{7-26}$$

式中，X'_{ij} 为某年区域系统评价指标原始数据的归一化值；w_j 为不确定的主观权重和确定的客观权重合成的综合权重；FI_w 为某年的区域水适应指数的总得分。总得分越高的区域，当地的人口规模和社会经济对水资源的利用效率越高。

3. 水安全指数

水安全指数是反映区域当前的水安全情况的综合指数。它是综合了水压力指数和水适应指数的计算结果之后得到的，本书采用如下公式得出各区域的水安全指数 WSI，公式如下：

$$\mathrm{WSI}=\mathrm{FI}_w/\mathrm{PI}_w \tag{7-27}$$

区域水安全指数得分越高，表明该区域的水安全形势越好。

7.5.2　中国水压力指数时空分析

根据已计算得到的 2000～2018 年中国 31 个省（区、市）水生态足迹、水生态承载力，可得中国省际水压力指数，结果如表 7-20 所示，限于篇幅，在此仅给出偶数年份计算结果，并选取代表年份绘制了中国水压力指数分布图，如图 7-10 所示。

表7-20　2000～2018年中国31个省（区、市）水压力指数

省（区、市）	2000年	2002年	2004年	2006年	2008年	2010年	2012年	2014年	2016年	2018年
北京	43.32	41.06	26.61	27.53	12.09	27.59	20.73	39.17	23.45	24.95
天津	522.31	412.51	29.10	64.35	19.88	87.98	23.02	63.56	48.01	52.39
河北	41.39	117.67	38.58	90.98	42.36	57.70	19.35	108.58	24.75	33.31
山西	43.06	49.26	37.08	41.21	39.45	37.93	22.28	27.89	19.06	22.90
内蒙古	17.96	27.68	18.21	26.92	30.05	34.85	8.56	15.33	11.15	10.25
辽宁	19.37	18.50	5.48	6.92	7.25	1.41	2.49	25.10	4.38	5.87
吉林	1.16	3.37	4.62	4.16	4.80	1.18	1.44	6.46	1.40	1.43
黑龙江	1.75	5.80	5.73	5.12	14.27	4.55	1.63	2.93	1.63	1.43
上海	8.94	4.05	13.79	12.31	7.08	7.48	10.57	4.31	5.6	9.05
江苏	3.13	8.04	13.88	3.99	4.63	4.56	3.63	5.68	1.99	4.05
浙江	0.34	0.20	0.67	0.40	0.44	0.17	0.26	0.24	0.29	0.47
安徽	1.53	1.05	2.75	2.23	1.58	0.95	0.96	1.35	0.6	0.97
福建	0.18	0.21	0.62	0.13	0.31	0.13	0.19	0.27	0.14	0.9
江西	0.27	0.14	0.55	0.24	0.37	0.13	0.15	0.31	0.15	0.31
山东	16.40	10.03	8.43	28.75	10.79	12.85	10.13	20.78	13.84	9.11
河南	2.34	11.42	6.77	12.40	9.84	5.09	6.84	16.58	5.92	6.24
湖北	0.81	0.60	0.92	2.17	0.85	0.61	0.86	1.05	0.50	0.85
湖南	0.36	0.17	0.44	0.39	0.48	0.35	0.27	0.39	0.25	0.44
广东	0.41	0.30	0.79	0.23	0.23	0.30	0.38	0.49	0.30	0.41
广西	0.35	0.16	0.33	0.27	0.17	0.29	0.18	0.33	0.18	0.21
海南	0.10	0.21	0.76	0.48	0.15	0.12	0.15	0.23	0.11	0.13
重庆	0.48	0.57	0.59	1.21	0.60	1.00	0.65	0.50	0.58	0.67
四川	0.47	0.77	0.57	0.96	0.55	0.55	0.31	0.45	0.46	0.38
贵州	0.28	0.34	0.42	0.68	0.34	0.46	0.31	0.28	0.31	0.33
云南	0.17	0.19	0.23	0.39	0.22	0.33	0.28	0.40	0.23	0.21
西藏	0.01	0.02	0.02	0.02	0.02	0.02	0.01	0.02	0.01	0.01
陕西	3.81	7.29	5.76	7.90	6.83	2.65	2.10	6.87	3.48	2.78
甘肃	15.72	26.56	20.02	19.80	19.87	16.21	10.10	16.67	17.18	9.42
青海	0.66	0.89	0.75	0.92	0.73	0.53	0.23	0.32	0.42	0.26
宁夏	431.03	144.62	243.91	254.21	395.31	420.66	339.69	500.77	222.51	146.81
新疆	2.92	2.48	3.84	3.68	5.33	3.42	2.55	10.24	2.22	3.22
总体	1.15	1.13	1.60	1.58	1.39	1.16	1.34	1.56	0.93	1.14

由表 7-20 可知，研究期内中国的水生态足迹在时间上呈现明显的上升趋势，水生态足迹的增加也与中国逐年增长的用水量相符；水生态承载力受年际水资源量丰枯交替的影响，整体呈波动状态，且均高于 1，表明中国现阶段的社会、生产、生活用水情况已经超出水资源的承载水平；2011 年中国的水资源压力指数为 2.13，是研究期内水压力指数的最大值，该年份降水量较低，是研究期内降水量的最低值。

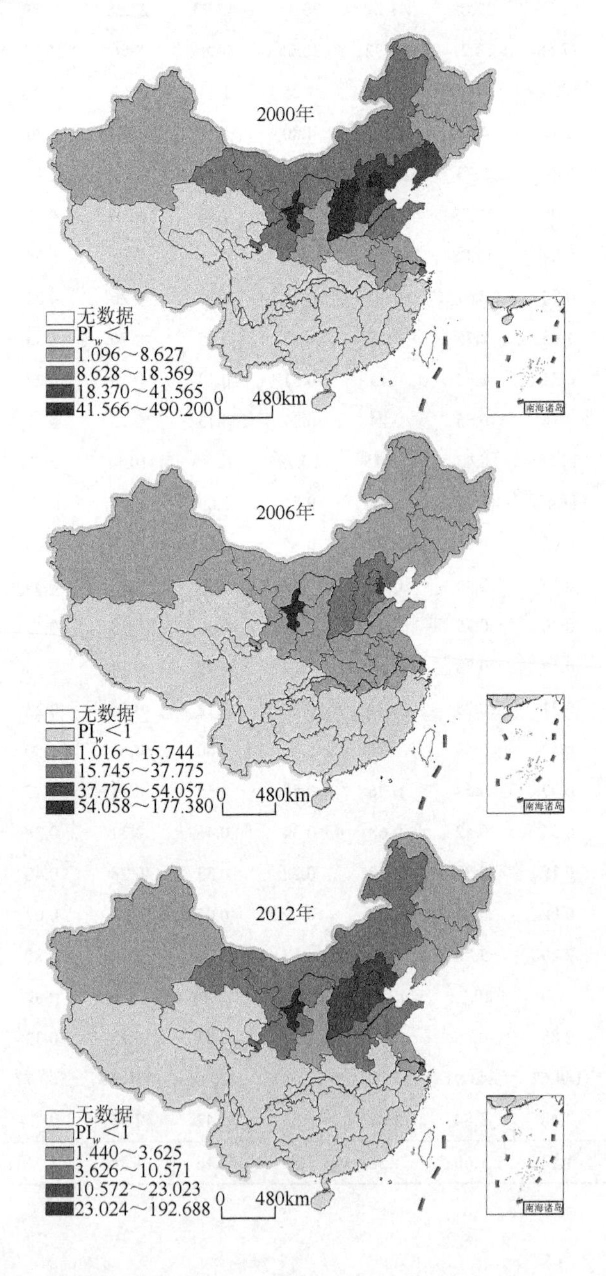

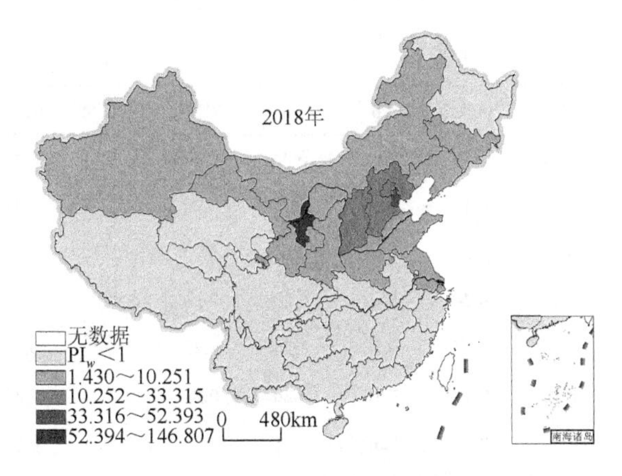

图7-10 中国水压力指数分布图

结合图7-10及表7-20可以看出，受气候和地理条件的影响，水压力指数呈由南向北递增的趋势，水资源量充足的南方地区水压力指数普遍小于1，水资源短缺的北方地区水压力指数较高。西藏和青海的经济规模和人口密度较小，水资源的使用压力也相对较小；东南沿海地区虽然人口密度和经济规模较大，用水需求高，但得益于丰富的水资源量，水压力指数可以维持在较低水平；湖北历年的水压力指数都接近1，多年平均水压力指数为0.95，地区水资源量所能承载的用水程度已经达到饱和状态；华北地区受气候和降水量的影响，水资源可利用量较小，加之工农业产业集中，人口和经济规模较大，导致水压力指数较高；宁夏人均水资源量不足全国平均水平的1/10，是中国水压力指数最大的地区，虽然经济规模和人口密度较小，但水资源量不足以承担当地的用水需求。

7.5.3 中国水适应指数时空分析

水适应指数用来表示地区对水资源的利用能力和区域用水与水资源的协调程度。水适应指数越高，表明地区生产生活用水与水资源的协调程度越高；反之，则越低。根据相关公式及已构建的评价指标体系，计算得到2000～2018年中国省际水适应指数，结果见表7-21（限于篇幅，在此仅给出偶数年份计算结果），并选取代表年份绘制中国水适应指数分布图，见图7-11。

表7-21 2000～2018年中国31个省（区、市）水适应指数

省（区、市）	2000年	2002年	2004年	2006年	2008年	2010年	2012年	2014年	2016年	2018年
北京	0.32	0.36	0.35	0.41	0.41	0.46	0.44	0.52	0.52	0.55
天津	0.45	0.31	0.28	0.31	0.32	0.37	0.38	0.44	0.46	0.49

续表

省（区、市）	2000年	2002年	2004年	2006年	2008年	2010年	2012年	2014年	2016年	2018年
河北	0.15	0.17	0.18	0.20	0.21	0.23	0.24	0.26	0.27	0.29
山西	0.13	0.14	0.17	0.17	0.20	0.22	0.24	0.24	0.27	0.28
内蒙古	0.12	0.13	0.15	0.18	0.20	0.23	0.27	0.29	0.31	0.34
辽宁	0.17	0.18	0.20	0.21	0.23	0.24	0.29	0.28	0.30	0.32
吉林	0.14	0.16	0.18	0.18	0.20	0.22	0.24	0.25	0.27	0.28
黑龙江	0.14	0.16	0.17	0.18	0.20	0.21	0.22	0.22	0.24	0.25
上海	0.29	0.31	0.35	0.38	0.41	0.43	0.45	0.52	0.53	0.56
江苏	0.18	0.21	0.23	0.25	0.28	0.29	0.31	0.34	0.36	0.38
浙江	0.20	0.21	0.23	0.25	0.29	0.28	0.29	0.31	0.33	0.35
安徽	0.12	0.13	0.15	0.17	0.19	0.22	0.23	0.26	0.28	0.30
福建	0.16	0.16	0.19	0.20	0.22	0.23	0.25	0.28	0.29	0.30
江西	0.11	0.12	0.14	0.17	0.18	0.20	0.23	0.23	0.26	0.28
山东	0.16	0.19	0.20	0.22	0.24	0.26	0.28	0.30	0.32	0.34
河南	0.13	0.14	0.16	0.17	0.20	0.21	0.23	0.24	0.26	0.28
湖北	0.13	0.15	0.17	0.19	0.20	0.22	0.24	0.26	0.28	0.29
湖南	0.13	0.14	0.16	0.17	0.19	0.20	0.22	0.24	0.25	0.27
广东	0.16	0.17	0.19	0.21	0.23	0.27	0.27	0.28	0.31	0.33
广西	0.11	0.12	0.14	0.16	0.18	0.20	0.22	0.22	0.25	0.27
海南	0.14	0.15	0.17	0.18	0.20	0.20	0.23	0.22	0.24	0.26
重庆	0.13	0.13	0.15	0.16	0.20	0.22	0.24	0.25	0.27	0.29
四川	0.13	0.13	0.15	0.16	0.18	0.19	0.21	0.22	0.23	0.25
贵州	0.10	00.11	0.12	0.14	0.15	0.17	0.19	0.20	0.22	0.23
云南	0.12	0.14	0.15	0.17	0.18	0.19	0.19	0.20	0.22	0.23
西藏	0.09	0.09	0.12	0.11	0.13	0.13	0.15	0.13	0.15	0.16
陕西	0.13	0.15	0.16	0.18	0.20	0.22	0.24	0.24	0.27	0.28
甘肃	0.11	0.13	0.14	0.16	0.17	0.19	0.19	0.21	0.22	0.24
青海	0.13	0.14	0.15	0.15	0.18	0.19	0.21	0.21	0.23	0.24
宁夏	0.13	0.14	0.17	0.19	0.22	0.23	0.26	0.28	0.30	0.32
新疆	0.17	0.17	0.19	0.20	0.20	0.21	0.22	0.24	0.24	0.25
均值	0.16	0.17	0.18	0.20	0.22	0.24	0.25	0.27	0.28	0.30

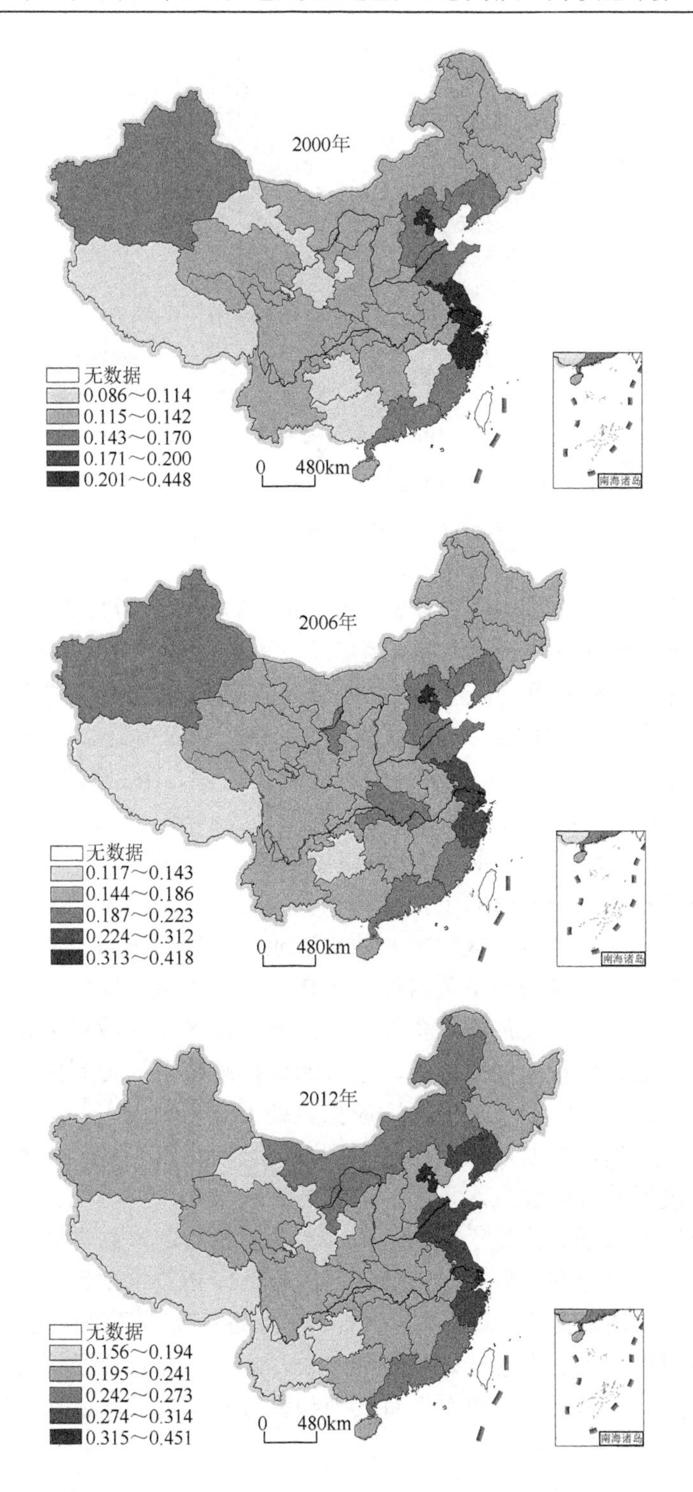
2000年
无数据
0.086～0.114
0.115～0.142
0.143～0.170
0.171～0.200
0.201～0.448
0 480km
南海诸岛
2006年
无数据
0.117～0.143
0.144～0.186
0.187～0.223
0.224～0.312
0.313～0.418
0 480km
南海诸岛
2012年
无数据
0.156～0.194
0.195～0.241
0.242～0.273
0.274～0.314
0.315～0.451
0 480km
南海诸岛

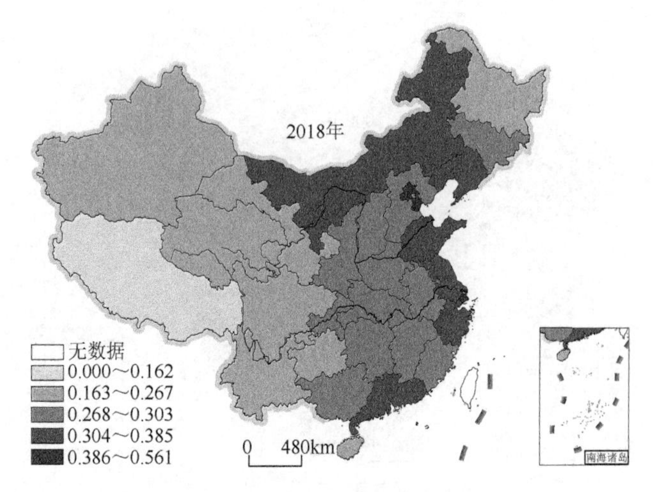

图 7-11　中国水适应指数分布图

图 7-11 显示，研究期内中国各省（区、市）的水适应指数呈上升趋势，全国平均水适应指数从 0.16 上升至 0.30，随着经济和科技的发展及水资源政策的不断完善，水资源的分配利用也日趋合理。各省（区、市）的水适应指数在空间分布上呈逐渐增加的趋势，2018 年各省（区、市）的水适应指数较 2000 年也明显增加，高分值的省（区、市）也明显增多。这充分说明随着经济的发展和科技水平的不断提升，各省（区、市）对水资源的利用日趋合理，管理水平逐步提高，对水资源的监管制度也逐步完善，用水效率也在进一步提高。

在水适应指数的空间分布上，经济和科技较为发达的东部地区水适应指数明显高于西部地区，各省（区、市）的水适应指数呈由东向西递减的趋势。东部地区尤其是沿海地区的经济和科技水平在全国处于较为领先的位置，虽然经济发达和人口规模庞大会加剧水资源消耗，但该地区在环境保护和提升水资源利用效率方面的设施投入相对充足，水资源保护政策可以得到更好的落实；北京、天津、上海、浙江和江苏的水适应指数处于全国较高水平，这些地区的经济和科技较为发达，在发展过程中意识到本区域的水资源量日渐匮乏，保持经济社会高速发展的同时注意水资源的节约与高效利用，使得地区的水资源利用与经济发展协调水平始终处于较高水平，水适应指数的提高也表明地区水协调性进一步向高水平方向发展；中西部地区的水适应指数水平也有了一定提升，水资源利用效率逐步提高，这些省（区、市）水适应指数逐渐向更高水平靠近；西藏的水适应指数虽然有了一定程度的增长，水资源与社会经济用水协调水平有了长足进步，但是受制于自身经济实力和科技水平的局限，水适应指数仍然长期处于全国的最低水平。

7.5.4 中国水安全指数时空分布

一个地区的水安全指数是由表示水的资源性安全的水压力指数和表示水资源协调性安全的水适应指数两部分构成。综合各省（区、市）的水压力指数和水适应指数的计算结果，根据相关公式计算得出研究期内各省（区、市）的水安全指数（表 7-22），限于篇幅，在此仅给出偶数年份计算结果。为更加直观地表述各省（区、市）水安全状况的分布情况，本书选取代表年份绘制了水安全指数分布图，如图 7-12 所示。

表 7-22　2000～2018 年中国 31 个省（区、市）水安全指数

省（区、市）	2000 年	2002 年	2004 年	2006 年	2008 年	2010 年	2012 年	2014 年	2016 年	2018 年
北京	0.01	0.01	0.01	0.01	0.03	0.02	0.04	0.01	0.02	0.02
天津	0.00	0.00	0.01	0.00	0.02	0.00	0.05	0.01	0.01	0.01
河北	0.00	0.00	0.00	0.00	0.00	0.00	0.01	0.00	0.01	0.01
山西	0.00	0.00	0.00	0.00	0.01	0.01	0.01	0.01	0.01	0.01
内蒙古	0.01	0.00	0.01	0.01	0.01	0.01	0.01	0.02	0.03	0.03
辽宁	0.01	0.01	0.04	0.03	0.03	0.17	0.16	0.01	0.07	0.05
吉林	0.12	0.05	0.04	0.04	0.04	0.19	0.09	0.04	0.19	0.20
黑龙江	0.08	0.03	0.03	0.04	0.01	0.05	0.05	0.08	0.15	0.18
上海	0.03	0.08	0.03	0.03	0.06	0.06	0.05	0.12	0.09	0.06
江苏	0.06	0.03	0.02	0.06	0.06	0.06	0.06	0.06	0.18	0.09
浙江	0.59	1.05	0.34	0.63	0.66	1.65	1.81	1.29	1.13	0.74
安徽	0.08	0.12	0.05	0.08	0.12	0.23	0.13	0.19	0.46	0.31
福建	0.89	0.76	0.31	1.54	0.71	1.77	1.56	1.04	2.00	0.77
江西	0.41	0.86	0.25	0.71	0.49	1.4	1.44	0.74	1.68	0.89
山东	0.01	0.02	0.02	0.01	0.02	0.02	0.02	0.00	0.02	0.04
河南	0.06	0.01	0.02	0.01	0.02	0.04	0.01	0.01	0.04	0.04
湖北	0.16	0.25	0.18	0.09	0.24	0.36	0.16	0.25	0.55	0.34
湖南	0.36	0.82	0.36	0.44	0.40	0.57	0.65	0.62	1.00	0.61
广东	0.39	0.57	0.24	0.91	1.00	0.90	0.84	0.57	1.01	0.79
广西	0.31	0.75	0.42	0.59	1.06	0.69	0.92	0.67	1.41	1.24
海南	1.40	0.71	0.22	0.38	1.33	1.67	0.96	0.96	2.28	1.98

续表

省（区、市）	2000年	2002年	2004年	2006年	2008年	2010年	2012年	2014年	2016年	2018年
重庆	0.27	0.23	0.25	0.13	0.33	0.22	0.27	0.50	0.47	0.43
四川	0.28	0.17	0.26	0.17	0.33	0.35	0.48	0.49	0.51	0.65
贵州	0.36	0.32	0.29	0.21	0.44	0.37	0.40	0.71	0.69	0.70
云南	0.71	0.74	0.65	0.44	0.82	0.58	0.40	0.50	0.95	1.08
西藏	9.00	4.50	6.00	5.50	6.50	6.50	7.50	6.50	7.04	9.59
陕西	0.03	0.02	0.03	0.02	0.03	0.08	0.05	0.03	0.08	0.10
甘肃	0.01	0.00	0.01	0.01	0.01	0.01	0.02	0.01	0.01	0.03
青海	0.20	0.16	0.20	0.16	0.25	0.36	0.62	0.66	0.55	0.92
宁夏	0.00	0.00	0.00	0.00	0.00	0.00	0.00	0.00	0.00	0.00
新疆	0.06	0.07	0.05	0.05	0.04	0.06	0.04	0.02	0.11	0.08
总体	0.14	0.15	0.11	0.13	0.16	0.21	0.19	0.17	0.21	0.26

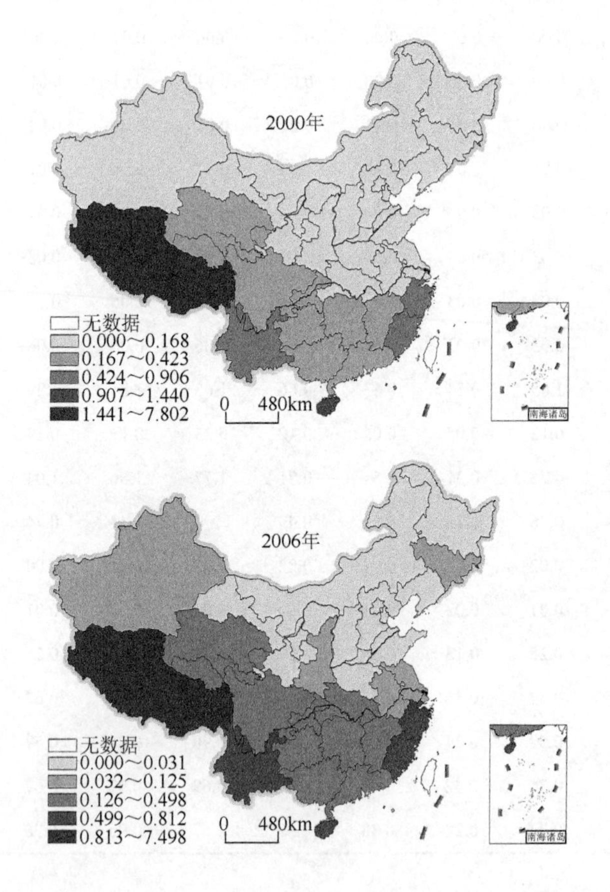

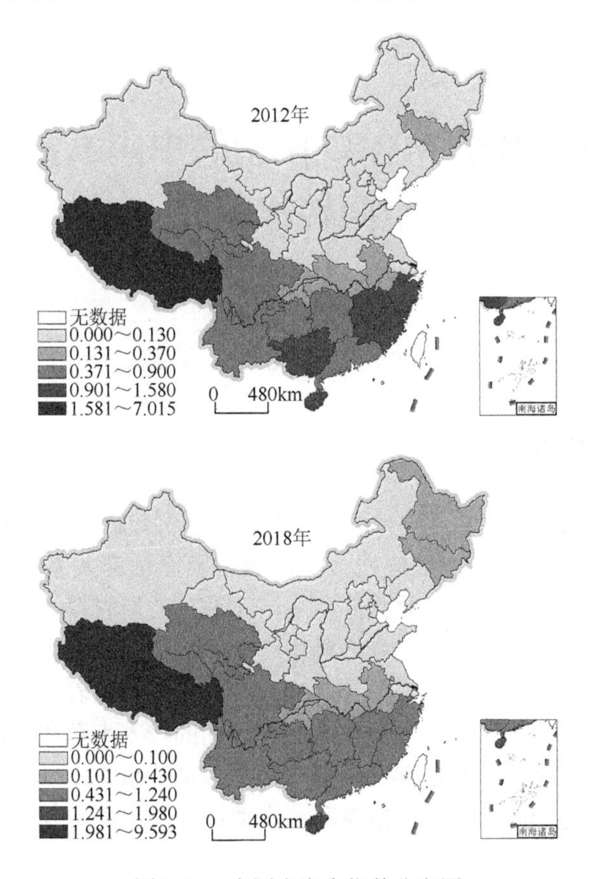

图 7-12　中国水安全指数分布图

图 7-12 显示，受水压力指数年际波动变化的影响，各地区历年的水安全指数年际变化也呈现波动态势，年际水资源量的丰枯主导着地区的水安全形式。而在空间分布上，南方地区的水安全指数明显高于北方地区，水安全指数较低的地区主要集中在华北地区，京津冀是中国传统工业区，山东和河南是中国传统农业大省，这些省（市）人口密度高，地表水资源严重缺乏，部分省（市）地下水开采过量且用水效率偏低，水资源短缺及产业规模与水资源量的不匹配是这些地区水安全指数较低的主要原因；南方地区尤其是东南沿海地区的水安全指数较高，水资源量丰富且地区的水资源利用效率较高，使得这些地区的水安全指数较高，随着经济和科技的不断发展，这些地区的水资源利用能力和区域用水与水资源的协调程度不断提高，水安全水平也处于全国前列；西藏虽然水适应指数较低，但得益于丰富的水资源量和较低的社会用水需求，其水安全指数仍然较高。由此可见，较高的水适应指数对区域的水安全具有促进作用，经济和科技的发展对社会的水资源优化配置有重要影响，但是水资源量仍是影响地区水安全水平的关键性因素。

第8章　基于MRIO模型的中国水资源利用空间转移研究

8.1　研究方法

8.1.1　投入产出表法

美国经济学家列昂惕夫于1936年提出投入产出分析法（Leontief，1936），其是衡量国民经济系统各产业间投入与产出的相互依存关系的数量经济分析方法。投入产出中的“投入”，是指产品生产所消耗的原材料、燃料、动力、固定资产折旧和劳动力；“产出”是指产品生产出来后所分配的去向、流向，即使用方向和数量（杨洋，2015；张亚雄等，2005）。投入产出表以矩阵形式描述国民经济各产业在一定时期（通常为一年）生产活动的投入来源和产出使用去向，揭示国民经济各产业之间相互依存、相互制约的数量关系。投入产出表根据核算的计量单位可划分为价值型投入产出表和实物型投入产出表。

1. 价值型投入产出表

如表8-1所示，第Ⅰ象限矩阵沿列方向来看，称为中间投入，是指某个产业在生产产品过程中消耗其他产业服务的价值量；沿行方向来看，称为中间使用，是指某个产业在生产产品过程中提供给其他产业使用的价值量，该象限体现了国民经济各产业在生产发展过程中相互依存、相互制约的经济联系。第Ⅱ象限沿列方向看，是各项最终使用的构成；沿行方向看，表示某个产业生产的产品用于各项最终使用的价值量。第Ⅲ象限反映各产业产品的增加值及其构成情况。

直接消耗系数：记为a_{ij}（i，$j=1, 2, \cdots, 17$），它是指在生产经营过程中第j产业的单位总产出直接消耗的第i产业货物或服务的价值量。将其用表的形式表现，即直接消耗系数矩阵，通常用字母A表示。其表达式为：$a_{ij}=x_{ij}/x_j$，表示j产业的单位产出对i产业产品的中间消耗，x_{ij}表示i产业对j产业产品的中间投入，x_j为j产业的总产出。

完全消耗系数：记为δ_{ij}，它是指第j产业每提供一个单位最终使用时，对第i产业产品的直接消耗和间接消耗之和。表达式为：$\delta=(I-A)^{-1}-I$。

表 8-1　价值型投入产出表结构

<table>
<tr><td colspan="2" rowspan="4">投入
产出</td><td colspan="4">中间使用</td><td colspan="10">最终使用</td><td rowspan="4">进口</td><td rowspan="4">其他</td><td rowspan="4">总产出</td></tr>
<tr><td rowspan="3">农产品</td><td rowspan="3">…</td><td rowspan="3">公共管理和社会组织</td><td rowspan="3">中间使用合计</td><td colspan="5">最终消费</td><td colspan="3">资本形成总额</td><td rowspan="3">出口</td><td rowspan="3">最终使用合计</td></tr>
<tr><td colspan="3">居民消费</td><td rowspan="2">政府消费</td><td rowspan="2">合计</td><td rowspan="2">固定资本形成总额</td><td rowspan="2">存货增加</td><td rowspan="2">合计</td></tr>
<tr><td>农村居民消费</td><td>城镇居民消费</td><td>小计</td></tr>
<tr><td rowspan="2">中间投入</td><td>农产品
⋮
公共管理和社会组织</td><td colspan="4" rowspan="2">第 I 象限</td><td colspan="13" rowspan="2">第 II 象限</td></tr>
<tr><td>中间投入合计</td></tr>
<tr><td rowspan="5">增加值</td><td>劳动者报酬</td><td colspan="4" rowspan="5">第III象限</td><td colspan="13" rowspan="6"></td></tr>
<tr><td>生产税净额</td></tr>
<tr><td>固定资产折扣</td></tr>
<tr><td>营业盈余</td></tr>
<tr><td>增加值合计</td></tr>
<tr><td colspan="6">总投入</td></tr>
</table>

列昂惕夫逆矩阵：在完全消耗系数矩阵 $\delta=(I-A)^{-1}-I$ 中，矩阵$(I-A)^{-1}$称为列昂惕夫逆矩阵，记 $\overline{B}$。其元素 $\overline{b}_{ij}$（$i,j=1,2,\cdots,17$）称为列昂惕夫逆系数，它表明第 j 产业增加一个单位最终使用时，对第 i 产品产业的完全需要量。

2.实物型投入产出表

由于实物型投入产出表采用实物计量单位，其结构与价值型投入产出表有一定差异，实物型投入产出表中产品不再以部门划分，而是按照实物形态的产品种类划分（刘佳，2012）。实物型投入产出表与价值型投入产出表差异的基本表示见表 8-2。

表 8-2　实物型与价值型投入产出表的比较

实物型投入产出表		价值型投入产出表	
第一象限	第二象限	第一象限	第二象限
中间投入产出	最终产品（最终需求、排放等）	中间投入产出	最终需求
第三象限		第三象限	
初始投入 （环境投入、劳动报酬等）		初始投入 （附加值、劳动报酬等）	

8.1.2 投入产出模型

1. 单区域投入产出模型

投入产出表主要从分配使用和生产消耗这两个方面反映产业产品在产业部门之间流动的过程，即产品的价值形成过程和使用价值的运动过程。从方法的角度去分析，以各系数为计算依据，一方面可以反映在一定生产组织和技术条件下，国民经济各部门的技术经济联系，另一方面可以衡量与体现社会总产品与中间产品、社会总产品与最终产品之间的数量联系。单区域投入产出表如表 8-3 所示；其中 EX、OF、IM、IF 分别表示某产业最终使用中出口本地中间投入、最终使用国内省外流出中本地中间投入、进口本地中间投入、国内省外流入本地中间投入。

表 8-3 单区域投入产出表

投入产出		本地中间使用			最终使用			进口	国内省外流入	总产出
		产业 1	…	产业 *n*	消费投资	出口	国内省外流出			
本地间投入	产业 1	X_{11}	…	X_{1n}		EX_1	OF_1	IM_1	IF_1	X_1
	⋮	⋮				⋮	⋮	⋮	⋮	⋮
	产业 *n*	X_{n1}	…	X_{nn}		EX_n	OF_n	IM_n	IF_n	X_n
增加值										
总投入		X_1	…	X_n						

2. 多区域投入产出模型

区域间投入产出模型最早由 Isard 提出，利用区域间商品贸易或劳务流动，以单个区域投入产出模型为基础连接成多区域投入产出模型。与单个地区的投入产出模型相比，区域间投入产出模型可以更系统、更全面地反映区域间的产品贸易情况（王建华等，2014；Isard，1951）。结合本节的研究内容建立 31 个省（区、市）17 产业的中国多区域投入产出表，在表 8-4 中 A^{RS} 为 R 省（区、市）供给 S 省（区、市）的中间投入；F^R、X^R、OF^R、EX^R 分别为 R 省（区、市）的最终需求矩阵、总产出矩阵、省域流出矩阵、出口矩阵；X^S 为 S 省（区、市）总投入矩阵。

表 8-4　中国省（区、市）间投入产出表的基本结构

			中间需求							最终需求			省域流出	出口	总产出
			省（区、市）1			…	省（区、市）31								
			产业1	…	产业17	…	产业1	…	产业17	省（区、市）1	…	省（区、市）31			
中间投入	省（区、市）1	产业1													
		⋮													
		产业17													
	⋮	⋮				A^{RS}					F^R		OF^R	EX^R	X^R
	省（区、市）31	产业1													
		⋮													
		产业17													
总投入						X^S									

8.2　中国水资源利用投入产出指标构建

8.2.1　水资源投入产出模型构建

为分析各个产业之间水资源利用与系统的相互联系，在投入产出表之外横向构造单独的水资源利用项目，得到宏观经济水资源投入产出表（表 8-5）。表中增加的直接用水量 W_1–W_n 主要为了表明各产业对水资源的直接利用情况，可以计算各产业的直接用水系数，由于产业间错综复杂的投入产出关系，又可以得到各产业的完全用水系数。

表 8-5　水资源投入产出表

投入产出		中间使用			最终使用			进口	国内省外流入	总产出
		产业 1	…	产业 n	消费投资	出口	国内省外流出			
中间投入	产业 1	X_{11}	…	X_{1n}		EX_1	OF_1	IM_1	IF_1	X_1
	⋮		⋮			⋮	⋮	⋮	⋮	⋮
	产业 n	X_{n1}	…	X_{nn}		EX_n	OF_n	IM_n	IF_n	X_n
直接用水量		W_1		W_n						
增加值										
总投入		X_1	…	X_n						

（1）直接用水系数和完全用水系数。直接用水系数反映了产业生产单位产品或服务对水资源的直接消耗程度，其计算公式为

$$\sigma = [\sigma_j], \quad \sigma_j = w_j / x_j \tag{8-1}$$

式中，σ 为直接用水系数矩阵；σ_j 为 j 产业的直接用水系数；w_j、x_j 分别代表 j 产业的直接用水量和总产出。

在直接用水系数的计算中，仅考虑了以自然形态投入的水的数量，但实际为满足本地区各产业的生产需要，作为中间投入的本地区其他产业或其他地区产业产品生产也都需要使用水，即间接用水，这一部分的用水虽然不发生于该产业，但将其作为该产业生产间接用水，直接用水和间接用水相加即为完全用水，即满足产业最终需求的产品在整个生命周期中单位产出的用水量。完全用水系数着眼于整个经济体系，可由直接用水系数与列昂惕夫逆矩阵相乘得到：

$$\delta = [\delta_j], \quad \delta_j = \sum_i \sigma_j \times (I - A)^{-1} \tag{8-2}$$

式中，δ 为完全用水系数矩阵；I 是单位矩阵；A 为直接消耗系数矩阵，其中元素 $a_{ij} = x_{ij}/x_j$ 为 j 产业的单位产出对 i 产业产品的中间消耗，x_{ij} 为 i 产业对 j 产业产品的中间投入，x_j 为 j 产业的总产出；（I–A）$^{-1}$ 为列昂惕夫逆矩阵，表示生产单位最终产品对中间投入产业产品的完全需求。

（2）产业用水乘数为完全用水系数与直接用水系数之比：

$$C_j = \sigma_j / \delta_j \tag{8-3}$$

式中，C_j 为 j 产业用水乘数。用水乘数越大，表明该产业单位产值变化对整个经济系统总用水量的变化影响越大。

8.2.2 产业用水波及效应指标

1. 用水影响力系数

用水影响力系数反映的是某一产业产值发生变化时对其他所有产业的用水需求所产生的波及影响程度。用水影响力系数也称后向关联用水量系数，反映了某一产业对整个国民经济系统总用水量的带动力影响，即当 j 产业的最终产品变动时，引起为它提供原料的供给产业对水资源的消耗：

$$K = \frac{\sum_{i=1}^{n} b_{ij}\delta_{ij}}{\frac{1}{n}\sum_{i=1}^{n}\sum_{i=1}^{n} b_{ij}\delta_{ij}} \tag{8-4}$$

式中，b_{ij}为列昂惕夫逆系数，表示 j 产业增加一单位最终使用时，对 i 产业的完全需要量；$\sum_{i=1}^{n} b_{ij}\delta_{ij}$ 为第 j 列之和；$\frac{1}{n}\sum_{i=1}^{n}\sum_{i=1}^{n} b_{ij}\delta_{ij}$ 为列和的平均值。$K>1$ 表明第 j 产业增加最终需求对其他产业用水量增加的波及影响程度超过社会平均水平；$K=1$，表明波及影响程度等于社会平均水平；$K<1$，表明波及影响程度低于社会平均水平。用水影响力系数 K 越大，表示第 j 产业对其他产业用水量的拉动作用越大。

2. 用水感应系数

用水感应系数反映的是各产业都增加生产一单位的最终产品时，某一产业由此需要增加的用水量。用水感应系数也称前向关联用水量系数，反映了某一产业对整个国民经济系统总用水量的推动力影响，表示当经济系统中各产业最终产品变动时，引起 i 产业自身的水资源消耗量：

$$M_i = \frac{\sum_{i=1}^{n} g_{ij}\delta_i}{\frac{1}{n}\sum_{i=1}^{n}\sum_{j=1}^{n} g_{ij}\delta_i} \tag{8-5}$$

式中，g_{ij} 为完全感应系数，表示第 i 产业增加一个单位增加值（初始值），引起第 j 产业产出的增加值；$\sum_{i=1}^{n} g_{ij}\delta_i$ 为第 i 行之和；$\frac{1}{n}\sum_{i=1}^{n}\sum_{j=1}^{n} g_{ij}\delta_i$ 为行和的平均值。$M_i>1$，表示第 i 产业需要增加的用水量高于社会平均水平；$M_i=1$，表明需要增加的用水量等于社会平均水平；$M_i<1$，表示需要增加的用水量低于社会平均水平。

3. 产业用水转移矩阵

产业用水关联转移矩阵，等于完全需水矩阵与其自身转置矩阵的差：

$$\text{TVW} = \text{VW} - \text{VW}^{\text{T}} = \begin{bmatrix} 0 & \text{tvw}_{12} & \cdots & \text{tvw}_{1n} \\ \text{tvw}_{21} & 0 & \cdots & \text{tvw}_{2n} \\ \vdots & \vdots & 0 & \vdots \\ \text{tvw}_{n1} & \text{tvw}_{n2} & \cdots & 0 \end{bmatrix} \tag{8-6}$$

式中，$\text{VW}=[\text{vw}_{ij}]$，为 j 产业对 i 产业水的完全需求数量，其中元素 $\text{vw}_{ij}=\sigma\times X\times(I-A)^{-1}$；$\sigma$ 为直接用水系数矩阵；X 为中间投入矩阵；TVW 为主对角线元素为零的对称矩阵（表示自身转移为零），其中元素 tvw_{ij} 从列方向看，表示由于产业关联 j 产业从 i 产业输入的水资源数量，从行方向看，表示 i 产业向 j 产业的输出的水资源数量，行方向之和等于 i 产业水资源净转移量。

8.2.3 区域间水资源利用关联效应模型建立

多区域投入产出模型可以将多个地区各个生产部门之间的投入产出关系内生在模型中，从而更为准确地估算贸易对这些地区水资源利用所产生的影响。式（8-7）是多区域投入产出模型的基本形式，区域数量为n。

$$\begin{bmatrix} A^{11} & A^{12} & \cdots & \cdots & A^{1n} \\ & \ddots & & & \\ \vdots & & A^{RR} & A^{RS} & \vdots \\ & & & \ddots & \\ A^{n1} & A^{n-1,2} & \cdots & \cdots & A^{nn} \end{bmatrix} \begin{bmatrix} X^1 \\ \vdots \\ X^R \\ \vdots \\ X^n \end{bmatrix} + \begin{bmatrix} Y^1 \\ \vdots \\ Y^R \\ \vdots \\ Y^n \end{bmatrix} = \begin{bmatrix} X^1 \\ \vdots \\ X^R \\ \vdots \\ X^n \end{bmatrix} \tag{8-7}$$

式中，A^{RR}是区域R内直接消耗系数矩阵；A^{RS}是投入系数矩阵，表示区域S不同产业单位产品中来自区域R各产业的中间投入；Y^R表示区域R各产业的最终需求列向量；X^R表示区域R各产业的产出列向量（潘文卿，2012；孙志娜，2012；彭连清等，2009；Miller et al.，2009）。

本章节将中国划分并合并为 3 个区域，将使用 3 个区域投入产出模型。3 个区域投入产出模型可用式（8-8）表示（李惠娟，2014；余典范等，2011）：

$$\begin{bmatrix} A^{11} & A^{12} & A^{13} \\ A^{21} & A^{22} & A^{23} \\ A^{31} & A^{32} & A^{33} \end{bmatrix} \begin{bmatrix} X^1 \\ X^2 \\ X^3 \end{bmatrix} + \begin{bmatrix} Y^1 \\ Y^2 \\ Y^3 \end{bmatrix} = \begin{bmatrix} X^1 \\ X^2 \\ X^3 \end{bmatrix} \tag{8-8}$$

式中，A^{RR}为区域R内水资源消耗系数矩阵；A^{RS}为投入系数矩阵，表示区域S不同产业单位产品中来自区域R各产业的中间投入；X为区域总产出，Y为区域的最终需求。

整理式（8-8）得到：

$$(I - A^{11})X^1 - A^{12}X^2 - A^{13}X^3 = Y^1 \tag{8-9}$$

$$-A^{21}X^1 + (1 - A^{22})X^2 - A^{23}X^3 = Y^2 \tag{8-10}$$

$$-A^{31}X^1 - A^{32}X^2 + (I - A^{33})X^3 = Y^3 \tag{8-11}$$

令$T^{RS} = (I - A^{RR})^{-1}A^{RS}$，可解出$X^1$、$X^2$、$X^3$，如式（8-12）～式（8-14）所示：

$$
\begin{aligned}
X^1 = & [I-T^{12}(I-T^{23}T^{32})^{-1}(T^{21}+T^{23}T^{31})-T^{13}(I-T^{32}T^{23})^{-1}(T^{32}T^{21}+T^{31})]^{-1} \\
& (I-A^{11})^{-1}Y^1+[I-T^{12}(I-T^{23}T^{32})^{-1}(T^{21}+T^{23}T^{31})-T^{13}(I-T^{32}T^{23})^{-1} \\
& (T^{32}T^{21}+T^{31})^{-1}][T^{12}(I-T^{23}T^{32})^{-1}+T^{13}(I-T^{32}T^{23})^{-1}T^{32}](I-A^{22})^{-1}Y^2 \\
& +[I-T^{12}(I-T^{23}T^{32})^{-1}(T^{21}+T^{23}T^{31})-T^{13}(I-T^{32}T^{23})^{-1}(T^{32}T^{21}+T^{31})]^{-1} \\
& [T^{13}(I-T^{32}T^{23})^{-1}+T^{12}(I-T^{23}T^{32})^{-1}T^{23}](I-A^{33})^{-1}Y^3
\end{aligned}
\tag{8-12}
$$

$$
\begin{aligned}
X^2 = & [I-T^{21}(I-T^{13}T^{31})^{-1}(T^{12}+T^{13}T^{32})-T^{23}(I-T^{31}T^{13})^{-1}(T^{31}T^{12}+T^{32})]^{-1} \\
& [T^{21}(I-T^{13}T^{31})^{-1}+T^{23}(I-T^{31}T^{13})^{-1}T^{31}](I-A^{11})^{-1}Y^1+[I-T^{21}(I-T^{13}T^{31})^{-1} \\
& (T^{12}+T^{13}T^{32})-T^{23}(I-T^{31}T^{13})^{-1}(T^{31}T^{12}+T^{32})]^{-1}(I-A^{22})^{-1}Y^2 \\
& +[I-T^{21}(I-T^{13}T^{31})^{-1}+(T^{12}+T^{13}T^{32})-T^{23}(I-T^{31}T^{13})^{-1}(T^{31}T^{12}+T^{32})]^{-1} \\
& [T^{23}(I-T^{31}T^{13})^{-1}+T^{21}(I-T^{13}T^{31})^{-1}T^{13}](I-A^{33})^{-1}Y^3
\end{aligned}
\tag{8-13}
$$

$$
\begin{aligned}
X^3 = & [I-T^{31}(I-T^{12}T^{21})^{-1}(T^{13}+T^{12}T^{23})-T^{32}(I-T^{21}T^{12})^{-1}(T^{21}T^{13}+T^{23})]^{-1} \\
& [T^{31}(I-T^{12}T^{21})^{-1}+T^{32}(I-T^{21}T^{12})^{-1}T^{21}](I-A^{11})^{-1}Y^1+[I-T^{31}(I-T^{12}T^{21})^{-1} \\
& (T^{13}+T^{12}T^{23})-T^{32}(I-T^{21}T^{12})^{-1}(T^{21}T^{13}+T^{23})]^{-1}[T^{32}(I-T^{21}T^{12})^{-1} \\
& +T^{31}(I-T^{12}T^{21})^{-1}+T^{12}](I-A^{22})^{-1}Y^2+[(I-T^{31}(I-T^{12}T^{21})^{-1} \\
& +(T^{13}+T^{12}T^{23})-T^{32}(I-T^{21}T^{12})^{-1}(T^{21}T^{13}+T^{23})]^{-1}(I-A^{33})^{-1}Y^3
\end{aligned}
\tag{8-14}
$$

以式（8-11）中 X^1 为例，可将其分解为 3 个部分。

（1）第一部分是区域 1 为满足本区域最终需求 Y^1 而引致的区域 1 总产出的增加。它包括本区域内不同部门间的相互作用及本区域与其他区域之间的相互作用，首先通过区域 1 内的乘数效应$(I–A^{11})–1$，然后通过区域 1 与区域 2、区域 3 之间的反馈效应，即下式来实现：

$$
[I-T^{12}(I-T^{23}T^{32})^{-1}(T^{21}+T^{23}T^{31})-T^{13}(I-T^{32}T^{23})^{-1}(T^{32}T^{21}+T^{31})]^{-1}
$$

该反馈效应指区域 1 总产出的变化使其他区域总产出发生变化，这部分变化的总产出再影响区域 1 的总产出。

（2）第二部分是区域 1 总产出为满足区域 2 的最终需求而发生的总产出变化量。首先通过区域 2 内的乘数效应$(I–A^{22})^{-1}$，然后通过区域 2 对区域 1 的溢出效应为

$$
T^{12}(I-T^{23}T^{32})^{-1}+T^{13}(I-T^{32}T^{23})^{-1}T^{32}
$$

该溢出效应指区域 2 对区域 1 的最终需求生产出的总产出对区域 1 总产出的溢出，最后通过区域 1 与区域 2、区域 3 之间的反馈效应为

$$[I-T^{12}(I-T^{23}T^{32})^{-1}(T^{21}+T^{23}T^{31})-T^{13}(I-T^{32}T^{23})^{-1}(T^{32}T^{21}+T^{31})]^{-1}$$

（3）第三部分是区域 1 总产出为满足区域 3 的最终需求而发生的总产出变化量。首先通过区域 3 内的乘数效应$(I-A^{33})^{-1}$，然后通过区域 3 对区域 1 的溢出效应为

$$T^{13}(I-T^{32}T^{23})^{-1}+T^{12}(I-T^{23}T^{32})^{-1}T^{23}$$

最后通过区域 1 与区域 2、区域 3 之间的反馈效应

$$[I-T^{12}(I-T^{23}T^{32})^{-1}(T^{21}+T^{23}T^{31})-T^{13}(I-T^{32}T^{23})^{-1}(T^{32}T^{21}+T^{31})]^{-1} \quad (8\text{-}15)$$

来实现。

分别用 M^{RR} 表示区域 R 的乘数效应（multiplier effect），S^{RP} 表示区域 P 对 R 的溢出效应（spillover effect），F^{RR} 表示区域 R 的反馈效应（feedback effect）。可整理得到 M^{RR}、S^{RP} 和 F^{RR} 的表达式

$$M^{RR}=(I-A^{RR})^{-1}$$

$$S^{RP}=T^{RP}(1-T^{PQ}T^{QP})^{-1}+T^{RQ}(I-T^{QP}T^{PQ})^{-1}T^{QP}$$

$$F^{RR}=[I-T^{RP}(I-T^{PQ}T^{QP})^{-1}(T^{RP}+T^{PQ}T^{QR})-T^{RQ}(I-T^{QP}T^{PQ})^{-1}(T^{QR}T^{PR}+T^{QR})]^{-1}$$

将 M^{RR}、S^{RP} 和 F^{RR} 带入式（8-12）～式（8-14）得到式（8-15）～式（8-17）

$$X^1=F^{11}M^{11}Y^1+F^{11}S^{12}M^{22}Y^2+F^{11}S^{13}M^{33}Y^3 \quad (8\text{-}16)$$

$$X^2=F^{22}S^{21}M^{11}Y^1+F^{22}M^{22}Y^2+F^{22}S^{23}M^{33}Y^3 \quad (8\text{-}17)$$

$$X^3=F^{33}S^{31}M^{11}Y^1+F^{33}S^{32}M^{22}Y^2+F^{33}M^{33}Y^3 \quad (8\text{-}18)$$

3 个区域投入产出模型矩阵相乘形式则可表示为

$$\begin{aligned}\begin{bmatrix}X^1\\X^2\\X^3\end{bmatrix}&=\begin{bmatrix}F^{11}&0&0\\0&F^{22}&0\\0&0&F^{33}\end{bmatrix}\begin{bmatrix}I&S^{12}&S^{13}\\S^{21}&I&S^{23}\\S^{31}&S^{32}&I\end{bmatrix}\begin{bmatrix}M^{11}&0&0\\0&M^{22}&0\\0&0&M^{33}\end{bmatrix}\begin{bmatrix}Y^1\\Y^2\\Y^3\end{bmatrix}\\&=\begin{bmatrix}F^{11}M^{11}&F^{11}S^{12}M^{22}&F^{11}S^{13}M^{33}\\F^{22}S^{21}M^{11}&F^{22}M^{22}&F^{22}S^{23}M^{33}\\F^{33}S^{31}M^{11}&F^{33}S^{32}M^{22}&F^{33}M^{33}\end{bmatrix}\begin{bmatrix}Y^1\\Y^2\\Y^3\end{bmatrix}\end{aligned} \quad (8\text{-}19)$$

将式（8-18）形式变换后可得

$$\begin{bmatrix} X^1 \\ X^2 \\ X^3 \end{bmatrix} \left\{ \begin{bmatrix} M^{11} & 0 & 0 \\ 0 & M^{22} & 0 \\ 0 & 0 & M^{33} \end{bmatrix} + \begin{bmatrix} 0 & S^{12} & S^{13} \\ S^{21} & 0 & S^{23} \\ S^{31} & S^{32} & 0 \end{bmatrix} \begin{bmatrix} M^{11} & 0 & 0 \\ 0 & M^{22} & 0 \\ 0 & 0 & M^{33} \end{bmatrix} \right.$$

$$\left. + \begin{bmatrix} F^{11}-I & 0 & 0 \\ 0 & F^{22}-I & 0 \\ 0 & 0 & F^{33}-I \end{bmatrix} \begin{bmatrix} I & S^{12} & S^{13} \\ S^{21} & I & S^{23} \\ S^{31} & S^{32} & I \end{bmatrix} \begin{bmatrix} M^{11} & 0 & 0 \\ 0 & M^{22} & 0 \\ 0 & 0 & M^{33} \end{bmatrix} \right\} \begin{bmatrix} Y^1 \\ Y^2 \\ Y^3 \end{bmatrix} \tag{8-20}$$

$$= \begin{bmatrix} M^{11}Y^1 \\ M^{22}Y^2 \\ M^{33}Y^3 \end{bmatrix} + \begin{bmatrix} S^{12}M^{22}Y^2 + S^{13}M^{33}Y^3 \\ S^{21}M^{11}Y^1 + S^{23}M^{33}Y^3 \\ S^{31}M^{11}Y^1 + S^{32}M^{22}Y^2 \end{bmatrix}$$

$$+ \begin{bmatrix} (F^{11}-I)M^{11}Y^1 + (F^{11}-I)S^{12}M^{22}Y^2 + (F^{11}-I)S^{13}M^{33}Y^3 \\ (F^{22}-I)S^{21}M^{11}Y^1 + (F^{22}-I)M^{22}Y^2 + (F^{22}-I)S^{23}M^{33}Y^3 \\ (F^{33}-I)S^{31}M^{11}Y^1 + (F^{33}-I)S^{32}M^{22}Y^2 + (F^{33}-I)M^{33}Y^3 \end{bmatrix}$$

式（8-19）中，等式最右边第一部分表示区域内乘数效应，第二部分表示区域间溢出效应，第三部分表示区域间反馈效应。区域内乘数效应是指某一区域各部门生产一单位最终使用产品，因本区域内部门间的相互作用而导致的本区域内各部门总产出变化。

区域内水资源利用乘数效应系数：

$$W\alpha^{RR} = \bar{\delta}^R M^{RR} \tag{8-21}$$

区域间水资源利用溢出效应系数：

$$W\beta^{SR} = \bar{\delta}^R S^{RP} M^{RR} \tag{8-22}$$

第一类区域间水资源利用反馈效应系数：

$$W\gamma^{RR} = \bar{\delta}^R (F\eta^{RR} - I) M^{RR} \tag{8-23}$$

第二类区域间水资源利用反馈效应系数：

$$W\gamma^{RS} = \bar{\delta}^R (F^{RR} - I) S^{RP} M^{RR} \tag{8-24}$$

式中，$\bar{\delta}^R = (\delta_1^R, \delta_2^R, \cdots, \delta_j^R)$，元素 δ_j^R 为 R 区域第 j 产业的完全用水系数；M^{RR} 为区域 R 的乘数效应；S^{RP} 为区域 P 对区域 R 的溢出效应；F^{RR} 为区域 R 的反馈效应；$W\alpha^{RR}$ 为行向量，表示 R 区域第 j 产业增加一单位最终产出导致 R 区域各产业总产出变化，该变化导致 R 区域用水的变化量；$W\beta^{SR}$ 为 R 区域第 j 产业增加一单位最终产出导致 S 区域各产业总产出变化，该变化导致 P 区域用水的变化量；$W\gamma^{RR}$ 为 R 区域第 j 产业增加一单位最终产出导致其他区域总产出变化，又导致 R 区域各产业总产出变化，该变化最终导致 R 区域用水的变化量；$W\gamma^{RS}$ 为 S 区域第

j 产业增加一单位最终产出，因溢出效应使 R 区域各产业的总产出产生变化，而 R 区域这一变化量通过引发其他区域总产出变化，又导致 R 区域总产出变化，并由这部分变化的总产出引发的 R 区域用水的变化量。

8.2.4 中国省际水足迹转移矩阵构建

1. 中国省际水足迹测度指标

（1）水足迹指标计算。根据投入产出表，省（区、市）水足迹结构可分为三部分：①满足本地自身需求，在本地生产并在本地消费的内部水足迹；②通过最终产品输出满足其他地区（国家）的最终需求，为输出水足迹；③为满足本地需求引致其他地区的用水量，通过输入其他地区（国家）生产的产品或服务导致的水足迹流入，为输入水足迹。

内部水足迹：

$$W_P = W_P^U + W_P^C + W_P^G + W_P^D = \delta y_u + \delta y_c + \delta y_g + \delta y_d \tag{8-25}$$

输出水足迹：

$$W_K = W_K^O + W_K^E = \delta w_o + \delta w_e \tag{8-26}$$

输入水足迹：

$$W_L = W_L^Q + W_L^M = \delta w_q + \delta w_m \tag{8-27}$$

式中，W_P 为内部水足迹总和；W_P^U、W_P^C、W_P^G、W_P^D 分别为农村居民消费、城镇居民消费、政府消费、投资水足迹；y_u、y_c、y_g、y_d 分别为投入产出表中农村居民消费支出、城镇居民消费支出、政府消费支出、投资列阵；W_K 为输出水足迹总和；W_K^O、W_K^E 分别为国内省外流出与出口水足迹；w_o、w_e 分别为投入产出表中国内省外流出与出口项列阵；W_L 为输入水足迹总和；W_L^Q、W_L^M 分别为国内省外流入与进口水足迹；w_q、w_m 分别为投入产出表中国内省外流入与进口项列阵。

（2）水足迹贸易计算。本节用输出水足迹与输入水足迹的差值来衡量一个地区水足迹的贸易情况。省（区、市）水足迹贸易的表达式为

$$W_T = (W_K^O - W_L^Q) + (W_K^E - W_L^M) \tag{8-28}$$

式中，$W_K^O - W_L^Q$ 为省际贸易水足迹净输出量；$W_K^E - W_L^M$ 为国际贸易水足迹净输出量；W_T 为总水足迹贸易值。$W_T > 0$ 表示该省（区、市）水足迹净输出，当地生产所需水足迹量大于消费的，说明该省（区、市）替水足迹输入地消耗了水资源，有利于缓解其他区域用水压力；$W_T < 0$ 表示该省（区、市）水足迹净输入，当地消费所需水足迹量大于生产的，说明该省（区、市）通过输入水足迹消耗了水足

迹来源地的水资源，来满足当地对水足迹消费的最终需求，节省了当地的水资源，但会加重其他区域用水紧张的局势。

2. 中国省际水足迹空间转移矩阵

采用 MRIO 模型可以刻画地区之间的贸易关系，MRIO 模型在传统投入产出模型基础上，增加了贸易因素（李晨等，2018）。本节研究的 31 个省（区、市）水足迹的产出与最终消费平衡关系为

$$\begin{bmatrix} X_1 \\ X_2 \\ \vdots \\ X_{31} \end{bmatrix} = \begin{bmatrix} A_{1,1} & A_{1,2} & \cdots & A_{1,31} \\ A_{2,1} & A_{2,2} & \cdots & A_{2,31} \\ \vdots & \vdots & \ddots & \vdots \\ A_{31,1} & A_{31,2} & \cdots & A_{31,31} \end{bmatrix} \begin{bmatrix} X_1 \\ X_2 \\ \vdots \\ X_{31} \end{bmatrix} + \begin{bmatrix} \sum F_1 \\ \sum F_2 \\ \vdots \\ \sum F_{31} \end{bmatrix} \tag{8-29}$$

式（8-29）左边为总产出矩阵，其中元素 X_n 为 n 省（区、市）的总产出；等式右边（$n \times n$）矩阵为各省（区、市）的投入产出关系，其中对角线上元素 A_{ii} 为省（区、市）内部产业投入矩阵，非对角线元素 A_{ij} 为各省（区、市）之间的产业投入矩阵；等式右边最后一列矩阵为最终使用矩阵，其中元素 F_n 为 n 省（区、市）的最终需求。

由于各省（区、市）的投入产出表均为进口竞争型模型，假设进口产品的使用结构与全国平均水平相同，进口产品同国内产品一样进入到中间需求和最终需求。因此，研究中国基于省际贸易的水足迹空间转移需要对进口产品进行剔除，本节引入进口系数矩阵 $\hat{M}$，$\hat{M}$ 是按进口量占国内总需求（包括中间需求和最终需求）比例确定的。

剔除进口后，各省总产出矩阵可改写为

$$X^b = \left[I - (I - \hat{M})A\right]^{-1}\left[(I - \hat{M})F\right] \tag{8-30}$$

各省（区、市）间的水足迹空间转移需要将完全用水系数同各省（区、市）的投入产出模型结合，可通过式（8-31）计算。

$$Z^{RS} = \delta^R\left[I - (I - \hat{M})T^{RS}A^R\right]^{-1}\left[(I - \hat{M})F^R\right] \tag{8-31}$$

式中，δ^R、A^R、F^R 分别为 R 省（区、市）的完全用水系数矩阵、直接消耗系数矩阵、最终需求矩阵；T^{RS} 为区域间贸易系数矩阵，指各行业从区域 R 流至区域 S 的流量矩阵，其计算过程参考文献（Okuda et al.，2004）。

3. 本章节所需数据来源

本节基于 2002 年、2005 年、2007 年、2010 年、2012 年的《中国投入产出表》，最终需求包括消费项（农村、城镇居民和政府消费支出之和）、投资项（固定

资本形成总额）、出口项（出口），其他数据均对应相应年份。农业用水量数据来自《中国水资源公报》；工业用水量数据来自《中国环境年鉴》；服务业用水量计算参考文献（王晓萌等，2014），生活用水由居民用水和公共用水（含第三产业和建筑业等用水）组成，本节采取生活用水减去居民用水的方法得到第三产业用水量，居民生活用水的计算是将各地区居民日均用水量与该地人数相乘，各地区城镇与农村人均日用水量数据可从《中国水资源公报》中获取；地区人口数量来自《中国统计年鉴》。根据国家统计局的《三次产业划分规定》将投入产出表中的产业合并为 17 个（表 8-6），并将中国划分为三个区域（表 8-7）。

表 8-6　产业分类

代码	产业	代码	产业
1	农业	10	机械工业
2	采矿业	11	交通运输设备制造业
3	食品制造及烟草加工业	12	电气机械及电子通信设备制造业
4	纺织服装业	13	其他制造业
5	木材加工及家具制造业	14	电力及热力的生产供应业
6	造纸印刷及文教用品制造业	15	建筑业
7	化学工业	16	商业及运输业
8	非金属矿物制品业	17	其他服务业
9	金属冶炼及制品业		

表 8-7　中国 31 个省（区、市）区域划分

区域	省级行政区名称
东部区域	黑龙江、吉林、辽宁、北京、天津、河北、山东、江苏、上海、浙江、福建、广东、海南
中部区域	山西、河南、安徽、湖北、湖南、江西
西部区域	内蒙古、陕西、宁夏、甘肃、青海、新疆、四川、重庆、广西、云南、贵州、西藏

各省（区、市）水足迹指标数据：依据地区投入产出表本地内部最终消费情况可分为农村居民消费支出、城镇居民消费支出、政府消费支出、投资项；本地贸易情况可分为国内省外流入、流出，进口、出口项，其经济产出值均来自 2012 年各省（区、市）的投入产出表。区域间贸易系数计算所需数据来源于《中国交通年鉴 2013》《全国铁路统计资料汇编》。

需要说明的是：①限于港澳台数据尚未收集，本节研究对象是除港澳台外的中国 31 个省（区、市）。2012 年中国省（区、市）投入产出表将对外贸易分为了四列贸易数据，包括国内省外流出、流入的省际贸易，还包括进口、出口的国际贸易；②部分省（区、市）的库存项是为了平衡投入产出表中的行向项所处理的，不能完全反映真实的库存，因此本节的水足迹计算结果不包括沉淀在库存里的用水量；③建筑业和服务业生产的可以自由流动的产品与工农业产品相比较少，因此本节基于省际贸易分析的水足迹空间转移中不包括建筑业和服务业。

8.3　中国水资源利用空间转移特征研究

8.3.1　产业用水系数变化

由式（8-1）～式（8-3）分别计算得出中国 17 个产业直接用水系数、完全用水系数、用水乘数的变化情况（图 8-1～图 8-3）。

由图 8-1 可知：农业的直接用水系数明显高于其他产业，这与农产品的生产方式有关，农田灌溉、淡水养殖等生产过程对自然形态水资源依赖程度高；其中电力及热力的生产供应业的直接用水系数也较高。2002 年商业及运输业的直接用水系数最低为 4.77m^3/万元，电气机械及电子通信设备制造业在 2005 年、2007 年的直接用水系数较低，分别为 3.19m^3/万元、2.41m^3/万元，交通运输设备制造业在 2010 年、2012 年的直接用水系数较低，分别为 1.59m^3/万元、1.29m^3/万元，这些产业对水资源的直接依赖程度比较轻，在生产过程中直接用水强度较小。从 2002～2012 年 17 个产业直接用水系数整体变化趋势看，非金属矿物制品业的直接用水系数从 2002 年的 25.34m^3/万元下降到 2012 年的 4.40m^3/万元，下降了 82.66%，下降趋势最明显；农业的直接用水系数从 2002 年的 1307.33m^3/万元下降到 2012 年的 436.42m^3/万元，下降值最大，为 870.91m^3/万元，主要是农业节水推广技术的广度、深度发挥了积极作用；17 个产业的直接用水系数均有下降趋势，可以看出整个经济系统的用水效率有了提高。

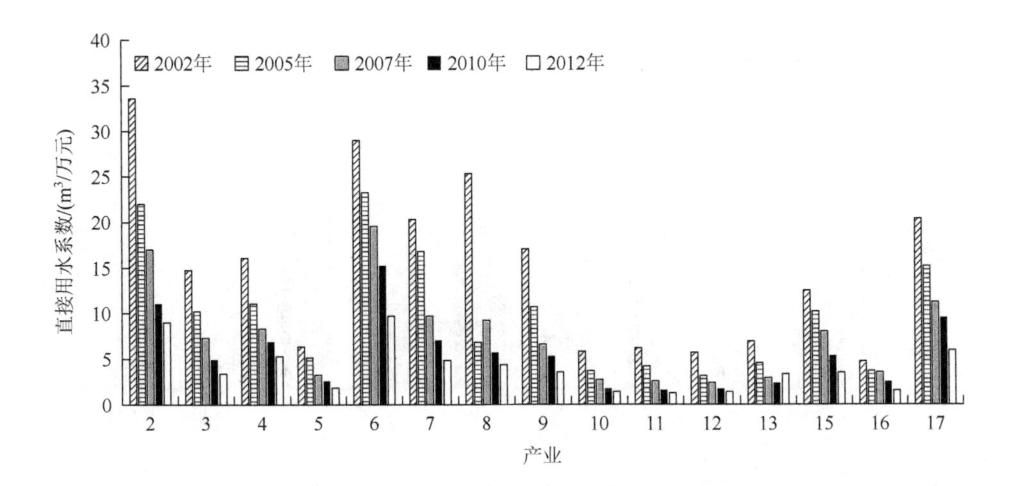

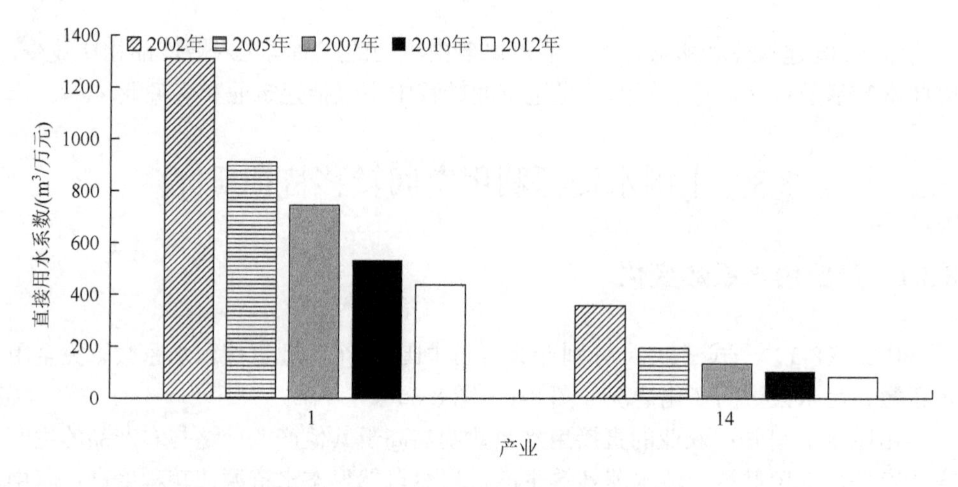

图 8-1　中国 17 个产业直接用水系数变化

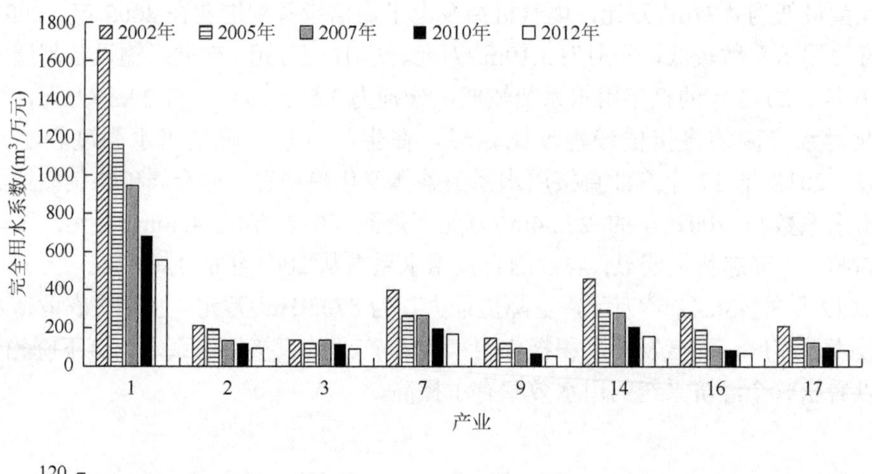

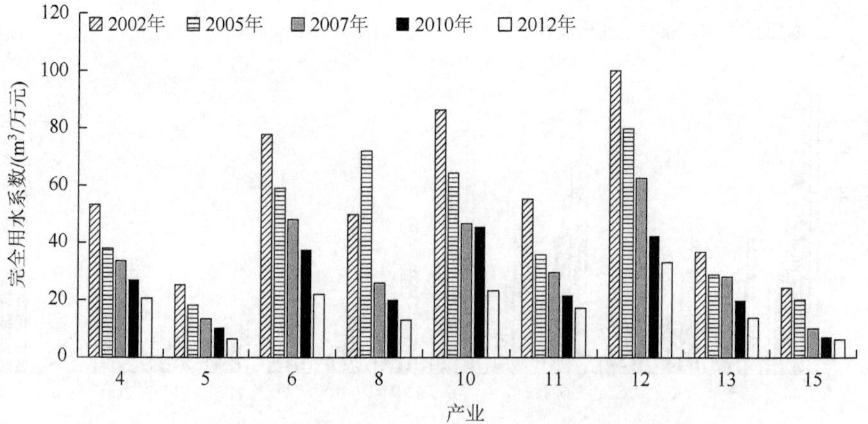

图 8-2　中国 17 个产业完全用水系数变化

由图 8-2 可知，17 个产业的完全用水系数均高于直接用水系数值，说明各产业增产一单位产品所需整个经济体系总用水量的增加值大于其所需投入的自然形态水资源量。其中农业和电力及热力的生产供应业的完全用水系数较高，化学工业、采矿业、食品制造及烟草加工业、商业及运输业、其他服务业这些产业增产一单位产出虽然消耗了较少的自然形态的水，但是通过产业关联消耗了嵌入在其他产业对其中间投入产品的大量水资源，对整个经济系统总用水量的增加值影响较大。建筑业、木材加工及家具制造业、非金属矿物制品业、其他制造业的完全用水系数偏小。从时间序列变化上看，2002～2012 年 17 个产业完全用水系数均呈下降趋势，商业及运输业的完全用水系数下降趋势最明显，从 2002 年的 280.81m^3/万元下降到 2012 年的 68.77m^3/万元，下降了 75.51%；农业的完全用水系数下降值最大，从 2002 年的 1652.43m^3/万元下降到 2012 年的 556.66m^3/万元，下降了 1095.77m^3/万元。由此可见，国家建立节水型产业结构取得了显著的成效，主要在于企业引进更为先进的节水设备，在提高单位产出的同时降低了单位用水量。

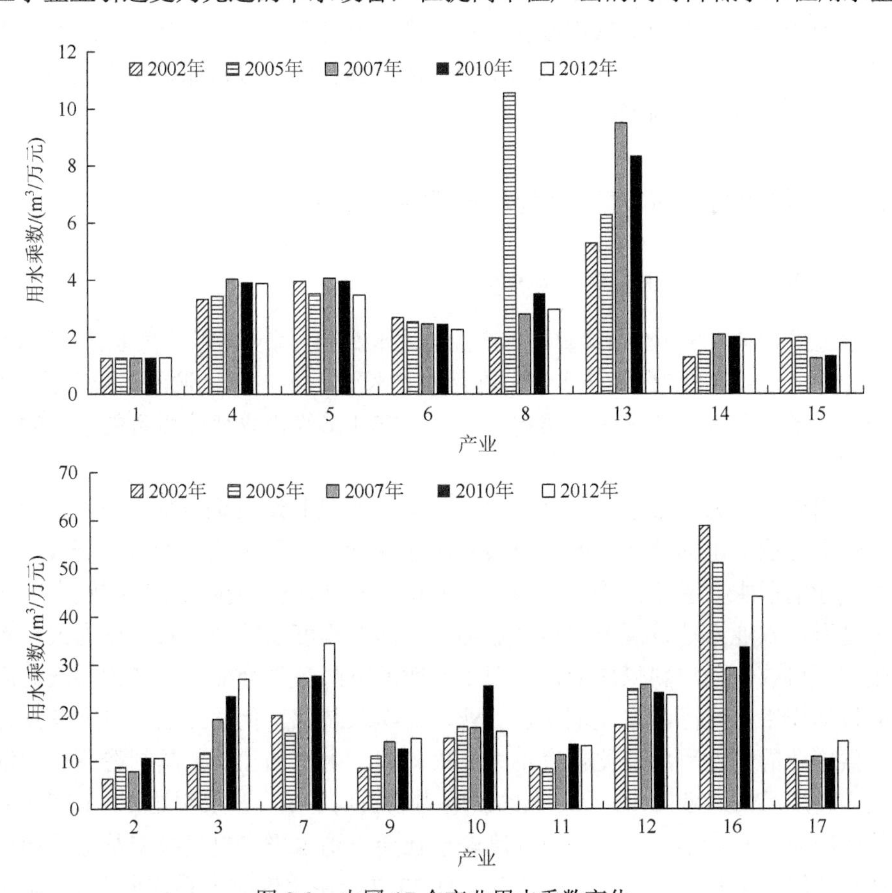

图 8-3　中国 17 个产业用水乘数变化

用水乘数的引入可以更清楚地分析各产业在生产过程中的直接用水与间接用水及总用水量的关系。如果仅考虑各产业的直接用水系数或完全用水系数，农业的这两个指标都很大，但是着眼于用水乘数（图 8-3），2002～2012 年农业的用水乘数最小，均在 1.27 左右，即农业对整个经济系统总用水量间接带动作用较小；商业及运输业、化学工业、食品制造及烟草加工业等的用水乘数较大，这些产业的直接用水量很低，但产业产出却对整个经济系统用水量的间接带动作用很大，说明这些产业用水关系较为隐蔽，此类产业对水资源消耗主要由其他产业提供。在节水政策实施中，除了要关注那些直接用水系数较大的产业，还应从整个产业链角度出发关注间接用水量较大的产业。从时间序列变化上看，商业及运输业、其他制造业这两个产业用水乘数下降趋势明显，该类产业生产活动对整个经济系统用水量间接带动作用变小，这与该类产业用水经济效益显著提升有很大关系；农业、纺织服装业、木材加工及家具制造业、造纸印刷及文教用品制造业、电力及热力的生产供应业、建筑业这 6 个产业的用水乘数变化幅度基本稳定在 1.00 左右，主要由于这些产业关联程度保持较为稳定的发展水平；其余 9 个产业中食品制造及烟草加工业、化学工业的用水乘数增加趋势较明显，原因在于这些产业与其他产业的关联性逐渐增强。

8.3.2 中国产业用水波及程度和产业用水转移分析

1. 中国产业用水波及程度分析

通过式(8-4)、式(8-5)计算出各产业的用水影响力系数和感应度系数(表 8-8)，反映 2002～2012 年国民经济各产业在经济增长过程中对水资源的需求变化。将完全用水系数与各项最终需求相乘得到 17 个产业最终需求变化引致的水资源诱发额（图 8-4）。

从用水影响力系数来看（表 8-8），农业、食品制造及烟草加工业、纺织服装业、化学工业、电力及热力的生产供应业这 5 个产业影响力系数都大于 1，说明这些产业的需求对整个经济系统中各产业用水量增加值的拉动作用都较大。从动态角度看，农业产业发展对其他产业需水量涉及程度在减轻，农业作为大多数产业生产不可或缺的原料供应业，其用水系数的下降势必会减小对其关联产业用水量的拉动作用；食品制造及烟草加工业、纺织服装业、化学工业、电力及热力的生产供应业的波及程度变化幅度不大。采矿业、木材加工及家具制造业、造纸印刷及文教用品制造业等 12 个产业的影响力系数均小于 1，表明这 12 个产业生产对其他产业用水量增加值的波及程度轻于社会平均水平。电气机械及电子通信设备制造业用水影响力系数有增大趋势，且 2012 年用水影响力系数大于 1，说明该产业对其他产业需水量涉及程度在增加，该产业属于知识密集型产业，附加值高，产业链长，作为国家重点产业被扶持，经济辐射作用的增强使其对其他产业用水量拉动作用不断增大；建筑业、商业及运输业、其他服务业这 3 个产业用水影响力系数呈下降趋势，对其他产业需水量涉及程度会减轻，由于该类产业对其他产业支撑作用不明显致使该类产业产品大多用于直接消费。

表 8-8　中国 17 个产业的用水影响力系数及感应度系数

产业	影响力系数					感应度系数				
	2002 年	2005 年	2007 年	2010 年	2012 年	2002 年	2005 年	2007 年	2010 年	2012 年
1	2.969	2.592	2.469	2.148	2.279	5.452	5.361	5.209	5.534	5.314
2	0.665	0.805	0.744	0.748	0.729	1.488	2.186	1.897	2.083	2.372
3	1.585	1.533	1.680	1.593	1.588	0.387	0.429	0.666	0.883	0.734
4	1.026	1.002	1.061	1.797	1.016	0.177	0.150	0.102	0.173	0.179
5	0.940	0.940	0.948	0.953	0.891	0.102	0.091	0.080	0.075	0.059
6	0.746	0.818	0.880	0.901	0.832	0.382	0.387	0.370	0.380	0.226
7	1.355	1.241	1.415	1.316	1.420	2.392	2.148	2.484	2.296	2.508
8	0.641	0.871	0.691	0.719	0.689	0.205	0.429	0.160	0.146	0.121
9	0.826	0.887	0.882	0.845	0.854	0.844	0.879	0.817	0.680	0.758
10	0.713	0.743	0.740	0.749	0.785	0.359	0.323	0.306	0.344	0.214
11	0.655	0.670	0.713	0.693	0.720	0.226	0.170	0.162	0.126	0.192
12	0.798	0.831	0.858	0.804	1.433	0.454	0.412	0.406	0.290	0.336
13	0.661	0.690	0.670	0.703	0.649	0.168	0.176	0.229	0.197	0.239
14	1.029	1.045	1.271	1.173	1.180	2.529	2.186	2.896	2.564	2.409
15	0.841	0.806	0.657	0.601	0.650	0.042	0.043	0.024	0.018	0.022
16	0.812	0.792	0.618	0.599	0.607	1.193	1.067	0.622	0.650	0.667
17	0.738	0.735	0.704	0.657	0.679	0.599	0.563	0.572	0.561	0.649

从用水感应度系数来看（表 8-8），农业、采矿业、化学工业、电力及热力的生产供应业这 4 个产业的用水感应度系数大于 1，对用水量需求的推动作用较大，该类行业产品大多具有中间产品的性质，导致其他产业对其需求与依赖度较大；采矿业、化学工业用水感应度系数有增加趋势，即当所有产业都增加一单位的最终产品时，该产业对水资源的需求逐渐上升。食品制造及烟草加工业、纺织服装业等 12 个产业的用水感应度系数小于 1，表明这些行业用水量的需求推动作用不明显；食品制造及烟草加工业、其他制造业这两个产业用水感应度系数增加趋势较明显，表明该产业用水受其他产业推动作用不断增大，即其他产业对该类行业需求程度在不断提高，其余产业用水感应度相对变化幅度不大。研究期内纺织服装业、木材加工及家具制造业、建筑业这 3 个产业的用水感应度系数均小于 0.200，主要是该类产业产品具有最终消费的性质，导

致其在产业链中受需求推动作用不大。

各项最终需求诱发用水量越大，它的生产波及效果也越大，如图 8-4 所示，这可揭示最终需求对水资源的波及是哪类需求导致的，即刺激消费、投资、出口需求对产业用水结构的基本指向。从消费方面来看，生产诱发用水量较高的产业有农业、食品制造及烟草加工业、商业及运输业、其他服务业，即这些产业在消费支出增加时，被诱发带动的用水量也较高；木材加工及家具制造业、非金属矿物制品业、机械工业、建筑业等产业生产诱发用水量较低，即这些产业在消费支出增加时被诱发带动的用水量较低。从动态变化来看，农业、采矿业、木材加工及家具制造业、非金属矿物制品业、金属冶炼及制品业、其他制造业这 6 个产业通过消费支出诱发的用水量有下降的趋势；食品制造及烟草加工业、纺织服装业、其他服务业等 11 个产业通过消费支出诱发的用水量有上升趋势，其中食品制造及烟草加工业、化学工业、交通运输设备制造业诱发的用水量增加趋势较明显，这 3 个产业 2012 年诱发用水量分别是 2002 年的 2.53 倍、1.21 倍、2.19 倍。

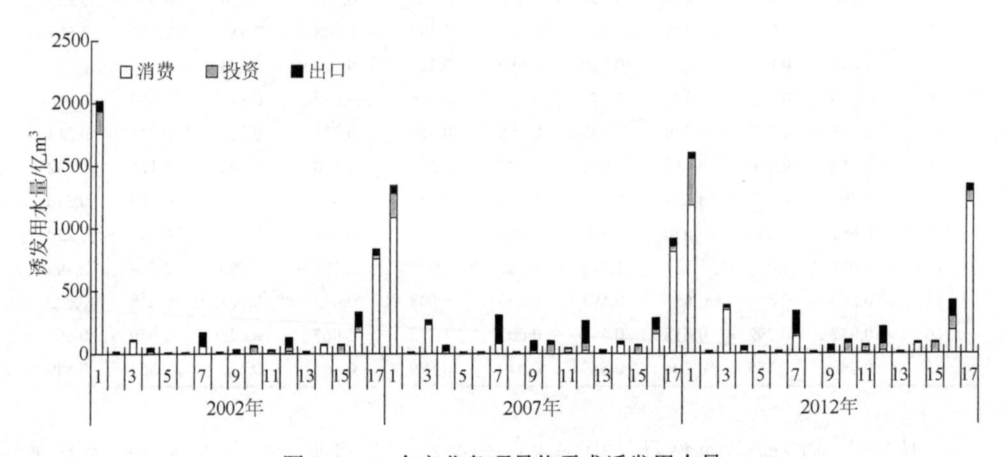

图 8-4　17 个产业各项最终需求诱发用水量

从投资需求来看，农业、机械工业、建筑业、商业及运输业等产业的生产诱发用水量较高，表明这些产业用水量受资金投资额影响变化较大；纺织服装业、木材加工及家具制造业、造纸印刷及文教用品制造业、非金属矿物制品业、电力及热力的生产供应业等产业生产诱发用水量较低，即这些产业用水量受资金投资额影响变化较小。17 个产业用水量通过投资金额的变化均有增加的趋势，食品制造及烟草加工业、纺织服装业、其他服务业通过投资需求诱发的用水量增加趋势较明显，这 3 个产业 2012 年诱发用水量分别是 2002 年的 3.50 倍、9.48 倍、3.20 倍。

从出口需求来看，农业、化学工业、电气机械及电子通信设备制造业、商业及运输业等产业的生产诱发用水量较高，即这些产业的用水量对出口量变化比较敏感；农业、采矿业、其他制造业、电力及热力的生产供应业这 4 个产业通过出口诱发的用水量有下降的趋势；其他服务业受出口量变动影响，呈现上下波动的变化趋势，2002 年出口诱发用水量为 51.60 亿 m^3，2007 年出现最大值 58.83 亿 m^3，2012 年又下降为 51.10 亿 m^3；其余产业食品制造及烟草加工业、机械工业、交通运输设备制造业等用水量受出口影响增加趋势明显，这 3 个产业 2012 年诱发用水量分别是 2002 年的 1.11 倍、1.19 倍、1.77 倍。

2. 中国产业用水关联矩阵分析

根据式（8-6）计算中国经济系统内部 17 个产业用水转移矩阵，得出 2002 年、2007 年、2012 年中国产业用水转移矩阵的时间变化情况，并绘制了转移流向关系和弦图（图 8-5），分别代表 17 个产业，关系带以水资源流量的大小权衡并对应相应的资源转移地区。

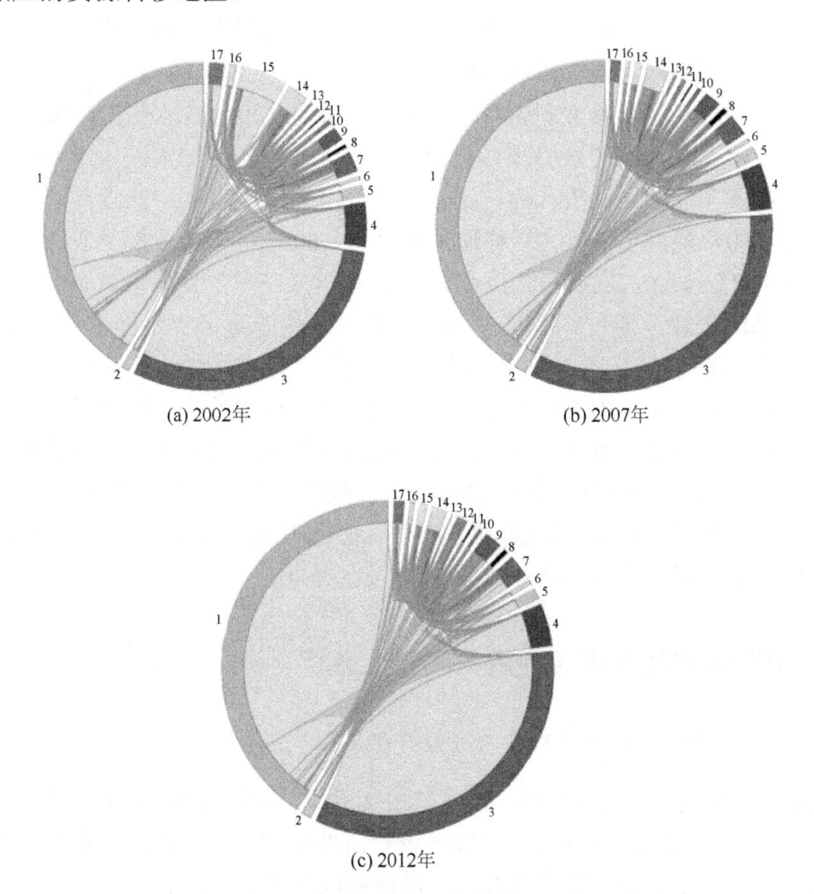

图 8-5　中国 17 个产业用水转移矩阵流向关系和弦图

由图 8-5 可知，从净输出水资源来看，整个国民经济系统中农业、采矿业、电力及热力的生产供应业这 3 个产业为水资源净输出产业，其中农业净输出水资源量最大，2012 年农业净输出水资源量为 999.35 亿 m^3，其通过转移的水约占直接用水量（3902.50 亿 m^3）的四分之一，意味着农业用水量的四分之一通过为其他产业提供中间消耗品而转移到别的产业；这 3 个产业的水资源流动均有增加的趋势，农业水资源净输出从 2002 年 431.95 亿 m^3 上升至 2012 年的 999.35 亿 m^3，采矿业水资源净输出从 2002 年的 5.39 亿 m^3 上升至 2012 年的 22.65 亿 m^3，电力及热力的生产供应业水资源净输出从 2002 年的 21.44 亿 m^3 增加至 2012 年的 33.52 亿 m^3。

大部分工业及服务业为水资源净输入产业，输入现象最明显的产业为食品制造及烟草加工业，2012 年其水资源输入量为 835.48 亿 m^3，是其直接用水量的 20 倍以上，远大于其直接用水量，这类产业为满足生产，需要直接和间接依赖其他产业的用水量，其直接用水量并不高，但通过购买别的产业产品作为中间投入间接地消耗了大量其他产业利用的水，除建筑业产业水资源净输入有下降趋势外，其余产业水资源净输入均有增加趋势。

从产业间水资源转移方向来看，农业对大部分产业存在水资源净输出现象，农业虽然对自然状态下的水资源直接消耗量较大，但当这些水嵌入农业产品后，随着对各经济产业的中间投入而广泛地流入经济系统中，其中向食品制造及烟草加工业转移的水资源量最大，转移现象最显著，2012 年该产业接受农业水资源转移量 834.81 亿 m^3，占农业净输出水资源量的 80%左右，食品制造及烟草加工业对农业产品的依赖，通过产业链关联实际上对水资源形成大量需求，且 2002～2012 年这种依赖程度有逐年增强的趋势；仅有电力及热力的生产供应业向农业有少量的流入。电力及热力的生产供应业向大部分产业均输出不同数量水资源，仅有采矿业向其有少量的流入。所有产业均有不同数量的水资源流入建筑业。产业间主要的输出-输入组合有：农业-食品制造及烟草加工业，农业-纺织服装业，农业-木材加工及家具制造业，农业-化学工业，农业-其他服务业，采矿业-化学工业，电气机械及电子通信设备制造业-金属冶炼及制品业。

8.3.3　中国区域间水资源利用关联特征分析

1. 中国区域间水资源利用关联效应分析

根据式（8-20）～式（8-24）计算得出 2007 年中国区域间水资源利用关联效应（表 8-9），分别是东部区域、中部区域和西部区域的区域内产业水资源利用乘数效应，区域间水资源利用溢出效应、反馈效应的测度系数值。

表 8-9　2007 年中国区域间水资源利用关联效应　（单位：t/万元）

区域	区域内乘数效应	区域间溢出效应				区域间反馈效应			
		东部	中部	西部	合计	东部	中部	西部	合计
东部	9.0294	—	1.4492	4.4669	5.9162	0.6341	0.0504	0.5523	1.2368
中部	11.3558	2.0607	—	2.2203	4.2810	0.0563	0.4299	0.0920	0.5782
西部	22.4571	1.4152	1.5080	—	2.9232	0.0385	0.0359	0.3228	0.3971

（1）区域内水资源利用乘数效应分析。从表 8-9 可以看出，东部、中部、西部区域的区域内水资源利用乘数效应值分别为 9.0294t/万元、11.3558t/万元、22.4571t/万元，这说明，当这三个区域 17 个产业同时增加 1 万元的最终消费时，由于区域产业间的关联作用，各区域内总的用水量增量分别是 9.0294t、11.3558t、22.4571t。中部、东部区域的测度值较接近，西部区域的区域内水资源利用乘数效应明显大于其他两个地区。这表明，西部地区由于自身经济增长引致的用水量较中部、东部区域更多，东部区域因自身经济引致本区域用水量最小。其主要原因是区域完全用水系数的差异，东部区域相比西部区域有着更为合理的产业结构及先进的节水技术，大多生产高附加值和低耗水产品，而西部地区大多以具有高耗水特点的农业为主，且技术水平较低下，各产业用水效率普遍较低，产业产品耗水强度大。

彭连清（2008）基于经济乘数效应，其研究结论与本节水资源利用乘数效应的结果相反，东部区域内乘数效应较大，中部、西部区域次之。说明东部区域的经济发展更能带动其经济走向良性，即实现资源消耗最小化与生产效率最优组合，促进节水技术进步从而减少产业的耗水量。

（2）区域间水资源利用溢出效应分析。由表 8-9 可以得出，东部区域的区域间水资源利用溢出效应测度值最大，为 5.9162t/万元，这说明，在产业的关联作用下，当东部区域 17 个产业同时增加 1 万元的最终消费时，使东部区域对其他两个区域产生溢出效应，会引致中部地区用水量增加 1.4492t，以及西部区域用水量增加 4.4669t。中部区域的测度值为 4.2810t/万元，即在产业关联作用下，该区域 17 个产业同时增加 1 万元的最终消费会使中部区域对东部、西部区域产生溢出效应，其中引致东部区域用水量增加 2.0607t，西部区域用水量增加 2.2203t。对西部区域来说，由于产业之间的关联作用，当该区域 17 个产业同时增加 1 万元的最终消费时，会使西部区域对其他两个区域产生 2.9232t/万元的溢出效应值，其中引致东部区域用水量增加 1.4152t，中部区域用水量增加 1.5080t。

综上可以看出：①东部区域溢出效应比中、西部区域的溢出效应大。表明东部区域引致其他两区域的产业用水量增加效应值较明显，主要因为东部区域产业发展的开放度较高，不仅将本区域产品输出至其他区域，为维持本区域产业发展大量使用其他区域的产品作为中间投入，因此与其他区域的产业关联较高。对于中部区域来说，对东部和西部的溢出效应分别为 2.0607t/万元、2.2203t/万元，相差不大，主要是因为中部区域作为中国中心地带，且有着丰富的物质资源，交通便利，与其他地区间贸易往来较为紧密。再看西部区域，溢出效应较小，因为内陆的地理位置使得西部区域与东部、中部区域产业联系很弱，经济发展相互带动作用小。此外，这也与西部地广人稀、交通落后、经济相对封闭有关。②东部区域溢出效应与所受到的溢出效应分别为 5.9162t/万元、3.4759t/万元，中部区域溢出效应与所受到的溢出效应分别为 4.2810t/万元、2.9572t/万元，西部区域溢出效应与所受到的溢出效应分别为 2.9232t/万元、6.6872t/万元。东部、中部区域的溢出效应高于所受到的溢出效应，而西部区域溢出效应则低于所受到的溢出效应。这表明其他区域的最终需求每增加一个单位，对东部、中部区域的用水增量影响较弱，而此两区域最终需求增加一个单位时，对其他区域用水量的拉动作用较大。西部地区所受到的溢出效应最大，说明其他区域的外部需求在拉动其经济增长的同时也促使了用水量的大幅增加。

（3）区域间水资源利用反馈效应。东部第一类反馈效应系数为 0.6341t/万元，即该区域 17 个产业同时增加 1 万元的最终消费时，引致中部、西部区域的总产出变化，再反过来影响东部区域的总产出变化，东部区域的这部分总产出变化导致用水量增加 0.6341t；而东部对中部的第二类反馈效应系数为 0.0504t/万元，这表明东部区域 17 个产业同时增加 1 万元的最终消费时，由于溢出效应引致中部区域的总产出增加 A 万元，这增加的 A 万元通过产业关联效应使东部和西部区域总产出增加，再反过来使中部区域总产出增加 B 万元，这增加的 B 万元引致东部区域用水量增加 0.0504t。在前文理论模型的推导中可知，区域间的反馈效应依赖于溢出效应。因此，造成区域间的反馈效应比溢出效应值要小。从数值上看，三个区域的第一类反馈效应测度值大于第二类反馈效应测度值，且东部的一类反馈效应值最大，合计反馈效应也最大，这说明东部区域因其自身经济增长，通过对其他区域经济的影响，进而引致自身用水量最大。

2. 中国产业层面用水资源利用效应分析

表 8-10 代表三区域 17 个产业对整个经济系统水资源利用的总效应。总效应值的含义是各产业总产出增加某一特定值，通过区域内水资源利用乘数效应、区域间水资源利用溢出效应和反馈效应促使本区域和其他区域用水量增加的值。以东部区域产业 3（食品制造及烟草加工业）为例，其总效应值 6.2749t/万元的含义是东部区域产业 3 增加 1 万元的最终产出时，通过区域内水资源利用乘数效应以及东部区域对中西部区域的溢出和反馈效应使得经济系统的用水量总增量为 6.2749t。

表 8-10　中国三区域 17 个产业水资源利用总效应　（单位：t/万元）

产业	东部	中部	西部	产业	东部	中部	西部
1	1.3022	4.3328	3.0607	10	0.1158	0.1778	0.1653
2	0.2785	0.3323	0.5913	11	0.0411	0.4883	0.8000
3	6.2749	2.1810	4.4445	12	0.0655	0.2768	0.3177
4	0.5578	0.4478	0.8050	13	0.1688	0.7830	1.2842
5	1.1149	0.2423	0.1134	14	0.1970	0.2688	0.7190
6	0.0956	0.0578	0.1649	15	2.4832	6.0811	9.1687
7	0.0789	0.1999	0.5879	16	1.0552	0.7066	1.4909
8	0.1404	0.0990	0.3362	17	0.9101	0.6467	1.5075
9	0.0903	0.1050	0.2202				

分产业来看，东部区域总效应值排名前五位的分别是农业、食品制造及烟草加工业、木材加工及家具制造业、建筑业、商业及运输业；中部区域总效应值排名前五位的分别是农业、食品制造及烟草加工业、电气机械及电子通信设备制造业、建筑业、商业及运输业；西部区域总效应值排名前五位的分别是农业、食品制造及烟草加工业、建筑业、商业及运输业、其他服务业。三个区域相比，既有相同产业，也存在差别。可以看出，这些产业中带动作用大的是建筑业、食品制造及烟草加工业、农业、商业及运输业这四个产业，总效应值分别为 17.7330t/万元、12.9005t/万元、8.6956t/万元、3.2527t/万元。

吴兆丹等（2015）的测算结果表明农业、食品制造及烟草加工业和建筑业的产业用水类型均为高关联用水产业，本节基于产业层面的水资源利用效应与其研究结论基本一致。

分地区来看，西部区域总效应值的和最大，为 25.7774t/万元，即西部区域的产业对整个经济系统用水量的贡献程度最大，东部、中部区域相对西部区域来说，总效应值较小，分别为 16.1823t/万元、16.2151t/万元，东部、中部区域具有优越的地理位置，可通过区域贸易直接进口耗水强度大的产品，以减少本地水资源的消耗，此外东部区域产业更侧重服务业等的发展，第三产业对自然资源的直接依赖程度较低。赵旭等（2009）的研究结果显示，京津区域、北部沿海和东部沿海区域始终为虚拟水净流入区，而西北区域和西南区域始终为虚拟水净流出区域，主要是西部区域贸易产品隐含的虚拟水含量较多，究其原因还是因为西部区域用水效率偏低。

表 8-11 和表 8-12 列出了三大区域 17 个产业的区域内乘数效应和区域间溢出、

反馈效应值。大多数产业的水资源利用的乘数效应＞溢出效应＞反馈效应。这表明，中国区域用水量的增加主要是区域内不同产业相互作用引致的。由表 8-11 可以看出，乘数效应比较高的有建筑业、食品制造及烟草加工业、农业、商业及运输业和其他服务业等。以农业为例，其增加 1 万元的最终产出时，通过区域内水资源利用乘数效应引致所在区域用水量增加 6.3524t。这类行业为满足本区域产业最终需求，所需水资源中大部分来自行业内部的产品交换。溢出效应比较高的有建筑业、食品制造及烟草加工业、农业、木材加工及家具制造业和纺织服装业。这表明为了满足这些产业的最终需求，会引致其他行业的用水量的大幅增加。尽管食品制造及烟草加工业、木材加工及家具制造业和纺织服装业等轻工业的直接用水系数不高，但是通过产业联系较高地刺激其他行业水资源的消耗。溢出效应和反馈效应变化较为同步，表明这类产业带动其他产业发展后，反过来带动自身的发展的同时，也会引致其自身用水量的增大。

表 8-11 中国区域间产业水资源利用乘数效应和溢出效应测度 （单位：t/万元）

产业	区域内乘数效应			区域间溢出效应					
	东部区域	中部区域	西部区域	东部区域		中部区域		西部区域	
				对中部	对西部	对东部	对西部	对东部	对中部
1	1.0753	2.8938	2.3833	0.0922	1.2093	0.1160	0.0696	0.5572	0.0704
2	0.1701	0.2551	0.5401	0.0219	0.0718	0.0237	0.0399	0.0157	0.0272
3	4.1007	1.5062	3.4439	0.1293	1.7256	0.3478	0.2114	0.0652	0.8850
4	0.3395	0.3190	0.7445	0.0064	0.1440	0.0694	0.0378	0.0203	0.0276
5	0.7156	0.1365	0.0638	0.0411	0.3076	0.0584	0.0302	0.0338	0.0106
6	0.0572	0.0262	0.1127	0.0053	0.0255	0.0215	0.0068	0.0408	0.0085
7	0.0366	0.1731	0.4327	0.0121	0.0144	0.0116	0.0030	0.1184	0.0273
8	0.0806	0.0927	0.2374	0.0088	0.0350	0.0004	0.0012	0.0702	0.0235
9	0.0305	0.0913	0.1394	0.0043	0.0129	0.0077	0.0046	0.0645	0.0122
10	0.0620	0.0163	0.0609	0.0094	0.0257	0.0852	0.0600	0.0119	0.0845
11	0.0090	0.3771	0.7037	0.0075	0.0043	0.0232	0.0685	0.0137	0.0721
12	0.0399	0.2580	0.2689	0.0019	0.0163	0.0076	0.0039	0.0036	0.0430
13	0.1147	0.7681	1.2219	0.0120	0.0358	0.0088	0.0003	0.0197	0.0314
14	0.0835	0.1685	0.6409	0.0213	0.0314	0.0353	0.0503	0.0230	0.0426
15	0.9491	3.1485	8.6724	1.0643	0.2904	1.1648	1.5665	0.2719	0.0801
16	0.6741	0.5878	1.3977	0.0007	0.2954	0.0418	0.0430	0.0397	0.0294
17	0.4911	0.5377	1.3928	0.0106	0.2216	0.0374	0.0233	0.0458	0.0326

表 8-12　中国区域间产业水资源利用反馈效应测度　（单位：t/万元）

产业	东部地区			中部区域			西部区域		
	第一类	第二类		第一类	第二类		第一类	第二类	
	东	中	西	中	东	西	西	东	中
1	0.1203	0.0054	0.0118	0.0280	0.0051	0.0082	0.0292	0.0113	0.0092
2	0.0043	0.0001	0.0104	0.0111	0.0004	0.0020	0.0081	0.0002	0.0001
3	0.2110	0.0081	0.1003	0.0819	0.0154	0.0183	0.0339	0.0092	0.0074
4	0.0188	0.0043	0.0447	0.0162	0.0024	0.0030	0.0105	0.0011	0.0010
5	0.0428	0.0006	0.0072	0.0117	0.0025	0.0030	0.0019	0.0017	0.0015
6	0.0037	0.0003	0.0036	0.0022	0.0005	0.0007	0.0021	0.0004	0.0004
7	0.0006	0.0032	0.0120	0.0041	0.0034	0.0047	0.0063	0.0015	0.0017
8	0.0088	0.0021	0.0052	0.0015	0.0014	0.0019	0.0038	0.0005	0.0008
9	0.0406	0.0002	0.0018	0.0001	0.0009	0.0005	0.0002	0.0015	0.0024
10	0.0138	0.0008	0.0041	0.0145	0.0011	0.0007	0.0067	0.0008	0.0005
11	0.0155	0.0047	0.0001	0.0187	0.0004	0.0004	0.0093	0.0004	0.0009
12	0.0060	0.0004	0.0011	0.0069	0.0002	0.0001	0.0018	0.0003	0.0002
13	0.0061	0.0001	0.0001	0.0035	0.0011	0.0013	0.0107	0.0002	0.0003
14	0.0486	0.0111	0.0011	0.0118	0.0007	0.0023	0.0115	0.0002	0.0008
15	0.0214	0.0011	0.1569	0.1917	0.0018	0.0078	0.1420	0.0008	0.0015
16	0.0516	0.0002	0.0333	0.0185	0.0041	0.0115	0.0213	0.0013	0.0016
17	0.1501	0.0077	0.0291	0.0076	0.0149	0.0257	0.0235	0.0070	0.0057

8.4　中国水足迹结构分解与贸易分析

8.4.1　中国省际水足迹计算

根据式（8-25）～式（8-27）测算了 2012 年中国 31 个省（区、市）的水足迹量（表 8-13）。采用自下而上法估算地区水足迹主要与具体产品的单位虚拟水含量有密切关系，而基于投入产出法核算水足迹主要与产业的用水系数有关，所以采用两种方法计算的水足迹存在差异。但本节研究结果与目前现有的采用自上而下法的研究结果相近（刘雅婷等，2018；李凤丽等，2018；许爽爽等，2018）。

表 8-13 中将各省（区、市）水足迹分为内部水足迹、输出水足迹、输入水足迹 3 类。从内部水足迹来看，水足迹总和最大的是广东，为 378.4 亿 m^3，其次是新疆、江苏、湖南、湖北、黑龙江、广西等；而西藏、海南、青海水足迹总和较低，分别为 36.7 亿 m^3、37.6 亿 m^3、51.0 亿 m^3。总体来说，水足迹总和大的省（区、市）大多数是经济规模较大的省（区、市），如广东、江苏、湖南、湖北等；另一类则是新疆、黑龙江等经济规模相对偏小，水资源利用效率不高，用水强度较大的省（区、市）。水足迹总和较小的省（区、市）里，大多是经济规模小、产业化程度较低，且水资源总用水量较少的省（区、市），如青海、西藏、海南。

表 8-13　中国 31 个省（区、市）水足迹核算结果　（单位：亿 m^3）

省（区、市）	内部水足迹					输出水足迹			输入水足迹		
	农村居民消费	城镇居民消费	政府消费	投资	总和	国内省外流出	出口	总和	国内省外流入	进口	总和
北京	2.3	38.3	4.0	25.8	70.4	350.5	22.6	373.1	260.5	176.4	436.9
天津	2.8	25.9	2.2	25.9	56.8	29.5	11.1	40.5	85.5	23.9	109.4
河北	23.0	56.4	8.4	90.6	178.4	172.7	9.3	182.0	119.8	12.6	132.4
山西	21.3	40.9	3.1	39.0	104.2	24.4	2.0	26.4	36.8	2.4	39.2
内蒙古	8.1	21.0	16.7	46.0	91.8	75.2	—	75.2	142.4	—	142.4
辽宁	11.7	51.1	6.4	69.4	138.6	85.2	17.8	103.0	100.3	20.7	121.0
吉林	11.2	18.9	5.2	79.3	114.6	77.8	4.3	82.1	69.6	13.0	82.6
黑龙江	23.0	78.9	13.0	106.8	221.7	386.7	18.6	405.3	235.7	45.2	280.9
上海	6.6	119.6	6.8	36.2	169.2	152.0	84.5	236.5	213.4	124.1	337.5
江苏	36.6	79.8	25.0	103.0	244.4	270.3	113.3	383.6	193.2	117.3	310.4
浙江	17.3	98.7	6.2	72.0	194.3	84.7	57.9	142.5	156.6	33.7	190.2
安徽	20.8	48.8	7.0	62.5	139.1	251.0	12.8	263.7	196.1	8.3	204.4
福建	23.3	68.3	9.9	93.8	195.3	59.3	63.9	123.1	46.8	62.0	108.8
江西	41.4	65.1	8.2	62.7	177.4	131.5	10.5	142.1	86.5	5.5	92.0
山东	16.6	43.4	11.8	74.3	146.1	23.2	30.6	53.8	61.0	58.3	119.3
河南	22.6	35.3	11.2	58.6	127.7	105.5	5.8	111.3	96.6	7.1	103.8
湖北	23.6	49.5	9.5	146.8	229.4	—	53.7	53.7	—	40.4	40.4
湖南	44.5	94.8	10.3	94.8	244.3	189.7	4.9	194.6	106.7	4.5	111.3
广东	54.7	228.6	15.4	79.8	378.4	84.4	153.9	238.4	156.7	173.7	330.3
广西	41.8	72.8	12.1	84.2	210.8	174.1	12.3	186.4	77.8	46.2	124.1
海南	4.9	13.6	1.3	17.7	37.6	91.2	2.3	93.5	61.3	7.6	68.8
重庆	8.8	32.6	3.6	54.5	99.5	98.2	0.9	99.1	97.3	1.0	98.3

续表

省（区、市）	内部水足迹					输出水足迹			输入水足迹		
	农村居民消费	城镇居民消费	政府消费	投资	总和	国内省外流出	出口	总和	国内省外流入	进口	总和
四川	42.5	68.0	9.2	68.6	188.3	24.5	12.1	36.6	38.5	6.7	45.2
贵州	32.3	30.0	6.3	38.6	107.2	61.4	4.8	66.2	60.8	1.8	62.6
云南	54.6	59.4	4.5	64.7	183.1	80.3	9.0	89.3	70.8	16.3	87.2
西藏	8.9	7.7	1.4	18.8	36.7	1.7	3.3	5.0	14.1	0.1	14.2
陕西	11.3	36.6	7.2	75.7	130.8	171.0	30.5	201.5	139.0	20.9	159.9
甘肃	28.3	35.6	13.4	45.0	122.3	129.9	4.3	134.2	74.5	7.1	81.6
青海	4.0	11.7	6.8	28.5	51.0	—	16.3	16.3	—	15.1	15.1
宁夏	18.0	44.2	4.5	22.0	88.6	53.3	7.3	60.6	57.4	0.9	58.4
新疆	65.5	152.4	11.9	111.1	340.9	571.3	29.6	600.8	153.0	18.3	171.3

注：2012 年省（区、市）投入产出表中内蒙古进出口，湖北和青海的省外流入、流出指标值均为 0，表中用“—”表示。

从水足迹贸易值来看，输出水足迹较高的省（区、市）有新疆、黑龙江、江苏、北京等，说明输出贸易在这些省（区、市）中占了重要位置；输入水足迹较高的省（区、市）有北京、上海、广东、江苏等；青海、西藏两省输出、输入水足迹均较低。大部分省（区、市）的国内省外流入、流出水足迹值大于国际进出口水足迹值，可以看出水足迹省际贸易在对外贸易中占主导地位，主要与中国近年来各省（区、市）的贸易联系不断加强，国内市场一体化程度不断加深有重要关系。水足迹国际贸易中，广东、江苏、上海、福建、浙江出口水足迹量较大，广东、北京、上海、江苏进口水足迹量较大。北京作为中国的政治文化交流中心，结合自身市场的优势和强大的国际知名度，对外贸易的活力高，造成其水足迹国际贸易现象显著。除北京外，其余省（区、市）均位于中国沿海地区，其进出口水足迹量大主要是由于优越的地理位置、对外经济贸易发达。

8.4.2　中国省际水足迹结构分解

在水足迹的测算基础上整理得出中国 31 个省（区、市）内部水足迹消费比例构成和内部产业水足迹构成，如图 8-6、图 8-7 所示。

从中国 31 个省（区、市）内部水足迹消费比例构成中可以得出（图 8-6），农村居民消费水足迹在贵州、云南、西藏、甘肃 4 个省（区）内部水足迹中占比份额相对较大，均达到 23%以上，主要是由于这些省（区）农村人口规模较大；

北京、上海、天津农村居民消费水足迹占比份额较低，分别仅有 3.2%、3.9%、4.9%，主要是这些地区经济发达，农村人口比例较低。城镇居民消费水足迹在大部分省（区、市）内部水足迹中占比较高，上海、北京、浙江、广东 4 省（市）占比份额均达到 50%以上，4 省（市）均为城市化水平较高地区。政府消费在大部分省（区、市）内部水足迹中占比均最小，这是因为政府消费除在第一产业中占有少部分份额外，在用水强度较小的第三产业消费中占据主导地位，没有与工业相关产业的水资源消耗。投资水足迹在湖北、吉林两省内部水足迹中占比均达到 60%以上，这两省均是矿产资源较为丰富的省，在满足自身经济发展需要的基础上，还可大量外供，投资潜力大。

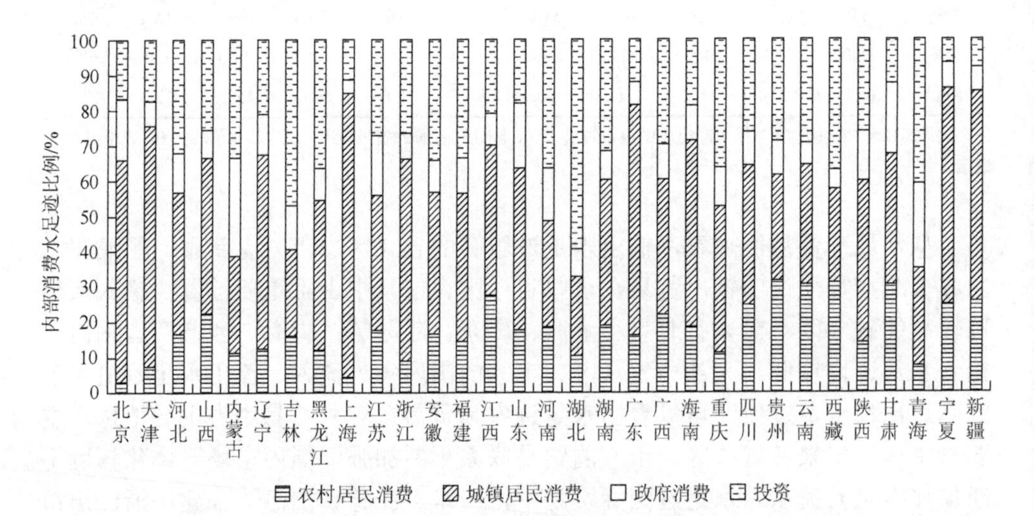

图 8-6　2012 年中国 31 个省（区、市）内部水足迹消费比例构成

分产业来看（图 8-7），第一、第二产业水足迹在各省（区、市）中占份额较大，第三产业占很少份额。分省（区、市）来看，第一产业水足迹较大的省（区）有广东、新疆，分别为 222.5 亿 m^3、209.2 亿 m^3。广东农业规模竞争力大，农业经济总量大；新疆水足迹大主要是第一产业用水效率低、用水系数偏高造成的。第二产业水足迹较大的省（区）有江苏、新疆，分别为 131.3 亿 m^3、123.2 亿 m^3，江苏经济规模较大、产业化程度较高。第三产业水足迹最高的地区为广东，为 43.0 亿 m^3，该省作为中国的旅游大省，经济发达、人口密集，促使其第三产业水足迹最高。第一产业水足迹最低的地区为海南，为 14.9 亿 m^3，主要是农业基础较弱，农业经济规模较小导致的；西藏的第二、第三产业水足迹均最小，分别为 12.6 亿 m^3、0.6 亿 m^3，这主要与该省自身经济规模较小有关。

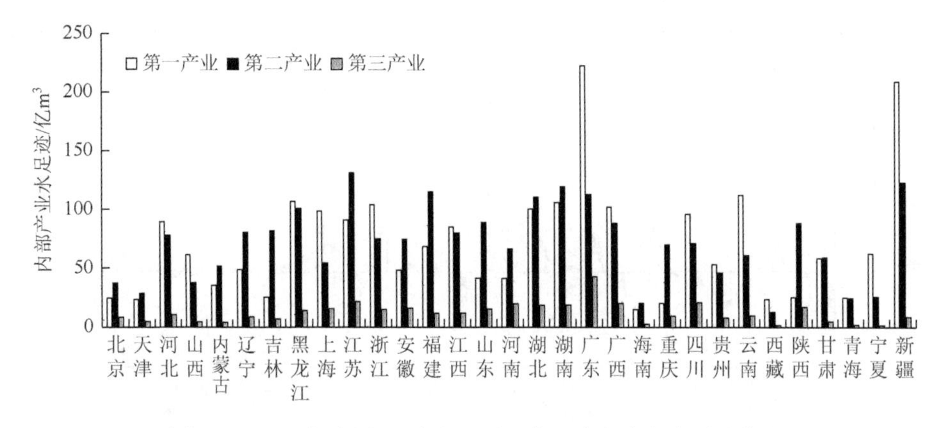

图 8-7　2012 年中国 31 个省（区、市）内部产业水足迹构成

8.4.3　中国省际水足迹贸易分析

根据式（8-28）得到 31 个省（区、市）水足迹贸易情况（图 8-8）。为了分析各产业水足迹贸易，将各省（区、市）三大产业输出水足迹减去输入水足迹，得到中国 31 个省（区、市）三大产业净输出量（图 8-9）。

各省（区、市）水足迹总体上呈现净输出状态，净输出水足迹 540.4 亿 m^3，其中通过国际贸易净输入水足迹 261.3 亿 m^3，通过省际贸易净输出水足迹 801.6 亿 m^3。这说明满足中国 31 个省（区、市）居民最终消费需求对国际贸易有一定的依存度，而省际水足迹贸易值是国际水足迹贸易值的 3.1 倍，省际贸易在中国水足迹贸易中占主导地位。

分省（区、市）来看（图 8-8），水足迹贸易净输入的省（区、市）主要有北京、天津、山西、内蒙古、辽宁、吉林、上海、浙江、山东、广东、四川、西藏 12 个，这些省（区、市）本地消费所需水足迹量大于生产的量，输入水足迹消耗了水足迹来源地的水资源，节省了本地的水资源，但会加剧其他区域用水紧张的局势。满足这些地区生产生活的最终需求会增加其他地区的水资源用水压力。水足迹净输入量较大的省（市）有上海、广东、天津，分别为 100.9 亿 m^3、92.0 亿 m^3、68.9 亿 m^3。就上海而言，净输入水足迹最大，主要是第一产业净输入现象明显，究其原因，该市农业播种总面积有所下降，由于经济的高速发展、人口规模的扩大和居民生活水平的不断提高，本地生产的资源远不能满足当地生产生活的需要，在输入大量产品和服务满足当地人最终需求的同时也流入了大量的水资源。对于水资源禀赋条件差的北京、天津、上海、山西等地区，通过水足迹贸易有利于减缓本地的水资源紧张状况，而作为水资源富余的浙江、广东、四川、西藏等地区，输入大量的产品虽然满足了本地区的最终消费，但从节约水资源角度来说却是加重了整体水资源的匮乏。

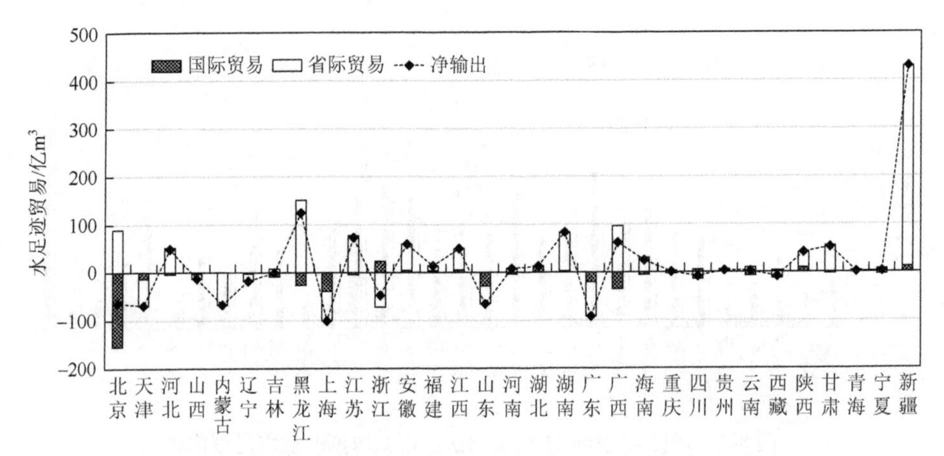

图 8-8　2012 年中国 31 个省（区、市）水足迹贸易构成

水足迹贸易净输出的省（区、市）主要有河北、黑龙江、江苏、安徽等 19 个，在满足本地自身消费与发展的同时也缓解了其他地区的用水压力。新疆、黑龙江水足迹净输出量较大，分别为 429.5 亿 m^3、124.4 亿 m^3。新疆水足迹净输出量最大，与其高用水农业为主的产业结构有密切关联，节水技术水平不高，造成生产单位产品的用水量较高，而居民消费水平有限，造成其水足迹净输出现象显著。对于水资源总量丰富的江西、福建、湖南、湖北等省（区、市），通过其贸易为中国其他缺水省（区、市）输出了大量水资源；作为中国重要的能源资源产地如河北、黑龙江、安徽等，这些地区在输出大量产品时导致水资源流出，通过贸易输出大量水资源的态势势必会加大这些地区未来的用水压力。

从三大产业水足迹贸易图（图 8-9）中得知，第一产业水足迹呈净输出状态，输出 757.9 亿 m^3，主要因为第一产业多为水资源密集型产品，其水足迹贸易现象显著，其中黑龙江、湖南、广西、新疆净输出现象显著，而上海、山东、广东净输入现象显著；第二产业水足迹为净输入，输入 222.2 亿 m^3，其中新疆净输入量最大，为 44.4 亿 m^3，而江苏净输出量最大，为 71.2 亿 m^3；第三产业由于其低耗水且产品流动性差的产业特性，水足迹贸易量最小，净输出 4.6 亿 m^3，其中河南净输入量最大，为 8.9 亿 m^3，而输出最明显的为广东，输出 7.8 亿 m^3。各省（区、市）产业水足迹贸易结构主要受地区产业结构、对外贸易结构、国家政策和经济发展水平等因素的影响。北京第一、第二产业为水足迹净流入，第三产业为水足迹净流出，这与首都特定的政治文化地位是分不开的，第三产业通过提供服务向其他地区输出水资源，但其流出规模小于第一、第二产业的流入规模。山东是中国农业大省，2010 年以前，农产品贸易都处于顺差状态，但是从 2011 年起农产品贸易出现了贸易逆差，致使 2012 年山东省第一产业为净流入，贸易结构的改变，最终致使山东省整体上呈现水足迹净流入态势。山西是中国重要的能源产地，但产业结构较为单一，尤其第二产业依赖煤炭这一支柱产业，随着中部崛起战略的实施，该省抓住契机进行产业升级，许多消费品及原料需要从别的省（区、市）调入，第一、第二产业均有小规模的调入现象，造成该省为水足迹净调入区域。西藏是经济欠发达地区，产业结构不完整，许多消费品需要依赖从其他省（区、市）输入来满足，但又由于较小的人口密度，该地区有小规模的水足迹净流入现象。

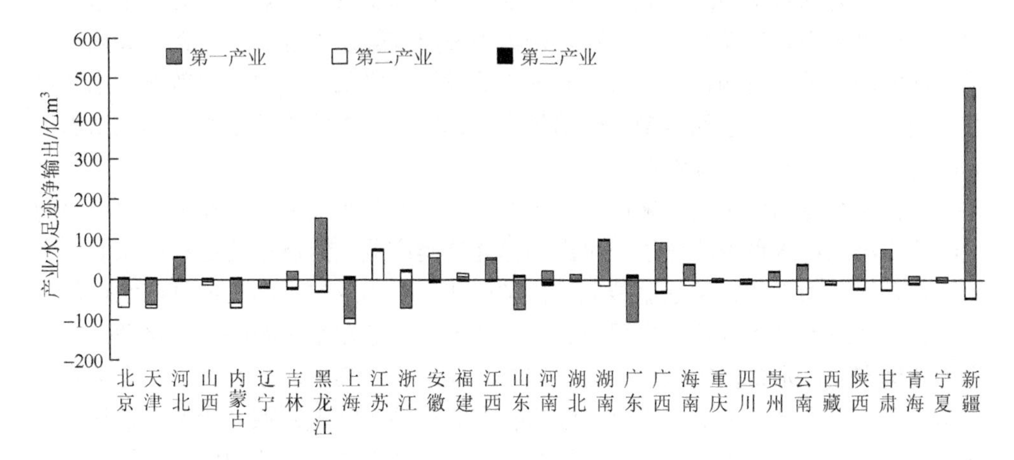

图 8-9　2012 年中国 31 个省（区、市）三大产业水足迹贸易量

从对外贸易结构来看（图 8-10）。省际贸易中，2012 年中国省外流入、流出水足迹总量分别为 3208.7 亿 m^3、4010.4 亿 m^3，第一产业净流出，第二、第三产业净流入，总体上中国省际贸易呈现净流出态势。国际贸易中，2012 年中国进口、出口水足迹总量分别为 1071.2 亿 m^3、809.9 亿 m^3，第一产业净进口，第二、第三产业净出口，最终致使中国水足迹国际贸易呈现净进口态势。

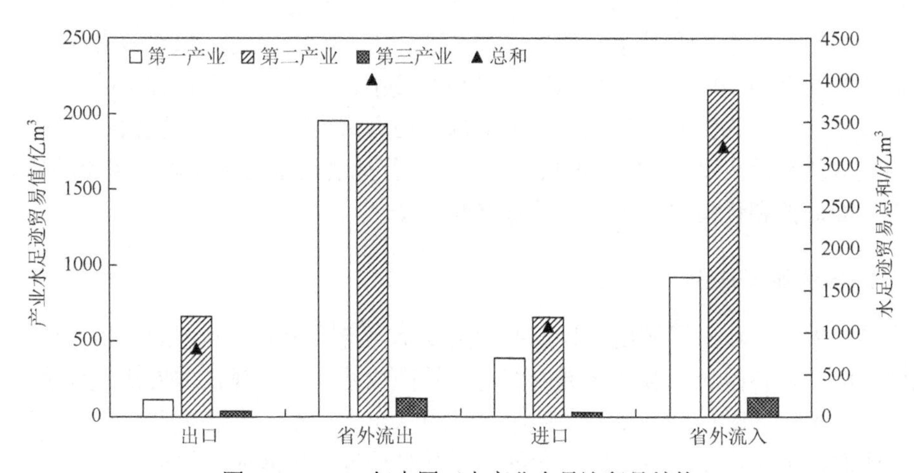

图 8-10　2012 年中国三大产业水足迹贸易结构

8.5 相关建议

1. 产业发展方面

（1）农业的直接用水系数和完全用水系数均高于其他产业。因此对于水资源短缺地区，应当合理调整产业结构，若大力发展高耗水农业必然会挤占其他产业发展所需的大量水资源，从而限制其他产业发展，降低水资源利用效率。农业对整个经济系统总用水量间接带动作用最小，说明应从农业内部用水结构及用水效率两方面入手，发展节水农业。

（2）各行业属性不同，采矿业、木材加工及家具制造业等产业产出对整个国民经济系统总用水量影响较小，可适当提高这类产业在经济中的份额；农业、食品制造及烟草加工业、纺织服装业、化学工业、电力及热力的生产供应业这些产业对国民经济整体用水拉动作用较大，因此这些产业在水资源的社会化调控中应作为关键产业，水资源需求管理可从这些产业入手。其他产业对农业、采矿业、化学工业、电力及热力的生产供应业这些产业产品的需求依赖度较高，即整体经济发展使这些产业对水资源的需求较大，可优先考虑该类产业的用水分配。农业作为整个产业体系间接用水的主要提供者，接受农业水资源转移量较多的产业（如食品制造及烟草加工业）应与农业共同承担农业实体水消耗的责任。

（3）在进行节水型产业结构调整的过程中，不能单纯地对用水系数高的农业进行转移和限制，因为大部分产业对农业的依赖性较高，用水需求只会随产业链从上游产业向下游产业移动，虽然能够改变产业用水量但不可避免会提升整个经济系统用水量。如何在考虑产业用水关联基础上更有效地进行产业结构调整，仍需深入探讨。

（4）应关注全行业的水足迹评价与管理。工业产品中的虚拟水贸易约占全球产品总贸易量的 10%，其虚拟水贸易量相对较小，但工业生产过程中的工艺、技术、管理等受人为控制程度更强，水资源节约和污染削减的潜力巨大，对缓解水资源短缺具有巨大潜力。今后研究中要关注全行业的用水特征及虚拟水流动研究，对于全面调控和优化水资源利用具有重要意义。

2. 区域发展方面

（1）中国区域水资源用水量的增加主要是自身区域的不同产业间相互作用引致的。因此，各区域应优化区域内部自身的产业结构，重视技术创新，普及清洁性生产技术，同时鼓励其集群发展，缓解用水压力。东部经济发展带动本地节约了水资源，但是由于区域之间产业的关联性且通过溢出效应，增加了别的地区水资源消耗压力。中国区域间相互联系越来越紧密，隐含在产品中的虚拟水也会进行转移，因此缓解中国用水紧张趋势，需要各区域的共同努力，近年来，中西部承接东部产业转移在拉动两地经济发展的同时，由于产业之间的关联性，也加大了两地水资源的损耗。因此中国产业转移中，应适时调整承接产业转移环境政策，制定尽可能详细的负面清单，建立具有远见性的环境标准体系，同时产业结构的优化应体现产业用水关联系统总体节水效应。

（2）倡导各地区建立科学合理的节水型产业结构，完善不合理的区域贸易结构。对于贫水省（区、市），今后应提高节水技术，多出口高效益低耗水产品，同时进口本地没有足够水资源生产的产品（如农产品、纺织品、木材及家具等），通过贸易的形式缓解地区水资源短缺问题；另外，水量丰富的省（区、市）应该在不影响地区经济发展的前提下，适当扩大富水产品的生产，减少对于农产品等水密集型产品的外部需求，当作为调入地时应该给予对应调出地技术支持，有利于全国层面的水资源科学利用。

（3）农业行业本身产生的价值量较低，但在生产过程中却需要大量的水资源，且当其产出增加时，还会引致其他产业发生较大水资源消耗量。食品制造及烟草加工业和建筑业这类产业的用水具有很强的隐蔽性，间接用水量很大，若采用传统的水资源利用分析方法，常常会遗漏这样的高用水产业，因此应对这类产业的用水予以高度重视。为此各区域要着力提高用水产业效率，针对测度值较大的产业可控制其用水总量目标或控制此类产业的大量输出，建立地区科学的节水型产业结构。例如，提倡发展节水农业，实现高效用水，还有各地区可通过延长建筑业的寿命降低水资源消耗。重点发展水资源依赖度低，经济带动性强的产业。

（4）在面对水资源短缺问题上，各个省（区、市）要面对“生产者”与“消费者”的双重责任。进口地区通过进口大量产品，弥补了本地资源的不足，促进了本地居民生活质量的提高，而出口地区却消耗了本地的资源和劳动。如果仅由出口地区（生产者）承担减少水资源用水量的责任，就难以体现下游产业和消费端的用水责任，但若仅仅由进口地区（消费者）负责，生产者可能不会主动减少用水量。各省（区、市）作为调出地有义务主动减少自身用水量，同时也要刺激调入地选择水资源利用效率更高的调出地。

第9章　水足迹视角下中国用水公平性评价及时空演变分析

9.1　研 究 方 法

9.1.1　基尼系数

基尼系数根据洛伦兹曲线计算得到，该系数可在0～1任意取值，数值越小表示分配状况越趋于公平，反之则分配差距越大，相关公式不再赘述。

9.1.2　水资源消费杠杆系数

绿色贡献系数（钟晓青等，2008；王金南等，2006）目前主要应用于资源消耗和污染排放与经济贡献间公平性的评价，体现单元之间的外部影响。由此，本节引入绿色贡献系数的思想，建立水资源消费杠杆系数和灰水承载压力系数来衡量一个国家或地区用水公平性要素与水足迹、灰水足迹间的匹配协调程度。

水资源消费杠杆系数＝水足迹比例/用水公平性各评价指标要素比例，计算公式为

$$\mathrm{WCI}_k = \frac{\mathrm{WF}_i}{\mathrm{WF}} \Bigg/ \frac{\mathrm{EF}_{ik}}{\mathrm{EF}_k} \quad (i = 1,2,3,\cdots,31;\ k = 1,2,3,4) \tag{9-1}$$

式中，WF_i、WF分别为各省（区、市）水足迹和全国水足迹（亿m^3）；EF_{ik}、EF_k分别为地区用水公平性各要素值和全国用水公平性各要素值。由式（9-1）可知，$\mathrm{WCI}_k > 1$，表示某一地区水资源消费比例大于用水公平性评价中各要素比例，说明该地区水资源的消费量较大，侧面凸显出水资源的低效率利用，同时侵占了其他地区对水资源的消费权利；$\mathrm{WCI}_k < 1$，则表示该地区水资源消费比例小于用水公平性评价中各要素的比例，地区水资源得到了高效率利用，对其他地区产生了正向外部性作用。综合考虑各项指标要素对用水公平性评价的影响程度，计算综合水资源消费杠杆系数公式为

$$\mathrm{WCI} = \sum_{k=1}^{m} \lambda_k \overline{\mathrm{WCI}_k} \quad (k = 1,2,3,4) \tag{9-2}$$

式中，$\overline{\mathrm{WCI}_k}$为$\mathrm{WCI}_k$规格标准化后得分；$\lambda_k$为第$k$个要素指标的权重系数。

9.1.3　灰水承载压力系数

灰水承载压力系数用来表示地区间灰色污染水承载压力的公平性评价。灰水承载压力系数 = 灰水足迹比例/用水公平性各评价指标要素比例，计算公式为

$$\mathrm{GWBI}_k = \frac{\mathrm{WF}_{\mathrm{wp}i}}{\mathrm{WF}_{\mathrm{wp}}} \Bigg/ \frac{\mathrm{EF}_{ik}}{\mathrm{EF}_k} \quad (i = 1,2,3,\cdots,31;\ k = 1,2,3,4) \tag{9-3}$$

式中，$\mathrm{WF}_{\mathrm{wp}i}$、$\mathrm{WF}_{\mathrm{wp}}$ 分别为各省（区、市）灰水足迹和全国灰水足迹（$10^8\ \mathrm{m}^3$）；EF_{ik}、EF_k 分别为各省（区、市）用水公平性各要素值和全国用水公平性要素值。$\mathrm{GWBI}_k>1$，表示某地区产生的灰水足迹比例大于用水公平性评价中各要素比例，说明该地区产生废污水量较高，侵占了其他地区的利益；$\mathrm{GWBI}_k<1$，表示该地区产生的灰水足迹比例小于用水公平性评价中各要素的比例，地区内水污染对可用水资源量的影响较小。采用综合加权公式计算综合灰水承载压力系数：

$$\mathrm{GWBI} = \sum_{k=1}^{m} \lambda_k \overline{\mathrm{GWBI}}_k \quad (k = 1,2,3,4) \tag{9-4}$$

式中，$\overline{\mathrm{GWBI}}_k$ 为 GWBI_k 规格标准化后得分；λ_k 为第 k 个要素指标的权重系数。

9.2　指标选取与模型建立

从影响用水量的经济、社会、生态及资源各子系统考虑，选取 GDP、人口、耕地面积、水资源量 4 个因子作为用水公平性的评价指标，分析水足迹、灰水足迹与各指标的协调匹配程度，结合总用水量和污染水量两方面内容，综合分析中国用水公平性的整体状况。

（1）基于用水总量方面，水足迹-GDP 的基尼系数有效地反映了中国区域间单位 GDP 用水量的差异性，充分反映中国用水总量与经济发展水平的协调匹配程度；水足迹-人口的基尼系数凸显了不同地区间人均用水量的差异性，中国人口基数大，人口问题一直是影响用水的重要社会因素，水足迹-人口的基尼系数对用水公平性研究有重要的评价作用；水足迹-耕地面积的基尼系数描述了区域间单位耕地面积用水差异性，突出中国农业用水的用水效率；水足迹-水资源量的基尼系数反映出地区用水量分配与水资源自然分布的匹配程度，间接反映了地区水资源综合利用程度及对工程型等其他方式取水的依赖程度。

（2）基于污染水量方面，灰水足迹-GDP 的基尼系数衡量单位 GDP 比例与产生污染水量比例间的差异性，反映了中国污染水排放程度与经济发展间协调状况；灰水足迹-人口的基尼系数体现出地区间人均污染水量排放的差异性；灰水足迹-耕地

面积的基尼系数描述了组成部分间单位耕地面积所承载的污染水量差异性；灰水足迹-水资源量的基尼系数侧重反映区域间污染水量与自然水资源量的匹配协调程度，以及污染水占可用水资源的差异性程度。

9.3 中国用水公平要素的时间维度分析

利用相关公式计算得到中国用水公平性评价指标、权重及基尼系数，结果如表 9-1 所示。

表 9-1 中国用水公平性评价指标、权重及基尼系数值

年份	水足迹单项指标的基尼系数					灰水足迹单项指标的基尼系数				
	GDP (0.300)	人口 (0.288)	耕地面积 (0.210)	水资源 (0.202)	综合基尼系数	GDP (0.300)	人口 (0.288)	耕地面积 (0.210)	水资源 (0.202)	综合基尼系数
1997	0.201	0.118	0.335	0.582	0.282	0.187	0.197	0.356	0.614	0.312
1998	0.206	0.111	0.326	0.529	0.269	0.190	0.166	0.341	0.563	0.290
1999	0.217	0.115	0.331	0.578	0.284	0.219	0.149	0.326	0.602	0.299
2000	0.227	0.110	0.328	0.560	0.282	0.241	0.165	0.347	0.573	0.309
2001	0.249	0.109	0.331	0.597	0.296	0.238	0.155	0.351	0.597	0.310
2002	0.257	0.109	0.320	0.584	0.294	0.250	0.152	0.349	0.576	0.308
2003	0.262	0.116	0.323	0.510	0.283	0.264	0.155	0.349	0.499	0.298
2004	0.268	0.119	0.312	0.574	0.296	0.274	0.151	0.346	0.547	0.309
2005	0.274	0.126	0.306	0.524	0.289	0.273	0.168	0.354	0.508	0.307
2006	0.282	0.125	0.297	0.559	0.296	0.283	0.168	0.353	0.537	0.316
2007	0.280	0.128	0.298	0.544	0.293	0.280	0.169	0.361	0.527	0.315
2008	0.277	0.133	0.291	0.565	0.296	0.278	0.169	0.359	0.529	0.314
2009	0.278	0.134	0.292	0.535	0.292	0.280	0.168	0.355	0.511	0.310
2010	0.273	0.145	0.288	0.522	0.289	0.276	0.165	0.350	0.488	0.302
2011	0.260	0.144	0.286	0.532	0.287	0.260	0.138	0.340	0.478	0.286
2012	0.262	0.147	0.281	0.531	0.286	0.262	0.156	0.346	0.477	0.288
2013	0.258	0.150	0.277	0.528	0.285	0.258	0.155	0.344	0.468	0.283
2014	0.255	0.154	0.273	0.525	0.254	0.254	0.154	0.342	0.460	0.277
2015	0.251	0.157	0.270	0.522	0.250	0.250	0.153	0.340	0.452	0.272
2016	0.247	0.160	0.266	0.519	0.245	0.245	0.153	0.338	0.443	0.266
2017	0.244	0.164	0.262	0.517	0.241	0.241	0.152	0.331	0.435	0.261
2018	0.240	0.167	0.258	0.514	0.237	0.237	0.151	0.334	0.427	0.255

表 9-1 显示，1997～2018 年人口与水足迹、灰水足迹的基尼系数持续多年在 0.2 以下，要素与用水状况处于“高度平均”的协调发展状态；GDP、耕地面积与水足迹、灰水足迹的基尼系数在 0.2～0.4 波动；水资源量与水足迹、灰水足迹的基尼系数则表现出多数年份大于 0.5 的“高度不平均”状态。

（1）水足迹-GDP 基尼系数的波动一直持续在 0.3 以下，1997～2006 年出现了持续上升的发展趋势，中国东西部地区经济发展的差异性、区域间农产品贸易开展而引发虚拟水由中西部地区向东部沿海流动，以及市场化的水资源配置，使得水足迹与 GDP 的匹配性降低。但在 2006 年后发展的 5 年中，随着西部大开发政策的逐步落实，东西部经济发展差异性不断缩减，水资源消费与 GDP 间的匹配性不断加强，“相对平均”的状况得以稳固。与水足迹-GDP 基尼系数的波动相比较，灰水足迹-GDP 基尼系数的发展趋势与其基本吻合，水资源消耗、污染水排放与经济产值间协调程度较高，1997～2018 年灰水足迹-GDP 基尼系数呈现波动上升的发展趋势，由“高度公平”发展为“相对公平”状态。原因在于粗放型经济发展带来的污染水量激增，污废水治理配套设施不完善，匹配程度降低。

（2）水足迹-人口的基尼系数在 1997～2018 年一直小于 0.2，中国水足迹分布相对人口分布而言，处于“高度平均”状态，但该系数整体呈现波动上升的趋势，由 0.118 上升至 0.167，研究期间增长幅度高达 41.52%，根据这一变化趋势，基尼系数的增长还将进一步扩大，造成这一现象的原因在于经济发展和城镇化过程中，人口向东部发达地区集聚，水资源消费模式和配置能力并未及时做出适应性发展。与水足迹-人口基尼系数不断增长的趋势不同，灰水足迹-人口的基尼系数普遍高于水足迹-人口的基尼系数，可将其发展过程分为两个阶段：1997～1999 年下降阶段，灰水足迹分布与人口分布间不断均衡，匹配性不断上升；2000～2018 年波动发展阶段，灰水足迹与人口分布间发展趋势不明显。水资源配置过程中，在降低人均水资源消费的同时，应有效控制人均污染水排放量。

（3）1997～2005 年水足迹-耕地面积的基尼系数维持在 0.3～0.4，自 2006 年始基尼系数低于 0.3，这充分表明耕地面积与水足迹发展差异由“较合理”逐步演变为“相对平均”，协调匹配程度逐渐变好。反映了水足迹空间差异性与耕地面积等生态环境因素有重要联系，耕地面积比例较大地区其水资源消费量也相对较高，并且随着节水农业的开展，节水技术和各种节灌方式的普遍性应用，单位耕地面积用水量降低，区域间用水差异性逐步缩小。与水足迹-耕地面积的基尼系数相比较，灰水足迹-耕地面积的基尼系数呈现出在 0.3～0.4 不断波动的状态，但始终未超过“警戒线”0.4，说明地区污废水排放量与耕地面积呈现出较为合理的配置局面。

（4）水足迹-水资源量的基尼系数在研究期间大于“警戒线”0.4，一直在 0.5 以上波动，水资源量的空间分布与水足迹有明显差异，水资源量和水足迹间呈现

“高度不平均”的发展状态，间接说明水资源量空间分布不均衡并不是影响水资源消费最主要因素，在工程型调水和充分利用过境水资源的条件下，人们已经逐步摆脱自产水资源的限制。灰水足迹-水资源量的基尼系数与水足迹-水资源量的基尼系数变化趋势一致，1997～2001 年灰水足迹-水资源量的基尼系数高于水足迹-水资源量的基尼系数，2001～2018 年以低于水足迹-水资源量基尼系数的状态波动发展，从两系数的变化趋势分析，地区污废水排放量与水资源消耗量间有密切联系，水资源消费较高区域其灰水足迹也较大。

由表 9-1 可以看出，水足迹综合基尼系数和灰水足迹综合基尼系数持续在 0.23～0.32 波动，现阶段中国处于用水“相对公平”时期，两个系数变化的趋势并不明显，在四个影响因素中，耕地面积、水资源量仍是制约中国用水公平配置不容忽视的影响因素，其与水足迹、灰水足迹基尼系数相较于其他两个要素，系数值较大，而持续上升的水足迹-人口基尼系数也不可避免地会影响中国用水公平性未来的发展趋势。

9.4 中国用水公平要素的空间维度分析

用水总量综合基尼系数、污染水量综合基尼系数及水足迹、灰水足迹与各要素的单项基尼系数从时间维度上描述了中国用水公平性，以及各要素对用水公平性的作用状况，为进一步了解中国用水公平问题的空间分布特征及地区间用水公平问题的差异性，计算 1997～2011 年水足迹与各用水要素间水资源消费杠杆系数和灰水足迹与单项用水要素间的灰水承载压力系数值（表 9-2），描述中国不同地区用水的空间差异程度，并对其结果进行深度剖析。

表 9-2 单项要素水资源消费杠杆系数与灰水承载压力系数

省（区、市）	水足迹单项指标的水资源消费杠杆系数				灰水足迹单项指标的灰水承载力系数			
	GDP	人口	耕地面积	水资源量	GDP	人口	耕地面积	水资源量
北京	0.214	0.566	2.799	8.457	0.337	0.883	4.258	13.193
天津	0.304	0.672	1.526	22.231	0.587	1.289	2.926	43.712
河北	1.153	1.076	1.103	14.043	0.941	0.880	0.902	9.911
山西	0.789	0.603	0.458	4.865	1.313	1.006	0.765	8.136
内蒙古	1.334	1.395	0.429	1.710	1.078	1.085	0.333	1.327
辽宁	0.956	1.244	1.277	4.624	1.038	1.359	1.400	5.206

续表

省（区、市）	水足迹单项指标的水资源消费杠杆系数				灰水足迹单项指标的灰水承载力系数			
	GDP	人口	耕地面积	水资源量	GDP	人口	耕地面积	水资源量
吉林	1.306	1.183	0.578	1.928	1.517	1.371	0.671	2.264
黑龙江	1.567	1.487	0.480	1.770	1.313	1.257	0.408	1.499
上海	0.236	0.781	4.645	9.209	0.497	1.643	9.778	19.528
江苏	0.668	1.036	1.568	4.503	0.658	1.024	1.549	4.430
浙江	0.544	0.929	2.191	1.024	0.658	1.122	2.653	1.240
安徽	0.638	0.995	1.043	1.867	1.131	0.689	0.720	1.293
福建	0.959	1.252	3.144	0.823	0.740	0.954	2.398	0.634
江西	1.652	1.037	1.522	0.628	1.504	0.943	1.382	0.578
山东	1.013	1.257	1.522	9.791	0.728	0.899	1.092	7.335
河南	1.332	0.948	1.112	5.227	1.037	0.735	0.868	4.201
湖北	1.275	1.035	1.247	1.368	1.264	1.026	1.237	1.356
湖南	1.508	1.058	1.771	0.840	1.610	1.126	1.872	0.897
广东	0.591	0.938	2.590	0.979	0.679	1.071	2.992	1.121
广西	1.940	1.133	1.237	0.614	3.135	1.818	1.982	0.992
海南	1.750	1.330	1.451	0.696	1.334	1.014	1.105	0.534
重庆	1.109	0.817	1.082	0.990	1.107	0.817	1.078	0.987
四川	1.577	0.960	1.020	0.700	1.518	0.922	0.978	0.670
贵州	1.724	0.616	0.482	0.492	1.629	0.586	0.456	0.470
云南	1.282	0.688	0.481	0.314	1.284	0.698	0.487	0.317
西藏	1.676	0.958	0.726	0.012	1.176	0.652	0.493	0.009
陕西	1.094	0.740	0.579	1.725	1.275	0.871	0.683	1.975
甘肃	1.263	0.624	0.329	1.701	1.405	0.694	0.365	1.836
青海	1.061	0.719	0.608	0.128	1.416	0.972	0.849	0.164
宁夏	1.373	0.964	0.470	12.583	2.864	2.001	0.974	26.313
新疆	1.291	1.087	0.534	0.493	1.463	1..228	0.602	0.558

1. GDP 与水足迹、灰水足迹

依据 GDP 与水足迹的水资源消费杠杆系数以及 GDP 与灰水足迹的灰水承载压力系数值是否大于 1（表 9-2），将各省（区、市）划分为四类：北京、天津、上海、江苏、浙江、福建和广东 7 个地区 GDP-水足迹消费杠杆系数和 GDP-灰水足迹承载压力系数都小于 1，与地区经济产出比例相比较，这些地区有较高的水资源利用效率，且污染水量排放率也较低；山西和辽宁水资源的消费效率低于经济产出比例，但较高的灰水承载压力系数表明单位比例 GDP 产生的污染物比例较高；河北和山东高 GDP-水资源消费系数、低 GDP-灰水承载压力系数的局面，表明地区水资源贡献比例大于 GDP 贡献比例，水资源的综合利用效率较低；内蒙古、吉林、黑龙江、安徽、江西、河南、湖北、湖南、广西、海南、重庆、四川、贵州、云南、西藏、陕西、甘肃、青海、宁夏和新疆 20 个省（区、市）水资源贡献率、污染水排放率都高于 GDP 贡献率，由此可见，水足迹、灰水足迹与经济发展的匹配性较差，并对其他省（区、市）造成用水负经济性的地区，是影响中国 GDP 与水足迹、灰水足迹不公平的主要地区。

2. 人口与水足迹、灰水足迹

中国是世界上人口最多的发展中国家，用占全球 7%的土地、8%的淡水养活占全球 22%的人口，面临着巨大的压力和挑战。北京、安徽、河南、重庆、四川、贵州、云南、西藏、陕西、甘肃和青海地区水资源贡献比例、灰水贡献比例小于人口的贡献比例，无论从用水量还是污染水量，都缓解了其他地区人口的用水压力；河北、福建、江西和山东，从灰水承载压力系数来看，灰水排放率低于人口贡献率，地区多位于中国东部人口密集区，居民污废水排放治理的投入，使人均污废水排放低于全国平均水平，减轻了其他地区的排污负担，但从水资源消费杠杆系数来看，水资源消费率高于人口贡献率，低效率的水资源利用不利于水资源的高效配置；天津、山西、上海、浙江、广东和宁夏 6 个地区污废水排放率较高，人均污染水排放压力较大，在居民用水结构适应性发展的同时，应提高灰水足迹与人口间协调性；其余地区水足迹、灰水足迹与人口分布匹配状况较差，水资源利用效率较低及污废水排放量较大，是导致人口与水足迹、灰水足迹不公平的主要地区。

3. 耕地与水足迹、灰水足迹

中国国土资源辽阔，但人均耕地不及世界水平的 1/4，目前，中国耕地质量“低、费、污”问题严重，耕地面积逐渐减少，对中国粮食安全和生态平衡产生重大威胁。依据耕地面积-水足迹的水资源消费杠杆系数和耕地面积-灰水足迹的灰水承载

压力系数是否大于1进行分类，结果显示：包括北京、天津、辽宁、上海、江苏、浙江、福建、江西、山东、湖北、湖南、广东、广西、海南、重庆在内的15个省（区、市）耕地面积与水足迹、灰水足迹的匹配协调程度较低，这与中国北方耕多水少、南方耕少水多的水土资源自然禀赋有密切关系；河北、安徽、河南和四川有较高的水资源消费杠杆系数和较低的灰水承载压力系数，这些省多为中国农业大省，随着社会经济的发展，农业科学技术也快速发展，农业生产条件不断改善。农业用水作为地区用水大户，应积极推广节水农业，普及节水农作物的种植，逐步推进节水灌溉技术，降低单位耕地面积的水资源消耗量，提高用水效率；其余地区水足迹贡献率、灰水足迹贡献率低于耕地面积贡献率，有利于实现用水公平性配置。

4. 水资源量与水足迹、灰水足迹

中国水资源总量并不丰富，人均水资源量更低，约为世界平均水平的1/4，降水年际变化大，干旱洪涝灾害频繁，地区水资源分布不均，然而，中国又是世界上用水量最多的国家。比较各地区水资源量与水足迹水资源消费杠杆系数和灰水足迹的灰水承载压力系数，中国大部分地区水资源量与水足迹、灰水足迹出现发展不协调的局面，包括北京、天津、河北、山西等18个省（区、市）水足迹贡献比例、灰水足迹贡献比例高于自然水资源贡献比例，侧面反映了这些地区面临较大的用水压力，自产水资源不足已成为这些地区发展过程中的重要限制因素。广东省虽然水资源与水足迹的水资源消费杠杆系数较小，但其与灰水足迹的灰水承载压力系数较高，成为该地区用水公平性发展最重要的限制因子。福建、江西、湖南、广西、海南、重庆、四川、贵州、云南、西藏、青海和新疆水资源消费杠杆系数低于全国平均水平，水资源消费量配置与自然水资源分布的吻合程度较好，灰水承载压力系数较低体现了自然水环境压力较小，给其他地区带来外部经济性。

9.5　中国用水公平性的空间格局分析

在单项用水公平性影响要素与水足迹、灰水足迹分析的基础上，综合GDP、人口、耕地面积和水资源量多种因素的影响，进一步了解中国用水公平性综合状况，对1997～2011年中国31个省（区、市）综合水资源消费杠杆系数和综合灰水承载压力系数值进行均值化处理（表9-3），依据有序聚类，分别从用水总量和污染水量的角度，对中国31个省（区、市）用水公平性进行分类研究，如图9-1和图9-2所示。

表 9-3　综合水资源消费杠杆系数与综合灰水承载压力系数

省（区、市）	1997 年	2000 年	2003 年	2006 年	2009 年	2012 年	2015 年	2018 年	平均值
北京	0.212/ 0.345	0.206/ 0.218	0.234/ 0.247	0.207/ 0.162	0.223/ 0.153	0.202/ 0.143	0.197/ 0.131	0.189/ 0.122	0.219/ 0.220
天津	0.285/ 0.530	0.314/ 0.442	0.324/ 0.355	0.322/ 0.410	0.216/ 0.308	0.208/ 0.231	0.210/ 0.195	0.190/ 0.143	0.299/ 0.398
河北	0.395/ 0.059	0.396/ 0.114	0.507/ 0.227	0.546/ 0.242	0.456/ 0.184	0.437/ 0.109	0.371/ 0.088	0.316/ 0.046	0.480/ 0.197
山西	0.157/ 0.107	0.167/ 0.121	0.167/ 0.268	0.194/ 0.258	0.165/ 0.256	0.180/ 0.187	0.185/ 0.181	0.189/ 0.157	0.176/ 0.247
内蒙古	0.389/ 0.261	0.352/ 0.111	0.392/ 0.242	0.532/ 0.185	0.482/ 0.183	0.486/ 0.160	0.540/ 0.131	0.569/ 0.106	0.447/ 0.192
辽宁	0.330/ 0.280	0.337/ 0.206	0.441/ 0.280	0.433/ 0.288	0.458/ 0.290	0.449/ 0.185	0.503/ 0.246	0.530/ 0.234	0.420/ 0.271
吉林	0.378/ 0.419	0.372/ 0.243	0.447/ 0.316	0.419/ 0.295	0.347/ 0.281	0.386/ 0.194	0.385/ 0.188	0.383/ 0.159	0.105/ 0.294
黑龙江	0.514/ 0.265	0.463/ 0.142	0.474/ 0.287	0.512/ 0.221	0.557/ 0.255	0.615/ 0.269	0.640/ 0.296	0.679/ 0.320	0.524/ 0.243
上海	0.457/ 0.581	0.359/ 0.393	0.502/ 0.724	0.399/ 0.564	0.334/ 0.453	0.385/ 0.463	0.352/ 0.473	0.337/ 0.456	0.396/ 0.532
江苏	0.352/ 0.118	0.307/ 0.057	0.308/ 0.199	0.334/ 0.215	0.299/ 0.201	0.297/ 0.193	0.289/ 0.194	0.281/ 0.191	0.333/ 0.181
浙江	0.316/ 0.170	0.308/ 0.157	0.296/ 0.244	0.256/ 0.200	0.219/ 0.184	0.240/ 0.223	0.204/ 0.226	0.184/ 0.235	0.279/ 0.204
安徽	0.376/ 0.137	0.393/ 0.061	0.391/ 0.151	0.459/ 0.136	0.435/ 0.134	0.438/ 0.225	0.466/ 0.205	0.480/ 0.224	0.425/ 0.135
福建	0.464/ 0.068	0.478/ 0.081	0.538/ 0.214	0.470/ 0.201	0.440/ 0.216	0.447/ 0.279	0.398/ 0.321	0.368/ 0.362	0.484/ 0.174
江西	0.508/ 0.183	0.432/ 0.121	0.413/ 0.269	0.450/ 0.234	0.459/ 0.242	0.462/ 0.311	0.469/ 0.324	0.475/ 0.352	0.451/ 0.226
山东	0.503/ 0.380	0.489/ 0.112	0.514/ 0.180	0.545/ 0.141	0.452/ 0.099	0.443/ 0.078	0.453/ 0.038	0.442/ 0.003	0.498/ 0.168
河南	0.323/ 0.213	0.298/ 0.093	0.345/ 0.173	0.450/ 0.141	0.438/ 0.121	0.459/ 0.125	0.506/ 0.105	0.540/ 0.094	0.396/ 0.152
湖北	0.368/ 0.189	0.320/ 0.135	0.385/ 0.263	0.396/ 0.216	0.390/ 0.213	0.400/ 0.233	0.428/ 0.249	0.444/ 0.260	0.381/ 0.216
湖南	0.413/ 0.119	0.435/ 0.136	0.483/ 0.347	0.459/ 0.340	0.427/ 0.348	0.414/ 0.268	0.386/ 0.269	0.362/ 0.246	0.446/ 0.278
广东	0.357/ 0.189	0.300/ 0.126	0.341/ 0.258	0.281/ 0.200	0.267/ 0.189	0.285/ 0.292	0.284/ 0.274	0.273/ 0.292	0.309/ 0.204
广西	0.496/ 0.178	0.578/ 0.457	0.507/ 0.618	0.522/ 0.646	0.490/ 0.639	0.478/ 0.339	0.450/ 0.350	0.428/ 0.265	0.514/ 0.546
海南	0.371/ 0.167	0.475/ 0.116	0.628/ 0.178	0.559/ 0.241	0.598/ 0.281	0.597/ 0.247	0.636/ 0.301	0.657/ 0.328	0.547/ 0.215
重庆	0.285/ 0.086	0.259/ 0.094	0.265/ 0.203	0.250/ 0.165	0.286/ 0.155	0.281/ 0.210	0.276/ 0.229	0.277/ 0.251	0.278/ 0.160
四川	0.389/ 0.118	0.403/ 0.168	0.402/ 0.301	0.385/ 0.196	0.384/ 0.212	0.399/ 0.223	0.403/ 0.258	0.410/ 0.274	0.394/ 0.212

续表

省（区、市）	1997年	2000年	2003年	2006年	2009年	2012年	2015年	2018年	平均值
贵州	0.320/ 0.181	0.293/ 0.086	0.297/ 0.181	0.313/ 0.133	0.277/ 0.133	0.259/ 0.257	0.260/ 0.298	0.250/ 0.360	0.291/ 0.162
云南	0.143/ 0.184	0.186/ 0.051	0.228/ 0.152	0.268/ 0.105	0.282/ 0.109	0.311/ 0.310	0.353/ 0.380	0.387/ 0.482	0.322/ 0.145
西藏	0.371/ 0.174	0.423/ 0.259	0.379/ 0.015	0.388/ 0.052	0.356/ 0.069	0.394/ 0.385	0.378/ 0.412	0.375/ 0.525	0.388/ 0.128
陕西	0.224/ 0.085	0.217/ 0.105	0.209/ 0.209	0.261/ 0.174	0.240/ 0.158	0.261/ 0.365	0.266/ 0.335	0.274/ 0.378	0.236/ 0.184
甘肃	0.193/ 0.120	0.155/ 0.053	0.183/ 0.181	0.247/ 0.180	0.257/ 0.150	0.291/ 0.473	0.330/ 0.398	0.365/ 0.457	0.218/ 0.161
青海	0.262/ 0.167	0.152/ 0.033	0.339/ 0.126	0.215/ 0.283	0.189/ 0.345	0.181/ 0.400	0.161/ 0.523	0.144/ 0.619	0.213/ 0.209
宁夏	0.380/ 0.522	0.405/ 0.696	0.390/ 0.536	0.491/ 0.727	0.544/ 0.720	0.550/ 0.795	0.597/ 0.829	0.597/ 0.875	0.161/ 0.656
新疆	0.241/ 0.229	0.282/ 0.087	0.364/ 0.256	0.377/ 0.258	0.430/ 0.317	0.400/ 0.418	0.474/ 0.484	0.510/ 0.556	0.352/ 0.255

9.5.1 基于水足迹的用水公平性分布格局分析

基于水足迹视角，利用综合水资源消费杠杆系数，对中国用水总量的公平性问题进行分类研究。从用水总量的角度，系统描述各地区水资源的消费公平性现状，将中国用水总量公平性分布格局具体分为高度不公平、中度不公平和低度不公平地区（图9-1）。

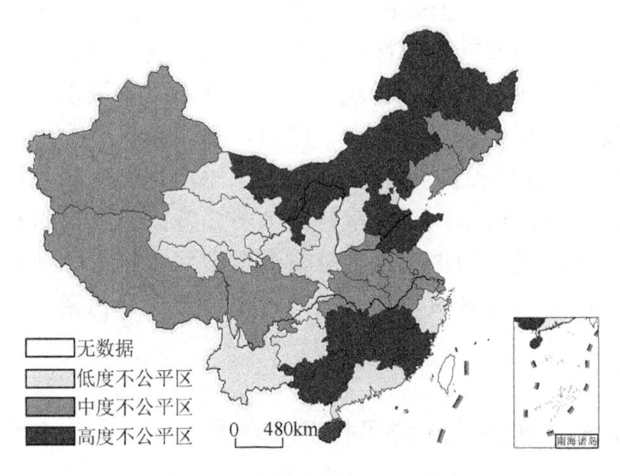

图9-1 基于水足迹的中国用水公平性分布格局

（1）高度不公平区。包括河北、内蒙古、黑龙江、福建、江西、山东、湖南、广西、海南和宁夏 10 个地区。其中，河北和山东水足迹与用水公平性评价要素的水资源消费杠杆系数大于 1，华北平原降水年际变化较大，自然水资源短缺严重，此外，人口增长、城市化的不断推进使得该地区水资源供需矛盾激化；内蒙古和黑龙江综合水资源消费杠杆系数值过高，主要影响源自用水量与 GDP、人口和自然水资源之间配置的不公平；江西、广西和海南地处中国南部，自然水资源丰富，用水总量配置不公平主要的限制因素集中于 GDP、人口和耕地面积。福建省为中国经济发达的东部沿海省，水足迹与人口、耕地面积的匹配性成为限制该地区用水总量配置公平的主要因素。宁夏经济发展相对滞后，自然水资源短缺，水足迹与 GDP、水资源的消费杠杆系数过高，使得该地区用水总量配置处于高度不公平状态。

（2）中度不公平区。包括辽宁、吉林、上海、江苏、安徽、河南、湖北、四川、西藏和新疆 10 个地区。在影响用水量配置的 4 个因素中，人口、耕地和水资源量是制约辽宁省的主要因素；吉林和江苏用水配置效率较低，水足迹与 GDP、人口和水资源的消费杠杆系数都大于 1；安徽和河南位于中国中部，作为中国农产品出口大省，应优化用水结构，普及节水农作物的种植和节水灌溉措施，降低水足迹与 GDP、耕地及水资源量的消费杠杆系数；上海作为中国经济发展中心城市，用水配置不公平主要体现为耕地与水资源量；湖北省应稳步降低水足迹与各用水要素间的消费杠杆系数，实现水资源的高效利用；四川、西藏和新疆地区用水量配置不公平主要集中于经济要素，相较于东部地区，经济发展水平较低，应在保证经济产值持续发展的同时，实现用水量的公平协调发展。

（3）低度不公平区。包括北京、天津、山西、浙江、广东、重庆、贵州、云南、陕西、甘肃和青海 11 个地区。相较于其他地区，这些区域用水量配置虽属于用水低度不公平地区，但是由于地区间用水结构的差异性，以及 GDP、人口、耕地面积、水资源量的差异性，单项要素的水资源消费杠杆系数有明显差异。例如，北京、天津、山西、浙江、陕西和甘肃应协调水足迹与自然水资源要素的匹配程度；重庆、贵州、云南、陕西、青海应重点解决水足迹与经济增长间的协调程度，稳步降低万元 GDP 用水量，不同地区应明确用水量配置的短板因素，有针对性地降低单项要素水资源消费杠杆系数，提高水资源的综合利用率。低度不公平地区作为中国用水总量配置中用水较为合理的区域，其高效的水资源利用效率给其他区域带来较大的外部经济性，积极推动中国用水量公平发展。

9.5.2　基于灰水足迹的用水公平性分布格局分析

基于灰水足迹的视角，利用综合灰水承载压力系数，实现中国污染水量配置公平的评价分析，为降低污废水排放率，实现用水量的循环利用提供理论借鉴依据，具体分类状况如图9-2所示。

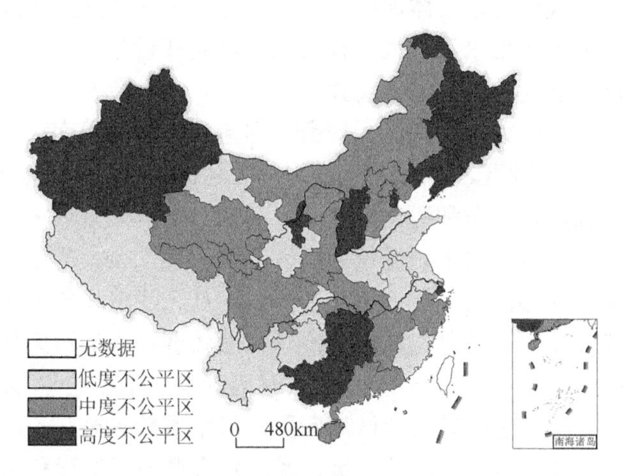

图9-2 基于灰水足迹的中国用水公平性分布格局

（1）高度不公平区。包括天津、山西、辽宁、吉林、黑龙江、上海、湖南、广西、宁夏和新疆10个地区。其中，天津、上海为中国经济迅速发展的沿海城市，人口稠密，耕地有限，污废水排放量大，灰水足迹与人口、耕地面积、水资源量的灰水承载压力系数较大；山西、吉林、黑龙江和宁夏综合灰水承载压力系数较大主要体现在灰水足迹与经济产值、人口和自然水资源配置方面；辽宁省污废水排放量与用水评价各要素的协调度较低，较低的匹配协调程度对地区用水环境产生不可遏制的影响；湖南和广西地处中国南部，省（区）内河网密布，自然降水量丰富，污染水量配置的不公平性体现在灰水足迹与GDP、人口和耕地面积3个方面；新疆污染水量的不公平性在于污染水量与经济发展、人口比例间的低效率配置。因此，该类别的10省（区、市）成为影响中国污染水量分配公平的主要限制区域。

（2）中度不公平区。包括北京、河北、内蒙古、浙江、江西、湖北、广东、海南、四川、陕西和青海11个地区。其中，北京和河北污染水量排放比例大于其自然水资源比例，严重制约了地区污染水量的公平性发展；内蒙古农牧区经济建设及社会发展都取得了比较显著的成绩，但与其他省（区、市）相比较，经济发展仍处于较低水平，灰水足迹与GDP、人口和水资源量配置不协调阻滞了污染水量的公平程度；浙江和广东属于经济与人口密集区域，灰水足迹排放量大，污染水量与人口、耕地、水资源量的配置协调程度较低；江西灰水足迹配置不公平主要体现在经济和耕地方面，与江西相比较，湖北除了以上两方面，其灰水足迹与人口、水资源量配置均出现不同程度的不协调；海南灰水足迹与GDP、人口和耕地面积的高灰水承载压力系数使其综合污染水量配置凸显不公平；四川、陕西和青海高综合灰水承载压力系数体现在灰水足迹与GDP的匹配方面，粗放型经济发展模式使得这些地区污染水量较大，社会配套设施建设相对不完善，污废水治理力度较低，水资源遭受污染的风险较大。

（3）低度不公平区。包括江苏、安徽、福建、山东、河南、重庆、贵州、云南、西藏和甘肃10个地区。根据地理位置，可具体划分为两个集群：第一个集群以江苏、安徽、福建、山东和河南为中心，其中，影响该区域污染水量配置的普遍性影响因素是灰水足迹与水资源量的低协调性；第二个集群以重庆、贵州、云南、西藏和甘肃为中心，该区域多位于中国西南部，经济相较于东部发展滞后，社会配套设施建设相对不完善，污废水治理力度较弱，人均污废水排放量较大，因此，限制该区域污染水量公平性问题的公共因素是灰水足迹与GDP配置的不公平。与中高度不公平地区比较，该区域污染水量配置较为公平，应在发展绿色循环经济的同时，提高污废水排放达标率，实现水资源的可持续利用。

参 考 文 献

白天骄，孙才志. 2018. 中国人均灰水足迹区域差异及因素分解. 生态学报，38(17)：6314-6325.

白雪，胡梦婷，朱春雁，等. 2016. 基于 ISO14046 的工业产品水足迹评价研究——以电缆为例. 生态学报，36（22）：7260-7266.

蔡燕，王会肖，王红瑞，等. 2009. 黄河流域水足迹研究. 北京师范大学学报（自然科学版），45（5/6）：616-620.

操信春，吴普特，王玉宝，等. 2014. 中国灌区粮食生产水足迹及用水评价. 自然资源学报，29（11）：1826-1835.

曹连海，吴普特，赵西宁，等. 2014. 内蒙古河套灌区粮食生产灰水足迹评价. 农业工程学报，30（1）：63-72.

陈华鑫，许新宜，汪党献，等. 2013. 中国 2001—2010 年水资源量变化及其影响分析. 南水北调与水利科技，11（6）：1-4.

陈锡康，刘秀丽，张红霞，等. 2005. 中国 9 大流域水利投入占用产出表的编制及在流域经济研究中的应用. 水利经济，23（2）：3-6，65.

程国栋. 2003. 虚拟水：中国水资源安全战略的新思路. 中国科学院院刊，18（4）：260-265.

邓晓军，谢世友，崔天顺，等. 2009. 南疆棉花消费水足迹及其对生态环境影响研究. 水土保持研究，16（2）：176-180，185.

邓晓军，谢世友，王李云，等. 2008. 城市水足迹计算与分析——以上海市为例. 亚热带资源与环境学报，（3）：62-68.

董璐，孙才志，邹玮，等. 2014. 水足迹视角下中国用水公平性评价及时空演变分析. 资源科学，36（9）：1799-1809.

杜军凯，贾仰文，郝春沣，等. 2018. 太行山区蓝水绿水沿垂直带演变规律及其归因分析. 南水北调与水利科技，16（2）：64-73.

段佩利，秦丽杰. 2014. 吉林省玉米生长过程水足迹研究. 资源开发与市场，30（7）：810-812，820.

方恺. 2013. 生态足迹深度和广度：构建三维模型的新指标. 生态学报，33（1）：267-274.

方恺，李焕承. 2012a. 基于生态足迹深度和广度的中国自然资本利用省际格局. 自然资源学报，27（12）：1995-2005.

方恺，Reinout H. 2012b. 自然资本核算的生态足迹三维模型研究进展. 地理科学进展，31(12)：1700-1707.

方恺. 2015a. 足迹家族：概念、类型、理论框架与整合模式. 生态学报，35（6）：1647-1659.

方恺. 2015b. 基于改进生态足迹三维模型的自然资本利用特征分析——选取 11 个国家为数据源. 生态学报，35（11）：3766-3777.

付永虎，刘黎明，起晓星，等. 2015. 基于灰水足迹的洞庭湖区粮食生产环境效应评价. 农业工程学报，31（10）：152-160.
盖力强，谢高地，李士美，等. 2010. 华北平原小麦、玉米作物生产水足迹的研究. 资源科学，32（11）：2066-2071.
盖美，吴慧歌，曲本亮. 2017. 辽宁省水足迹强度差异及空间关联格局分析. 地域研究与开发，36（1）：148-152.
高孟绪，任志远，郭斌，等. 2008. 基于 GIS 的中国 2000 年水足迹省区差异分析. 干旱地区农业研究，26（1）：131-136.
国务院. 2012. 国务院关于实行最严格水资源管理制度的意见. http://www.gov.cn/zwgk/2012-02/16/content_2067664.htm [2019-09-09].
韩琴，孙才志，邹玮. 2016. 1998—2012 年中国省际灰水足迹效率测度与驱动模式分析. 资源科学，38（6）：1179-1191.
韩琴. 2016. 中国省际灰水足迹研究. 大连：辽宁师范大学硕士学位论文.
韩舒, 师庆东, 于洋, 等, 2013. 新疆 1999—2009 年水足迹计算与分析. 干旱区地理, 36(2): 364-370.
韩雪，刘玉玉. 2012. 虚拟水研究进展. 水利经济，30（2）：17-21.
洪国志, 胡华颖, 李郇. 2010. 中国区域经济发展收敛的空间计量分析. 地理学报, 65(12): 1548-1558.
黄凯，王梓元，杨顺顺，等. 2013. 水足迹的理论、核算方法及其应用进展. 水利水电科技进展，33（4）：78-83.
黄林楠，张伟新，姜翠玲，等. 2008. 水资源生态足迹计算方法. 生态学报，28（3）：1279-1286.
黄少良，杜冲，李伟群，等. 2013. 工业水足迹理论与方法浅析. 生态经济，（1）：28-31.
贾佳，严岩，王辰星，等. 2012. 工业水足迹评价与应用. 生态学报，32（20）：6558-6565.
雷玉桃，苏莉. 2016. 中国水足迹强度区域差异的空间分析. 生态经济，32（8）：29-35.
李晨，丛睿，邵桂兰. 2018. 基于 MRIO 模型与 LMDI 方法的中国水产品贸易隐含碳排放转移研究. 资源科学，40（5）：1063-1072.
李凤丽，曲士松，王维平，等. 2018. 1997—2012 年山东省虚拟水贸易变化及典型区生态环境响应. 灌溉排水学报，37（2）：123-128.
李惠娟. 2014. 中国三大经济区间服务业溢出和反馈效应——基于三区域间投入产出分析的视角. 当代财经，（6）：102-110.
李继清，刘佳，谢开杰. 2016. 基于水贫乏指数的北京市水生态足迹核算及其动态演变预测. 华北水利水电大学学报（自然科学版），37（6）：7-13，48.
李小平，王树柏，郝路露. 2016. 环境规制、创新驱动与中国省际碳生产率变动. 中国地质大学学报（社会科学版），16（1）：44-54.
李晓惠，张玲玲，王宗志，等. 2014. 江苏省用水演变驱动因素研究. 水资源研究，3（1）：50-56.
李泽红，董锁成，李宇，等. 2013. 武威绿洲农业水足迹变化及其驱动机制研究. 自然资源学报，28（3）：410-416.
刘佳. 2012. 基于系数矩阵三角化方法对实物型投入产出表与价值型投入产出表的比较分析. 济南：山东大学硕士学位论文.
刘梅，许新宜，王红瑞，等. 2012. 基于虚拟水理论的河北省水足迹时空差异分析. 自然资源学报，27（6）：1022-1034.

刘淼，胡远满，李月辉，等. 2006. 生态足迹方法及研究进展. 生态学杂志，25（3）：334-339.
刘民士，刘晓双，侯兰功. 2014. 基于水足迹理论的安徽省水资源评价. 长江流域资源与环境，23（2）：220-224.
刘雅婷，王赛鸽，陈彬. 2018. 基于投入产出分析的北京市虚拟水核算. 生态学报，38（6）：1930-1940.
龙爱华，徐中民，王新华，等. 2006. 人口、富裕及技术对 2000 年中国水足迹的影响. 生态学报，26（10）：3358-3365.
龙爱华，徐中民，张志强，等. 2005. 甘肃省 2000 年水资源足迹的初步估算. 资源科学，27（3）：123-129.
龙爱华，徐中民，张志强. 2003. 西北四省（区）2000 年的水资源足迹. 冰川冻土，25（6）：692-700.
马晶，彭建. 2013. 水足迹研究进展. 生态学报，33（18）：5458-5466.
马静，汪党献，来海亮，等. 2005. 中国区域水足迹的估算. 资源科学，27（5）：96-100.
欧向军，沈正平，王荣成. 2006. 中国区域经济增长与差异格局演变探析. 地理科学，26（6）：641-648.
欧向军，赵清. 2007. 基于区域分离系数的江苏省区域经济差异成因定量分析. 地理研究，26（4）：693-704.
潘文俊，曹文志，王飞飞，等. 2012. 基于水足迹理论的九龙江流域水资源评价. 资源科学，34（10）：1905-1912.
潘文卿. 2010. 中国区域经济差异与收敛. 中国社会科学，（1）：72-84.
潘文卿. 2012. 中国沿海与内陆间经济影响的溢出与反馈效应. 统计研究，29（10）：30-38.
彭连清，吴超林. 2009. 我国区域经济增长溢出效应比较分析——以东、中、西部三大地区为例. 西部商业评论，2（1）：28-38.
彭连清. 2008. 我国区域间产业关联与经济增长溢出效应的实证分析——基于区域间投入产出分析的视角. 工业技术经济，（4）：62-68.
秦丽杰，段佩利. 2015. 不同灌溉条件下吉林省玉米绿水足迹研究. 资源开发与市场，31（8）：978-981，1025.
秦丽杰，靳英华，段佩利. 2012a. 不同播种时间对吉林省西部玉米绿水足迹的影响. 生态学报，32（23）：7375-7382.
秦丽杰，靳英华，段佩利. 2012b. 吉林省西部玉米生产水足迹研究. 地理科学，32（8）：1020-1025.
秦丽杰，梅婷. 2013. 吉林市不同收入水平的城市居民膳食水足迹研究. 东北师大学报（自然科学版），45（4）：135-140.
秦文彦，唐珍珍，秦丽杰. 2013. 长春市膳食水足迹研究. 环境科学与管理，38（10）：63-68.
单纯宇，王素芬. 2016. 海河流域作物水足迹研究. 灌溉排水学报，35（5）：50-55.
石鑫. 2012. 新疆近 30 年棉花生产水足迹时空演变分析. 杨凌：西北农林科技大学硕士学位论文.
宋智渊，冯起，张福平，等. 2015. 敦煌 1980—2012 年农业水足迹及结构变化特征. 干旱区资源与环境，29（6）：133-138.
苏芳，尚海洋，丁杨. 2018. 水足迹视角下低水消费模式研究——以黑河流域张掖市居民消费为例. 冰川冻土，40（3）：625-633.

苏莉. 2017. 中国水足迹强度区域差异及影响因素的空间实证研究. 广州：华南理工大学硕士学位论文.

孙才志，陈栓，赵良仕. 2013. 基于 ESDA 的中国省际水足迹强度的空间关联格局分析. 自然资源学报，28（4）：571-582.

孙才志，白天骄，韩琴. 2016a. 基于基尼系数的中国灰水足迹区域与结构均衡性分析. 自然资源学报，31（12）：2047-2059.

孙才志，白天骄，吴永杰，等. 2018. 要素与效率耦合视角下中国人均灰水足迹驱动效应研究. 自然资源学报，33（9）：1490-1502.

孙才志，迟克续. 2008. 大连市水资源安全评价模型的构建及其应用. 安全与环境学报，8（1）：115-118.

孙才志，董璐，郑德凤，等. 2014. 中国农村水贫困风险评价、障碍因子及阻力类型分析. 资源科学，36（5）：895-905.

孙才志，韩琴，郑德凤. 2016b. 中国省际灰水足迹测度及荷载系数的空间关联分析. 生态学报，36（1）：86-97.

孙才志，刘玉玉，陈丽新，等. 2010a. 基于基尼系数和锡尔指数的中国水足迹强度时空差异变化格局. 生态学报，30（5）：1312-1321.

孙才志，刘玉玉，张蕾. 2010b. 中国农产品虚拟水与资源环境经济要素的时空匹配分析. 资源科学，32（3）：512-519.

孙才志，王雪妮，邹玮. 2012. 基于 WPI-LSE 模型的中国水贫困测度及空间驱动类型分析. 经济地理，32（3）：9-15.

孙才志，王中慧. 2019. 中国与“一带一路”沿线国家农产品贸易的虚拟水量流动特征. 水资源保护，35（1）：14-19，26.

孙才志，张蕾. 2009a. 中国农产品虚拟水-耕地资源区域时空差异演变. 资源科学，31（1）：84-93.

孙才志，张蕾. 2009b. 中国农畜产品虚拟水区域分布空间差异. 经济地理，29（5）：806-811.

孙才志，张智雄. 2017a. 中国水生态足迹广度、深度评价及空间格局. 生态学报，37（21）：7048-7060.

孙才志，张智雄. 2017b. 水生态足迹及适应性理论视角下的中国省际水安全评价. 华北水利水电大学学报（自然科学版），38（3）：9-16，57.

孙克，徐中民. 2016. 基于地理加权回归的中国灰水足迹人文驱动因素分析. 地理研究，35（1）：37-48.

孙世坤，刘文艳，刘静，等. 2016. 河套灌区春小麦生产水足迹影响因子敏感性及贡献率分析. 中国农业科学，49（14）：2751-2762.

孙艳芝，鲁春霞，谢高地，等. 2015. 北京市水足迹. 生态学杂志，34（2）：524-531.

孙志娜. 2012. 中国对外贸易中的环境成本与收益——基于多区域投入产出（MRIO）模型的实证研究. 厦门：厦门大学硕士学位论文.

谭秀娟，郑钦玉. 2009. 我国水资源生态足迹分析与预测. 生态学报，29（7）：3559-3568.

谭秀娟. 2010. 重庆市直辖以来水足迹研究. 重庆：西南大学硕士学位论文.

王博，汤洁，侯克怡. 2014. 基于 ESDA 的流域水足迹强度时空格局特征解析. 统计与决策，(23)：103-106.

王丹阳，李景保，叶亚亚，等. 2015. 一种改进的灰水足迹计算方法. 自然资源学报，30（12）：

2120-2130.
王刚毅，刘杰. 2019. 基于改进水生态足迹的水资源环境与经济发展协调性评价——以中原城市群为例. 长江流域资源与环境，28（1）：80-90.
王红瑞，王军红. 2006. 中国畜产品的虚拟水含量. 环境科学，27（4）：609-615.
王红瑞，王岩，王军红，等. 2007. 北京农业虚拟水结构变化及贸易研究. 环境科学，28（12）：2877-2884.
王建华，王浩，等. 2014. 社会水循环原理与调控. 北京：科学出版社.
王金南，逯元堂，周劲松，等. 2006. 基于GDP的中国资源环境基尼系数分析. 中国环境科学，(01)：111-115.
王来力，丁雪梅，吴雄英. 2013. 纺织产品的灰水足迹核算. 印染，39（9）：41-43.
王庆喜，徐维祥. 2014. 多维距离下中国省际贸易空间面板互动模型分析. 中国工业经济，(3)：31-43.
王书华，毛汉英，王忠静. 2002. 生态足迹研究的国内外近期进展. 自然资源学报，17（6）：775-782.
王晓萌，黄凯，杨顺顺，等. 2014. 中国产业部门水足迹演变及其影响因素分析. 自然资源学报，29（12）：2114-2126.
王新华，徐中民，李应海. 2005a. 甘肃省2003年的水足迹评价. 自然资源学报，20(6)：909-915.
王新华，徐中民，龙爱华. 2005b. 中国2000年水足迹的初步计算分析. 冰川冻土，(5)：774-780.
王艳阳，王会肖，蔡燕. 2011. 北京市水足迹计算与分析. 中国生态农业学报，19（4）：954-960.
魏思策，石磊. 2015. 基于水足迹理论的煤制油产业布局评价. 生态学报，35（12）：4203-4214.
吴隆杰，杨林，苏昕. 2006. 近年来生态足迹研究进展. 中国农业大学学报，11（3）：1-8.
吴普特，卓拉，刘艺琳，等. 2019. 区域主要作物生产实体水-虚拟水耦合流动过程解析与评价. 科学通报，64（18）：1953-1966.
吴兆丹，Upmanu Lall，王张琪，等. 2015. 基于生产视角的中国水足迹地区间差异："总量-结构-效率"分析框架. 中国人口·资源与环境，25（12）：85-94.
吴兆丹，赵敏，Upmanu Lall，等. 2013. 关于中国水足迹研究综述. 中国人口·资源与环境，223(11)：73-80.
奚旭，孙才志，赵良仕. 2014. 基于IPAT-LMDI的中国水足迹变化驱动力分析. 水利经济，32（5）：1-5，71.
项学敏，周小白，周集体. 2006. 工业产品虚拟水含量计算方法研究. 大连理工大学学报，46(2)：179-184.
徐绪堪，赵毅，韦庆明. 2019. 中国省际水足迹强度的空间网络结构及其成因研究. 统计与决策，35（07）：84-88.
徐长春，黄晶，Ridoutt B G，等. 2013. 基于生命周期评价的产品水足迹计算方法及案例分析. 自然资源学报，28（5）：873-880.
徐中民，龙爱华，张志强. 2003. 虚拟水的理论方法及在甘肃省的应用. 地理学报，58（6）：861-869.
许国钰，任晓冬，杨振华，等. 2018. 利用弹性网对PLS佐证分析城市水生态足迹及驱动因素——以贵阳市为例. 水土保持通报，38（4）：220-227，233.
许璐璐，吴雄英，陈丽竹，等. 2015. 分阶段链式灰水足迹核算及实例分析. 印染，(16)：38-41.

许爽爽，马树才，付云鹏. 2018. 基于投入产出法的辽宁省水足迹和虚拟水核算. 沈阳师范大学学报（自然科学版），36（1）：58-62.
轩俊伟，郑江华，刘志辉. 2014. 新疆主要农作物生产水足迹计算分析. 干旱地区农业研究，32（6）：195-200，235.
薛冰，董书恒，黄裕普. 等，2019. 1980—2016 年辽宁省主要粮食作物生产水足迹时空演变特征.生态学杂志，38（9）：2813-2820.
杨凡，张玲玲. 2017. 基于水足迹强度的江苏省水资源利用效率分析. 环境保护科学，43（02）：95-101.
杨骞，秦文晋，王弘儒. 2017. 中国农业用水生态足迹的地区差异及影响因素：2000—2014. 经济与管理评论，33（4）：135-145.
杨洋. 2015. 基于实物投入产出模型的张掖市社会经济系统水循环特征研究. 兰州：西北师范大学硕士学位论文.
杨裕恒，曹升乐，刘阳，等. 2019. 基于水生态足迹的山东省水资源利用与经济发展分析. 排灌机械工程学报，37（3）：256-262.
于成，张祖陆. 2013. 山东省冬小麦夏玉米作物生产水足迹研究. 水电能源科学，31（12）：202-204，213.
余典范，干春晖，郑若谷. 2011. 中国产业结构的关联特征分析——基于投入产出结构分解技术的实证研究. 中国工业经济，（11）：5-15.
曾昭，刘俊国. 2013. 北京市灰水足迹评价. 自然资源学报，28（7）：1169-1177.
詹兰芳. 2016. 基于水足迹的流域水资源绩效与生态补偿研究. 福州：福建师范大学硕士学位论文.
张凡凡，张启楠，李福夺，等. 2019. 中国水足迹强度空间关联格局及影响因素分析. 自然资源学报，34（5）：934-944.
张军，周冬梅，张仁陟.2012. 黑河流域 2004—2010 年水足迹和水资源承载力动态特征分析. 中国沙漠，32（6）：1779-1785.
张林祥. 2003. 推进流域管理与行政区域管理相结合的水资源管理体制建设. 中国水利，（5）：30-31.
张玲玲，沈家耀. 2017. 中国水足迹强度时空格局演变与驱动因素分析. 统计与决策，（17）：143-147.
张楠，李春晖，杨志峰，等. 2017. 基于灰水足迹理论的河北省水资源评价. 北京师范大学学报（自然科学版），53（1）：75-79.
张倩，谢世友. 2019. 基于水生态足迹模型的重庆市水资源可持续利用分析与评价. 灌溉排水学报，38（2）：93-100.
张亚雄，赵坤. 2005. 区域间投入产出分析 北京：社会科学文献出版社.
张燕，徐建华，吕光辉. 2008. 西北干旱区新疆水资源足迹及利用效率动态评估. 中国沙漠，（4）：775-780.
张耀光. 1986. 最小方差在农业类型（或农业区）划分中的应用. 经济地理，6（1）：49-55.
张义，张合平，李丰生，等. 2013a. 基于改进模型的广西水资源生态足迹动态分析. 资源科学，35（8）：1601-1610.
张义，张合平. 2013b. 基于生态系统服务的广西水生态足迹分析. 生态学报，33（13）：4111-4124.
张宇，李云开，欧阳志云，等. 2015. 华北平原冬小麦-夏玉米生产灰水足迹及其县域尺度变化特征. 生态学报，35（20）：6647-6654.
张郁，张峥，苏明涛. 2013. 基于化肥污染的黑龙江垦区粮食生产灰水足迹研究. 干旱区资源与环境，27（7）：28-32.
张智雄，孙才志. 2018. 中国人均灰水生态足迹变化驱动效应测度及时空分异. 生态学报，38（13）：4596-4608.
章锦河，张捷. 2006. 国外生态足迹模型修正与前沿研究进展. 资源科学，28（6）：196-203.
赵安周，赵玉玲，刘宪锋，等. 2016. 气候变化和人类活动对渭河流域蓝水绿水影响研究. 地理科学，36（4）：571-579.
赵良仕，孙才志，郑德凤. 2014. 中国省际水足迹强度收敛的空间计量分析. 生态学报，34（5）：1085-1093.
赵良仕，孙才志，邹玮. 2013. 基于空间效应的中国省际经济增长与水足迹强度收敛关系分析. 资源科学，35（11）：2224-2231.
赵良仕. 2017. 中国省际灰水足迹强度的空间收敛性研究. 辽宁师范大学学报（自然科学版），40（4）：541-547.
赵锐，李红，贺华玲，等. 2017. 乐山市动物类产品水足迹测算分析. 生态科学，36（2）：93-99.
赵旭，杨志峰，陈彬. 2009. 基于投入产出分析技术的中国虚拟水贸易及消费研究. 自然资源学报， 24（2）：286-294.
赵永亮. 2012. 国内贸易的壁垒因素与边界效应——自然分割和政策壁垒. 南方经济，（3）：13-22，36.
中共中央 国务院. 2010. 中共中央 国务院关于加快水利改革发展的决定. http://www.gov.cn/jrzg/2011-01/29/content_1795245.htm [2019-09-09]
中华人民共和国国家发展与改革委员会. 2011. 中华人民共和国国民经济和社会发展第十二个五年规划纲要. http://www.gov.cn/2011lh/content_1825838.htm. [2019-09-09]
中华人民共和国国家发展与改革委员会. 2016. 中华人民共和国国民经济和社会发展第十三个五年规划纲要. http://www.xinhuanet.com/politics/2016lh/2016-03/17/c_1118366322.htm. [2021-09-16]
中华人民共和国水利部. 2019. 2019 年全国水利工作会议. http://www.gov.cn/xinwen/2019-01/17/content_5358546.htm. [2019-09-09]
钟文婷，张军，蔡立群，等. 2015. 疏勒河流域 2001—2010 年水足迹动态特征及评价. 草原与草坪，35（6）：27-34.
钟晓青，张万明，李萌萌. 2008. 基于生态容量的广东省资源环境基尼系数计算与分析——与张音波等商榷. 生态学报，28（9）：4486-4493.
诸大建，田园宏. 2012. 虚拟水与水足迹对比研究. 同济大学学报（社会科学版），23（4）：43-49.
Aldaya M M, Garrido A, Llamas M R, et al. 2010a. Water Footprint and Virtual Water Trade in Spain. Boca Raton：CRC Press：49-59.
Aldaya M M，Martinez-Santos P，Llams M R. 2010b. Incorporating the water footprint and virtual water into policy：reflections from the Mancha Occidental Region，Spain. Water Resources Management，24（5）：941-958.
Allan J A, 1993. Fortunately there are substitutes for water otherwise our hydro-political futures

would be impossible// The Conference on Priorities for Water Resources Allocation and Management. London: Overseas Development Assistance, 13-26.

Allan J A. 1994. Overall Perspectives on Countries and Regions. Massachusetts：Harvard University Press.

Ang B W. 2005. The LMDI approach to decomposition analysis：a practical guide. Energy Policy，33（7）：867-871.

Anselin L，Bera A K，Florax R，et al. 1996. Simple diagnostic tests for spatial dependence. Regional Science and Urban Economics，26（1）：77-104.

Anselin L，Hudak S. 1992. Spatial econometrics in practice：a review of software options. Regional Science and Urban Economics，22（3）：509-536.

Baltagi B H. 2005. Econometric Analysis of Panel Data. 3rd ed. New York：Wiley.

Barro R J，Sala-i-Martin X. 1992. Convergence. Journal of Political Economy，100（2）：223-250.

Bilgili F，Koçak E，Bulut Ümit，et al. 2017. The impact of urbanization on energy intensity：panel data evidence considering cross-sectional dependence and heterogeneity. Energy，133：242-256.

Bulsink F，Hoekstra A Y，Booij M J. 2010. The water footprint of Indonesian provinces related to the consumption of crop products. Hydrology and Earth System Sciences，14（1）：119-128.

Cazcarro I，Hoekstra A Y，Chóliz J S. 2014. The water footprint of tourism in Spain . Tourism Management，40：90-101.

Chapagain A K，Hoekstra A Y. 2003. Virtual water flows between nations in relation to trade in livestock and livestock products//Value of water research report series No.13. Delft：UNESCO-IHE，the Netherlands.

Chapagain A K，Hoekstra A Y. 2004. Water Footprints of Nations，Volume1：Main Report//Value of Water Research Series No.16. Delft：UNESCO-IHE，the Netherlands：1-80.

Chapagain A K，Orr S. 2009. An improved water footprint methodology linking global consumption to local water resources：a case of Spanish tomatoes. Journal of Environmental Management，90（2）：1219-1228.

Chapagain A K，Hoekstra A Y. 2011. The blue，green and grey water footprint of rice from production and consumption perspectives . Ecological Economics，70（4）：749-758.

Chen X K. 2000. Shanxi water resource input-occupancy-output table and its application in Shanxi province of China International Input-Output Association. Macerata：The 13th International Conference on Input-output Techniques.

Chico D，Aldaya M M，Garrido A. 2013. A water footprint assessment of a pair of jeans：the influence of agricultural policies on the sustainability of consumer products . Journal of Cleaner Production，57：238-248.

Dalin C，Qiu H，Hanasaki N，et al. 2015. Balancing water resource conservation and food security in China. Proceedings of the National Academy of Sciences，112（15）：4588-4593.

Ehrlich P R，Holden J P. 1971. The impact of population growth. Science，171：1212-1217.

Elhorst J P，Sandy Fréret. 2009. Evidence of political yardstick competition in France using a two-regime spatial Durbin model with fixed effects. Journal of Regional Science，49（5）：931-951.

Elhorst J P. 2003. Specification and estimation of spatial panel data models. International Regional Science Review，26（3）：244-268.

Ene S A，Teodosiu C. 2011. Grey water footprint assessment and challenges for its implementation. Environmental Engineering & Management Journal，10（3）：333-340.

Ercin A E，Aldaya M M，Hoekstra A Y. 2011. Corporate water footprint accounting and impact assessment：the case of the water footprint of a sugar-containing carbonated beverage. Water Resources Management，25（2）：721-741.

Ercin A E，Aldaya M M，Hoekstra A Y. 2012.The water footprint of soy milk and soy burger and equivalent animal products. Ecological Indicators，（18）：392-402.

Ericin A E，Hoekstra A Y. 2014. Water footprint scenarios for 2050：a global analysis. Environment International，64：71-82.

Feng K，Hubacek K，Pfister S，et al. 2014. Virtual scarce water in China . Environmental Science & Technology，48（14）：7704-7713.

Fracasso A. 2014. A gravity model of virtual water trade . Ecological Economics，108：215-228.

Francke I C M，Castro J F W. 2013. Carbon and water footprint analysis of a soap bar produced in Brazil by Natura Cosmetics. Water Resources and Industry，1：37-48.

Gerbens-Leenes P W，Hoekstra A Y. 2009. The water footprint of sweeteners and bio-ethanol from sugar cane，sugar beet and maize. Value of Water Research Report，38.

Gini C. 1921. Measurement of inequality and incomes. Journal of Economic Theory and Econometrics，31（121），124-126.

Goswami P，Nishad S N. 2015. Virtual water trade and time scales for loss of water sustainability：a comparative regional analysis . Scientific Reports，5：9306.

Hoekstra A Y. 2002. Virtual water trade：proceedings of the international expert meeting on virtual water trade//Value of Water Research Report Series No.12. Delft：UNESCO-IHE，the Netherlands. 12-13.

Hoekstra A V，Hung P Q, 2002. Virtual water trade: A quantification of virtual water flows between nations in relation to international crop trade// Value of Water Research Report Series No.11. Delft: UNESCO-IHE, the Netherlands.

Hoekstra A Y，Hung P Q. 2005. Globalisation of water resources：international virtual water flows in relation to crop trade . Global Environmental Change，15：45-56.

Hoekstra A Y. 2006. The global dimension of water governance：nine reasons for global arrangements in order to cope with local water problem//Value of Water Research Report Series No.20. Delft：UNESCO-IHE，the Netherlands.

Hoekstra A Y，Chapagain A K. 2007a. Water footprints of nations：water use by people as a function of their consumption pattern. Water Resources Management，21：35-48.

Hoekstra A Y，Chapagain A K. 2007b. The water footprint of Morocco and the Netherlands：global water use as a result of domestic consumption agricultural commodities. Ecological Economics，64（1）：143-151.

Hoekstra A Y. 2013. The Water Footprint of Modern Consumer Society. London：Routledge.

Hoekstra A Y, Chapagain A K. 2008. Globalization of water: sharing the planet's freshwater resources.

Oxford: Black-well Publishing.

Hoekstra A Y，Chapagain A K. 2011a. Globalization of Water：Sharing the Planet's Freshwater Resources. Oxford：John Wiley & Sons.

Hoekstra A Y，Chapagain A K，Aldaya M M，et al. 2011c. The Water Footprint Assessment Manual：Setting the Global Standard. London：Earthscan.

Hoekstra A Y，Mekonnen M M. 2011b. The water footprint of humanity. Proceedings of the National Academy of Sciences of the United States of America，109（9）：3232-3237.

Hoekstra A Y. 2010. The water footprint：water in the supply chain. The Environmentalist，（93）：12-13.

Huang J，Du D，Tao Q. 2017. An analysis of technological factors and energy intensity in China. Energy Policy，109：1-9.

Huang J，Ridoutt B G，Zhang H，et al. 2014. Water footprint of cereals and vegetables for the Beijing market. Journal of Industrial Ecology，18（1）：40-48.

Isard W. 1951. Interregional and regional input-output analysis：a model of a space-economy. The Review of Economics and Statistics：318-328.

Kampman D A，Hoekstra A Y，Krol M S. 2008. The water footprint of India//Value of Water Research Report Series No.32. Delft：UNESCO-IHE，the Netherlands.

Kaya Y. 1989. Impact of carbon dioxide emission control on GNP growth：interpretation of proposed scenarios. Paris：IPCC Energy and Industry Subgroup，Response Strategies Working Group.

Kondo K. 2005. Economic analysis of water resources in Japan：using factor decomposition analysis based on input-output tables. Environmental Economics and Policy Studies，7：109-129.

Lave L B，Cobas-Flores E，Hendrickson C T，et al. 1995. Using input-output analysis to estimate economy wide discharges. Environmental Science & Technology，29（9）：420A-426A.

Lenzen M，Moran D，Bhaduri A，et al. 2013. International trade of scarce water. Ecological Economics，94：78-85.

Leontief W W. 1936. Quantitative input and output relations in the economic systems of the United States. The Review of Economic Statistics，18（3）：105-125.

Leontief W W. 1941. The Structure of American Economy：1919-1929. New York：Oxford University Press.

LeSage J，Pace R K. 2009. Introduction to Spatial Econometrics. Boca Raton：CRC Press：513-514.

Li J S，Chen G Q. 2014. Water footprint assessment for service sector：a case study of gaming industry in water scarce Macao. Ecological Indicators，47：164-170.

Liu J G，Williams J R，Zehnder A J B，et al. 2007a. GEPIC-Modelling wheat yield and crop water productivity with high resolution on a global scale. Agricultural System，94（2）：478-493.

Liu J G，Zehnder A J B，Yang H. 2007b. Historical trends in China's virtual water trade. Water International，32（1）：78-90.

Manzardo A，Ren J，Piantella A，et al. 2014. Integration of water footprint accounting and costs for optimal chemical pulp supply mix in paper industry. Journal of Cleaner Production，72：167-173.

Mao X F，Yang Z F. 2012. Ecological network analysis for virtual water trade system：a case study for the Baiyangdian Basin in Northern China . Ecological Informatics，10：17-24.

Mao X F，Yuan D H，Wei X Y，et al. 2015. Network analysis for a better water use configuration in the Baiyangdian Basin，China . Sustainability，7（2）：1730-1741.

Markandya A，Pedroso-Galinato S，Streimikiene D. 2006. Energy intensity in transition economies：is there convergence towards the EU average. Energy Economics，28（1）：121-145.

Mekonnen M M，Hoekstra A Y. 2010a. A global and high-resolution assessment of the green，blue and grey water footprint of wheat. Hydrology and Earth System Sciences，14（7）：1259-1276.

Mekonnen M M，Hoekstra A Y. 2010b. Mitigating the water footprint of export cut flowers from the Lake Naivasha Basin，Kenya//Value of Water Research Report Series No.45. Delft：UNESCO-IHE，the Netherlands.

Mekonnen M M，Hoekstra A Y. 2010c. The Green，Blue and Grey Water Footprint of Farm Animals and Animal Products//Value of Water Research Report Series No.48. Delft：UNESCO-IHE，the Netherlands.

Mekonnen M M，Hoekstra A Y. 2011a. National water footprint accounts：the green，blue and grey water footprint of production and consumption//Value of Water Research Report Series No.50. Delft：UNESCO-IHE，the Netherlands：17-22.

Mekonnen M M，Hoekstra A Y. 2011b. The green，blue and grey water footprint of crops and derived crop products. Hydrology and Earth System Sciences，15（5）：1577-1600.

Mekonnen M M，Hoekstra A Y. 2011c. The Water Footprint of Electricity from Hydropower. Value of Water Research Report Series，51：88355-8372.

Mekonnen M M，Hoekstra A Y. 2014. Water footprint benchmarks for crop production：a first global assessment. Ecological Indicators，46：214-223.

Mekonnen M M，Hoekstra A Y. 2012. A global assessment of the water footprint of farm animal products. Ecosystems，15（3）：401-415.

Miller R E，Blair P D. 2009. Input-output Analysis：Foundations and Extensions. Cambridge：Cambridge University Press，91-96.

Morillo J G，Díaz J A R，Camacho E，et al. 2015. Linking water footprint accounting with irrigation management in high value crops. Journal of Cleaner Production，87：594-602.

Mubako S，Lahiri S，Lant C. 2013. Input-output analysis of virtual water transfers：case study of California and Illinois. Ecological Economics，93：230-238.

Niccolucci V, Bastianoni S, Tiezzi E B P, et al. 2009. How deep is the footprint? A 3D representation. Ecological Modelling, 220（20）: 2819-2823.

Okuda T，Hatano T，Qi S. 2004. An estimation of a multi-regional input/output table in China and the analysis. Eco-Mod IO and General Equilibrium Data，Modelling，and Policy Analysis Conference，Brussels：2-4.

Orlowsky B，Hoekstra A Y，Gudmundsson L，et al. 2014. Today's virtual water consumption and trade under future water scarcity. Environmental Research Letters，9（7）：074007.

Pahlow M，Snowball J，Fraser G. 2015. Water footprint assessment to inform water management and policy making in South Africa. Water SA，41（3）：300-313.

Remuzgo L，Sarabia J M. 2015. International inequality in CO_2 emissions：a new factorial decomposition based on Kaya factors. Environmental Science & Policy，54：15-24.

Ridoutt B G，Pfister S. 2010. A revised approach to water foot-printing to make transparent the impacts of consumption and production on global freshwater scarcity. Global Environmental Change，20：113-120.

Rodriguez C I，de Galarreta V A R，Kruse E E. 2015. Analysis of water footprint of potato production in the pampean region of Argentina. Journal of Cleaner Production，90：91-96.

Roson R，Sartori M. 2015. A decomposition and comparison analysis of international water footprint time series. Sustainability，7（35）：5304-5320.

Ruini L，Marino M，Pignatelli S，et al. 2013. Water footprint of a large-sized food company：the case of Barilla pasta production. Water Resources and Industry，1-2：7-24.

Sala-i-Martin X.1996. The classical approach to convergence analysis. The Economy Journal，106（437）：1019-1036.

Schendel E K，Macdonald J R，Schreier H，et al. 2007. Virtual water：a framework for comparative regional resource assessment . Journal of Environmental Assessment Policy and Management，9(3)：341-355.

Seekell D A，D'odorico P，Pace M L. 2011. Virtual water transfers unlikely to redress inequality in global water use. Environmental Research Letters，6（2）：024017.

Siebert S, döll P, 2010. Quantifying blue and green virtual water contents in global crop production as well as potential production losses without irrigation. Journal of Hydrology, 384(3-4): 198-217.

Sonnenberg A，Chapagain A K，Geiger M，et al. 2009. Der Wasser-Fußabdruck Deutschlands：Woher stammt das Wasser，das in unseren Lebensmitteln steckt？Frankfurt：WWF Deutschland.

van Oel P R，Mekonnen M M，Hoekstra A Y. 2009. The external water footprint of the Netherlands：geographically-explicit quantification and impact assessment. Ecological Economics，69（1）：82-92.

Vanham D，Bidoglio G. 2013. A review on the indicator water footprint for the EU28. Ecological Indicators，26：61-75.

Vanham D，Bidoglio G. 2014. The water footprint of agricultural products in European river basins. Environmental Research Letters，9（6）：064007.

Vanham D. 2013. The water footprint of Austria for different diets. Water Science and Technology，67（4）：824-830.

Wackernagel M，Rees W E . 1997. Perceptual and structural barriers to investing in natural capital: economics from an ecological footprint perspective. Ecological Economics, 20 (1):3-24.

Walsh J A, O'Kelly M E, 1979. Information theoretic approach to measurement of spatial inequality. Economic and Social Review, 10:267-286.

Weiss E B，Slobodian L. 2014. Virtual water，water scarcity，and international trade law. Journal of International Economic Law，17（4）：717-737.

White T J. 2007. Sharing resources：the global distribution of the ecological footprint. Ecological Economics，64（2）：402-410.

Wu F，Zhan J Y，Zhang Q，et al. 2014. Evaluating impacts of industrial transformation on water consumption in the Heihe river basin of northwest China. Sustainability，6（11）：8283-8296.

Yang H，Zehnder A. 2007. "Virtual water"：an unfolding concept in integrated water resources management .Water Resources Research，43（12）：W12301.

Yang Z F，Mao X F，Zhao X，et al. 2012. Ecological network analysis on global virtual water trade. Environmental Science & Technology，46（3）：1796-1803.

Yu Y, Hubace K S, Guan D, 2010. Assessing regional and global water footprints for the UK. Ecological Economics, 69(5): 1140-1147.

Zhang L J，Yin X A，Zhi Y，et al. 2014. Determination of virtual water content of rice and spatial characteristics analysis in China . Hydrology and Earth System Sciences，18：2103-2111.

Zhang Z Y，Yang H，Shi M J. 2011a. Analyses of water footprint of Beijing in an inter-regional input-output framework. Ecological Economics，70：2494-2502.

Zhang Z Y，Shi M J，Yang H，et al. 2011b. An IO analysis of the trend in virtual water trade and the impact on water resources and uses in China. Economic Systems Research，23（4）：431-446.

Zhang Z Y，Shi M J，Yang H. 2012. Understanding Beijing's water challenge：a decomposition analysis of changes in Beijing's water footprint between 1997 and 2007 . Environmental Science & Technology，46（22）：12373-12380.

Zhao Q B，Liu J G，Khabarov N，et al. 2014. Impacts of climate change on virtual water content of crops in China. Ecological Informatics，19（1）：26-34.

Zhao X，Chen B，Yang Z F，2009. National water footprint in an input-output framework：a case study of China 2002. Ecological Modelling，220（2）：245-253.

Zhao X，Liu J G，Liu Q Y，et al. 2015. Physical and virtual water transfers for regional water stress alleviation in China. Proceedings of the National Academy of Sciences of the United States of America，112（4）：1031-1035.

Zhao X，Yang Z F，Chen B，et al. 2010. Applying the input-output method to account for water footprint and virtual water trade in the Haihe river basin in China. Environmental Science & Technology，44（23）：9150-9156.

Zhi Y，Yang Z F，Yin X A，et al. 2015. Using grey water footprint to verify economic sectors' consumption of assimilative capacity in a river basin：model and a case study in the Haihe river basin，China . Journal of Cleaner Production，92：267-273.

Zhi Y，Yin X A，Yang Z F. 2014. Decompositionanalysis of water footprint changes in a water-limited river basin：a case study of the Haihe river basin，China . Hydrology and Earth System Sciences，10：1549-1559.

Zimmer D，Renault D. 2003. Virtual water in food production and global trade：review of methodological issues and preliminary results. Value of Water Research Report Series ，12：93-109.

